期　　表　　（2001年）

10 (8)	11 (1B)	12 (2B)	13 (3B)	14 (4B)	15 (5B)	16 (6B)	17 (7B)	18 (0)
								$_2$He 4.002602* ヘリウム Helium
			$_5$B 10.811* ホウ素 Boron	$_6$C 12.0107* 炭素 Carbon	$_7$N 14.0067* 窒素 Nitrogen	$_8$O 15.9994* 酸素 Oxygen	$_9$F 18.9984032* フッ素 Fluorine	$_{10}$Ne 20.1797* ネオン Neon
			$_{13}$Al 26.981538* アルミニウム Aluminum	$_{14}$Si 28.0855* ケイ素 Silicon	$_{15}$P 30.973761* リン Phosphorus	$_{16}$S 32.065* 硫黄 Sulfur	$_{17}$Cl 35.453* 塩素 Chorine	$_{18}$Ar 39.948 アルゴン Argon
$_{28}$Ni …6934* ニッケル …ickel	$_{29}$Cu 63.546* 銅 Copper	$_{30}$Zn 65.409* 亜鉛 Zinc	$_{31}$Ga 69.723 ガリウム Gallium	$_{32}$Ge 72.64 ゲルマニウム Germanium	$_{33}$As 74.92160* ヒ素 Arsenic	$_{34}$Se 78.96* セレン Selenium	$_{35}$Br 79.904 臭素 Bromine	$_{36}$Kr 83.798* クリプトン Krypton
$_{46}$Pd .6.42 …ジウム …ladium	$_{47}$Ag 107.8682* 銀 Silver	$_{48}$Cd 112.411* カドミウム Cadmium	$_{49}$In 114.818* インジウム Indium	$_{50}$Sn 118.710* スズ Tin	$_{51}$Sb 121.760 アンチモン Antimony	$_{52}$Te 127.60* テルル Tellurium	$_{53}$I 126.90447* ヨウ素 Iodine	$_{54}$Xe 131.293* キセノン Xenon
$_{78}$Pt 5.078* 白金 …tinum	$_{79}$Au 196.96655* 金 Gold	$_{80}$Hg 200.59* 水銀 Mercury	$_{81}$Tl 204.3833* タリウム Thallium	$_{82}$Pb 207.2 鉛 Lead	$_{83}$Bi 208.98038* ビスマス Bismuth	$_{84}$Po ポロニウム Polonium	$_{85}$At アスタチン Astatine	$_{86}$Rn ラドン Radon
$_{110}$Ds …ルムス… チウム …stadtium	$_{111}$Uuu ウンウン ウニウム unununium	$_{112}$Uub ウンウン ビウム unanbium		$_{114}$Uuq ウンウン クワジウム ununquadium		$_{116}$Uuh ウンウン ヘキシウム ununhexium		

$_{64}$Gd 7.25* …ニウム olinium	$_{65}$Tb 158.92534* テルビウム Terbium	$_{66}$Dy 162.500 ジスプロ シウム Dysprosiu	$_{67}$Ho 164.93032* ホルミウム Holmium	$_{68}$Er 167.259* エルビウム Erbium	$_{69}$Tm 168.93421* ツリウム Thulium	$_{70}$Yb 173.04* イッテル ビウム Ytterbium	$_{71}$Lu 174.967 ルテチウム Lutetium
$_{96}$Cm …リウム …urium	$_{97}$Bk バークリウム Berkelium	$_{98}$Cf カリホル ニウム Californium	$_{99}$Es アインスタ イニウム Einsteinium	$_{100}$Fm フェルミウム Fermium	$_{101}$Md メンデレ ビウム Mendelevium	$_{102}$No ノーベリウム Nobelium	$_{103}$Lr ローレン シウム Lawrencium

…原子量は、地球起源の試料中の元素ならびに若干の人工元素に適用される。値の信…
…物のリチウムの原子量は 6.939 から 6.996 の幅をもつ。より正確な原子量が必要…
…定同位体が存在しない元素である。周期表の族番号 1-18 は IUPAC 無機化学命名…

生命科学のための
無機化学・錯体化学

京都大学大学院薬学研究科教授
佐治英郎 編集

東京 廣川書店 発行

執筆者一覧 (五十音順)

伊藤 佳子	共立薬科大学講師	(第2章)
金澤 秀子	共立薬科大学教授	(第4章)
齊藤 睦弘	大阪薬科大学講師	(第5章, 第6章)
佐治 英郎	京都大学大学院薬学研究科教授	(第6章, 第8章, 付録)
田邉 元三	近畿大学薬学部講師	(第1章)
千熊 正彦	大阪薬科大学教授	(第7章)
三尾 直樹	徳島文理大学薬学部教授	(第5章)
山﨑 哲郎	九州保健福祉大学薬学部教授	(第3章)

まえがき

　最近，無機元素の生命現象における役割が注目され，生命科学（ライフサイエンス）分野の研究の発展に無機化学・錯体化学が深くかかわるようになってきている．また，シスプラチンをはじめとする無機化合物，錯体，金属有機化合物が医薬品として広く利用されている．

　このような背景のもと，本書は，ライフサイエンス，特に薬学を専攻する学部学生を対象として，無機化学・錯体化学，それらの分野と生物学との学際領域である生物無機化学に関する基本的知識を身につけるための教科書としてまとめたものである．

　本書の編集にあたっては，薬学教育のモデルコアカリキュラムの方針を基本に，常に生命，医療を意識しながら，ライフサイエンス研究に直接関連している無機化学・錯体化学の基礎，無機化合物・錯体と生命現象とのかかわり，無機化合物・錯体の薬学・医療領域での利用に関する事項を取り上げ，無機化学，錯体化学の側面からライフサイエンスの分野に対する視野を広めることができるように意図した．

　記述にあたっては，図表をできる限り多く取り入れるとともに，各章の最後にはその章の内容に関連した最近8年間のすべての薬剤師国家試験問題を解説することにより，各章の内容を整理し，その理解の助けとなるように配慮した．

　本書は，著者らの薬学領域における無機化学，錯体化学の教育に対する情熱から生まれたものであるが，科学が急速に進歩している現状から，すべてが適切に記述されているとは言い難い点もあろう．読者諸氏からのご批判・ご意見をいただければ幸いである．それらを参考にして，今後さらに充実したものにしたいと願っている．

　本書が，薬学を中心としたライフサイエンスを学ぶ学生諸君に役立ち，薬学領域を中心とした分野での無機化学，錯体化学の教育の質的向上に少しでも貢献できれば幸いである．

　最後に，本書の執筆にあたり，多数の書物から貴重な知識を戴いた．これらの著者および出版社に厚くお礼申し上げる．また，大切な資料の提供を快諾していただいた方々のご厚意に心から感謝の意を申し上げたい．

　本書の出版に多大なるご努力をいただいた廣川書店社長廣川節男氏，同書店の島田俊二氏，荻原弘子氏ならびに編集部の関係各位に心よりお礼申し上げたい．

2005年1月

編　者

目 次

第1章 原子の構造と周期表 … 1

1.1 原子の構造 … 1
1.1.1 原子核と軌道電子　*1*
1.1.2 元素と原子番号　*3*
1.1.3 質量と原子量　*4*
1.1.4 原子核の安定性　*5*

1.2 量子論 … 9
1.2.1 水素原子のスペクトル　*11*
1.2.2 ボーアの水素原子モデル　*12*

1.3 量子力学 … 16
1.3.1 粒子の二重性　*16*
1.3.2 不確定性原理　*18*
1.3.3 シュレーディンガーの波動方程式　*19*
1.3.4 量子数と原子軌道　*22*
1.3.5 電子スピン　*27*
1.3.6 電子配置　*28*

1.4 周期表と元素の分類 … 33
1.4.1 典型元素と遷移元素　*35*
1.4.2 元素のブロック分類　*37*
1.4.3 金属元素と非金属元素　*38*

練習問題 … *40*

第2章 元素の一般的性質 … 41

2.1 イオン化エネルギー … *41*
2.2 電子親和力 … *44*
2.3 電気陰性度 … *46*
2.4 有効核電荷 … *49*
2.5 電子結合イオンのサイズ … *51*

練習問題 … *57*

第3章　化学結合 ……… 61

3.1　イオン結合 ……… 61
- 3.1.1　結晶構造　62
- 3.1.2　結晶水　66

3.2　共有結合 ……… 67
- 3.2.1　炭素の混成軌道　68
- 3.2.2　炭素以外の原子の混成軌道　73
- 3.2.3　分子軌道法　77
- 3.2.4　結合の極性　80

3.3　配位結合 ……… 82

3.4　金属結合 ……… 83

3.5　分子間力 ……… 84
- 3.5.1　水素結合　84
- 3.5.2　ファンデルワールス力　87
- 3.5.3　静電的相互作用　88
- 3.5.4　疎水性相互作用　88

練習問題 ……… 89

第4章　無機化学の反応 ……… 95

4.1　反応速度 ……… 95
- 4.1.1　一次反応　96
- 4.1.2　複合反応　97
- 4.1.3　可逆反応とギブズの自由エネルギー　99
- 4.1.4　温度および触媒の影響　100

4.2　化学平衡 ……… 101
- 4.2.1　質量作用の法則　101
- 4.2.2　平衡の移動——ル・シャトリエの法則　102
- 4.2.3　不均一系の化学平衡　103
- 4.2.4　平衡定数と標準自由エネルギー変化　103
- 4.2.5　平衡定数の温度依存性　104

4.3　酸と塩基 ……… 105
- 4.3.1　ブレンステッド-ローリーの定義　105
- 4.3.2　ルイスの定義　106
- 4.3.3　水溶液中の酸・塩基　106
- 4.3.4　緩衝溶液　109

  4.3.5 非水溶媒中の酸・塩基　*109*

4.4　酸化と還元 …………………………………………………………… *111*
  4.4.1 酸化力と還元力　*111*

練習問題 ………………………………………………………………………… *113*

第5章　典型元素の化学 ……………………………………………… **127**

5.1　水素およびアルカリ金属（1族元素）〜H, Li, Na, K, Rb, Cs, Fr …… *127*
  5.1.1 水　素　*128*
  5.1.2 アルカリ金属　*131*

5.2　アルカリ土類金属（2族元素）〜Be, Mg, Ca, Sr, Ba, Ra ……………… *136*
  5.2.1 一般的性質　*136*
  5.2.2 単　体　*137*
  5.2.3 水素化物　*138*
  5.2.4 酸化物　*138*
  5.2.5 水酸化物　*138*
  5.2.6 塩　*139*

5.3　ホウ素，アルミニウム族元素（13族元素）〜B, Al, Ga, In, Tl ……… *144*
  5.3.1 一般的性質　*144*
  5.3.2 単　体　*145*
  5.3.3 水素化物　*145*
  5.3.4 酸化物　*146*
  5.3.5 水酸化物　*147*
  5.3.6 塩　類　*147*

5.4　炭素族元素（14族元素）〜C, Si, Ge, Sn, Pb ……………………………… *149*
  5.4.1 一般的性質　*149*
  5.4.2 単　体　*150*
  5.4.3 水素化物　*151*
  5.4.4 酸化物　*151*
  5.4.5 炭素酸とその塩　*152*
  5.4.6 他の14族元素の塩　*153*

5.5　窒素族元素（15族元素）〜N, P, As, Sb, Bi …………………………… *155*
  5.5.1 一般的性質　*155*
  5.5.2 単　体　*157*
  5.5.3 水素化物とその誘導体　*157*
  5.5.4 窒素の酸化物，オキソ酸とその塩　*159*
  5.5.5 他の15族元素の酸化物，オキソ酸とその塩　*160*

5.5.6 15族元素のハロゲン化物　*162*

5.6 酸素族元素（16族元素）〜 O, S, Se, Te, Po ……………… *164*
   5.6.1 一般的性質　*164*
   5.6.2 単 体　*165*
   5.6.3 水素化物　*166*
   5.6.4 酸化物とオキソ酸，その塩　*167*

5.7 ハロゲン元素（17族元素）〜 F, Cl, Br, I, At ……………… *170*
   5.7.1 一般的性質　*170*
   5.7.2 単 体　*171*
   5.7.3 水素化物およびその塩　*172*
   5.7.4 酸化物およびオキソ酸　*173*

5.8 不活性ガス（18族元素）〜 He, Ne, Ar, Kr, Xe, Rn ……… *175*
   5.8.1 一般的性質　*175*
   5.8.2 単 体　*176*
   5.8.3 化合物　*176*

練習問題 ……………………………………………………………… *177*

第6章　遷移元素の化学 …………………………………………… ***185***

6.1 遷移元素の分類と特徴 ……………………………………… *185*

6.2 スカンジウム族元素（3族元素）〜 Sc, Y, La, Ac ………… *186*
   6.2.1 単体，化合物　*187*

6.3 チタン族元素（4族元素）〜 Ti, Zr, Hf ……………………… *187*
   6.3.1 単体，化合物　*188*

6.4 バナジウム族元素（5族元素）〜 V, Nb, Ta ………………… *189*
   6.4.1 単体，化合物　*190*

6.5 クロム族元素（6族元素）〜 Cr, Mo, W ……………………… *190*
   6.5.1 単体，化合物　*191*

6.6 マンガン族元素（7族元素）〜 Mn, Tc, Re …………………… *192*
   6.6.1 単体，化合物　*193*

6.7 鉄，コバルト，ニッケル族（8, 9, 10族元素）〜 Fe, Co, Ni, Ru, Rh, Pd, Os, Ir, Pt ……………………………………………… *194*
   6.7.1 単 体　*196*
   6.7.2 化合物　*196*

6.8 銅族元素（11族元素）〜 Cu, Ag, Au ………………………… *198*
   6.8.1 単 体　*199*

6.8.2 化合物　*200*

6.9 亜鉛族元素（12族元素）～Zn, Cd, Hg *202*

  6.9.1 単　体　*202*

  6.9.2 化合物　*203*

6.10 ランタノイド元素およびアクチノイド元素 *205*

  6.10.1 ランタノイド元素　*205*

  6.10.2 アクチノイド元素　*207*

練習問題 *208*

第7章　錯体の化学 **211**

7.1 錯　体 *211*

7.2 錯体生成反応と錯体の安定度定数 *211*

7.3 錯体の安定度に影響を及ぼす因子 *214*

  7.3.1 金属イオンの種類　*214*

  7.3.2 配位子の種類　*215*

  7.3.3 HSAB則（HSAB理論）　*218*

7.4 錯体の構造 *219*

  7.4.1 配位数と立体構造　*219*

  7.4.2 異性現象　*220*

7.5 結合理論 *223*

  7.5.1 結晶場理論　*223*

  7.5.2 配位子場理論　*226*

第8章　生物無機化学 **227**

8.1 生命を支える元素 *227*

8.2 無機元素と疾病 *229*

8.3 生体内での金属イオンの動態 *233*

  8.3.1 鉄の生体内動態　*233*

  8.3.2 銅の生体内動態　*236*

  8.3.3 亜鉛の生体内動態　*237*

8.4 金属タンパク質 *238*

  8.4.1 ヘムタンパク質　*238*

  8.4.2 非ヘム鉄タンパク質　*241*

  8.4.3 銅タンパク質　*243*

  8.4.4 亜鉛タンパク質　*246*

　　　　8.4.5　メタロチオネイン　249
　　8.5　金属元素含有医薬品 ……………………………………………… *250*
　　　　練習問題 ……………………………………………………………… *259*
参考図書 ………………………………………………………………………… *269*
付　録 ………………………………………………………………………… *271*
索　引 ………………………………………………………………………… *279*

本書の到達目標

薬学教育モデル・コアカリキュラム（薬学準備教育ガイドラインを含む）（日本薬学会，平成14年8月）の内容の中で，本書を学習することによる主な到達目標.

第1章　原子の構造と周期表
F　薬学の基礎としての化学【物質の基本概念】
- 原子・分子・イオンの基本構造について説明できる.
- 原子量，分子量について説明できる.
- 原子の電子配置について説明できる.
- 電子のスピンとパウリの排他律について説明できる.
- 同素体，同位体について例をあげて説明できる.

F　薬学の基礎としての物理【量子化学入門】
- 原子軌道の概念，量子数の意味について概説できる.
- 波動方程式について概説できる.
- 不確定性原理について概説できる.

C1　物質の物理的性質「物質の構造」【放射線と放射能】
- 原子の構造と放射壊変について説明できる.

第2章　元素の一般的性質
F　薬学の基礎としての化学【物質の基本概念】
- 周期表に基づいて原子の諸性質（イオン化エネルギー，電気陰性度など）を説明できる.

C1　物質の物理的性質「物質の状態Ⅱ」【溶液の化学】
- 化学ポテンシャルについて説明できる.

第3章　化学結合
F　薬学の基礎としての化学【化学結合と分子】
- 化学結合（イオン結合，共有結合，配位結合など）について説明できる.
- 分子の極性および双極子モーメントについて概説できる.
- 分子間およびイオン間相互作用と融点や沸点などの関係を説明できる.
- 代表的な結晶構造について概説できる.

C1　物質の物理的性質「物質の構造」【化学結合】

・化学結合の成り立ちについて説明できる．
・軌道の混成について説明できる．
・分子軌道の基本概念を説明できる．
・共役や共鳴の概念を説明できる．

C1　物質の物理的性質「物質の構造」【分子間力相互作用】)
・静電相互作用について例を挙げて説明できる．
・ファンデルワールス力について例を挙げて説明できる．
・双極子間相互作用について例を挙げて説明できる．
・水素結合について例を挙げて説明できる．
・疎水相互作用について例を挙げて説明できる．

第4章　無機化学の反応

C1　物質の物理的性質「物質の変化」【反応速度】
・反応次数と速度定数について説明できる．
・微分型速度式を積分型速度式に変換できる．
・代表的な反応次数の決定法を列挙し，説明できる．
・代表的な複合反応（可逆反応，平行反応，連続反応など）の特徴について説明できる．
・反応速度と温度との関係（Arrheniusの式）を説明できる．
・衝突理論について概説できる．
・遷移状態理論について概説できる．

C2　化学物質の分析「化学平衡」【酸と塩基】
・酸・塩基平衡を説明できる．
・化学物質のpHによる分子形，イオン形の変化を説明できる．

C2　化学物質の分析「化学平衡」【各種の化学平衡】
・酸化還元平衡について説明できる．

C4　化学物質の性質と反応「化学物質の基本的性質」【基本事項】
・ルイス酸・塩基を定義することができる．

F　薬学の基礎としての化学【化学反応を定量的に探る】
・酸と塩基の基本的な性質および強弱の指標を説明できる．

第5章　典型元素の化学

C4　化学物質の性質と反応「化学物質の基本的性質」【基本事項】
・薬学領域で用いられる代表的化合物を慣用名で記述できる．

C4　化学物質の性質と反応「化学物質の基本的性質」【無機化合物】
・代表的な典型元素を列挙し，その特徴を説明できる．
・窒素酸化物の名称，構造，性質を列挙できる．

・イオウ，リン，ハロゲンの酸化物，オキソ化合物の名称，構造，性質を列挙できる．
C6　生体分子・医薬品を化学で理解する「生体分子のコアとパーツ」【生体内で機能する錯体・無機化合物】
・活性酸素の構造，電子配置と性質を説明できる．
・一酸化窒素の電子配置と性質を説明できる．

第6章　遷移元素の化学

C4　化学物質の性質と反応「化学物質の基本的性質」【基本事項】
・薬学領域で用いられる代表的化合物を慣用名で記述できる．

C4　化学物質の性質と反応「化学物質の基本的性質」【無機化合物】
・代表的な遷移元素を列挙し，その特徴を説明できる．

第7章　錯体の化学

C2　化学物質の分析「化学平衡」【各種の化学平衡】
・錯体・キレート生成平衡について説明できる．

C4　化学物質の性質と反応「化学物質の基本的性質」【錯体】
・代表的な錯体の名称，立体構造，基本的性質を説明できる．
・配位結合を説明できる．
・代表的なドナー原子，配位基，キレート試薬を列挙できる．
・錯体の安定度定数について説明できる．
・錯体の安定性に与える配位子の構造的要素（キレート効果）について説明できる．
・錯体の反応性について説明できる．

第8章　生物無機化学

C2　化学物質の分析「分析技術の臨床応用」【分析技術】
・画像診断薬（無機化合物，錯体）について概説できる*．

C4　化学物質の性質と反応「化学物質の基本的性質」【錯体】
・医薬品として用いられる代表的な錯体を列挙できる．

C6　生体分子・医薬品を化学で理解する「生体分子のコアとパーツ」【生体内で機能する錯体・無機化合物】
・生体内に存在する代表的な金属イオンおよび錯体の機能について説明できる．

C11　健康「栄養と健康」【栄養素】
・栄養素としてのミネラルを列挙し，それぞれの役割について説明できる*．
・栄養素としてのミネラルの過不足による主な疾病を列挙し，説明できる*．

C11　健康「栄養と健康」【食中毒】
・化学物質（重金属）による食品汚染の具体例を挙げ，ヒトの健康に及ぼす影響を説明

できる*.
- **C12** 環境「化学物質の生体への影響」【化学物質の毒性】
  - ・重金属の急性毒性,慢性毒性の特徴について説明できる*.
  - ・重金属や活性酸素による障害を防ぐための生体防御因子について具体例を挙げて説明できる.
- **C12** 環境「生活環境と健康」【地球環境と生態系】
  - ・金属イオンの環境内動態と人の健康への影響について例を挙げて説明できる.
- **C13** 薬の効くプロセス「薬物の臓器への到達と消失」【代謝】
  - ・シトクロム P-450 の構造,性質について説明できる*.
- **C14** 薬物治療「病原微生物・悪性新生物と戦う」【抗悪性腫瘍薬】
  - ・代表的な白金錯体を挙げ,作用機序を説明できる.

---

* 薬学教育モデル・コアカリキュラムに記載されている到達目標のなかで,本書で取り扱う内容についてのみ記載.

第 1 章　原子の構造と周期表

1.1　原子の構造

　原子は，英語で atom と書く．これは古代ギリシャの哲学者デモクリトス Democritus が，「この世のすべての物を構成している元になる粒子は，これ以上分けることができない」として，この究極の粒子をギリシャ語で「分割できないもの」という意味の atomos と名付けたことに由来している．近代科学では，19 世紀のはじめごろに原子の概念が導入され，ドルトン（英，J. Dalton）は「純粋な物質（元素）の数と同じ数の種類の小さな粒子（原子）がある」として，原子説を唱えた．19 世紀後半になって，トムソン（英，J. J. Thomson）は陰極線 cathode rays を構成している粒子が，負の電荷を帯びた電子の集まりであることを見出した．それ以来，原子の中にも電子が存在することが明らかになり，20 世紀に入ると「電子はどこにあるのか？　また，原子の内部構造はどうなっているのか？」という関心が当時の科学者達の間に集まり，原子の構造についての知識が急速に発展した．たとえば，わが国では 1904 年に長岡半太郎が，原子の構造を土星とその環にたとえ，正電荷を中心とした部分のまわりを負電荷の電子が運動している形の原子モデルを発表した．また，1911 年，ラザフォード（英，E. Rutherford）は α 線を金箔に照射する実験によって，正電荷を帯びた質量の大部分を占める原子核 atomic nucleus の存在を証明し，その周りを電子が回転運動しているような形の太陽系型のモデルを発表した．このようにして原子構造の解明に関する研究の幕が開けたのである．

1.1.1　原子核と軌道電子

　原子は，その中心にある 1 個の原子核とそれをとりまく**電子** electron からできている（図 1.1）．原子核は，水素の場合は**陽子** proton 1 個であるが，一般にはいくつかの陽子と**中性子** neutron と

からできている．原子核の陽子と中性子は総称して**核子** nucleon と呼ばれる．厳密には，原子核はもっとたくさんの粒子から構成されているが，陽子，中性子，電子の3種類の粒子は原子の構造を理解するために最も注目すべきものである．これら3種類の粒子について表 1.1 に示した．

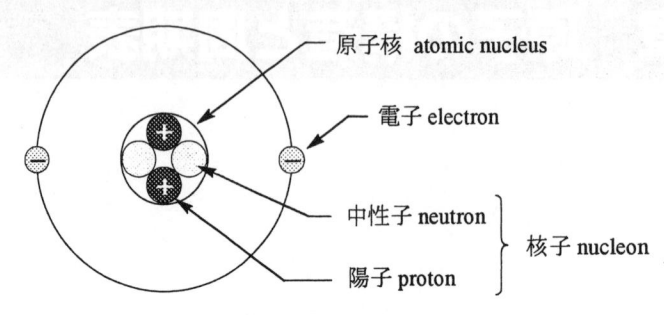

図 1.1　原子の模式図（ヘリウム He）

表 1.1　原子を構成する基礎粒子

粒子	存在する場所	電荷	記号	質量/kg	質量比
陽子	原子核	1＋	p, $_1^1$p	$1.6726217 \times 10^{-27}$	1
中性子	原子核	0	n, $_0^1$n	$1.6749273 \times 10^{-27}$	1
電子	原子核の周り	1－	e, e$^-$	$9.1093826 \times 10^{-31}$	約 1/1840

電気素量 e $= 1.602 \times 10^{-19}$C（C，クーロン Coulomb）

電子は負に帯電している．その電気量を最小の電荷の単位（**電気素量** e, elementary charge）として，電子の電荷を 1－と表す．一方，陽子は正に帯電している．その電気量は電子のもつ負の電気量と絶対値が等しいので，陽子の電荷は 1＋である．中性子は帯電していないので，電荷は 0 である．原子内に含まれている陽子の数と電子の数はつねに等しく，原子全体としては電気的に中性である．また，電子は静電気力（クーロン力 Coulomb force）で原子核と引き合っているため，この力に打ち勝つだけのエネルギーを与えられない限り，原子から飛び出していくことはない．一方，同じ正電荷をもつ陽子はたがいに反発する．水素を除くすべての原子の原子核には複数の陽子が存在するが，これらの原子核が陽子どうしの反発で壊れないのは不思議である．原子核を 1 つに保つ力は完全には解明されていないが，これには中性子が核内の陽子どうしを結びつけておくために重要な役割を担っていると考えられている．

原子の大きさはそれぞれの原子ごとに若干異なるが，半径はおよそ 10^{-10} m の桁である．原子核はさらに小さく，10^{-14} m の桁である．これは，原子を半径 100 m の球体にたとえると，その中に半径 1 cm の原子核が存在していることを意味する．陽子と中性子の質量はほとんど等しいが，これらの質量は電子の約 1840 倍もある．したがって，非常に小さな原子核に原子の質量のほとんどが集中しているので，原子核の密度は非常に高い．そして，原子の体積のほとんどが，電子の存在する空虚な空間ということになる．この空間には**エネルギー準位** energy level の異な

るいくつもの電子の部屋（**原子軌道** atomic orbital）があり，電子はエネルギー準位の低い軌道から順に収容されている．この軌道にある電子を**軌道電子** orbital electron（**核外電子** extranuclear electron）と呼ぶ．原子軌道の種類や電子の軌道への収容のされ方については 1.2, 1.3 節で詳しく解説する．

1.1.2 元素と原子番号

原子は物質を構成する基本粒子で，陽子数の違いでそれぞれ異なる性質を示す．そして，陽子数が異なる原子ごとの集団をそれぞれ別の物質種とみなし，その集団の種類を表したものが**元素** element である．いいかえると，元素にはそれぞれの元素に固有の性質をもつ粒子が存在し，その粒子 1 つ 1 つが原子ということである．また，各元素にはラテン語などに由来する固有の名称とその名称から 1 文字（頭文字）または 2 文字をとった記号が決められている（表紙裏，周期表参照）．

水素 H_2，酸素 O_2，鉄 Fe などのように，ただ 1 種類の元素からできている物質を**単体** elementary substances という．同じ元素の単体でも原子配列の違いで性質が異なる物質も存在する．このような単体をたがいに**同素体** allotrope という．たとえば，「酸素，オゾン」，「ダイヤモンド，黒鉛」，「赤リン，黄リン」，「斜方硫黄，単斜硫黄，ゴム状硫黄」は，それぞれ酸素 O，炭素 C，リン P，硫黄 S の同素体である．酸素のように元素名と単体の名称が同じ場合があるので，これらを混同しないように注意する必要がある．

原子番号 atomic number は，元素に属する原子の陽子数を表したもので，記号 Z で表される．いずれの原子も原子核に整数個の陽子をもつので，Z は正の整数である．また，この数値は同時に，原子核のまわりに配置されている電子数も意味する．たとえば，原子番号 $Z = 6$ の炭素原子は，Z の値から 6 個の陽子および 6 個の電子をもっていることがわかる．

原子核には，陽子のほかに中性子が整数個含まれている．陽子数と中性子数の和は**質量数** mass number といわれ，正の整数 M で表される．

$$\text{質量数} = \text{陽子数} + \text{中性子数} \quad (M = p + n)$$

この値 M は，原子番号とともに 1 つの原子種（**核種** nuclide）を規定する場合に使われる．核種という総称は原子を陽子数と中性子数で規定し，それらの数値の異なるものをすべて別の原子種とみなしたときに使用される．核種の表示法には数種類あり，たとえば，$Z = 6$, $M = 12$ の炭素は次のように表される．

$^{12}_{6}C$　原子番号を元素記号の左下，質量数を左上に表示

$^{12}_{6}C_6$　中性子数を元素記号の右下に表示

^{12}C　原子番号を省略して，質量数のみを表示

炭素-12　固有の元素名と質量数の組合せによる表示

天然には，原子番号（陽子数）の等しい同じ元素でも，中性子数のみ異なる核種が存在する．たとえば，$^{12}_{6}C$ と $^{13}_{6}C$ は同じ元素であるが，前者は中性子を 6 個，後者は中性子を 7 個もっているので両者の質量数が異なる．このように，原子番号が同じで質量数の異なる核種をたがいに同位体 isotope という．同位体の関係にある核種 1 つ 1 つには固有名称はなく，炭素-12（^{12}C）や炭素-13（^{13}C）のように元素名（元素記号）と質量数を用いて表される．水素の同位体には固有名がつけられており，^{1}H の核種は protium と呼ばれる．また，^{2}H および ^{3}H の核種は，それぞれ deuterium および tritium と呼ばれ，D または T という記号でも表される．天然に同位体の存在しない元素もあるが，ほとんどの元素にはいくつかの同位体が存在する．表 1.2 に主な天然核種の存在比を示した．

表 1.2 天然核種の質量と存在比

元 素	核 種	質量/amu	存在率（%）	元 素	核 種	質量/amu	存在率（%）
水素	^{1}H	1.00783	99.9844	硫黄	^{32}S	31.9721	95.018
	^{2}H	2.01410	0.0156		^{33}S	32.9715	0.750
炭素	^{12}C	12.00000	98.8922		^{34}S	33.9679	4.215
	^{13}C	13.00336	1.1078		^{36}S	35.9671	0.017
窒素	^{14}N	14.0031	99.6337	塩素	^{35}Cl	34.9689	75.771
	^{15}N	15.0001	0.3663		^{37}Cl	36.9659	24.229
酸素	^{16}O	15.9949	99.7628	臭素	^{79}Br	78.9183	50.686
	^{17}O	16.9991	0.0372		^{81}Br	80.9163	49.314
	^{18}O	17.9992	0.2000				

1.1.3 質量と原子量

原子 1 個の質量は極めて小さいため，その絶対的な値を用いるのは不便である．したがって，表 1.2 に示すように原子の質量は**原子質量単位**（amu, atomic mass unit）で表され，実用的な相対値に換算されている．この数値で表されたものを**相対原子質量** relative atomic mass という．相対値の基準になる核種は ^{12}C で，これを正確に 12 と定め，他の核種の原子質量が求められる．1 原子質量単位 1 amu は ^{12}C 原子 1 個の質量の 1/12 に相当し，1 amu = $1.66053886 \times 10^{-27}$ kg である．陽子や中性子の質量も相対値 amu に換算でき，これらはほとんど 1 に近い値をとる．表 1.3 に，炭素原子 ^{12}C，陽子，中性子および電子 1 個の絶対質量と相対原子質量を示した．

物質量の基準にも ^{12}C が採用され，質量数 12 の炭素原子 12 g と同じ数の物質粒子（原子，分子，イオン，電子など）がある場合，その物質量は 1 モル（mol, mole の記号）と定義されている．12 g 中に含まれる ^{12}C 原子の数は，12 g/$19.926467 \times 10^{-24}$ g ≒ 6.022141×10^{23} 個である．この数値をアボガドロ数 Avogadro's number という．各原子の相対原子質量 amu は，その原子 6.022141×10^{23} 個の質量をグラム単位で表した値に等しい．

第 1 章　原子の構造と周期表

表 1.3　粒子の質量と相対原子質量

粒　子	質量/kg	相対原子質量/amu
陽子	$1.6726217 \times 10^{-27}$	1.007276
中性子	$1.6749273 \times 10^{-27}$	1.008665
電子	$9.1093826 \times 10^{-31}$	0.000549
炭素	$19.926466 \times 10^{-27}$	12.000000

元素の原子量 atomic weight もまた，原子質量単位で表されている．同位体の存在しない元素では，核種の原子質量と元素の原子量が一致する．しかし，数種類の同位体が存在する元素では，各同位体の質量とその天然存在比から求めた平均値が，その元素の原子量になる．たとえば，炭素の原子量は，$12.0000 \times 0.988922 + 13.00336 \times 0.011078 \fallingdotseq 12.011$ となる．

1.1.4　原子核の安定性

実際に原子の質量 m を質量分析装置などで測定すると，m は原子を構成する粒子（陽子 p，中性子 n，電子 e）の総質量（$m_p + m_n + m_e$）よりも若干小さい値になる．その質量差 $\Delta m = (m_p + m_n + m_e) - m$ は，**質量欠損** mass defect と呼ばれる．これらの粒子が融合して原子核ができるときに，Δm に相当するエネルギー ΔE が放出されて原子として安定化するのである．逆にいえば，これら粒子がばらばらでいるときよりも，原子を構成しているときのほうが ΔE だけ安定なのである．このエネルギー ΔE は原子核の結合エネルギーに相当する．アインシュタイン（独，A. Einstein）の式 $E = mc^2$ を用いると，質量差 Δm をそのとき放出されるエネルギー ΔE に換算できる．たとえば，^{12}C 1 原子の質量欠損により放出されるエネルギーは次のようになる．

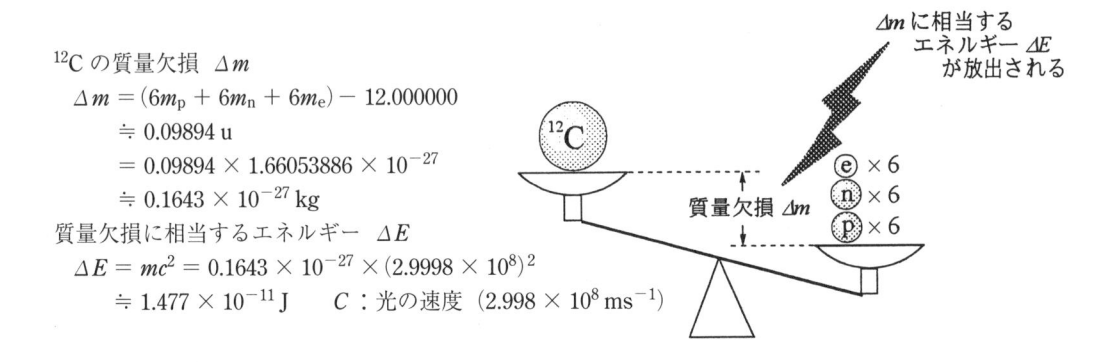

^{12}C の質量欠損 Δm
$$\Delta m = (6m_p + 6m_n + 6m_e) - 12.000000$$
$$\fallingdotseq 0.09894 \text{ u}$$
$$= 0.09894 \times 1.66053886 \times 10^{-27}$$
$$\fallingdotseq 0.1643 \times 10^{-27} \text{ kg}$$

質量欠損に相当するエネルギー ΔE
$$\Delta E = mc^2 = 0.1643 \times 10^{-27} \times (2.9998 \times 10^8)^2$$
$$\fallingdotseq 1.477 \times 10^{-11} \text{ J} \quad C: 光の速度 (2.998 \times 10^8 \text{ ms}^{-1})$$

このように ^{12}C は 1 原子あたり約 1.477×10^{-11} J 安定化されているのである．これを核のエネルギーを表す単位（100 万電子ボルト，MeV）に変換すると，$1 \text{ MeV} = 1.602 \times 10^{-13}$ J なので，$\Delta E \fallingdotseq 92.2 \text{ MeV}$ になる．

原子核の結合エネルギー ΔE と質量数 M の比（$\Delta E/M$）は，核子 1 個あたりの平均結合エネルギーを表す．^{12}C の核子 1 個あたりの結合エネルギーは $92.2/12 = 7.68$ MeV になる．$\Delta E/M$

を質量数 M に対してプロットすると，図 1.2 のようになる．

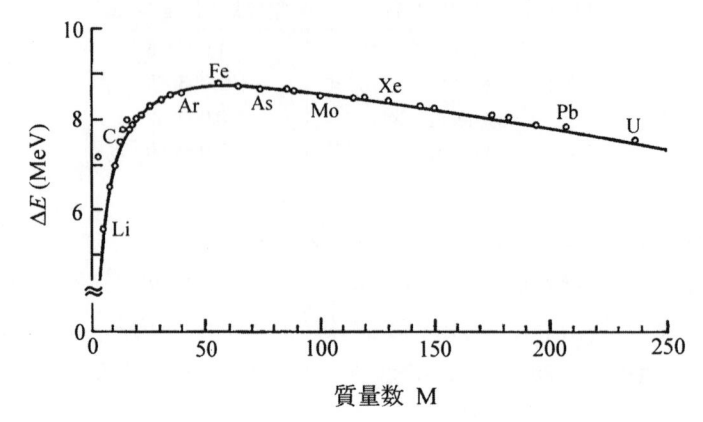

図 1.2　質量数の変化に対する核子 1 個あたりの結合エネルギー

$\Delta E/M$ は，質量数の非常に小さい核種のところで質量数の増加に伴って急激に大きくなり，質量数 60 付近で極大値をもつ．それ以降は，徐々に減少する．この図 1.2 から，鉄 ^{56}Fe の原子核の安定性が高いことがわかる．また，ウラン ^{238}U のような質量数の大きな核種の原子核が分裂する場合，あるいは質量数の小さな 2 つの核種が融合する場合においても，それに伴ってエネルギーが放出されることがわかる．

原子核の安定性には，原子核の結合エネルギー以外の要因も関わっている．その 1 つに，陽子 p と中性子 n の比率（n/p）がある．その関係を図 1.3 に示した（破線は n/p ＝ 1 の関係）．

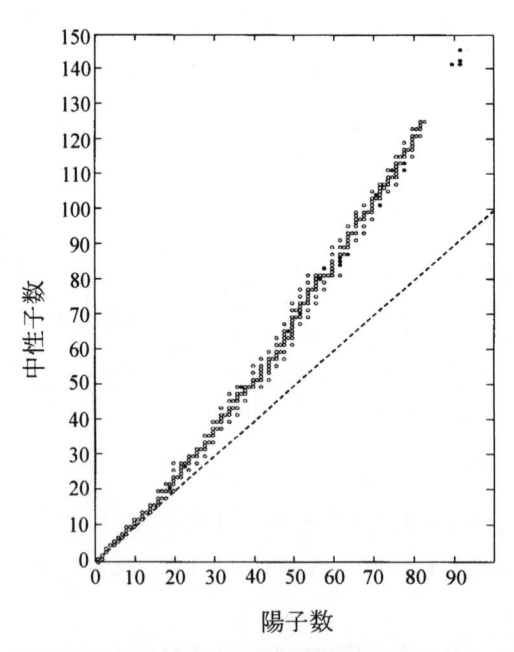

図 1.3　天然に存在する同位体の陽子数と中性子数の関係
○：安定同位体，●：放射性同位体
（一國雅巳（2002）基礎無機化学，裳華房）

カルシウム $^{40}_{20}$Ca よりも Z の小さな安定核種 stable isotope のほとんどは n/p＝1 である．Z がさらに大きくなると，陽子より中性子の割合が増え，n/p 値は大きくなる．これは，原子核内の陽子間に働くクーロンの反発力（斥力）が徐々に大きくなり，原子核が不安定化されるためである．これを少しでも軽減するために，原子は中性子数を増して原子核の大きさを増大しているものと考えられている．また，陽子および中性子数も原子核の安定性に関係している．一般に，陽子および中性子数がいずれも偶数の核種の安定度は高く，両者とも奇数のものはそれが低くなる．また，いずれかが偶数のものはその中間の安定性を示す．

天然に存在する核種のほとんどは，時間が経過しても原子核の組成の変化は認められない．これらは，**安定核種（安定同位体，安定同位元素）**と呼ばれる．そのうち，陽子および中性子が奇数の組合せの核種は極わずかである（^{2}H，^{6}Li，^{14}N など）．なお，陽子あるいは中性子どちらか一方の数が 2, 8, 20, 28, 50, 82, 126 の核種は，特に安定で天然にも多く存在している．

一方，原子核が不安定で，時間の経過とともにエネルギーを放射線（α-，β-，γ-線）として放出し，他の核種に変化していくものもある．このような現象は，**原子核崩壊 nuclear decay（放射性崩壊 radioactive decay）**といわれる．また，この性質は**放射能 radioactivity** といわれ，この性質をもつ核種は**放射性核種 radioisotope（放射性同位体，放射性同位元素）**と呼ばれる．たとえば，ウラン ^{238}U，トリウム ^{232}Th などは半減期が 10^9 年以上と非常に長く，地球創生時から存在する放射性核種である．放射性核種の原子核崩壊は，核種から放出される放射線の種類によって，その形式が表 1.4 のように分類されている．

表 1.4 原子核崩壊の分類

分類	放出粒子	原子番号の変化	質量数の変化	崩壊反応例
α崩壊	α線	−2	−4	$^{238}_{92}$U → $^{234}_{90}$Th + $^4_2$He, $^{226}_{88}$Ra → $^{222}_{86}$Rn + $^4_2$H
β$^-$崩壊	β$^-$線	+1	0	$^{14}_6$C → $^{14}_7$N + β$^-$, $^{95}_{41}$Nb → $^{95}_{42}$Mo + β$^-$
β$^+$崩壊	β$^+$線	−1	0	$^{11}_6$C → $^{11}_5$B + β$^+$, $^{23}_{12}$Mg → $^{23}_{11}$Na + β$^+$
電子捕獲	X線	−1	0	$^{15}_8$O + β$^-$ → $^{15}_7$N, $^{195}_{79}$Au + β$^-$ → $^{195}_{78}$Pt
γ崩壊	γ線	0	0	$^{234}_{90}$Th* → $^{234}_{90}$Th + γ線

$^{234}_{90}$Th* は $^{238}_{92}$U の α 崩壊で生じる準安定な娘核種を表す．

1) **α崩壊**：ヘリウムの原子核 $^4_2$He である α 線を放出して崩壊する現象．

2) **β$^-$崩壊**：陰電子崩壊ともいわれ，原子核内で中性子が陽子に転換するとともに電子（β$^-$線）と中性微子（ν_e，ニュートリノ neutrino．ただし，この場合はニュートリノとスピンが逆になる反ニュートリノ $\overline{\nu_e}$（ニュートリノの反物質）が放出される）を放出する現象．中性微子は電荷 0, 質量 0 の粒子である．

3) **β$^+$崩壊**：陽電子崩壊ともいわれ，原子核内で陽子が中性子に転換するとともに陽電子 positron（β$^+$線）と中性微子を放出する現象．陽電子は電子と等しい質量をもつ，正の電荷をもった粒子である．

4) **電子捕獲**：陽子が原子核の近くにある軌道電子を捕獲して中性子となる現象．この際，中性微子が放出される．電子が取り込まれて軌道に生じた空位には，その外側の電子軌道から電子が遷移 transition（p.15，図 1.7 参照）して，軌道のエネルギーの差に相当するエネルギーが特性X線として放出される．

5) **γ崩壊**：ほとんどの場合，αまたはβ崩壊の直後に見られる．親核種 parent nucleus の崩壊により生じた準安定な励起状態 exited state の娘核種 daughter nucleus が，その励起エネルギーをγ線として放出して安定な核種に変化していく現象．γ線はX線より短い波長をもち，そのエネルギーは大きく，物質を透過する能力が非常に高い．

天然放射性核種は，前述したような崩壊様式で安定な核種に変化する．その主なものは，^{238}U，^{235}U，^{232}Th を親核種とする 3 種の系列で，それぞれウラン系列，アクチニウム系列，トリウム系列といわれる．いずれも数種類の娘核種を経て最終的には鉛の同位体に変化する．そのうちの，ウラン系列を図 1.4 に示した．

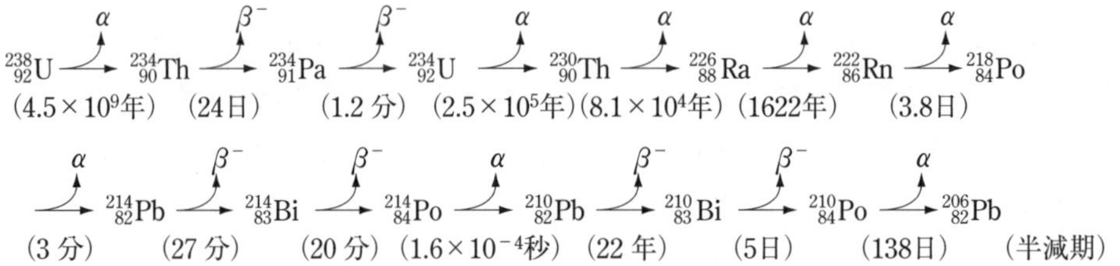

$$^{238}_{92}U \xrightarrow{\alpha} {}^{234}_{90}Th \xrightarrow{\beta^-} {}^{234}_{91}Pa \xrightarrow{\beta^-} {}^{234}_{92}U \xrightarrow{\alpha} {}^{230}_{90}Th \xrightarrow{\alpha} {}^{226}_{88}Ra \xrightarrow{\alpha} {}^{222}_{86}Rn \xrightarrow{\alpha} {}^{218}_{84}Po$$
(4.5×10^{9}年) (24日) (1.2分) (2.5×10^{5}年)(8.1×10^{4}年) (1622年) (3.8日)

$$\xrightarrow{\alpha} {}^{214}_{82}Pb \xrightarrow{\beta^-} {}^{214}_{83}Bi \xrightarrow{\beta^-} {}^{214}_{84}Po \xrightarrow{\alpha} {}^{210}_{82}Pb \xrightarrow{\beta^-} {}^{210}_{83}Bi \xrightarrow{\beta^-} {}^{210}_{84}Po \xrightarrow{\alpha} {}^{206}_{82}Pb$$
(3分) (27分) (20分) (1.6×10^{-4}秒) (22年) (5日) (138日) (半減期)

図 1.4 ウラン系列の自然放射崩壊

原子核に放射線を当て核の組成を人工的に変化させることもできる．この反応で生じる核種は人工放射性核種といわれる．イレーヌ・ジョリオ＝キュリー夫妻（仏，Irene Joliot-Curie，マリー・キュリー夫妻の長女夫妻）は，α線（$^4_2$He）の照射で起こる反応 $^{27}_{13}Al + ^4_2He \rightarrow ^{30}_{15}P + ^1_0n$ により，放射性核種（$^{30}_{15}$P）の合成にはじめて成功した．さらに，$^{30}_{15}$P は β^+ 崩壊して安定な $^{30}_{14}$Si に変化する．中性子の衝撃では，$^{14}_7N + ^1_0n \rightarrow ^{14}_6C + ^1_1p$ のような反応が起こる．$^{14}_6$C は β^- 崩壊する放射性核種で，有機物の年代算定や生化学的研究のトレーサーなどに用いられる．

重い原子核に中性子を当てると，核は 2 個またはそれ以上の核種（核分裂破片という）に分裂する．このような核反応を核分裂 nuclear fission という．たとえば，^{235}U に中性子を当てると，ウランの原子核は 2 つに割れて核分裂破片（たとえば $^{95}_{39}$Y と $^{139}_{53}$I）と 2 個の中性子を放出する．2 個の核分裂破片は，それぞれさらに崩壊して最終的に安定な $^{95}_{42}$Mo と $^{139}_{57}$La になる．このとき，^{235}U 1 原子あたり，その質量欠損 Δm に相当するエネルギー，$\Delta E \fallingdotseq 3.34 \times 10^{-11}$ J (208 MeV) が外部に放出される．^{235}U が 1 kg あれば，$1000/235 \times 6.022 \times 10^{23} \times 3.34 \times 10^{-11} \fallingdotseq 8.56 \times 10^{13}$ J のエネルギーになる．これは，広島型原子爆弾のエネルギーに相当するほど大きなものである．

一方，質量数の小さな原子核を結合させる反応もある．これは核融合 nuclear fusion といわれ

る．この反応は，太陽をはじめとする恒星内で起こっているものと考えられている．核融合は，核分裂とは異なり危険な放射性廃棄物を大量に生じない特徴をもつ．地球上で可能なものには，次のような反応がある．

$$^3_1H + {}^2_1H \rightarrow {}^4_2He + {}^1_0n, \quad {}^2_1H + {}^2_1H \rightarrow {}^3_2He + {}^1_0n,$$
$$^3_2He + {}^2_1H \rightarrow {}^4_2He + {}^1_1H, \quad {}^6_3Li + {}^1_0n \rightarrow {}^3_1H + {}^4_2He$$

これらの反応でも，1原子あたり数～十数MeVの比較的大きなエネルギーが得られる．しかし，これには数千～数億℃の熱エネルギーが必要であるため技術的な問題が残されている．なお，水素爆弾はこの原理を応用してつくられたもので，起爆剤（ウランなどを利用）からでる大量の熱エネルギーを利用し，原料になる重水素化合物の核融合でさらに大量の熱を発生させるのである．このように核に秘められたエネルギーは非常に大きく，核分裂や核融合から得られるエネルギーは，原子力エネルギーとして利用できる．

これまでに，原子の構造に関する基本的事項（原子の構成粒子の性質，原子量など）および原子核の性質について述べた．原子の構成粒子の中でも，原子内での電子の状態をきっちりと理解することが，原子の化学的性質や化学結合を理解するために非常に重要である．ここからは，19世紀初頭にラザフォードらによって提唱された原子の電子構造が，古典物理学にはない新しい考え方，すなわち**量子論** quantum theory（1.2節）さらには**量子力学** quantum mechanics（1.3節）によって，さらに明らかにされてゆく過程を紹介しながら，原子内の電子配置について学ぶことにする．

1.2 量子論

量子論の"量子"は，quantumという英語の訳で"量，特定量"という意味があり，電子のようなミクロの物質がもつエネルギーの特定量をひとつの単位として考えたものである．ここでは，ボーア（デンマーク，N. H. D. Bohr）が，量子論を用いて原子の真の姿に迫る原子モデルを提唱するまでについて述べる．

19世紀までの古典物理学では，光は干渉現象を示すなど，波の性質をもつと考えられていた．しかし，光を波として考えた場合に，加熱された物質の表面から熱エネルギーが光として放出される現象（**熱放射** heat radiation）や金属に光を当てると金属表面から電子が飛び出すという現象（**光電効果** photoelectric effect）がうまく説明できなかった．

1900年，プランク（独，M. Planck）は，黒い物体を加熱したときに放たれる光の研究（黒体放射の研究）を通して次のような仮定を導きだした．

『光の振動数 ν とその光がもつエネルギーの値 E の関係は，振動数にある定数（h, Planck constant, 6.6261×10^{-34} Js）をかけたものを最小の単位として，必ずその整数 n 倍になる』

これを**エネルギー量子仮説** quantum hypothesis という．この仮説によると，$E = nh\nu$ という関係式が成り立つので，光のエネルギーは $h\nu$，$2h\nu$，$3h\nu$ ……という"とびとびの不連続な値"になる．したがって，光のエネルギーが，1個，2個，3個と数えられる，いわば"粒"のようなものであると考えたのである．この光の単位エネルギーとなる $h\nu$ が量子なのである．

一方，1905 年，アインシュタインはエネルギー量子仮説を応用して**光量子仮説** light quantum hypothesis を唱えた．これは次のような考え方に基づいている．

『振動数 ν の光はエネルギー $h\nu$ を持った"粒"の集まりである』

彼は，この仮説の中でその粒を**光量子**（**光子** photon）と名付けた．そして，この仮説により光電効果の仕組みを次のように説明した．

① 金属の表面に当たる光量子のエネルギー $h\nu$ の一部 $h\nu_0$ が，電子と金属との引力に打ち勝つために使われる．そして，その残りのエネルギー $h\nu - h\nu_0$ が，金属から飛び出す電子の運動エネルギー $mv^2/2$ になる．したがって，電子が飛び出すためには，ある一定値 $h\nu_0$ 以上の光量子のエネルギーが必要である．また，振動数 ν の大きな光を当てると電子が勢いよく飛び出す．
② エネルギー $h\nu$ が同じでも強度を増した光（振幅の大きな光）では，金属に当たる光量子の数が増えるので，単位時間に飛び出す電子の数も増える．

以上のように，光は"**波の性質**"のほかに"**粒としての性質**"もあわせもつという，"**光の二重性**"が明らかになったのである．この頃から，量子仮説が光や電子などのミクロの世界を支配する原理として受け入れられていき，原子の構造を解明する重要な手がかりになった．

1911 年に提唱されたラザフォードの原子モデルは，当時としては非常に有力なものであったが，原子に関する実験結果（水素原子のスペクトル発生機構など）を十分に説明することができなかった．このモデルは，電子の挙動についてまだ重大な欠陥をもっていたのである．当時の物理学では，「電気を帯びた粒子が回転運動を行えば，その粒子は光を放ってエネルギーを失う」と考えられていた．これを原子にたとえると，エネルギーを失った電子は一瞬のうちに原子核に引き寄せられて原子が崩壊してしまうと予想されるのである．しかし，原子は一瞬でつぶれてしまうことはない．この電子の挙動に対する矛盾を，ボーアは量子仮説を原子構造の解明に導入することで解決した（1913 年）．彼は電子の状態を示すために「量子条件」，「定常状態」，「振動数条件」など，当時としては大胆な仮定を導入してボーア理論を確立したのである（1.2.2 項ボー

アの水素原子モデル参照）．これにより，ラザフォードの原子モデルでは説明することができなかった水素原子のスペクトルの発生機構もみごとに証明された．この当時の量子論は，1.3節で述べる量子力学 quantum mechanics が構築されるまでに考えられた量子に関する一連の理論で前期量子論と呼ばれている．

1.2.1 水素原子のスペクトル

20世紀のはじめまでに，原子が光を吸収したり，放射したりすることは知られていた．しかし，これを説明できる理論が確立されていなかった．ここでは，ボーア理論のヒントになった水素原子のスペクトルについて述べる．

低圧の水素が封入された管（水素放電管）の両極に設けた電極に数千ボルトの電圧をかけて放電を行うと，光が放射される．この光を分光器にかけると，可視部領域に図1.5に示すような不連続な数本の線スペクトルが認められる．

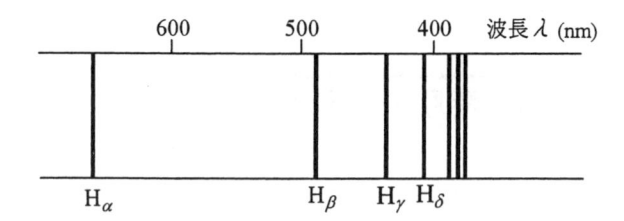

図1.5　水素原子のスペクトル線（Balmer系列）

1855年，バルマー（スイス，J. J. Balmer）は，この線スペクトル（バルマー系列）の波長間に，ある規則性を見出し実験式1.1を提出した．この式をバルマーの式という．なお，波長λの光は振動数νをもち，波長と振動数の間に$\nu = c/\lambda$の関係（cは光の速度）が成り立つので，波長の逆数$1/\lambda$を振動数で表せばν/cとなる．$1/\lambda$は波数$\bar{\nu}$と呼ばれている．

$$\frac{1}{\lambda} = \frac{\nu}{c} = R\left(\frac{1}{2^2} - \frac{1}{n^2}\right) \quad n = 3, 4, 5 \cdots \cdots \quad (1.1)$$

λ：波長，ν：振動数，c：光速度，
R：リュードベリ定数（Rydberg constant, $1.097373 \times 10^7 \, \text{m}^{-1}$）

バルマーの式1.1のnに3以上の整数を代入して導かれた計算値は，線スペクトルの実測値とよく一致する（表1.5）．

その後，水素原子スペクトルの可視部以外の波長領域についても測定が行われ，ライマン（米，T. Lyman）はバルマー系列より短波長側の紫外部に現れる一連のスペクトル線を見出した（1906年）．このスペクトルはライマン系列と呼ばれている．また，パッシェン（独，L. C. H. F. Paschen）やブラケット（英，P. M. S. Brackett）は，バルマー系列より長波長側の赤外部にも一

表 1.5　水素原子スペクトル Balmer 系列の波長（nm）

n^2	線名称	実測値	計算値
3	H_α	656.3	656.1
4	H_β	486.1	486.0
5	H_γ	434.1	433.9
6	H_δ	410.2	410.1

連のスペクトルが存在することを認めた．これらはパッシェン系列（赤外部 1908 年）およびブラケット系列（遠赤外部 1922 年）と呼ばれる．各系列のスペクトルとも一般式 1.2 をよく満足した（ライマン系列：$n_1 = 1$, バルマー系列：$n_1 = 2$, パッシェン系列：$n_1 = 3$, ブラケット系列：$n_1 = 4$, p.15, 図 1.7 参照）．

$$\frac{1}{\lambda} = \frac{\nu}{c} = R\left(\frac{1}{n_1^2} - \frac{1}{n_2^2}\right) \tag{1.2}$$

$n_2 \geq n_1 + 1$ の整数

1.2.2　ボーアの水素原子モデル

ボーアは水素原子スペクトルの波長間に見られる規則性（式 1.2）に目をつけ，ある理論を唱えることにより，電子が中心にある原子核のまわりを一定の**軌道** orbit を描いて円運動しているような水素原子モデルを提唱した（図 1.6）．ボーアの理論とは，次のようなものであった．

① 「原子内では，電子（質量 m, 電荷 ^-e）はどこにいてもよいのではなく，クーロン力 Coulomb force を受けながら，原子核（電荷 ^+e）を中心とした一定の条件を満たす半径 r_n の円軌道を速度 v で等速周回運動している．」
② 「電子はある一定の半径 r_n をもつ軌道上を回転している間エネルギーを放出せず，一定のエネルギー E_n をもち安定な定常状態を保っている．すなわち，定常軌道を画いている．」
③ 「電子は存在する軌道半径 r_n の違いで異なるエネルギー E_n（$n = 1, 2, 3, \cdots\cdots\infty$）をもつ．電子がこれらの軌道間を移動（遷移）したときに，そのエネルギー差に相当する光が吸収あるいは放出される．」

理論①で述べた一定条件は"ボーアの量子条件"と呼ばれる．これは，式 1.3 に示すように円軌道一周の長さ $2\pi r_n$ に電子の運動量 mv をかけたものが，プランク定数 h の整数倍の値に限られるというものである．この式 1.3 を変形すると，電子の**角運動量**（$r_n mv$, angular momentum）がプランク定数を含んだ最小単位 $h/2\pi$ の整数 n 倍になる．これは，角運動量が**量子化** quantization され，とびとびの不連続な値しかとれなくなることを意味している．また，電子の

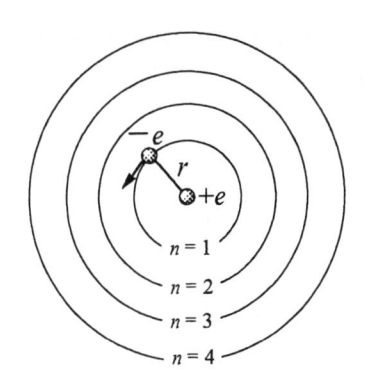

図 1.6 ボーアの水素原子モデル

軌道半径 r_n も $h/2\pi mv$ の整数 n 倍で表される．ここで，n は各軌道に内側から自然数でつけた軌道の番号に匹敵し，**ボーアの量子数** quantum number と呼ばれる．

$$2\pi r_n mv = nh \qquad n = 1,2,3 \cdots\cdots \tag{1.3}$$

理論②で述べた半径 r_n の定常軌道を電子がまわるときには，電子に働く遠心力 mv^2/r_n は電子と原子核の間に働くクーロン力 e^2/r_n^2 とちょうど釣り合って式 1.4 が成り立つ．この式 1.4 とボーアの量子条件の式 1.3 から，v を消去すると，軌道半径 r_n を求める式 1.5 が導ける．

$$\frac{mv^2}{r_n} = \frac{e^2}{r_n^2} \tag{1.4}$$

$$r_n = \frac{n^2 h^2}{4\pi^2 me^2} \tag{1.5}$$

この式 1.5 に，プランク定数 $h = 6.6261 \times 10^{-34}$ Js，電子の質量 $m = 9.1094 \times 10^{-31}$ kg，電気素量 $e = 1.6022 \times 10^{-19}$ C (4.8302×10^{-10} esu) を代入すると式 1.6 のようになり，定常軌道の半径 r_n がボーアの量子数 n で定められたとびとびの値になることがわかる．

$$r_n = n^2 \times 0.529 \times 10^{-10} \text{ m} \tag{1.6}$$

ここで，水素原子の最小軌道 $n = 1$ の半径 r_1 を求めると 0.529×10^{-10} m = 0.529 Å (52.9 pm) になる．この半径は，ボーア半径 Bohr radius と呼ばれる．この軌道のエネルギーは最も低く，水素原子では，この軌道にある電子は最も安定な状態である．この状態を**基底状態** ground state という．このように，ボーアは"量子条件"を設けることで，$n = 1$ の軌道をまわっている電子は最低のエネルギー状態であるので，これより小さなエネルギーをもつことはなく原子核に衝突しないと仮定したのである．これに対して，$n = 2, 3, 4, 5 \cdots\cdots$ の軌道は，n が大きくなるにつれて軌道半径が 2.116 Å ($n = 2$)，4.761 Å ($n = 3$)，8.646 Å ($n = 4$)，13.225 Å ($n = 5$) と順に大きくなり，軌道のエネルギーも $E_2 < E_3 < E_4 < E_5 \cdots\cdots$ の順に高くなる．これらは**励起状態** exited state と呼ばれる．

理論③とプランクの式 $E = h\nu$ を組合せると，水素原子のスペクトルに見られる規則性を理論的に説明できる．すなわち，電子の遷移で生じる光の波長の逆数（波数 $\nu = 1/\lambda$）と量子数 n の関係式1.2が以下のようにして導き出せるのである．たとえば，右図のように電子が E_2（$n = 2$）から E_1（$n = 1$）のエネルギー状態（$E_2 > E_1$）に遷移するときに生じる光の振動数 ν とエネルギー ΔE の関係は式1.7のようになる．さらに，式1.7を変形すると，この遷移で生じる光の振動数 ν を電子がそれぞれの軌道にいたときのエネルギーの差 $E_2 - E_1$ をプランク定数 h で割った式1.8で表すことができる．これは"ボーアの振動数条件"の式と呼ばれる．

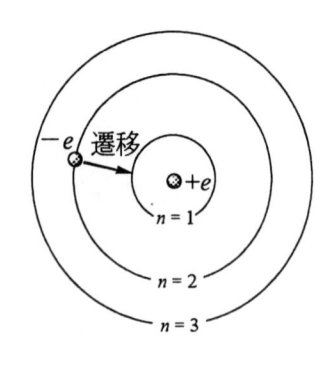

$$\Delta E = E_2 - E_1 = h\nu \tag{1.7}$$

$$\nu = \frac{E_2 - E_1}{h} \tag{1.8}$$

次に，式1.8に代入するための半径 r_n の定常軌道にある電子のエネルギー E_n を求める．これは，電子の位置エネルギー E_p と運動エネルギー E_k との和で表される．$E_p = - e^2/r_n$ および $E_k = mv^2/2$ であるので式1.9のようになる．この式1.9に，電子に働く遠心力とクーロン力の関係式1.4から導いた $mv^2 = e^2/r_n$ を代入して，電子のエネルギーを軌道半径 r_n で表した式1.10に変形する．

$$E_n = -\frac{e^e}{r_n} + \frac{mv^2}{2} \tag{1.9}$$

$$E_n = -\frac{e^2}{r_n} + \frac{e^2}{2r_n} = -\frac{e^2}{2r_n} \tag{1.10}$$

さらに，式1.10と軌道半径 r_n とボーアの量子数 n の関係式1.5を用いて，軌道上の電子のエネルギー E_n を量子数 n を用いて表した式1.11に導く．

$$E_n = -\frac{2\pi^2 m e^4}{n^2 h^2} \tag{1.11}$$

このように，軌道上の電子のエネルギー E_n を求める一般式1.11が得られたので，$n = 1$ および $n = 2$ の軌道にある電子のエネルギー E_1 および E_2 を表すと次のようになる．そして，これらをボーアの振動数条件の式1.8に代入すると，式1.12が得られる．

$$E_1 = -\frac{2\pi^2 m e^4}{n_1^2 h^2} = -\frac{1}{n_1^2} \cdot \frac{2\pi^2 m e^4}{h^2} \quad E_2 = -\frac{2\pi^2 m e^4}{n_2^2 h^2} = -\frac{1}{n_2^2} \cdot \frac{2\pi^2 m e^4}{h^2}$$

$$\nu = \frac{E_2 - E_1}{h} = \frac{2\pi^2 m e^4}{h^3}\left(\frac{1}{n_1^2} - \frac{1}{n_2^2}\right) \tag{1.12}$$

光の振動数 ν と波数 λ の間には，$\nu = c/\lambda$（c, 光の速度）関係が成り立つので，式1.12を波長の逆数で表した式1.13に変形できる．

$$\frac{1}{\lambda} = \frac{2\pi^2 me^4}{h^3 c}\left(\frac{1}{n_1^2} - \frac{1}{n_2^2}\right) \tag{1.13}$$

ここで，式 1.13 の右辺にある $2\pi^2 me^4/h^3 c$ について計算を行うと，リュードベリ定数 R が得られる．したがって，この式 1.13 は水素原子スペクトル線の波長間にみられる規則性から導かれた一般式 1.2 と完全に一致するのである（式 1.14）．

$$\frac{1}{\lambda} = \frac{2\pi^2 me^4}{h^3 c}\left(\frac{1}{n_1^2} - \frac{1}{n_2^2}\right) = R\left(\frac{1}{n_1^2} - \frac{1}{n_2^2}\right) \tag{1.14}$$

このように，ボーアの理論によりバルマー系列に始まる水素原子スペクトル線の謎がみごとに説明されたのである．

水素原子のスペクトル系列と電子軌道の関係を図 1.7 に示す．バルマー系列の 4 本のスペクトル線 H_α，H_β，H_γ および H_δ は，それぞれ電子が $n = 3$, 4, 5 および 6 の軌道から，$n = 2$ の軌道へ遷移したときに生じたものである．また，ライマン系列は，$n = 2$, 3, 4, ……の軌道から $n = 1$ の軌道への電子の遷移で生じるスペクトルである．さらにエネルギー準位 energy level の高い軌道間で電子の遷移が起こるパッシェン系列やブラケット系列は，ボーアの原子モデルが発表されたときにはまだ発見されていなかったが，これらの系列の存在は予想されていた．

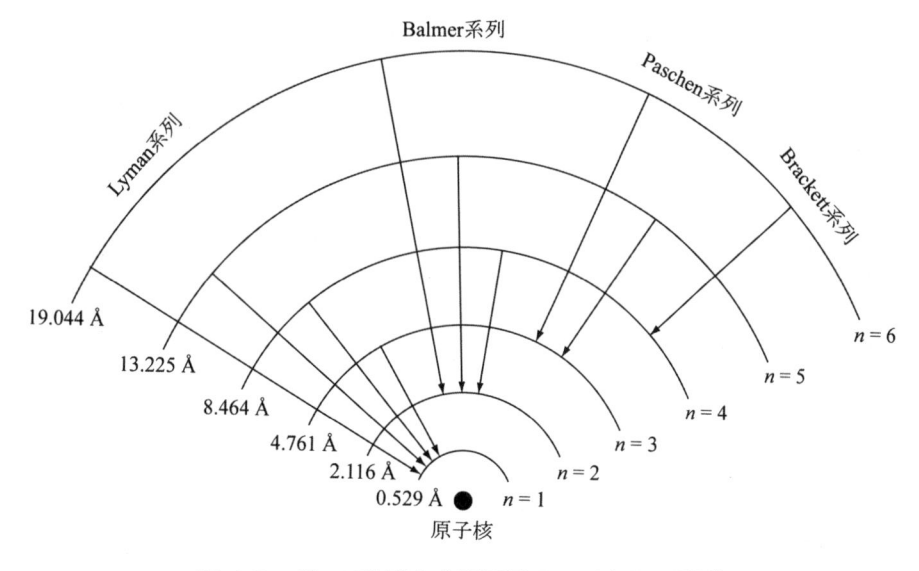

図 1.7 ボーア軌道と水素原子のスペクトル系列

1.3 量子力学

　原子核のまわりにとびとびのエネルギー E_n の円軌道があり，その軌道上を電子がまわるというボーアの理論はみごとであり，水素原子の構造がまるで目に見えたかのようになった．しかし，彼の理論にも限界があった．電子が正確に一定半径の円軌道を一定速度で運動する"**粒子**"としてみなされていたので，水素より複雑な多電子原子の線スペクトルを説明できなかったのである．このように，ボーアの理論はまだ不完全であった．しかし，原子の中に"**量子**"の概念を初めてもち込んだ彼の理論は，従来の古典物理学から電子軌道を正しく表現できる真の量子物理学への橋渡しとなった．そして，この理論が発表されてから 10 年以上の歳月を経て，原子内の電子の性質について正しく理解されるようになり，量子力学 quantum mechanics が発展したのである．その第一歩は，ド・ブロイ（仏，L. de Broglie）によって踏み出された．彼は，電子のような高速で運動している粒子にも"**波**"の性質があるとして"**粒子の二重性**"を唱えた．これに続いて，ハイゼンベルグ（独，W. K. Heisenberg）は，電子が粒と波の二重性をもつため，電子の運動量と存在場所の両方を正確に知ることは不可能として"**不確定性原理 uncertainty principle**"を提出した．これによると，運動している電子の位置を明確にすることができないので，"ボーアモデルのまるで目で見たような円形の電子軌道（図 1.6 参照）は真の原子の姿ではない"といえるのである．一方，シュレーディンガー（オーストラリア，E. Schrödinger）は，ド・ブロイの考えをさらに発展させて，電子の姿を確率的に表す波動力学 wave mechanics の体系をつくった．そして，この波動力学とハイゼンベルグの行列力学 matrix mechanics によって量子力学の基礎が築かれたのである．現在では，この量子力学に基づいて原子の姿が表現されている．

1.3.1 粒子の二重性

　1924 年，ド・ブロイは，「**波として考えられてきた光に粒子の性質がある（光の二重性）**」というアインシュタインの光量子仮説をヒントに，その逆の発想を行った．すなわち，「**今まで粒子としてみなしてきた電子に波としての性質もあるのではないか（粒子の二重性）**」と考えた．この考えはその後，実験的にも証明された．すなわち，薄い金箔に電子を通過させると，金箔の後方においたスクリーン（蛍光板）に回折像が生じる．この現象は明らかに電子が波動性をもっていることを示すものであった．

　ド・ブロイは電子のような"**粒子の波長**"を見積もるために，以下のように計算式をたてた．プランクの式 $E = h\nu$ とアインシュタインの光子のエネルギー E と質量 m の関係式 $E = cp$（光速 c，光の運動量 $p = mc$）の右辺どうしを組合せて，光子の運動量とその波長の関係式 1.15 に

導いた．さらに，光の振動数 ν と波長 λ の関係式 $\lambda = c/\nu$ に，式 1.15 から導いた $\nu = mc^2/h$ を代入して，光の波長 λ と運動量 mc との関係式 1.16 を表した．この式は，光速 c と電子の速度 v が等しくないので，そのまま電子にあてはめることはできない．

$$h\nu = mc^2 \tag{1.15}$$

$$\lambda = \frac{h}{mc} \tag{1.16}$$

しかし，ド・ブロイはどんな粒子もこの式で計算できるとして，光の速度 c を電子の速度 v に置き換えて式 1.16 を式 1.17 に変形した．これが粒子の二重性を考えた彼の思想にある「量子跳躍 quantum leap」の根本となっている．また，式 1.17 は粒子の運動量 $p = mv$ を用いて式 1.18 のようにも書ける．このように，彼は"**運動量 p のすべての粒子に対して式 1.17 あるいは 1.18 で表される波長 λ の波が伴う**"と考えたのである．そして，この波を"**物質波 material wave**"と名付けた．

$$\lambda = \frac{h}{mv} \tag{1.17}$$

$$\lambda = \frac{h}{p} \tag{1.18}$$

上の物質波の式は，粒子の運動量 $p = mv$ が大きくなればなるほど，物質波の波長は短くなることを意味している．たとえば，式 1.17 にプランク定数 $h = 6.6261 \times 10^{-34}$ Js ($m^2 kg s^{-1}$)，電子の質量 $m = 9.1094 \times 10^{-31}$ kg，100 V の電子の速度 $v = 5.9 \times 10^6$ ms^{-1} を代入すると，この電子の波長が計算でき約 1.2×10^{-10} m となる．一方，速度 3×10^2 ms^{-1} で飛ぶ質量 3.0 g の鉛の玉の波長は 7.4×10^{-34} m となる．この波長は，γ 線（$\leq 10^{-10}$ m）よりもはるかに短いのである．このように，質量が大きなマクロな（巨視的）物質では，その運動量が非常に大きくなるために，波長 λ は測定できないくらい極端に短くなる．一方，電子のように質量が非常に小さいミクロな（微視的）粒子では，測定可能な範囲の物質波が伴うので波長を無視できないのである．

それでは，電子が波として原子核のまわりを運動する場合を考えてみよう．一周した波の「山（あるいは谷）」の部分が最初の「山（あるいは谷）」にぴったり一致すれば，波は消えずに残る（p.18，図 1.8，A の場合）．しかし，それが一致しないと，波の干渉（山と谷の打ち消しあい）によって波の振幅が徐々に小さくなり，電子が原子核を何週かするうちに波は消えてなくなってしまう（図 1.8，B の場合）．

したがって，電子が波として原子核のまわりをまわり続ける以上，軌道を一周する距離 $2\pi r$ は波の波長 λ の整数 n 倍にならなければいけないのである．この関係は式 1.19 のように表すことができ，この式の λ に式 1.17 を代入すると式 1.20 になる．この式 1.20 は，ボーアの量子条件の式 1.3 と全く一致するのである．このように，ド・ブロイは，ボーアの量子条件の式が電子の波動性を示唆していたことも明らかにしたのである．

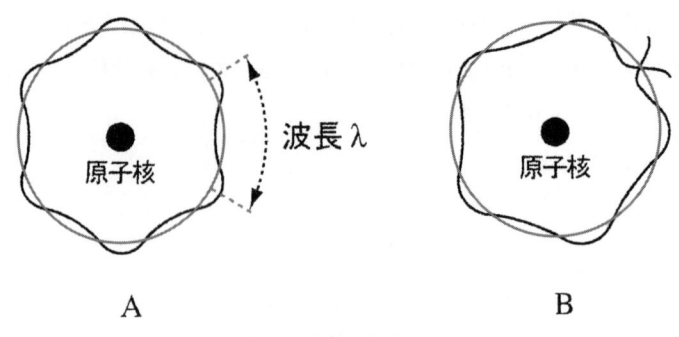

図 1.8　原子核をまわる電子の波

$$2\pi r = n\lambda \tag{1.19}$$

$$2\pi r = \frac{nh}{mv} \tag{1.20}$$

1.3.2　不確定性原理

　1927年，ハイゼンベルグは，「電子のように極めて小さな粒子は，その位置と運動量を同時に確定することができない」として不確定性原理を唱えた．一般に，電子を観測するためには，電子に光を当てなければならない．その場合，光の衝突で電子のそれまでの位置や運動量が変化してしまうのである．たとえば，実在しないが，高い分解能をもつ顕微鏡で電子の位置をつきとめようとしよう．その際には，光学的原理により観測に用いた光の波長 λ に相当する誤差 $\pm \lambda$ が生じる．原理的には，照射する光の波長を短くすればするほど誤差は小さくなり，電子の位置は正確になるはずである．しかし，波長を短くすればするほどその光のエネルギーは大きくなる．エネルギーの大きな光が衝突するとそのエネルギーが電子に移り，**"電子の運動量が不確定"** に変化するのである．では，運動量の不確定性を最小限にとどめるためには，波長を長くしてエネルギーの低い光を用いると良いことになる．この場合には，波長が長いため誤差が大きく（顕微鏡の分解能が低く）なり，**"電子の位置を決めることが不可能"** になる．このように，たとえ電子の位置を $\Delta x \approx \pm \lambda$ の範囲でつきとめたとしても，その結果生じる電子の運動量の不確定性が $\Delta p \approx h/\lambda$ になるということである．これら2つの関係は式1.21のように表され，両者の積はプランク定数 h になる．したがって，電子の位置と運動量を同時に決定することは不可能ということである．この式1.21の Δx は電子の位置の不確かさ，Δp は電子の運動量の不確かさを表している．

$$\Delta x \cdot \Delta p = h \tag{1.21}$$

　今，電子の位置を 5×10^{-12} m 以内まで正確に求めようとしよう．この原理に従えば，10^{-12} の桁まで位置を正確に決めると，電子の運動量に式1.22に示した不確実さ Δp が伴ってくる．

電子の質量は 9.1094×10^{-31} kg なので，$\Delta p = \Delta vm$ の関係から電子の速度の不確実さ Δv を求めることができ，$\Delta v = 1.455 \times 10^8 \text{ms}^{-1}$ となる（式 1.23）．

$$\Delta p \fallingdotseq \frac{h}{\Delta x} = \frac{6.6261 \times 10^{-34}(\text{Js})}{5 \times 10^{-12}(\text{m})} = 1.325 \times 10^{-22}(\text{Jsm}^{-1}) \tag{1.22}$$

$$\Delta v \fallingdotseq \frac{\Delta p}{m} = \frac{1.325 \times 10^{-22}(\text{Jsm}^{-1})}{9.1094 \times 10^{-31}(\text{kg})} = 1.455 \times 10^8 (\text{ms}^{-1}) \tag{1.23}$$

すなわち，電子の速度に光の速度 $2.998 \times 10^8 \text{ ms}^{-1}$ にほぼ匹敵する不確実さが生じる．したがって，電子の速度が実際予想される速度であるか，あるいはそれ以上にもなり得ることになる．要するに，電子の速度がきわめて不確かなものになるので，電子の位置を明確にすることはできないのである．このように，電子の正確な位置をきめることができないので，ボーアが考案した円形の電子軌道は決して真の姿とはいえないことが証明されたのである．

1.3.3 シュレーディンガーの波動方程式

ハイゼンベルグの不確定性原理が発表されるのと時を同じくして，ミクロな粒子の運動を計算で表現する波動力学が，シュレーディンガーによって発表された（1926 年）．彼は，ド・ブロイの物質波の概念が粒子の自由運動を記述するだけではなく，原子内の電子のように拘束を受けている粒子にも適用できると考えたのである．そして，物質波の式を一般化した方程式をたてた．この方程式は古典力学における波動を扱う式に似ているのでシュレーディンガーの**波動方程式** wave equation と呼ばれる．この波動方程式の最も簡単なものは，ある粒子が一つの方向（x 方向）に運動しているときの状態（一次元の定常波）を表す式である（式 1.24）．ここで，m は粒子の質量，V は x の関数で表された粒子の位置エネルギー，E は粒子の量子化された全エネルギー，ψ は**波動関数** wave function である．波動関数 ψ は運動している粒子に伴う波の振幅を表す．

$$\frac{\partial^2}{\partial x^2}\psi + \frac{8\pi^2 m}{h^2}(E-V)\psi = 0 \tag{1.24}$$

まず，シュレーディンガーの波動方程式 1.24 が，ド・ブロイの概念に基づいて導かれた過程について述べる．質量 m の粒子が速度 v で運動しているとすると，その全エネルギー E は運動エネルギー $mv^2/2$ と位置エネルギー V の和で表される（式 1.25）．この式は両辺に m をかけたのち，変形すると式 1.26 になる．

$$E = \frac{1}{2}mv^2 + V \tag{1.25}$$

$$mv = \sqrt{2m(E-V)} \tag{1.26}$$

この関係をド・ブロイの物質波の式 1.17 に代入すると，波長 λ を粒子の質量 m とエネルギー

で表す関係式 1.27 が得られる．さらに，一次元の定常波の波動を表す方程式から導いた式 1.28 に式 1.27 を代入して整理すれば，一次元の定常波を表すシュレーディンガーの波動方程式 1.24 が導かれる．

$$\lambda = \frac{h}{mv} \frac{h}{\sqrt{2m(E-V)}} \tag{1.27}$$

$$\frac{\partial^2}{\partial x^2}\psi = -\frac{4\pi^2}{\lambda^2}\psi \tag{1.28}$$

この波動方程式 1.24 を三次元の空間（座標 x, y, z）で移動する粒子に拡張すると，その波動方程式は式 1.29 のようになり，原子内の電子の波に当てはめることができる．この式を解くと，電子が原子核のまわりに安定に存在しうる場所に固有のエネルギー値 E_n と電子に固有の波動関数 ψ を求めることができる．

$$\left(\frac{\partial^2}{\partial x^2} + \frac{\partial^2}{\partial y^2} + \frac{\partial^2}{\partial z^2}\right)\psi + \frac{8\pi^2 m}{h^2}(E-V)\psi = 0 \tag{1.29}$$

この方程式の解き方は専門的な教科書に譲るが，水素原子について電子の位置エネルギー V を $-e^2/4\pi\varepsilon_0 r$ として算出した E_n は，$-13.6/n^2$ eV になり，ボーアが求めたエネルギーの式 1.11 と同じように，$1/n^2$ に比例する値が得られる．この式も，軌道のエネルギーがとびとびの値をもつことを示唆している．

一方，電子に固有の波動関数 ψ は 3 種の量子数（1.3.4 項で述べる）で規定されており，電子の空間的な広がり表すために用いられる．しかし，ψ 自身には物理的意味はなく，ψ の絶対値の 2 乗が重要である．ψ^2 は場所によって電子を見出す確率の変動を数学的に表し，電子の存在確率は ψ^2 に比例する．すなわち，ある波動関数 ψ をもつ 1 つの電子が原子核から r と $r+\mathrm{d}r$ の間にある微小な空間（体積要素 $\mathrm{d}\tau$ [*1]，図 1.9）の中で見出される確率を動径密度 $\psi^2 \mathrm{d}\tau$（$4\pi r^2 \mathrm{d}r \psi^2$）を用いて表し，原子内における電子の分布状態を求めるのである．電子はこの体積要素 $\mathrm{d}\tau$ のどこかに必ず存在しているので，その存在確率は 1 である．したがって，$\oint \psi^2 \mathrm{d}\tau = 1$ の関係が成り立つことになる．

電子の存在確率（電子密度）の変化する様子を表すには，電子の原子核からの距離 r（動径距離）とその動径密度 $4\pi r^2 \mathrm{d}r \psi^2$ を用いた動径分布関数 radial distribution function（RDF）を用いると便利である．たとえば，水素原子について RDF を描くと，図 1.10 の破線のようになる．原子核の近くでは $4\pi r^2$ の値が小さいので，電子を見出す確率も小さくなる．一方，この関数の極大値は電子を最も見出しやすいと

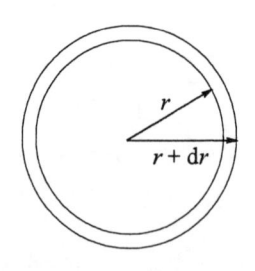

図 1.9 体積要素 $\mathrm{d}\tau$

[*1] 体積要素 $\mathrm{d}\tau$ は，半径 r と半径 $r+\mathrm{d}r$ の 2 球間の体積差であり，$(4/3)\pi(r+\mathrm{d}r)^3 - (4/3)\pi r^3 = (4/3)\pi r^3 + 4\pi r^2 \mathrm{d}r + 4\pi r(\mathrm{d}r)^2 + (4/3)\pi(\mathrm{d}r)^3 - (4/3)\pi r^3$ で表される．しかし $\mathrm{d}r$ は無視できうる小さな値であるので $(\mathrm{d}r)^2$ と $(\mathrm{d}r)^3$ の項は省略して，$\mathrm{d}\tau = 4\pi r^2 \mathrm{d}r$ とする．

第1章　原子の構造と周期表

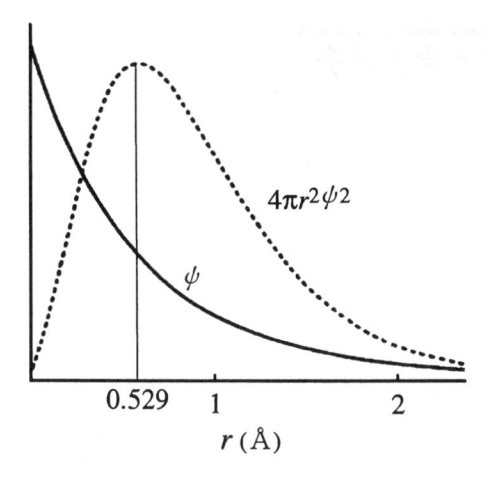

図1.10　水素原子の1s軌道の波動関数[*1] ψ と動径分布関数

ころで，水素原子では $r = 0.529\,\text{Å}$ となる．この値は，ボーア理論における $n = 1$ の軌道半径の値と一致する．しかし，量子力学から導き出された電子の姿は，ボーアのモデルのように電子が一定の半径をもつ定常軌道上で円運動しているようなものではない．電子は原子内のある空間に分布していて，原子核に近づいたりあるいは離れたりすることができるのである．ただ，基底状態の水素原子では，電子の存在する確率が，ボーア半径 $0.529\,\text{Å}$ だけ離れたところで最大なのである．このように，原子内における電子の存在確率は，その電子が占めることのできる空間において均一ではないのである．ある場所では大きな値を，またある場所では小さな値をもつ．

　これは，電子の存在確率を点で表現すると，電子が濃淡をもつ雲のように原子核をとりまいて分布しているような状態にあることを意味している．このように電子がちりばめられたような雲を電子雲 electron cloud と呼んでいる（図1.11）．

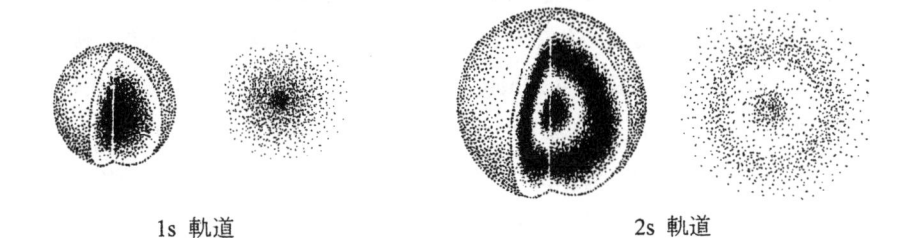

1s 軌道　　　　　　　　　　2s 軌道

図1.11　1s軌道と2s軌道の電子雲の例
右に原子核を通る断面図，左に原子核を通り電子雲を一部除去したものを示す．また，電子が存在する確率が高いほど黒くなっている．

[*1]　水素原子の1s軌道の波動関数：$\psi = Y(s) \cdot R(1s) = 1/(2 \cdot \pi^{1/2}) \cdot 2(1/a_0)^{3/2} \exp(-r/a_0)$．$R(1s)$ が $\exp(-r/a_0)$ を含むので，ψ は距離 r が大きくなるにつれて減衰し，0に近づく．a_0：ボーア半径（$0.529\,\text{Å}$）．

1.3.4 量子数と原子軌道

量子力学では，原子内での電子の空間的な広がりを波動関数の二乗 ψ^2 を用いて確率的に求め，電子密度の高い領域を知ることができる．原子内で電子は三次元的に運動しているので，波動関数は3種類の**量子数**（**主量子数，方位量子数，磁気量子数**）の組合せで規定される．これらの量子数は整数値をもち，その値の違いで波動関数が区別される．このような固有の波動関数は軌道関数と呼ばれる．軌道関数は**原子軌道** atomic orbital あるいは単に軌道 orbital とも呼ばれ，個々の電子の空間的な広がりを表現するものである．以下に，軌道関数を表すために必要な3種の量子数についてまとめた．なお，電子の状態をさらに正確に表すためには，第4の量子数である**スピン量子数**が必要になるが，この量子数については，1.3.5項で後述する．

① **主量子数** principal quantum number（記号 n で表す）

軌道の広がりの大きさ（軌道のエネルギーの大きさ）を示すもので，1, 2, 3, 4, 5 … n までの自然数で表される．主量子数 n で表される軌道は**電子殻** electron shell と呼ばれ，原子核に近いものから順に K殻 K-shell（$n=1$），L殻（$n=2$），M殻（$n=3$），N殻（$n=4$），O殻（$n=5$）…とアルファベットで名前が付けられている．これらは主殻と呼ばれ，n の値が大きくなるにつれて軌道のエネルギー準位も高くなる．また，古典的なボーアモデルの量子数 n に対応している．

② **方位量子数** azimuthal quantum number（記号 l で表す）

副量子数とも呼ばれ，電子が空間を動く範囲すなわち軌道の形を決めるものである．l の値は，主量子数 n により限定され，0 から $n-1$ までのすべての整数値をとる．たとえば，$n=1$ の主殻には，$l=0$ のみが存在する．また，$n=2$ では，$l=0, 1$ の2種類が可能である．このように，各主殻には，l がとり得る整数の個数に相当する（n の値と同じ）軌道の種類がある．l で規定された各軌道は**副殻** subshell とも呼ばれ，さまざまな形をしている（p.25, 図1.13参照）．また，l の値に対応して記号がつけられており，s軌道（$l=0$），p軌道（$l=1$），d軌道（$l=2$），f軌道（$l=3$），g軌道（$l=4$）…と呼ばれる*1．なお，n の値が同じであると，l の値が大きいほどその軌道にいる電子のエネルギーは大きい．

③ **磁気量子数** magnetic quantum number（記号 m_l で表す）

方位量子数 l で形が決められた軌道の方向を示すものである．磁気量子数 m_l は l の値によって変わり，0を含む $-l$ から $+l$ までの $2l+1$ 個の整数値をとる．すなわち，方位量子数 l の軌道は $2l+1$ 個の方向性をもつのである．たとえば，p軌道（$l=1$）の m_l は，3種類の

---

*1 g軌道以降は l の値が大きくなるにつれてアルファベット順に名称がつけられるが，初めの4つの軌道には分光学においてスペクトル線を表すために用いられた sharp, principle, diffuse, fundamental の頭文字が用いられている．

値 -1, 0, $+1$ となる．したがって，この軌道は3種類の方向をもっており，p_x, p_y, p_z 軌道に区別される（p.25, 図1.13参照）．しかし，それぞれのエネルギー準位は同じである．

量子数の組合せについてみると，表1.6に示すように主量子数 $n=1$ のときは，方位量子数 $l=0$ だけである．また，磁気量子数 m_l も0だけである．したがって，軌道関数は $(n=1, l=0, m_l=0)$ のただ1通りで，1s軌道のみ存在する．主量子数 $n=2$ のときには $l=0$ および1の2通りが可能である．$l=0$ の2s軌道の m_l は0だけであるが，$l=1$ の2p軌道には，$2p_x$, $2p_y$, $2p_z$ と呼ばれる3種類の軌道が存在する．したがって，軌道関数には $(n=2, l=0, m_l=0)$, $(n=2, l=1, m_l=-1)$, $(n=2, l=1, m_l=0)$, $(n=2, l=1, m_l=+1)$ の4種類の組合せがある．主量子数 $n=3$ のときには，$l=0, 1, 2$ の3種の方位量子数があり，9通りの軌道関数が存在する．なお，方位量子数 l は $n-1$ までの値なので，$(n=1, l=1)$ の1pや $(n=2, l=2)$ の2d軌道は当然存在しない．

表1.6 軌道と量子数の関係

軌道名	1s	2s	$2p_z$	($2p_x$ $2p_y$)	3s	$3p_z$	($3p_x$ $3p_y$)	$3d_{z^2}$	($3d_{xz}$ $3d_{yz}$)	($3d_{yx}$ $3d_{x^2-y^2}$)
n	1	2	2	2　　2	3	3	3　　3	3	3　　3	3　　3
l	0	0	1	1　　1	0	1	1　　1	2	2　　2	2　　2
m_l	0	0	0	(+1　−1)	0	0	(+1　−1)	0	(+1　−1)	(+2　−2)

以上のように，量子数の組合せによって規定される多様な軌道関数 ψ が存在するので，電子の空間的な広がり方も様々になる．原子核からの距離 r 離れたところの電子分布を比較すると，図1.12のようになり，軌道ごとに電子密度の高い部分が異なる．一般に，エネルギー準位の高い軌道（主量子数 n が大きい）ほど，電子密度の高い空間が原子核から遠く離れる．一方，主量子数 n が同じで，方位量子数 l が異なる軌道（たとえば，2s軌道と2p軌道）の電子の分布を比較すると，密度が極大を示す r の値は，p軌道の方がわずかに小さい．しかし，2s軌道にはも

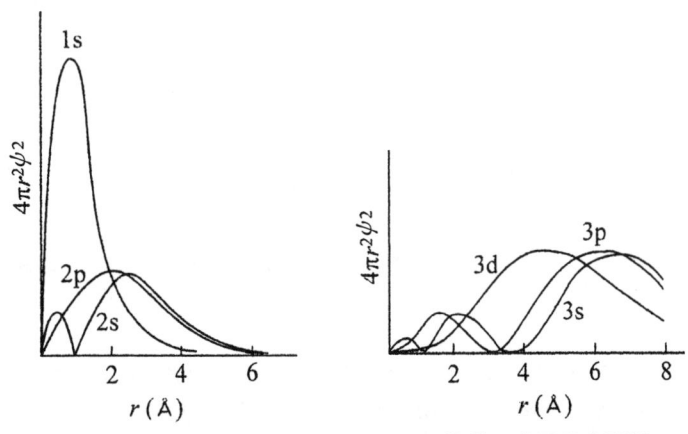

図1.12　1s, 2s, 2p, 3s, 3p, 3d軌道の動径分布関数

うひとつ小さな極大値をもつところがあり，これが原子核の近くに存在するので2s軌道の電子は2p軌道の電子よりも原子核の近くまでくる機会が多い．したがって，2s軌道の電子の方が原子核の正電荷を受けやすく，エネルギーが低くなる．これは，3s, 3p, 3dを比べても同じである．このように，軌道が原子核の近くまで入り込んでいることを，軌道が貫入penetrationしているという．

実際には，各軌道の波動関数ψは2つの関数の積$R_{n,l}(r) \cdot Y_{l,m_l}(\theta, \phi)$で表される[*1]．$R_{n,l}(r)$は原子核からの動径距離$r$に依存し，量子数$n$, lで決まる動径部分の関数である．一方，$Y_{l,m_l}(\theta, \phi)$はrには依存せず，極座標における角度θおよびϕの関数で，軌道の形と方向を規定する量子数lとm_lで決定される．このようにψが関数式で与えられるので，ψ^2に比例する電子の存在確率を軌道の形として視覚化すると非常に便利である．存在確率の合計が，たとえば95％に相当する領域で境界をつくると，軌道関数に近似した三次元的な軌道の形を表現できる．図1.13に軌道関数を表した量子力学モデルを示した．

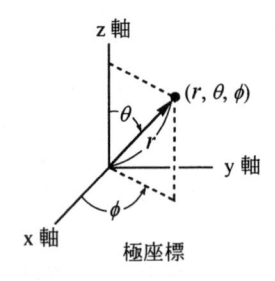

極座標

方位量子数$l = 0$の1s軌道は球対称の電子分布をもつ．これは，この軌道の角部分の関数Y(s)が変数θやϕを含まない定数$1/(2 \cdot \pi^{1/2})$になり，この軌道のψ(1s)が動径部分の関数R(1s)のみに依存して変化するからである（p.21，脚注[*1]参照）．つまり，原子核からある一定距離rだけ離れた位置のψの値はどの方向のものを比べても等しいのである（p.26，図1.14）．また，この軌道の形は，電子が方向性なくさまざまなところに存在することを意味している．なお，2sや3s軌道の角部分の関数も1s軌道と同じ定数になるので，これらの電子分布も球対称になる．

方位量子数$l = 1$以上の軌道は，角部分の関数Yに依存するので方向性がある．たとえば，2p$_z$軌道の電子分布は，図1.13に示すようにz軸を対称軸とした亜鈴型で表される．これは，この軌道の角部分を表す関数$Y(p_x)$[*2]が$\cos\theta$に比例し，z軸に沿って正の最大値1（$\theta = 0$）と負の最大値-1（$\theta = 180°$）をもつので，この軌道の波動関数ψ（2p$_z$）の角成分がz軸に沿って最大になるからである（図1.14）．また，$\cos\theta = 0$になる部分は節nodeといわれ，この節を境にしてψの符号が逆転する．なお，$Y(p_x)$[*2]および$Y(p_y)$[*2]は，それぞれ$\sin\theta \cos\phi$および$\sin\theta$

[*1] 電子が1個の水素類似原子（H, He$^+$など）の波動方程式は厳密に解くことができる．電子が2個以上になると電子間反発を考える必要が生じ，この方程式は近似的にしか解けなくなる．電子が平均的な電場の中で運動すると仮定すると，多電子原子も水素類似原子と同じような波動関数になる．

第1章 原子の構造と周期表

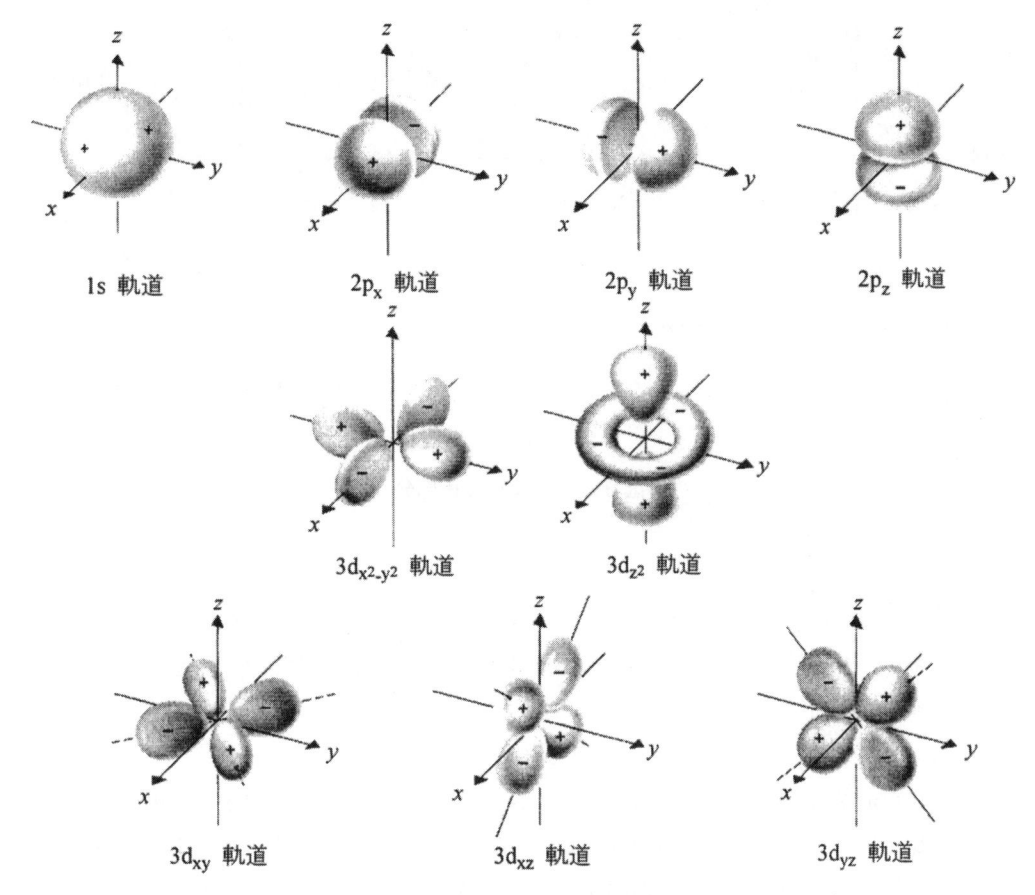

図1.13 s, p, d軌道の形

$\sin\phi$ に比例するので, $2p_x$ 軌道は x 軸に, また, $2p_y$ 軌道は y 軸に沿って角成分が最大になる.

3d 軌道には5種類の軌道がある. そのうち, $3d_{xy}$, $3d_{yz}$, $3d_{zx}$ 軌道はそれぞれ xy, yz, zx 面に対称軸のある電子分布をもつ. たとえば, $3d_{xy}$ 軌道についてみると, その角部分の関数は係数部分を除けば $Y(d_{xy}) \propto \sin^2\theta \sin 2\phi$ のように表される. したがって, この関数の $\sin^2\theta$ が $\theta = 90°$ の xy 面で最大値になる. また, この面で ϕ をまわすと 90°おきに $\sin 2\phi$ の符号が逆転するので, この軌道の断面 (xy 面) が四葉のクローバー型になるのである. 残りの $3d_{x^2-y^2}$, $3d_{z^2}$ 軌道は座標軸の方向に電子分布をもつ. 後者は主に z 軸に沿って描かれるが, xy 平面にもわずかに

---

* 2 水素原子の波動関数 ψ の動径部分 $R_{n,l}(r)$ と角部分 $Y_{l,m_l}(\theta, \phi)$ の関数 [$a_0 = 0.529$ Å (ボーア半径)]

$$R(2s) = \frac{1}{\sqrt{2}} \left(\frac{1}{a_0}\right)^{3/2} \left(1 - \frac{r}{2a_0}\right) \exp\left(-\frac{r}{2a_0}\right) \qquad Y(p_x) = \frac{\sqrt{3}}{2\sqrt{\pi}} \sin\theta \cos\phi$$

$$R(2p) = \frac{1}{2\sqrt{6}} \left(\frac{1}{a_0}\right)^{3/2} \frac{r}{a_0} \exp\left(-\frac{r}{2a_0}\right) \qquad Y(p_y) = \frac{\sqrt{3}}{2\sqrt{\pi}} \sin\theta \cos\theta$$

$$R(3s) = \frac{2}{9\sqrt{3}} \left(\frac{1}{a_0}\right)^{3/2} \left(3 - \frac{2r}{a_0} + \frac{2r^2}{9a_0^2}\right) \exp\left(-\frac{r}{3a_0}\right) \qquad Y(p_z) = \frac{\sqrt{3}}{2\sqrt{\pi}} \cos\theta$$

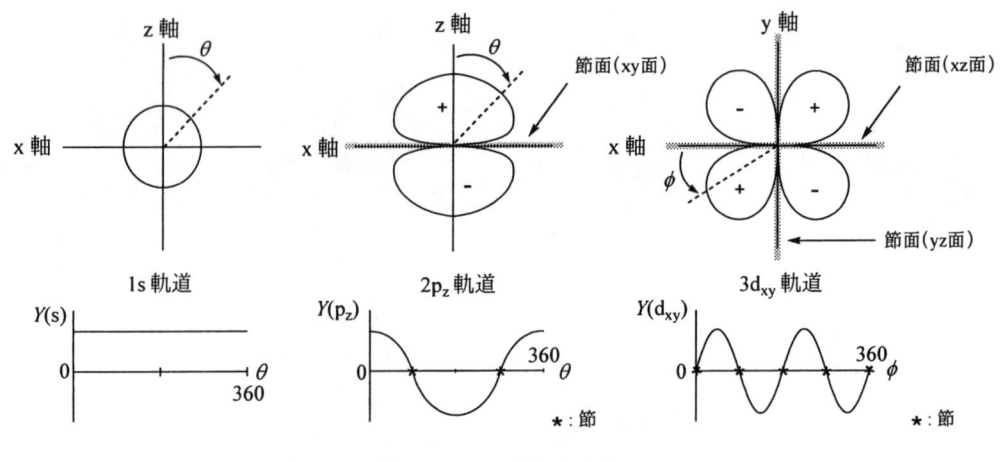

図 1.14 軌道の角部分

ドーナツ状の軌道をもつ.

　波動関数 ψ の符号が逆転する節の部分では, $\psi = 0$ になり電子の存在確率も 0 である. 方向性のある軌道には, このような部分が平面として存在する. たとえば, $2p_z$ 軌道 ($l = 1$) には, それが 1 種類 (xy 面), $3d_{xy}$ 軌道 ($l = 2$) には 2 種類 (xz, yz 面) ある. この面は角部分の節面 angular node といわれ, 各軌道に l 個存在する (図 1.14).

　球対称の s 軌道 ($l = 0$) にも節面がある. たとえば, 2s 軌道では, p.25 の脚注 *2 に示した $R(2s)$ の因数 $1 - r/2a_0$ が 0 になる部分が節面になる. これは, 原子核を通る電子雲の断面図で示すと白抜きの部分に相当する (図 1.15). このように, 2s 軌道には電子分布のない半径 $r = 2a_0$ の球面が存在しているのである. また, 3s 軌道の $R(3s)$ には, その因数 $3 - 2r/a_0 + 2r^2/9a_0^2$ が 0 になる半径 r について 2 つの解があるので, 節面が 2 箇所に存在する. このような節面は, 原子核からの距離 r で決まる動径部分の節面 radial node といわれ, 各軌道に ($n - 1 - 1$) 個存在する.

　$3p_x$ 軌道 ($n = 3, l = 1$) は動径部分および角部分の双方に節面をもつ. この軌道の動径部分の関数は係数部分を別にすれば, $R(3p) \propto (2 - r/3a_0)r/a_0 \exp(-r/3a_0)$ のようになり, その因数 $2 - r/3a_0 = 0$ の部分で波動関数 $\psi(3p_x)$ が 0 になる. したがって, 半径 $r = 6a_0$ の球面が節面になる. また, 角部分の関数 $Y(p_x)$ は $2p_x$ 軌道と同様に $\sin\theta \cos\phi$ に比例するので, yz 面が節面になる.

　$3d_{z^2}$ 軌道の節面は $2p_z$ 軌道のように $\theta = 90°$ の xy 面ではない. この軌道の角部分の関数も係数部分を除けば $Y(d_{z^2}) \propto 3\cos^2\theta - 1$ のように表される. したがって, $3\cos^2\theta - 1$ の部分, すなわち, z 軸から $\theta = 54.7°$ 傾いたところに節面ができるのである (図 1.16).

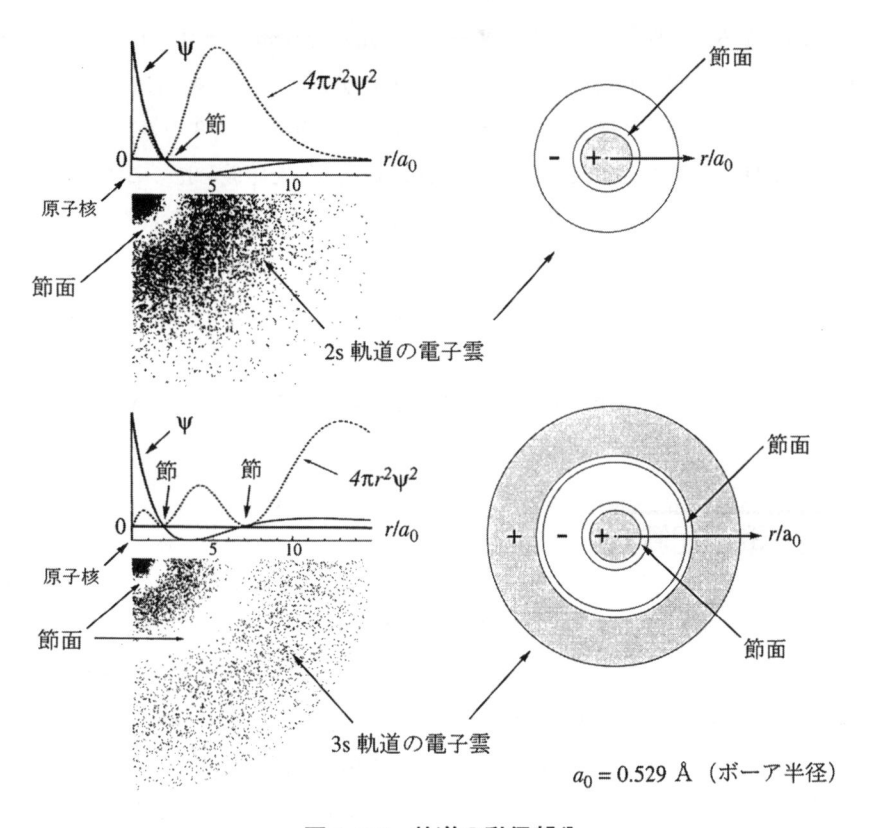

図 1.15　軌道の動径部分

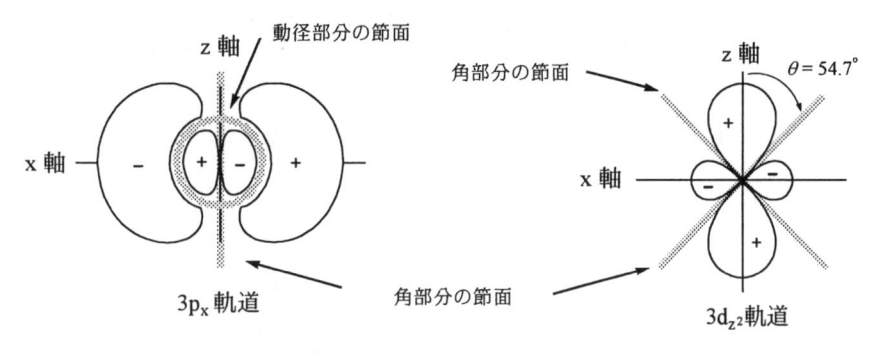

図 1.16　$3p_x$ および $3d_{z^2}$ 軌道の節面（xz 面での断面図）

1.3.5　電子スピン

　ナトリウムのスペクトル（Na の D 線）の波長 589 nm 付近に現れる線を厳密に分析すると，非常に近い値の波長（589.01 nm および 589.62 nm）をもつの 2 種類の線が確認される．これは，ナトリウムの電子が 3p 軌道に遷移した状態から 3s 軌道に戻るときに生じるものである．この現象は，1 つの軌道に異なる回転 **spin**（スピン）をもつ電子が 1 つずつ配置されることを意味し

ている．この結果から，ハウトスミット（蘭→米，S. A. Goudsmit）とユーレンベック（蘭→米，G. E. Uhlenbeck）は，地球が自転しながら太陽のまわりを公転するように，原子核のまわりを回転する電子も自転していると推定した．そして，電子の状態を示す3つの量子数に加えて，第4の量子数，すなわち"**スピン量子数** spin quantum number"を定義した．この量子数は記号 m_s を用いて表される．電子の回転（スピン）には2種類のみが可能で，それぞれが $+h/4\pi$ および $-h/4\pi$ であると導かれた．電子スピンの角運動量の単位が $h/2\pi$ であるので，2種類のスピンはそれぞれ $+1/2$ および $-1/2$ と表される．また，矢印↑と↓を用いて示される場合もある．たとえば，基底状態の水素原子の1s軌道に配置される電子は，m_s が $+1/2$ あるいは $-1/2$ のどちらか1つである．ヘリウム $_2$He はこの2種類の電子を対（**電子対** electron pair）として1s軌道に収容している．

1.3.6 電子配置

これまでに，軌道に収容される電子の状態を区別する4種類の量子数（主量子数 n，方位量子数 l，磁気量子数 m_l，スピン量子数 m_s）について述べた．原子の電子配置を考える上で，主量子数 n の主殻にある軌道（副殻）の種類とそれぞれの軌道に収容される電子数を把握しておくと便利である．主量子数 n で表される電子殻には，n^2 個の軌道が存在する．また，各副殻に収容できる電子は2個であるので，主量子数 n の主殻が収容可能な電子数は $2n^2$ 個となる．表1.7には，軌道別に収容可能な電子数を示した．

表1.7 各軌道に収容可能な電子の最大数

主殻名	主量子数 n	方位量子数 l	軌道名（副殻名）	電子数＝$2 \times n^2$
K	1	0	1s	2 ⎫ ＝2×1^2
L	2	0	2s	2 ⎫
		1	2p	6 ⎭ ＝2×2^2
M	3	0	3s	2 ⎫
		1	3p	6 ⎬ ＝2×3^2
		2	3d	10 ⎭
N	4	0	4s	2 ⎫
		1	4p	6 ⎬ ＝2×4^2
		2	4d	10
		3	4f	14 ⎭

通常，基底状態の原子の電子は，①エネルギー準位の低い軌道から順に，②パウリの排他原理 Pauli's exclusion principle と，③フントの規則 Hund's rule に従った厳しい制約を受けながら，収容される．このようにして電子が軌道を満たす順序は，**構成原理** Aufbau principle といわれる．

① **各軌道のエネルギー準位**

必ずしも主量子数 n が大きな軌道ほどエネルギー準位が高くなるとは限らない．一般に，電子は図 1.17 に示すように 1s ＜ 2s ＜ 2p ＜ 3s ＜ 3p ＜ 4s ＜ 3d ＜ 4p ＜ 5s ＜ 4d ＜ 5p ＜ 6s ＜ 4f ＜ 5d …… の順に軌道に収容される．

② **パウリの排他原理**

「同じ原子内に，4 つの量子数すべてが同じ電子は 2 つとない」という原理．量子数 n, l, m_l で規定される軌道に入りうる 2 個の電子の m_s は異なり，必ず逆平行スピンになるのである．いいかえると，各軌道は最高 2 個の電子しか収容できず，電子の m_s は必ず異なるのである．

③ **フントの規則**

「電子はスピンを同じ向き（平行スピン）にそろえて，可能な限り異なる軌道を占めようとする」という規則．同じ軌道に電子が 2 個入ると電子同士が同じ空間を共有するので，電子間の反発が大きくなる．別々の軌道に電子が入るとこの反発がなくなる．

以上の規則に従って電子が軌道に配置される順序は，各軌道に収容できる電子数（表 1.7）とともに，原子の構造や化学的性質を理解するために非常に重要である．

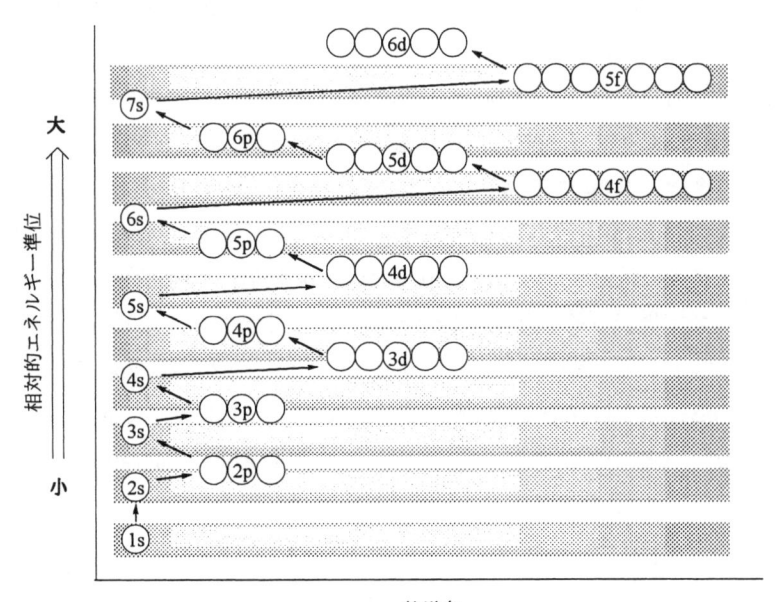

図 1.17 原子軌道の相対的エネルギー準位と電子が軌道を満たす順序

実際の原子の電子配置として，表 1.8（p.30）に水素 $_1$H からカルシウム $_{20}$Ca までの原子の基底状態における例を示した．

水素原子 $_1$H の電子は 1s 軌道に入り，その電子配置は $1s^1$ と表される．ヘリウム $_2$He の第 2 番

表 1.8 基底状態における原子の電子配置 ($_1$H ～ $_{20}$Ca)

原　子	電子配置	原　子	電子配置
$_1$H	$1s^1$	$_{11}$Na	$1s^22s^22p^63s^1$
$_2$He	$1s^2$	$_{12}$Mg	$1s^22s^22p^63s^2$
$_3$Li	$1s^22s^1$	$_{13}$Al	$1s^22s^22p^63s^23p^1$
$_4$Be	$1s^22s^2$	$_{14}$Si	$1s^22s^22p^63s^23p^2$
$_5$B	$1s^22s^22p^1$	$_{15}$P	$1s^22s^22p^63s^23p^3$
$_6$C	$1s^22s^22p^2$	$_{16}$S	$1s^22s^22p^63s^23p^4$
$_7$N	$1s^22s^22p^3$	$_{17}$Cl	$1s^22s^22p^63s^23p^5$
$_8$O	$1s^22s^22p^4$	$_{18}$Ar	$1s^22s^22p^63s^23p^6$
$_9$F	$1s^22s^22p^5$	$_{19}$K	$1s^22s^22p^63s^23p^64s^1$
$_{10}$Ne	$1s^22s^22p^6$	$_{20}$Ca	$1s^22s^22p^63s^23p^64s^2$

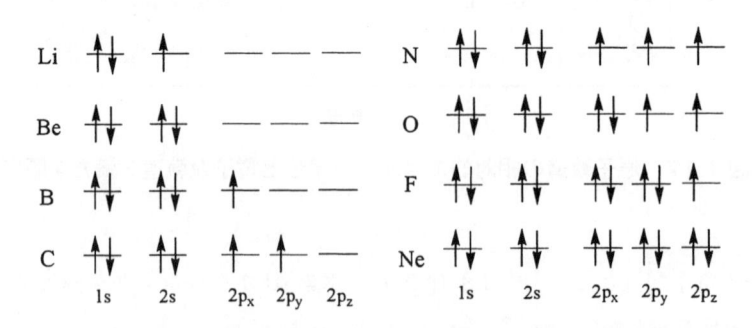

目の電子は，パウリの排他原理に従って，第1番目の電子と異なるスピンで1s軌道に収容される．これで，主量子数 $n = 1$ の軌道は全て満たされた電子配置 $1s^2$ になる．この状態は閉殻 closed shell 構造といわれ，非常に安定な電子構造である．リチウム $_3$Li の電子のうち2個はヘリウムと同じ電子配置をとるが，第3番目の電子はもはや1s軌道には入れず次にエネルギー準位の低い2s軌道に**不対電子** unpaired electron として入り，電子配置は $1s^22s^1$ となる．リチウムの内殻軌道 core orbital の電子配置は，ヘリウムと同じであるから $[\text{He}]2s^1$ と表してもよい．ベリリウム $_4$Be の第4番目の電子も2s軌道に入り，電子配置が $1s^22s^2$ あるいは $[\text{He}]2s^2$ となる．ホウ素 $_5$B および炭素 $_6$C の電子配置は，それぞれ $1s^22s^22p^1$ および $1s^22s^22p^2$ である．ホウ素の第5番目の電子は3種類の2p軌道 ($2p_x$, $2p_y$, $2p_z$) のうち，どの軌道に収容されても同じである．しかし，炭素の第5，6番目の電子の2p軌道の占め方には幾通りかある．これらは，フントの規則に従って別々の軌道（たとえば，$2p_x$ 軌道と $2p_y$ 軌道）に同じ向きのスピン状態で収容される．したがって，炭素の電子配置を $1s^22s^22p_x^12p_y^1$ のように表すこともできる．窒素 $_7$N の第5，6，7番目の電子も同じスピンをもち，2p軌道に1つずつ $2p_x^12p_y^12p_z^1$ のように収容されるのが最も安定である．窒素以降の元素の原子では，2p軌道が順に電子で満たされていき，ネオン $_{10}$Ne$[\text{He}]2s^22p^6$ でL殻が閉殻する．電子配置は，**軌道図** orbital diagram を用いても表すこと

図 1.18 基底状態の原子の軌道図（第2周期元素）

もできる．図 1.18 に，第 2 周期元素の軌道図を用いて，電子がパウリの排他原理およびフントの規則に従って各軌道に収容されていく様子を示した．この方法では，＋1/2 および－1/2 のスピンをもつ電子を矢印↑と↓で区別できる．また，縮退している副殻（たとえば，$2p_x$，$2p_y$，$2p_z$ 軌道）を別々に表示する．

第 3 周期の元素から M 殻の 3s，3p 軌道の順に電子が収容されていく．電子配置が $1s^22s^22p^63s^1$ のナトリウム $_{11}$Na の内殻構造はネオンと同じであるので，[Ne]$3s^1$ と表すこともできる．以下，順に軌道に電子を収容すると，この周期の元素は原子番号 $Z = 18$ のアルゴン Ar で，M 殻が閉殻構造 [Ne]$3s^23p^6$ になる．第 4 周期のカリウム $_{19}$K の第 19 番目の電子は 3p 軌道の次にエネルギー準位の低い 4s 軌道に収容され，電子配置は [Ar]$4s^1$ となる．カルシウム $_{20}$Ca の電子配置は [Ar]$4s^2$ で表され，この元素の 4s 軌道は電子でいっぱいになっている．次のスカンジウム $_{21}$Sc から 3d 軌道に電子が入り始め，その電子配置は [Ar]$4s^23d^1$ になる．このようにしてエネルギー準位の低い軌道から順次電子を収容していくと，各元素の原子の電子配置は表 1.9（p.32）のようになる．

この表 1.9 をみると，電子が軌道のエネルギー準位の順序に従って収容されていない遷移元素がいくつかあることに気付くはずである．たとえば，クロム $_{24}$Cr と銅 $_{29}$Cu の電子配置には規則性が見られない．これらの 3d，4s 軌道の電子配置を，その前後の元素のものとともに軌道図 1.19 に示した．ここでは，アルゴンと同じ電子配置の部分は，[Ar 殻] として省略している．

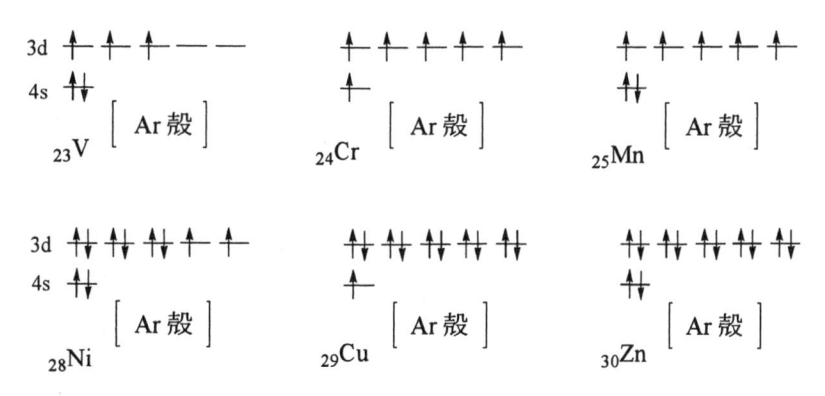

図 1.19　V，Cr，Mn，Ni，Cu，Zn の軌道図（3d，4s 軌道）

クロムの電子配置は [Ar]$4s^23d^4$ ではなく，[Ar]$4s^13d^5$ になっている．クロムは，フントの規則に従ってすべての 3d 軌道が平行スピンの電子で満たされた半閉殻の $3d^5$ 副殻構造をもつことによって，副殻の安定性を獲得しているのである．同様に，銅の電子配置も [Ar]$4s^23d^9$ ではなく [Ar]$4s^13d^{10}$ となり，3d 軌道が完全に満たされた $3d^{10}$ 副殻構造になっている．このように，縮退した副殻（Cr，Cu の場合は 3d 軌道）が半分または全て満たされた電子配置は，電子の平行スピン数が多く安定になる．原子軌道の相対的エネルギー準位を図 1.20（p.33）に示した．この図からわかるように，軌道のエネルギー準位が複雑に交差しているところがある．4s 軌道と

表 1.9 元素の基底状態における核外電子配置

元素	K	L		M			N				O				元素	K	L	M	N				O				P			Q
	1s	2s	2p	3s	3p	3d	4s	4p	4d		5s	5p							4s	4p	4d	4f	5s	5p	5d	5f	6s	6p	6d	7s
$_1$H	1														$_{55}$Cs	2	8	18	2	6	10		2	6			1			
$_2$He	2														$_{56}$Ba	2	8	18	2	6	10		2	6			2			
$_3$Li	2	1													$_{57}$La	2	8	18	2	6	10		2	6	1		2			
$_4$Be	2	2													$_{58}$Ce	2	8	18	2	6	10	2	2	6			2			
$_5$B	2	2	1												$_{59}$Pr	2	8	18	2	6	10	3	2	6			2			
$_6$C	2	2	2												$_{60}$Nd	2	8	18	2	6	10	4	2	6			2			
$_7$N	2	2	3												$_{61}$Pm	2	8	18	2	6	10	5	2	6			2			
$_8$O	2	2	4												$_{62}$Sm	2	8	18	2	6	10	6	2	6			2			
$_9$F	2	2	5												$_{63}$Eu	2	8	18	2	6	10	7	2	6			2			
$_{10}$Ne	2	2	6												$_{64}$Gd	2	8	18	2	6	10	7	2	6	1		2			
$_{11}$Na	2	2	6	1											$_{65}$Tb	2	8	18	2	6	10	9	2	6			2			
$_{12}$Mg	2	2	6	2											$_{66}$Dy	2	8	18	2	6	10	10	2	6			2			
$_{13}$Al	2	2	6	2	1										$_{67}$Ho	2	8	18	2	6	10	11	2	6			2			
$_{14}$Si	2	2	6	2	2										$_{68}$Er	2	8	18	2	6	10	12	2	6			2			
$_{15}$P	2	2	6	2	3										$_{69}$Tm	2	8	18	2	6	10	13	2	6			2			
$_{16}$S	2	2	6	2	4										$_{70}$Yb	2	8	18	2	6	10	14	2	6			2			
$_{17}$Cl	2	2	6	2	5										$_{71}$Lu	2	8	18	2	6	10	14	2	6	1		2			
$_{18}$Ar	2	2	6	2	6										$_{72}$Hf	2	8	18	2	6	10	14	2	6	2		2			
$_{19}$K	2	2	6	2	6		1								$_{73}$Ta	2	8	18	2	6	10	14	2	6	3		2			
$_{20}$Ca	2	2	6	2	6		2								$_{74}$W	2	8	18	2	6	10	14	2	6	4		2			
$_{21}$Sc	2	2	6	2	6	1	2								$_{75}$Re	2	8	18	2	6	10	14	2	6	5		2			
$_{22}$Ti	2	2	6	2	6	2	2								$_{76}$Os	2	8	18	2	6	10	14	2	6	6		2			
$_{23}$V	2	2	6	2	6	3	2								$_{77}$Ir	2	8	18	2	6	10	14	2	6	7		2			
$_{24}$Cr	2	2	6	2	6	5	1								$_{78}$Pt	2	8	18	2	6	10	14	2	6	8		2			
$_{25}$Mn	2	2	6	2	6	5	2								$_{79}$Au	2	8	18	2	6	10	14	2	6	10		1			
$_{26}$Fe	2	2	6	2	6	6	2								$_{80}$Hg	2	8	18	2	6	10	14	2	6	10		2			
$_{27}$Co	2	2	6	2	6	7	2								$_{81}$Tl	2	8	18	2	6	10	14	2	6	10		2	1		
$_{28}$Ni	2	2	6	2	6	8	2								$_{82}$Pb	2	8	18	2	6	10	14	2	6	10		2	2		
$_{29}$Cu	2	2	6	2	6	10	1								$_{83}$Bi	2	8	18	2	6	10	14	2	6	10		2	3		
$_{30}$Zn	2	2	6	2	6	10	2								$_{84}$Po	2	8	18	2	6	10	14	2	6	10		2	4		
$_{31}$Ga	2	2	6	2	6	10	2	1							$_{85}$At	2	8	18	2	6	10	14	2	6	10		2	5		
$_{32}$Ge	2	2	6	2	6	10	2	2							$_{86}$Rn	2	8	18	2	6	10	14	2	6	10		2	6		
$_{33}$As	2	2	6	2	6	10	2	3							$_{87}$Fr	2	8	18	2	6	10	14	2	6	10		2	6		1
$_{34}$Se	2	2	6	2	6	10	2	4							$_{88}$Ra	2	8	18	2	6	10	14	2	6	10		2	6		2
$_{35}$Br	2	2	6	2	6	10	2	5							$_{89}$Ac	2	8	18	2	6	10	14	2	6	10		2	6	1	2
$_{36}$Kr	2	2	6	2	6	10	2	6							$_{90}$Th	2	8	18	2	6	10	14	2	6	10		2	6	2	2
$_{37}$Rb	2	2	6	2	6	10	2	6			1				$_{91}$Pa	2	8	18	2	6	10	14	2	6	10	2	2	6	1	2
$_{38}$Sr	2	2	6	2	6	10	2	6			2				$_{92}$U	2	8	18	2	6	10	14	2	6	10	3	2	6	1	2
$_{39}$Y	2	2	6	2	6	10	2	6	1		2				$_{93}$Np	2	8	18	2	6	10	14	2	6	10	4	2	6	1	2
$_{40}$Zr	2	2	6	2	6	10	2	6	2		2				$_{94}$Pu	2	8	18	2	6	10	14	2	6	10	5	2	6		2
$_{41}$Nb	2	2	6	2	6	10	2	6	4		1				$_{95}$Am	2	8	18	2	6	10	14	2	6	10	7	2	6		2
$_{42}$Mo	2	2	6	2	6	10	2	6	5		1				$_{96}$Cm	2	8	18	2	6	10	14	2	6	10	7	2	6	1	2
$_{43}$Tc	2	2	6	2	6	10	2	6	6		1				$_{97}$Bk	2	8	18	2	6	10	14	2	6	10	8	2	6	1	2
$_{44}$Ru	2	2	6	2	6	10	2	6	7		1				$_{98}$Cf	2	8	18	2	6	10	14	2	6	10	9	2	6	1	2
$_{45}$Rh	2	2	6	2	6	10	2	6	8		1				$_{99}$Es	2	8	18	2	6	10	14	2	6	10	10	2	6	1	2
$_{46}$Pd	2	2	6	2	6	10	2	6	10						$_{100}$Fm	2	8	18	2	6	10	14	2	6	10	11	2	6	1	2
$_{47}$Ag	2	2	6	2	6	10	2	6	10		1				$_{101}$Md	2	8	18	2	6	10	14	2	6	10	12	2	6	1	2
$_{48}$Cd	2	2	6	2	6	10	2	6	10		2				$_{102}$No	2	8	18	2	6	10	14	2	6	10	13	2	6	1	2
$_{49}$In	2	2	6	2	6	10	2	6	10		2	1			$_{103}$Lr	2	8	18	2	6	10	14	2	6	10	14	2	6	1	2
$_{50}$Sn	2	2	6	2	6	10	2	6	10		2	2																		
$_{51}$Sb	2	2	6	2	6	10	2	6	10		2	3																		
$_{52}$Te	2	2	6	2	6	10	2	6	10		2	4																		
$_{53}$I	2	2	6	2	6	10	2	6	10		2	5																		
$_{54}$Xe	2	2	6	2	6	10	2	6	10		2	6																		

第 6, 7 周期元素の原子の K, L, M 殻については, 電子配置を省略して示した.

■は, 遷移元素

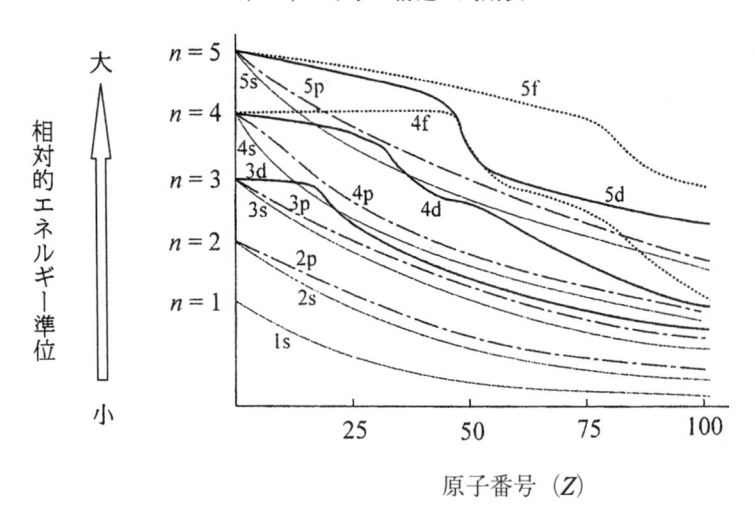

図 1.20　原子番号と軌道の相対的エネルギー準位

3d 軌道では，原子番号 20 から 30 付近がそれに相当する．このような軌道は，エネルギーが接近しているので，電子の移動は比較的起こりやすい．したがって，原子はより安定な電子配置になるためにエネルギーの低い軌道から電子 1 個を借用するのである．

なお，各軌道のエネルギー準位が，原子番号の変化とともにすべて右下がりのグラフになっている．これは，原子番号（原子核の陽子数）が増加すると電子が原子核から受けるクーロン力が大きくなるので，電子のエネルギーが安定化することを意味しているのである．

以上のように，収容される電子数（原子番号）の違いで軌道を安定化させる特別な電子配置があり，電子配置に規則性を示さない一部の遷移元素の原子もあるが，通常，電子は図 1.17（p.29）に示したように，相対的エネルギーの順で軌道に収容されていく．各軌道に収容された電子のうち，最も外側の電子殻にある最外殻電子は原子の化学結合や化学的性質に深くかかわっている．このような電子は原子価電子 valency electron（価電子）と呼ばれる．

1.4　周期表と元素の分類

周期表 periodic table の原型になるものが，1869 年メンデレーエフ（露，D. I. Mendeleev）によってつくられた．しかし，そこに到達するまでには多くの学者による研究があった．19 世紀の初め，ドルトンが原子説を発表し，いくつかの元素について大きな誤差を含みながらも原子量を測定した．この研究を期に原子量の測定に関する研究技術が進んだ．そして，より精密な原子量がベルツェリウス（スウェーデン，J. J. Berzerius）やスタス（ベルギー，J. Stas）らによって算出され，原子量の順列が次第に明らかにされていった．このような元素の原子量を決定する研

究が，周期表の基本になったのである．

その頃，新しい元素も次々と発見された．元素の種類が増えるにつれて元素の分類や周期性が論じられるようになり，様々な観点から元素が分類されていった．その代表的なものを以下にあげる．

"**三つ組元素の法則**"（1817年）：デベライナー（独，J. W. Döbereiner）は，当時知られていた元素の中に化学的性質が類似した3種の元素からなる組〔(Li, Na, K), (Ca, Sr, Ba), (Cl, Br, I), (S, Se, Te) など〕がいくつかあり，中間に示した元素の原子量は両端の元素の原子量との平均値になることを見出した．

"**地のらせん**"（1862年）：ド・シャンクルトア（仏，A. E. P. de Chancourtrois）は，元素を原子量の順に円筒のまわりにらせん状に並べると，(Li, Na, K), (Be, Mg, Ca), (O, S, Se) のように類似した性質の元素が円筒の側面で一直線状に並ぶことを見出した．

"**オクターブの法則**"（1864年）：ニューランズ（英，J. A. R. Newlands）は，元素を原子量の順にならべると，8番目ごとに性質の類似した元素が現れることを見出した．この当時，希ガス元素はまだ発見されていなかった．これは音楽の音階にちなんでオクターブの法則と呼ばれている．

これらの法則の発表に遅れること数年，メンデレーエフは，「**元素を原子量の小さいものから順に並べると，化学的性質の類似した元素が周期的に現れる．そして，それらを同じ列に収まるように配列できる．**」と述べ，当時発見されていた63種類の元素を配列し，これまでの法則を総括したような周期表を発表した（1869年）．このように，性質の似た元素が周期的に現れることを元素の周期律 periodic law という．また，彼は周期表に未発見の元素のための空欄を設け，その空欄の周囲に配置されている元素から未知の元素（たとえば，Sc, Ga, Ge など）の原子量や性質までを予言したのである．その後，1875年に Ga，1897年に Sc，1886年に Ge が相次いで発見された．しかも，発見された元素の性質が彼の予言と驚くほど一致したことから，元素の周期律の真価が高く評価されることになった．しかし，原子量を基準とする元素の配列には，原子量と原子番号の不一致（$_{18}$Ar と $_{19}$K，$_{27}$Co と $_{28}$Ni，$_{52}$Te と $_{53}$I）や遷移金属の扱い方，金属と非金属の区別がはっきりしていないことなど，いくつかの欠点もあった．これらの欠点は適時改正され，現在の周期表が完成した．この周期表では，元素が原子番号順に並べられているが，物理的および化学的性質のよく似た元素が周期的に現れており，その周期性は19世紀に考案されたものとほとんど同じなのである．なお，現在汎用されている周期表は，**国際純正および応用化学連合**（International Union of Pure and Applied Chemistry，略称 IUPAC）により承認された長周期型周期表である．この周期表では，図1.21に示すように，18種の族 group を1つの周期 period にまとめ7周期に分類している．

1.4.1 典型元素と遷移元素

長周期型周期表で18種類の族に分類された元素は，図1.21に示すように，1, 2, 12〜18族の**典型元素** representative elements と 3〜11族の**遷移元素** transition elements に大別される．

典型元素の原子は，最外殻の電子配置が ns^1, ns^2, あるいは $ns^2np^{1\sim6}$ で，その内側の $(n-1)$d 軌道に電子をもっていないか，あるいは $(n-1)$d 軌道が完全に満たされている．また，1族および2族の元素では原子の価電子数（最外殻電子数）が，それぞれ1および2個であり，12〜18族は族番号の1位の数字に相当する数の価電子をもつ（p.32, 表1.9参照）．このように典型元素では，最外殻の電子配置が族ごとに同じなのである．以下に，その特徴を述べる．

1族元素：原子は最外殻に ns^1 の電子配置をもつ．水素以外は，アルカリ金属 alkali metal と呼ばれる．原子は ns 軌道の価電子を放出すると希ガスと同じ閉殻構造の＋1価[*1]の陽イオン $(n-1)s^2(n-1)p^6$ を与える．水素は同じように水素陽イオン（H^+, proton）を与えるが，1個の電子をうけとってヘリウムと同じ電子構造の－1価の水素陰イオン（H^-, hydride）にもなる．原子番号が大きくなるほど陽イオンになる傾

	1 (1A)	2 (2A)	3 (3A)	4 (4A)	5 (5A)	6 (6A)	7 (7A)	8 (8)	9 (8)	10 (8)	11 (1B)	12 (2B)	13 (3B)	14 (4B)	15 (5B)	16 (6B)	17 (7B)	18 (0)
1	H																	He
2	Li	Be											B	C	N	O	F	Ne
3	Na	Mg											Al	Si	P	S	Cl	Ar
4	K	Ca	Sc	Ti	V	Cr	Mn	Fe	Co	Ni	Cu	Zn	Ga	Ge	As	Se	Br	Kr
5	Rb	Sr	Y	Zr	Nb	Mo	Tc	Ru	Rh	Pd	Ag	Cd	In	Sn	Sb	Te	I	Xe
6	Cs	Ba	ランタノイド	Hf	Ta	W	Re	Os	Ir	Pt	Au	Hg	Tl	Pb	Bi	Po	At	Rn
7	Fr	Ra	アクチノイド	Rf	Db	Sg	Bh	Hs	Mt	Ds								

ランタノイド	La	Ce	Pr	Nd	Pm	Sm	Eu	Gd	Tb	Dy	Ho	Er	Tm	Yb	Lu
アクチノイド	Ac	Th	Pa	U	Np	Pu	Am	Cm	Bk	Cf	Es	Fm	Md	No	Lr

図1.21 周期表における典型元素と遷移元素の配置
慣用名のある元素を示した．元素名については，表紙裏の周期表を参照．

[*1] 原子の**酸化数** oxidation number に対応する．第1周期の元素を除く多くの典型元素の原子は，安定な希ガスの電子配置 ns^2np^6 になるように，電子を放出したりあるいは取り込んだりすることによりイオンや化合物をつくる（**八隅則** octet rule）．その際，原子から移動する電子の数がその原子の酸化数に相当する．原子は電子を放出すると正の酸化数をとり，取り込むと負の酸化数をとる．

向は強い．

2族元素：原子は最外殻に ns^2 の電子配置をもつ．ベリリウムとマグネシウム以外は，アルカリ土類金属 alkali earth metal と呼ばれる．この族の原子は2個の価電子を放出して＋2価の陽イオンを与える．陽イオンになる傾向は，1族と同様に原子番号が大きくなるほど強い．

12族元素：この族には3種類の元素があり，亜鉛 Zn，カドミウム Cd，水銀 Hg は，いずれも最外殻の電子配置は2族 ns^2 と同じである．しかし，最外殻にある電子よりもエネルギー準位の高い内殻の $(n-1)d$ 軌道が電子で飽和しており，$(n-1)d^{10}ns^2$ の電子配置になっている．遷移元素と類似した性質をもっているので，周期表では遷移元素のすぐ隣に配置されている．

13族元素：原子は最外殻に ns^2np^1 の電子配置をもつ．この族の原子は3個の価電子を放出して＋3価の化合物をつくりやすい．高周期になると np 軌道の電子のみを放出して＋1価の陽イオン（Ga^+, In^+, Tl^+）にもなる傾向がある．

14族元素：原子は最外殻に ns^2np^2 の電子配置をもつ．この族の原子がとり得る酸化状態は－4から＋4まである．13族と同様，高周期になると np 軌道の電子のみを放出して＋2価の陽イオン（Ge^{2+}, Sn^{2+}, Pb^{2+}）になる傾向がある．

15族元素：原子は最外殻に ns^2np^3 の電子配置をもつ．この族の原子は，－3価から＋5価までの各種の酸化数をとりうるが，高周期（Sb, Bi）になると，13, 14族と同様に np 軌道の電子を放出して＋3価の状態が安定になる．

16族元素：原子は最外殻に ns^2np^4 の電子配置をもつ．この族の原子は，電子を2個受け取って－2価の陰イオンになる傾向を示す．しかし，酸素以外の元素の原子は＋4価や＋6価の状態もとり得る．この族はカルコゲン chalcogen と呼ばれる．

17族元素：原子は最外殻に ns^2np^5 の電子配置をもつ．この族の原子は，電子を1個受け取って安定な閉殻構造 ns^2np^6 の－1価の陰イオンになる傾向が強い．この族はハロゲン halogen と呼ばれる．

18族元素：ヘリウム He 以外の原子の最外殻は ns^2np^6 の閉殻構造になっている．これらの原子の価電子数は0とみなされている．この族は希ガス noble gas と呼ばれる．

一方，**遷移元素**は周期表のほぼ中央に位置している．これらの元素の原子は，一般に最外殻の電子配置は $ns^{1\sim2}$ で，その内殻の d あるいは f 軌道が部分的に電子で満たされている［$(n-2)f$, $(n-1)d$, ns 軌道の電子がない元素もある］．これらの元素では，原子番号の増加に伴って増える電子は最外殻の内側の軌道に収容されていく（p.32, 表1.9参照）．また，内側の軌道に配置された電子は価電子として働くことがあるので，族としての類似性のほかに，同一周期で隣りあうものが類似した性質を示す．特に，**8, 9, 10族元素**の組（$_{26}$Fe, $_{27}$Co, $_{28}$Ni），（$_{44}$Ru, $_{45}$Rh, $_{46}$Pd）および（$_{76}$Os, $_{77}$Ir, $_{78}$Pt）における類似性が著しい．**11族元素**の銅 Cu，銀 Ag，金 Au

は，基底状態の原子が $(n-1)$d 軌道に 10 個の電子をもつので，厳密には遷移元素ではない．しかし，これらの元素は化合物になると，最外殻の内側の電子配置が $(n-1)$d^8 や $(n-1)$d^9 になり，広義の意味で遷移元素に含まれる．周期表がむやみに長くならないように遷移元素の配置にも工夫がなされている．化学的性質が極めて類似する**第 6 周期**のランタン $_{57}$La からルテチウム $_{71}$Lu までの元素が別枠にまとめられている．この系列の元素は，ランタノイド lanthanoid と呼ばれる．ランタノイドに 3 族のスカンジウム Sc とイットリウム Y を加えた 17 種類の元素は，希土類 rare earth と呼ばれる．**第 7 周期**のアクチニウム $_{89}$Ac からローレンシウム $_{103}$Lr までの元素もランタノイドと同様に別枠にされている．これらはアクチノイド actinoid と呼ばれ，このうちウラン $_{92}$U より原子番号の大きい元素はすべて人工放射性元素である．ラザホージウム $_{104}$Rf 以降の元素は超アクチノイドと呼ばれ，これらも人工核変換過程で見つけられた放射性元素である．なお，原子番号 111 以降の元素には，2004 年現在国際的に定められた慣用名と 2 文字で表した元素記号はなく，IUPAC 系統命名法*^{1} に従って命名されている．

1.4.2　元素のブロック分類

周期表に配列された元素は電子配置の違いで，図 1.22（p.38）のように s，p，d，f の 4 種類の**ブロック**にも分類されている．各元素の電子配置は，表 1.9（p.32）を参照せよ．

s-ブロック元素 s-block elements：
　原子の最外殻の電子配置が ns^1 あるいは ns^2 で表される元素．水素，ヘリウム，1 族および 2 族元素で構成されている．

p-ブロック元素 p-block elements：
　ヘリウムを除く 13 族から 18 族の元素．原子の最外殻にある p 軌道の電子数が原子番号順に増加し，その電子配置は ns$^2 n$p$^{1\sim 6}$ で表される．

d-ブロック元素 d-block elements：
　第 4 周期（$n \geq 4$）から始まる 3 族～12 族の元素．一般に，原子番号の増加に伴って内殻の $(n-1)$d 軌道の電子数が 1 つずつ増える．最外殻の ns 軌道と，その内側の $(n-1)$d 軌道の電子数の和（価電子数）が族番号と一致する．これらは，以下に示した内部遷移元素（f-ブロック元素）と区別するために，外部遷移元素とも呼ばれる．$(n-1)$d^{10} 内殻構造をもつ

---

*1　原子番号の数字に対応する語根 [nil (0), un (1), bi (2), tri (3), quad (4), pent (5), hex (6), sept (7), oct (8), enn (9)] を組合せた後，語尾に ium をつけて命名されている．たとえば，$_{111}$Uuu：un + un + un + ium = unununium，$_{112}$Uub：un + un + bi + ium = unun<u>b</u>ium，$_{114}$Uuq：un + un + quad + ium = ununquadium となる．bi や tri の次に ium が来るときには，i を 1 つ省略する．この規則により，未発見の $_{190}$Uen も un + enn + nil + ium = unennilium のようにして命名できる．この場合，enn の次に nil が来るので n を 1 つ省略する．

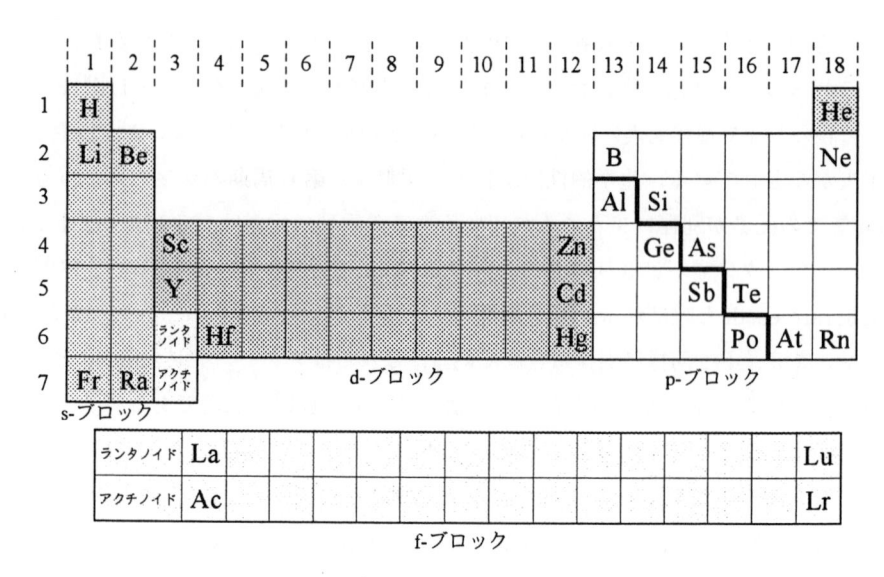

図 1.22 周期表における元素のブロック分類

12 族は厳密な意味では除かれる．

f-ブロック元素 f-block elements：

3 族の 6，7 周期に位置するランタノイドおよびアクチノイド元素．一般に，原子番号が増えるにつれて $(n-2)$f 軌道に電子が満たされていく．これらは，外部遷移元素よりもさらに内側の軌道に電子を収容するので，内部遷移元素と呼ばれる．また，電子数の違いによる性質の変化が現れにくい．多くのアクチノイドや超アクチノイドは半減期が短く極めて不安定なため，その電子配置は完全には解明されていない．

1.4.3 金属元素と非金属元素

元素は**金属元素** metallic elements と**非金属元素** nonmetallic elements にも分けられる．一般に，同一周期元素では左側ほど金属性であり，右側ほど非金属性である．また，同族元素では下にいく（周期が大きい）ほど金属性である．フランシウム Fr は最も金属的な元素であり，フッ素が最も非金属的な元素である．また，金属性の高い元素は**電気陰性度**（第 2 章参照）が小さく，陽性が強いといわれる．その逆に，非金属性の高い元素は電気陰性度が大きく，陰性が強いといわれる（図 1.23）．以下に金属元素と非金属元素の特徴について述べる．

金属元素：単体が金属としての性質を示す元素である．単体（金属）は熱や電気の良導体（高い伝導性．ただし，温度の上昇とともに低下）であり，展性（薄く平らに伸ばすことのできる性質），延性（細く引き伸ばすことのできる性質）に富んでおり，金属光沢をもつ．一般に融点は高い．またイオン化エネルギー（第 2 章参照）が小さいほど陽

イオンになりやすい．この性質を金属性が大きいという．さらに，単体や酸化物が，塩酸や硫酸などの酸と反応しやすい．アルミニウム Al，亜鉛 Zn，スズ Sn，鉛 Pb などの単体や酸化物は酸ともアルカリとも反応するので，このような元素は両性元素と呼ばれる．

非金属元素：すべて典型元素で，周期表の右上に位置する．単体の熱伝導度は低く，グラファイト状の炭素を除くと電気伝導度も低い．固体のものは展性，延性も乏しく，ほとんどが融点は低い．酸化物はアルカリと反応するものが多い．また，電子親和力（第 2 章参照）が大きいほど陰イオンになりやすい．この性質を非金属性が大きいという．同一周期を比べるとハロゲンが最も大きな電子親和力を示す．一般に，18 族は不活性で陽イオンにも陰イオンにもならない．

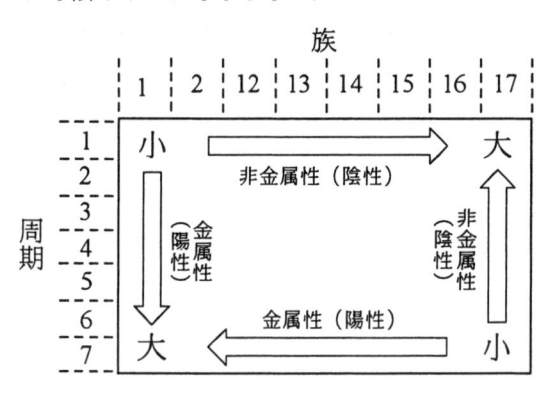

図 1.23　周期表における典型元素の金属性および非金属性の傾向（18 族は除く）

金属元素と非金属元素の間にはっきりとした境界はないが，同じ周期を族の番号が増える方向にたどると，典型的な金属元素から中間的な性質をもつ元素を経て非金属元素に移行する傾向にある．金属元素と非金属元素のおおまかな境界の目安は，図 1.22 に示したホウ素 B とアスタチン At を結ぶ線である．金属はこの線の左側に，非金属は右側にある．また，この線付近に位置する元素の単体は**半金属** semimetal（**メタロイド** metalloid）の性質を示す．たとえば，ホウ素 B，ケイ素 Si，ゲルマニウム Ge，砒素 As，アンチモン Sb，テルル Te，ビスマス Bi などがあげられる．メタロイドの電気伝導性は金属ほど高くないが，電気を通すので，半導体の原料として有用である（金属とは逆に温度の上昇とともに電気伝導性は上昇する）．なお，水素については，通常の条件では非金属の性質を示し，高圧下のもとではアルカリ金属に近い性質を示すため，金属・非金属の分類はできない．

練習問題

問 1 原子の構造に関する記述のうち，正しいものの組合せはどれか．
a 殻において，主量子数が n の殻には電子が n^2 個まではいれる．
b 原子核は2種類の粒子からなるが，そのうち正電荷をもつものを陽子，電気的に中性なものを中性子とよび，陽子と中性子の重さはほとんど同じである．
c 方位量子数 $l = 0$ の軌道は1個であるが，$l = 1$ の軌道は2個の軌道からなる．
d 0族元素の最外殻電子は He を除き，化学的に安定な s^2p^6 の電子配置をもっている．

1 (a, b) 2 (a, c) 3 (a, d)
4 (b, c) 5 (b, d) 6 (c, d)

(第87回薬剤師国家試験)

解 答

問 1 5

a （誤）主量子数 n の軌道には，n^2 個の軌道が存在する．各軌道に収容できる電子数は $+1/2$ と $-1/2$ のスピン量子数（1.3.5 電子スピンの項参照）をもった2種類の電子であるので，主量子数が n の殻には $2n^2$ 個の電子が収容可能である．【1.3.4 量子数と原子軌道の項参照】

b （正）【1.1.1 原子核と軌道電子の項参照】

c （誤）方位量子数 l の軌道は磁気量子数によって $2l + 1$ 個に分裂するので，$l = 1$ で示される p 軌道には3個の軌道（p_x, p_y, p_z 軌道）が存在する．【1.3.4 量子数と原子軌道の項参照】

d （正）0族元素は短期周期表あるいは以前の長期型周期表の表現で，希ガス（不活性ガス）に属する元素である．現在の周期表では18族元素がこれに相当する．【1.3.6 電子配置の項参照】

第 2 章　元素の一般的性質

元素の化学的，物理的性質は，基本的に，その原子の構造，すなわち原子核の構造と軌道電子の電子配置とにより決まり，原子番号とともに周期的に変化するものも多い．そこで，元素の一般的な性質を周期表と関連させて理解することは，個々の元素の性質を予測したり説明したりする際に有効となる．

2.1　イオン化エネルギー

① 基底状態の単一原子から 1 個の電子（最外殻電子）を原子核との静電相互作用が及ばない無限大の距離まで引き離すのに必要な最小のエネルギーを，原子の**イオン化エネルギー** ionaization energy（**イオン化ポテンシャル** ionization potential）I という．
② この値が小さいほど，陽イオンになりやすい．

$$A \longrightarrow A^+ + e^- \tag{2.1}$$

$$I = E(A^+ + e^-) - E(A)$$

単位は通常電子ボルト（eV）で表す（モルあたりに換算すると 1 eV = 96.485 kJmol^{-1}）．1 eV とは，1 個の電子が 1 V の電位差のあるところを動くときに得るエネルギー，すなわち e ×（1 V）である．

基底状態（中性状態）の原子の最外殻の電子 1 個を取り除くのに必要なイオン化エネルギー（**第一イオン化エネルギー**　I_1）が最も小さく，生じた 1 価カチオン A^+ から電子 1 個を取り除き 2 価カチオンにするのに必要な**第二イオン化エネルギー**　I_2，さらに電子 1 個を取り除き 3 価カチオンにするのに必要な**第三イオン化エネルギー**　I_3 は，I_1 と比べて大きな値を示す．

$$A \xrightarrow{I_1} A^+ + e^-$$

$$A^+ \xrightarrow{I_2} A^{2+} + e^- \tag{2.2}$$

$$A^{2+} \xrightarrow{I_3} A^{3+} + e^- \tag{2.3}$$

これは，いったん第一（あるいは第二）電子が除去されると，核荷電が相対的に強くなり，残りの電子はより強く原子核に引きつけられるからである．

図2.1に各元素のイオン化エネルギーを示した．

原子から電子を引き離すためには，原子核と電子の間に働くクーロン引力に逆らった仕事をしなくてはならないため，外部からエネルギーを与える必要がある．水素原子の最外殻から電子1個を取り除くのに必要なイオン化エネルギーは，13.6 eVである．すなわち，13.6 Vの電位差に逆らって電子1個を動かす仕事と同じである．

熱力学計算においては，イオン化エネルギーを用いるよりも，**イオン化エンタルピー**を用いるほうが都合がよい．イオン化エンタルピーは，反応 (2.1) の基準温度（通常298K）における標準反応エンタルピーで定義され，物質量あたりのイオン化エネルギーより $5/2RT$ 大きい．しかし，RT は室温で 2.5 kJmol^{-1} 程度の値しか持たず，一方物質量あたりのイオン化エネルギーは $10^2 \sim 10^3$ kJmol^{-1} 程度の値を持つので，$5/2RT$ の差は無視できる程度の値である．すなわち，イオン化エネルギーとイオン化エンタルピーは等しいとみなしてよい．本書では，イオン化エネルギーをeVの単位で，イオン化エンタルピーをkJmol^{-1}の単位で表す．

ある元素の第一イオン化エネルギーは，その元素の最も安定な電子状態である基底状態において，電子が収容されている軌道のうち最もエネルギーの高い最高非占軌道のエネルギーレベルに

周期＼族		1	2	13	14	15	16	17	18
1		H							He
	I	13.6							24.59
	II								54.42
2		Li	Be	B	C	N	O	F	Ne
	I	5.39	9.32	8.3	11.26	14.53	13.62	17.42	21.56
	II	75.64	18.21	25.15	24.38	29.6	35.12	34.97	40.96
	III	122.45	153.89	37.93	47.89	47.45	54.93	62.71	63.45
3		Na	Mg	Al	Si	P	S	Cl	Ar
	I	5.14	7.65	5.99	8.15	10.47	10.36	12.97	15.76
	II	47.29	15.04	18.83	16.35	19.73	23.33	23.81	27.63
	III	71.64	80.14	28.45	33.49	30.18	34.83	39.61	40.74
4		K	Ca	Ga	Ge	As	Se	Br	Kr
	I	4.34	6.11	5.99	7.9	9.81	9.75	11.81	14
	II	31.63	11.87	20.51	15.93	18.63	21.19	21.8	24.36
	III	45.72	50.91	30.71	34.22	28.35	30.82	36	36.95
5		Rb	Sr	In	Sn	Sb	Te	I	Xe
	I	4.18	5.7	5.77	7.34	8.64	9.01	10.45	12.13
	II	27.28	11.03	18.87	14.63	16.53	18.6	19.13	21.21
	III	40	43.6	28.03	30.5	25.3	27.96	33	32.1
6		Cs	Ba	Tl	Pb	Bi	Po	At	Rn
	I	3.89	5.21	6.11	7.42	7.29	8.42		10.75
	II	25.1	10	20.43	15.03	16.69			
	III			29.83	31.94	25.56			
7			Ra						
	I		5.28						
	II		10.15						
	III								

図2.1 典型元素の第一から第三イオン化エネルギー I/eV (1 eV = 96.485 kJmol^{-1})
 Iは1価原子イオン，IIは2価原子イオン，IIIは3価原子イオンのイオン化エネルギーを表す．
 参考資料：化学便覧（改訂4版）基本編II-617（日本化学会編）

第 2 章 元素の一般的性質

よって決定される．

第一イオン化エネルギーは，周期表全体にわたってきわめて規則的に変化し，

(1) 同一周期では，原子番号が大きくなるほど（左→右）イオン化エネルギーが大きくなる．

右上（ヘリウム）で最大．

・同一電子殻上の各電子は原子核からほぼ等しい距離を運動しているため，イオン化によって除去される電子と原子核との間の求引力に対する内殻電子による遮蔽効果はほぼ等しい．これに対し s-ブロック元素および p-ブロック元素中では，原子番号の増加に従い核電荷が増し，電子を引きつける力（**有効核電荷** Z^*：実際の核電荷から内殻電子による遮蔽効果を差し引いた電荷）が強くなってくるため，イオン化エネルギーが大きくなるのである．

変則 1　一般に s-ブロック元素から p-ブロック元素へ移るときは，いったんイオン化エネルギーの値が小さくなる（例えば，Be から B，Mg から Al）．これは球形の s 軌道の電子が亜鈴型の p 軌道の電子よりも原子核の近くに存在し，より強固に核に結びつけられているので，他の因子が同じであれば p 電子のほうが除去されやすいからである．

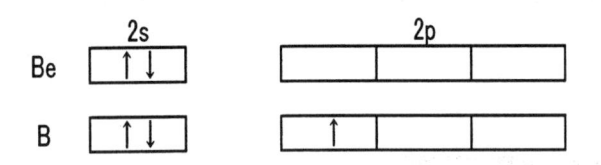

変則 2　N から O へもイオン化エネルギーの減少がみられる．これらの原子の電子配置は
　　　　N：[He]$(2s)^2(2p_x)^1(2p_y)^1(2p_z)^1$　　　　O：[He]$(2s)^2(2p_x)^2(2p_y)^1(2p_z)^1$
である．O では 1 個の 2p 軌道に 2 個の電子が入っていて，これらの電子は互いに近づくため強く反発し合う．その不安定化効果が核電荷の増加を上回り，O は電子を失いやすくなるため N より低いエネルギーでイオン化する．

(2) 同一族では，原子番号が大きくなるほど（上→下）イオン化エネルギーが小さくなる．

左下（セシウム等）で最小となる．

・原子が大きくなるに従い，外殻電子の原子核との結びつきが弱くなるためである．また内部の電子が増加するため，核荷電が外殻電子を引きつける力が弱くなる（遮蔽効果）ことも原因の 1 つになっている．

(3) 遷移元素では，原子番号が変化してもイオン化エネルギーはほとんど変化しない．

イオン化エネルギーの元素ごとの変化の仕方は，有効核電荷の変化に対応しているが，同じ副殻を占める電子同士の反発によって微妙な変化を示すところがある（これは Z^* 自身にもみられる）．イオン化エネルギーは，原子半径とも強い相関を示す．原子半径の小さい元素は概してイオン化エネルギーが高い．このことは，小さい原子では電子が核の近くにあって，強いクーロン力を受けているからだと説明される．

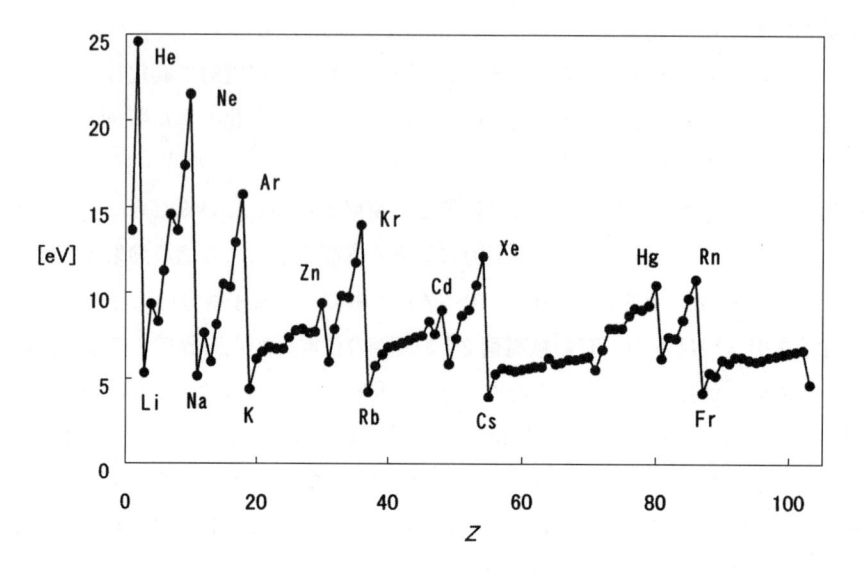

図 2.2 周期表における第一イオン化エネルギーの変化

2.2 電子親和力

原子の**電子親和力** electron affinity とは，中性原子が電子 1 個を取り入れて 1 価の陰イオンを形成するときに放出されるエネルギーのことである．

$$A + e^- \longrightarrow A^- \qquad \Delta_{eg}H \tag{2.4}$$

この反応の標準反応エンタルピーを**電子取得エンタルピー** $\Delta_{eg}H$ という．この過程は，発熱反応のこともあり，吸熱反応のこともある．熱力学的には電子取得エンタルピーと表現するが，通常はこれと密接な関係にある元素の電子親和力 E_{ea}（表）を用いて議論する．

電子親和力は，$A + e^-$ と A^- とのエネルギー（原子 1 個あたりの）の差

$$E_{ea} = E(A + e^-) - E(A^-) \tag{2.5}$$

である．電子親和力は電子取得エンタルピーの符号を逆にしたものに対応する．電子親和力が正の値（放出されたエネルギー量）なら，電子 1 個を取り入れた A^- イオンは中性原子 A より低エネルギーであり，A^- イオン形成によりエネルギーが放出されることになる．本書では，イオン化エネルギーの場合と同様に，電子親和力を eV で，電子取得エンタルピーを kJmol^{-1} で表すことにする．

電子親和力に影響する要因は，イオン化エネルギーに影響する要因と同じである．すなわち一般的傾向として，周期表全体で，

(1) 同一周期では，原子番号が大きくなるほど（左→右）電子親和力が大きくなる（エネルギーがより多く放出される）．

これは，核電荷が増加し，原子半径が減少するためである．

同一周期では，ハロゲン原子（F, Cl, Br）の電子親和力はきわめて大きく，最大（負の値）となる．ハロゲン原子が1個電子を取り入れて，希ガス原子（Ne, Ar, Kr）と同様の安定な電子配置になりやすいためである．この過程は大きな発熱反応である．

(2) 同族内では，イオン化エネルギーに比べ規則性がない．

原子が大きくなると電子を引きつける力が弱くなる一方で，核電荷が大きくなるためクーロン引力も大きくなるためである．

BeやMgのように電子親和力の値が負となる場合は，電子を受け入れるのにエネルギーを必要（吸熱反応）とすることを意味する．

N, O, Fの電子親和力は，それぞれの同族中でのP→As→Sb，S→Se→Te，Cl→Br→Iにおける電子親和力の減少傾向から期待される値より極端に低い．N, O, Fは，非常に高いイオン化エネルギーを持っているが，N, O, Fに電子を付加するのは，P, S, Cl等に電子を付加するよりも難しいことを示している．

(3) 電子親和力が大きいほど，1価の陰イオンになりやすい．

(4) 形成された陰イオンにさらに電子を取り入れる場合には，存在する陰イオンと電子との間の反発に打ち勝つだけのエネルギーの供給が必要であるため，O^{2-}，S^{2-}などの電子親和力の値は負となる．

(5) 希ガスは安定な ns^2np^6 配置をとり，電子親和力はゼロかわずかに負の値を示す．このことは，付加電子に対する結合状態が存在しないことを示している．2族金属は ns^2 配置をとり，12族金属は $(n-1)d^{10}ns^2$ 配置をとっているが，ともに負の電子親和力を示す．これは，次に高いエネルギー状態（np）に対して電子を付加する際に，大きなエネルギーを必要とするためである．

	1	2	13	14	15	16	17	18
1	H 0.754							He <0
2	Li 0.618	Be <0	B 0.277	C 1.262	N -0.07	O 1.461	F 3.399	Ne <0
3	Na 0.548	Mg <0	Al 0.441	Si 1.385	P 0.747	S 2.077	Cl 3.617	Ar <0
4	K 0.501	Ca <0	Ga 0.3	Ge 1.2	As 0.81	Se 2.02	Br 3.365	Kr <0
5	Rb 0.486	Sr <0	In 0.3	Sn 1.2	Sb 1.07	Te 1.971	I 3.059	Xe <0

図 2.3　元素の電子親和力 E_{ea}（eV）

* 1 eV = 1.6022×10^{-19} J = 96.485 kJmol^{-1}

参考資料：H. Hotop, W. C. Lineberger, *J. Phys. Chem. Ref. Data*, **14**, 731（1985）

2.3 電気陰性度

異種の原子同士が化学結合するとき，各原子における電子の電荷分布は，同種原子同士が結合した場合と異なる分布をとる．これは結合の相手となる原子の種類によって電子を引きつける強さに違いがあるため，電荷の分布にかたよりが生じるからである．この結合にあずかる電子を引きつける強さは，原子の種類ごとの値として，相対的にその尺度を決めることができる．この尺度，すなわち化合物中にある原子が電子を引きつける能力の尺度のことを**電気陰性度** electronegativity, χ（ギリシャ文字のカイ）という．

- 電気陰性度が大きい原子ほど，価電子を受け入れる傾向が強く，化合物中で陰イオンになりやすい（フッ素付近の元素など）……**電気的陰性** electronegative
- 電気陰性度の小さい原子ほど，価電子を与える傾向が強く，化合物中で陽イオンになりやすい（アルカリ金属など）……**電気的陽性** electropositive

分子内での原子には種々の結合のしかたがあるので，電気陰性度を一義的に決定することは困難で，その値は定性的な意味しかもたない．電気陰性度の決め方は多くの研究者により提案されているが，代表的なものとして次の3つが存在する．

1 ポーリング Pauling の電気陰性度 (1932年)

定義：E を原子同士の結合エネルギーとし，原子 A と原子 B の結合エネルギーの実測値を，$E(A-B)$ とすると，純粋な共有結合と仮定した場合の結合エネルギーとの差，$\Delta E(A-B)$ が定義できる．

これは A–B の結合にイオン結合性の寄与があるためと考え，次式を導いた．

$$\Delta E(A-B) = E(A-B) - \sqrt{E(A-A)\,E(B-B)} \tag{2.6}$$

*幾何平均 $\sqrt{E(A-A)\,E(B-B)}$ のほうが算術平均 $\frac{1}{2}(E(A-A)+E(B-B))$ よりも良いとされている．

この $\Delta E(A-B)$ に関して，

$$\Delta E(A-B) = 96.49\,(\chi_P^A - \chi_P^B)^2 \; または，\; \chi_P^A - \chi_P^B = 0.102\sqrt{\Delta E(A-B)} \tag{2.7}$$

を満たすように決めた χ_P^A が原子 A に関する**ポーリングの電気陰性度**である（χ_P^B は原子 B の電気陰性度）．式中の 96.49 kJmol^{-1} は単位を eV から kJmol^{-1} に換算するための係数である．また，現在は最大の電気陰性度を示すフッ素に 3.98 という値を割り当て，他の元素について相対的に電気陰性度が求められている．

H–F 結合エネルギーは，566 kJmol^{-1} であるが，H–H および F–F 結合エネルギーは，それ

周期\族		1	2	3	4	5	6	7	8	9	10	11	12	13	14	15	16	17	18
1		H																	He
	I	2.20																	
	II	2.20																	5.2*
2		Li	Be											B	C	N	O	F	Ne
	I	0.97	1.47											2.01	2.50	3.07	3.50	4.10	
	II	0.98	1.57											2.04	2.55	3.04	3.44	3.98	4.5*
3		Na	Mg											Al	Si	P	S	Cl	Ar
	I	1.01	1.23											1.47	1.74	2.06	2.44	2.83	
	II	0.93	1.31											1.61	1.90	2.19	2.58	3.16	3.2*
4		K	Ca	Sc	Ti	V	Cr	Mn	Fe	Co	Ni	Cu	Zn	Ga	Ge	As	Se	Br	Kr
	I	0.91	1.04	1.20	1.32	1.45	1.56	1.60	1.64	1.70	1.75	1.75	1.66	1.82	2.02	2.20	2.48	2.74	
	II	0.82	1.00	1.36	1.54	1.63	1.66	1.55	1.83	1.88	1.91	1.90	1.65	1.81	2.01	2.18	2.55	2.96	2.9*
5		Rb	Sr	Y	Zr	Nb	Mo	Tc	Ru	Rh	Pd	Ag	Cd	In	Sn	Sb	Te	I	Xe
	I	0.89	0.99	1.11	1.22	1.23	1.30	1.36	1.42	1.45	1.35	1.42	1.46	1.49	1.72	1.82	2.01	2.21	
	II	0.82	0.95	1.22	1.33	1.60	2.16	1.90	2.20	2.28	2.20	1.93	1.69	1.78	1.96	2.05	2.10	2.66	2.4*
6		Cs	Ba	La~Lu	Hf	Ta	W	Re	Os	Ir	Pt	Au	Hg	Tl	Pb	Bi	Po	At	Rn
	I	0.86	0.97	1.08~1.11	1.23	1.33	1.40	1.46	1.52	1.55	1.44	1.42	1.44	1.44	1.55	1.67	1.76	1.90	
	II	0.79	0.89	1.1~1.3	1.30	1.50	2.36	1.90	2.20	2.20	2.28	2.54	2.00	2.04	2.33	2.02	2.00	2.20	2.1*
7		Fr	Ra	Ac~Pu															
	I	0.86	0.97	1.00~1.22															
	II	0.70	0.89	1.00~1.5															

図 2.4 電気陰性度

Ⅰはオールレッド-ロコウの電気陰性度,Ⅱはポーリングの電気陰性度を表す.
参考資料: A.L. Allred and E.G. Rochow, *J. Inorg. Nucl. Chem.*, **5**, 264(1958) A.L. Allred, *J. Inorg. Nucl. Chem.*, **17**, 215(1961)
　　　＊ L.C. Allen and J.E. Huheey, *J. Inorg. Nucl. Chem.*, **42**, 1523(1980)

それ 432 kJmol^{-1} および 155 kJmol^{-1} である.両者の幾何平均は 259 kJmol^{-1} であり,H-F 結合エネルギーとの差は ΔE は,307 kJmol^{-1} となる.$3.98 - \chi_P^H = 0.102\sqrt{307 \text{ kJmol}^{-1}}$ より,水素の電気陰性度 $\chi_P^H = 2.19$ が求められる.他の元素の電気陰性度の値も同様に求めることができる.

各元素の電気陰性度を図 2.4 に示した.一般に ΔE(A-B) が 2 以上であると,A-B の結合は,イオン結合性の寄与が大きく,2 より小さい場合は,共有結合性の寄与が大きい.

2 マリケン Mulliken の電気陰性度(1934 年)

定義:原子 A のイオン化エネルギーを I_A,電子親和力を E_A として,
$$\chi_M^A = \frac{1}{2}(I_A + E_A) \tag{2.8}$$
で求められる χ_M^A が原子 A に関しての**マリケンの電気陰性度**である.原子 B では添え字が A → B になる.

ライナス・ポーリングの電気陰性度とマリケンの電気陰性度は,原子ごとのその値の大小関係の傾向が互いに類似しており,その値はポーリングの値の約 2.8 倍である.違いは,マリケンの電気陰性度では,その定義式右辺にある I_A,E_A の値が原子の原子価状態(分子の一部を構成しているときの原子の電子配置)に対応するものであるため,同じ原子でもマリケンの電気陰性度が状況により異なることがある.

マリケンの定義によれば,電子親和力とイオン化エネルギーが大きいほど,電気陰性度は大きくなる.実際には,イオン化エネルギーの値は,電子親和力に比べかなり大きいので,電気陰性

度はイオン化エネルギーとほぼ同様の周期性を示す．一般に，希ガスは化学結合を形成しないので，電気陰性度の値は求められていない．

3 オールレッド-ロコウ Allred-Rochow の電気陰性度（1961 年）

オールレッドとロコウはより一般的な，以下のように電気陰性度を定義し，広く使われている（**オールレッド-ロコウの電気陰性度**）．

定義：共有結合半径 r（10^{-12} m）にある電子と核の間の静電引力（Z^*/r^2）が比例する．

電気陰性度 χ_{AR} は次式によって表される．

$$\chi_{AR} = 3590\left(\frac{Z_{\text{eff}}}{r^2}\right) + 0.744 \tag{2.9}$$

上式の数値係数は，ポーリングの値と同様な値になるよう決められており，ほとんど一致している．各元素のポーリングとオールレッド-ロコウの電気陰性度の値を図 2.4 に示した．図 2.5 にはオールレッド-ロコウの電気陰性度の値を原子番号順に示した．電気陰性度の値の傾向は，周期律表の右上ほど大きい値を示す．つまり有効核電荷が大きく共有結合半径の小さい元素（フッ素付近の元素）の値が大きい．

異なる元素（A, B）が結合する場合，結合の性質を電気陰性度から予測することができる．一般に電気陰性度 χ_{AR} の差が 1.7 以上であると，A−B の結合はイオン結合性の寄与が大きく，1.7 より小さい場合は，共有結合性の寄与が大きい．

また，電気陰性度の値が 1.8 以下の元素の単体は金属であり，2.1 以上の元素の単体は非金属である．1.8～2.1 の元素の単体は半金属（メタロイド metaloid）に分類され，金属と非金属の中間の性質を示す（1.4.3 項を参照）．非常に大きい電気抵抗を示すが，わずかに電気を通すこと

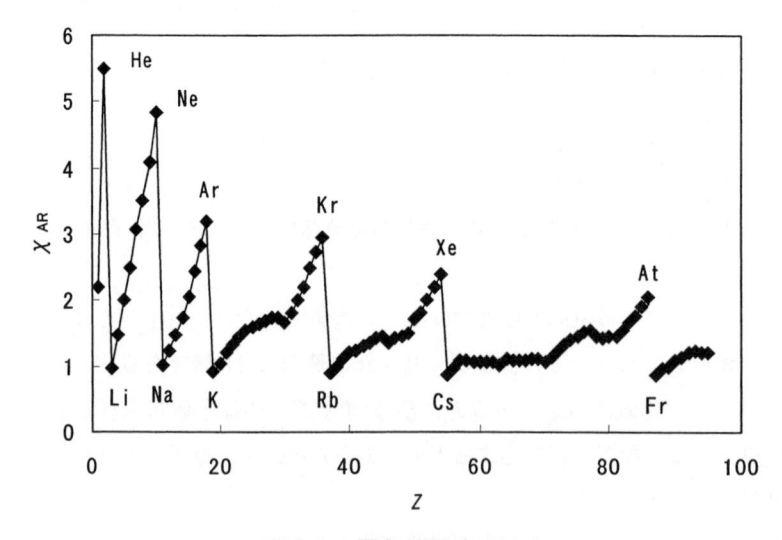

図 2.5 電気陰性度 χ_{AR}

第 2 章 元素の一般的性質

ができる物質（半導体）の B, Si, Ge などがこれに含まれる．

4 その他の電気陰性度

その他の電気陰性度の定義として，分子内の原子の存在環境により電気陰性度が変化することを考慮し，酸化数，相対的電子密度や双極子モーメントなどを用いて定義された色々な電気陰性度が提案されている．Jaffer らは Mulliken の方法を拡張し，基の電荷，置換基の効果，結合軌道の混成を考慮した基の電気陰性度を提案している．アレン Allen は，基底状態の原子のイオン化エネルギーと電子の数を用いて，分光学的電気陰性度を提案している．

2.4 有効核電荷

2個以上の電子をもつ"多電子原子（原子番号 Z）"（例えば，He 原子は2個の電子を有する）において，外殻にある電子は，内側にある内殻電子が核電荷を一部遮蔽するため，核電荷のすべてを感じることはない．

遮蔽効果は，**有効核電荷** effective nuclear charge, Z^* によって表される．ある1個の電子は $Z-1$ 個の電子と原子核で構成される平均化された静電場内を運動していると仮定する．ある1個の電子が核電荷 Z を遮蔽することにより，残りの $Z-1$ 個の電子が感じる核電荷は Z より小さくなる．このように電子によって核電荷が打ち消される現象を**遮蔽** shielding という（図 2.6）．

原子番号の大きい原子では電子の数も多くなるため，各電子の占める軌道の大きさの違いによっても遮蔽の効果は異なってくる．一般に主量子数が同じ場合には，方位量子数が小さい軌道の電子ほど遮蔽する力が強いが，他の電子からの遮蔽は受けにくいといえる．これは方位量子数が大きいほど，電子は核に近づきにくく，**貫入** penetration，すなわち核に近い部分への電子の入り込み（原子中の他の電子により反発される度合いが少なくなる）が小さくなり，核電荷の影響を受けにくくなるからである．Li 原子についての例を図 2.7 に示した．相対的な貫入は，エネルギー順位の高い軌道に存在する電子がある確率で内殻に入り込む現象であり，s ＞ p ＞ d ＞ f の順である．したがって，それらの軌道が及ぼす遮蔽の大きさの順は ns ＞ np ＞ nd ＞ nf となり，逆にそれらの軌道が受ける遮蔽の大きさの順は ns ＜ np ＜ nd ＜ nf となる．

スレーター Slater は電子の核への引力の目安として，経験則に基づき有効核電荷 Z^* を下記のように定義した．

$$Z^* = Z - S \tag{2.10}$$

Z：核電荷　　S：遮蔽定数の総和

遮蔽定数 S は，内殻電子の動径分布関数の内部にどの程度軌道の貫入があるかで決まる値である．

電子の軌道内に，中心核電荷しかない場合，電子は中心核正電荷 Ze の影響をすべて受ける．

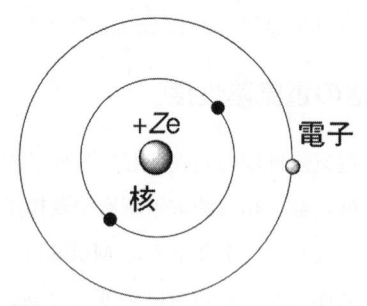

電子の軌道内に，別の $(Z-1)$ 個の電子が存在する場合，中心核正電荷 Ze の影響は，$(Z-1)$ 個の電子の負電荷により，遮蔽され見かけ上減少する．

図 2.6　遮蔽

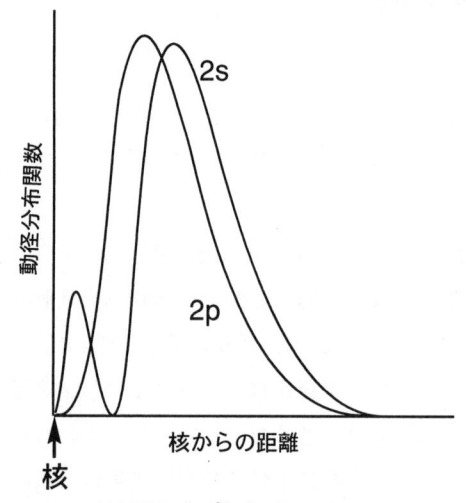

例）Li 原子は，$Z = 3$，電子配置 $[1s^2]\,[2s]$ である．
① 2s 軌道の電子は，2p 軌道の電子より内側の核に近い部分の存在確率が高い．
② 1s 殻の内側までの貫入が可能で，有効核電荷の影響を大きく受ける．
③ 2s 電子は 2p 電子よりも遮蔽されず，エネルギーが低い．
　　→ 3 番目の電子は 2s 軌道に入る．

図 2.7　遮蔽と貫入

スレーターの規則は以下の通りである．

1) 電子を次の順序にグループ分けする．
    $[1s]\,[2s2p]\,[3s3p]\,[3d]\,[4s4p]\,[4d]\,[4f]\,[5s5p]\,[5d]\,[5f]\cdots$，$[ns,\,sp]$ は常に 1 つのグループに入れる．
2) すべてのグループについて，特定の電子の属するグループより後ろに位置するグループの電子は遮蔽に寄与しない．
3) $[ns,\,sp]$ のグループ内の電子に対する遮蔽定数は，i) 同じグループの電子：0.35（ただし

例外として 1s 電子は他の 1s 電子に対し，0.30)，ii) n − 1 のグループの電子：0.85，iii) n − 2 のグループの電子：1.0，とする．

4) [nd]，[nf] の電子に対する遮蔽定数は，i) 同じグループの電子：0.35，ii) それ以下のすべてのグループの電子：1.0，とする．

例) Na の各電子の有効核電荷 Z^*，スレーターの規則を用いて計算すると，Na($Z = 11$) の電子配置は $[1s^2][2s^2 2p^6][3s]$ であり，2p (n = 2) グループの電子についての遮蔽定数は，後ろに位置する 3s 電子は遮蔽に寄与せず，n = 2 の残りの 7 電子 ($0.35 \times 7 = 2.45$)，n = 1 のグループ電子は ($0.85 \times 2 = 1.7$) で，これらの合計は $S = 4.15$ となり，$Z^* = Z − S = 11 − 4.15 = 6.85$ となる．3s 電子についての遮蔽定数は，n = 2 のグループ電子は ($0.85 \times 8 = 6.8$)，n = 1 のグループ電子については ($1.0 \times 2 = 2.0$) で，$S = 8.8$ となり，$Z^* = 11 − 8.8 = 2.2$ となる．

図 2.8 に各原子の基底状態における有効核電荷 Z^* の例を示す．このように，遮蔽効果と貫入効果によって，多原子電子において副殻に属する軌道は等エネルギーでなく，それぞれ異なったエネルギーをもつ．

周期\族		1	2	13	14	15	16	17	18
1		H							He
	Z	1							2
	1s	1.00							1.69
2		Li	Be	B	C	N	O	F	Ne
	Z	3	4	5	6	7	8	9	10
	1s	2.69	3.69	4.68	5.67	6.67	7.66	8.65	9.64
	2s	1.28	1.91	2.58	3.22	3.85	4.49	5.13	5.76
	2p			2.42	3.14	3.83	4.45	5.10	5.76
3		Na	Mg	Al	Si	P	S	Cl	Ar
	Z	11	12	13	14	15	16	17	18
	1s	10.63	11.61	12.59	13.58	14.56	15.54	16.52	17.51
	2s	6.57	7.39	8.21	9.02	9.83	10.63	11.43	12.23
	2p	6.80	7.83	8.96	9.95	10.96	11.98	12.99	14.01
	3s	2.51	3.31	4.12	4.90	5.64	6.37	7.07	7.76
	3p			4.07	4.29	4.89	5.48	6.12	6.76

図 2.8 有効核電荷 Z^*

参考資料：E. Clementi, D. L. Raimondi, "Atomic screening constants from SCF functions", IBM Research Note NJ-27（1963）

2.5 電子結合イオンのサイズ

元素の化学的性質は主として外殻軌道の電子配置により決まる．その次に影響をもつのは原子やイオンの大きさであるが，原子の構造中の電子は広がりをもって分布しているため，明確にその大きさを決定することは困難である．しかし，結合している原子－原子間の距離（原子の大き

さ）やイオン生成において電子を加えたり，取り去ったりするのに要するエネルギーは，電子と核との距離に密接に関係しており，原子番号とともに変化する．そこで，原子が球状をしていると仮定し，幾つかの結合している2個の原子の核間距離をX線回折（固体）や赤外あるいはマイクロ波分光法または電子線回折（気体）により測り，その**原子半径** atomic radius を推定する．しかし，原子（あるいはイオン）の存在条件や測定条件によって原子（あるいはイオン）の大きさは変化するため，結合の種類によりその値は異なる．通常，**イオン半径**，**共有結合半径**，**金属結合半径（金属半径）**，**ファンデルワールス半径**などが原子の半径を表す尺度として示されている（化学結合の種類と内容については第3章を参照）．

一般的傾向として，第5周期まで以下のことが成立する．

同一周期（同じ主量子数）においては，原子番号が増えるに従い，新しく加わった電子は同じ殻に入るが，有効核電荷が増加し，外殻電子を強く引き付けるため，原子半径は小さくなる（周期律表の左→右にいくほど，原子の大きさ→**小**）．また，同一族においては，周期（主量子数）が増えるに従い，価電子はより広がりの大きな軌道を占め，その遮蔽効果に伴い，原子の大きさは大きくなる（周期表に下にいくほど，原子の大きさ→**大**）．

第6周期になるとdブロックの金属結合半径は第5周期の値とほとんど同じ値を示し，電子数の増加から予想される半径よりもかなり小さい半径となる．図2.10に示したように，Zr, Nb, Mo（$Z = 40, 41, 42$）の原子半径はそれぞれ1.60 Å，1.47 Å，1.40 Åに対し，Hf, Ta, W（$Z = 72, 73, 74$）は電子が32個多く，一周期分外側の軌道にまで電子が分布しているにもかかわら

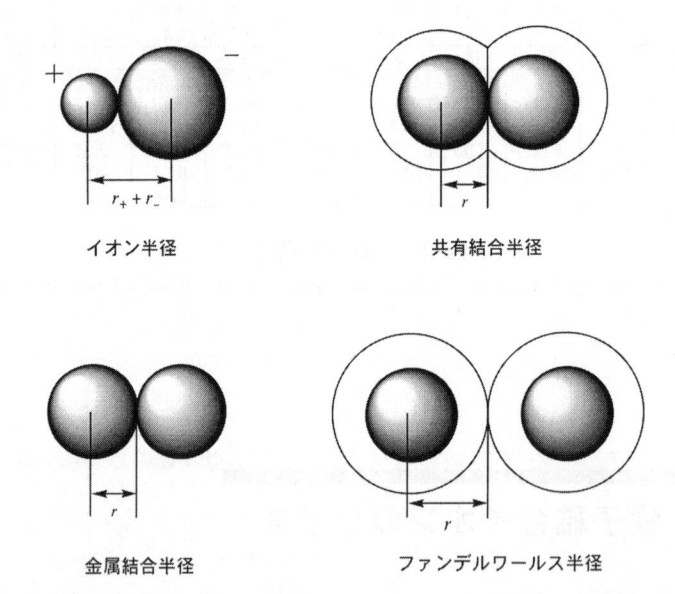

図2.9 イオン半径（r_+：陽イオン半径，r_-：陰イオン半径），共有結合半径，金属結合半径，ファンデルワールス半径の比較

周期＼族	1	2	3	4	5	6	7	8	9	10	11	12	13	14	15	16	17
2	Li 1.57	Be 1.12											B 0.88	C 0.77	N 0.74	O 0.66	F 0.64
3	Na 1.91	Mg 1.60											Al 1.43	Si 1.17	P 1.10	S 1.04	Cl 0.99
4	K 2.35	Ca 1.97	Sc 1.64	Ti 1.47	V 1.35	Cr 1.29	Mn 1.37	Fe 1.26	Co 1.25	Ni 1.25	Cu 1.28	Zn 1.37	Ga 1.53	Ge 1.22	As 1.21	Se 1.17	Br 1.14
5	Rb 2.50	Sr 2.15	Y 1.82	Zr 1.60	Nb 1.47	Mo 1.40	Tc 1.36	Ru 1.34	Rh 1.34	Pd 1.37	Ag 1.44	Cd 1.52	In 1.67	Sn 1.58	Sb 1.41	Te 1.37	I 1.33
6	Cs 2.72	Ba 2.24	La 1.88	Hf 1.59	Ta 1.47	W 1.41	Re 1.37	Os 1.35	Ir 1.36	Pt 1.39	Au 1.44	Hg 1.55	Tl 1.71	Pb 1.75	Bi 1.82		

図 2.10　共有結合半径と金属結合半径（単位 Å）
参考資料：シュライバー無機化学，東京化学同人
＊太線の右側は単結合共有半径の値，左側は金属結合半径で配位数 12 の場合の値．

ず，1.59 Å，1.47 Å，1.41 Å とほぼ同じ半径を示す．このような現象を**ランタノイド収縮** lanthanoid contraction と呼ぶ．d ブロックの第 6 周期の元素の前に，ランタノイドの元素の電子が原子番号の増加とともに満たされていく 4f 軌道は 5s や 5p，6s 軌道にうずもれているため，4f 軌道の電子は中心核電荷を遮蔽する力が弱く，原子番号（4f 電子数）の増加に伴う，電子間の反発力が核電荷の増加を打ち消し切れずに有効核電荷 Z^* は周期表の右にいくに従い大きくなる．そのため，4f 軌道より外側の 5s や 5p 軌道の電子が強く核に引きつけられ，原子半径が収縮する．次に電子が満たされていく 5d 軌道の電子もあまり遮蔽されないため，原子半径は収縮する．これらの収縮は主量子数 n = 5 から 6 に移行するときに生じる半径の増加を上回るほど大きいため，第 6 周期のランタノイドより大きな原子番号の元素の半径は，第 5 周期の同族元素の半径とほぼ同じ値を示す．

アクチノイドでも同様の収縮が起こり，これを**アクチノイド収縮** actinoid contraction と呼ぶ．

1 イオン半径

隣り合う陽イオンと陰イオン間の距離から求める．**イオン半径** ionic radius は陽イオンと陰イオンそれぞれに振り分ける必要があるが，配位数によって変化する．しかし，通常は，O_2^- の半径 1.40 Å を基準にして他のイオンの半径を求めている．その結果得られる幾つかのイオン半径を図 2.11 に示す．電子の数が同じなら陰イオン半径は多くの場合陽イオン半径より大きく（同じ電子数のイオン半径は $F^- > Na^+$），また，同一周期では原子番号が増加するのに伴い，イオン半径は小さくなり，同一族では原子番号が増加するのに伴い，イオン半径は大きくなる．

また，陰イオンは電子を得ることで，電子間反発が強くなり，中性原子より大きくなる．陽イオンは電子を失うことで電子間反発が弱くなり，かつ価電子を失って有効核電荷をより強く受けるため，軌道上の電子は強く核に引きつけられ，その中性原子より小さくなる．

図 2.11 に示したイオン半径は，最近の X 線データから得た電子密度マップを含めた多くの考察を基に計算された値である．Shannon による結晶半径と呼ばれ，これまでのイオン半径に比べ陰イオンは -0.14 Å，陽イオンは $+0.14$ Å だけ異なる．

周期＼族	1	2	13	14	15	16	17
1	H⁺						
Z	1						
2	Li⁺	Be²⁺	B³⁺	C	N³⁻	O²⁻	F⁻
Z	3	4	5	6	7	8	9
	0.59(4)	0.27(4)	0.11(4)		1.46(4)	1.35(2)	1.29(2)
	0.76(6)				N³⁺	1.38(4)	1.31(4)
					0.16(6)	1.40(6)	1.33(6)
						1.42(8)	
3	Na⁺	Mg²⁺	Al³⁺	Si	P³⁻	S²⁻	Cl⁻
Z	11	12	13	14	15	16	17
	0.99(4)	0.57(4)	0.36(4)		2.12*	1.84(6)	1.81(6)
	1.02(6)	0.72(6)	0.54(6)				
	1.18(8)	0.89(8)					
4	K⁺	Ca²⁺	Ga³⁺	Ge	As³⁻	Se²⁻	Br⁻
Z	19	20	31	32	33	34	35
	1.38(6)	1.00(6)	0.62(6)		2.22*	1.98(6)	1.96(6)
	1.51(8)	1.12(8)					Br⁷⁺
	1.59(10)	1.23(10)					0.39(6)
	1.64(12)	1.34(12)					
5	Rb⁺	Sr²⁺	In³⁺	Sn⁴⁺	Sb³⁻	Te²⁻	I⁻
Z	37	38	49	50	51	52	53
	1.52(6)	1.18(6)	0.80(6)	0.69(6)		2.21(6)	2.20(6)
	1.61(8)	1.26(8)				Te⁴⁺	I⁵⁺
	1.72(12)	1.44(12)				0.97(6)	0.95(6)
						Te⁶⁺	I⁷⁺
						0.56(6)	0.53(6)
6	Cs⁺	Ba²⁺	Tl³⁺	Pb	Bi³⁻	Po²⁻	At⁻
Z	55	56	81	82	83	84	85
	1.67(6)	1.35(6)	0.89(6)				
	1.74(8)	1.42(8)	Tl⁺				
	1.88(12)	1.61(6)	1.50(6)				

図 2.11 イオン半径（単位 Å）

＊（ ）は配位数

参考資料：R. D. Shannon, *Acta Crystallog.*, **A32**, 751（1976）
(Sn^{2+}, NH_4^+, H^+ のイオン半径は定義できないとしている.）

2 共有結合半径

共有結合半径 covalent radius は非金属元素において，同一分子中で結合している同種の隣接原子間距離の 1/2 として定義する．ダイヤモンド C−C の結合距離は 1.54 Å であり，炭素はこの半分の 0.77 Å の共有単結合半径をもつことになる．O_2 や N_2 など分子が二重結合や三重結合などの多重結合を含んでいる場合の単結合半径は，代わりにヒドラジン H_2NNH_2 や過酸化水素 HOOH などの化合物の結合距離の実測値から求められる．

共有結合半径は一般に加成的で，加え合わせることで結合距離を見積もることができる．異核分子における共有結合 AB の場合，A 原子および B 原子の共有結合半径の和を結合距離と見なせる．N_2 の三重結合半径（0.55 Å）とアセチレン CH≡CH の C の三重結合半径（0.60 Å）を加えると，C≡N 結合に対する結合距離（0.55 ＋ 0.60 ＝ 1.15 Å）を見積もることができる．これは CH_3CN の実測結合距離 1.16 Å に近い値である．

3 金属結合半径

金属結合半径 metallic radius（金属半径）は，金属固体中の最近接原子間距離の1/2を表す．しかし，この距離は配位数が増えると長くなることが知られている．同じ元素の金属原子は六方最密充填構造と面心立方格子構造の場合の12配位のときには，体心立方格子構造の8配位のときより大きくなる．図2.12に各原子の共有結合半径と金属半径を示した．普通は，実験的に得られた原子間距離を12配位の構造をとった場合に示すはずの値に補正して金属半径を決めている．

4 ファンデルワールス半径

すべての，近接しているが結合していない原子（あるいは分子）がどこまで近寄れるか，つまり2つの原子（あるいは分子）間の引力と反発力がどこで釣り合うかを表すパラメータとして**ファンデルワールス半径** van der Waals radius がある．ファンデルワールス半径は，結合していない2つの同一原子の原子価殻が接触しているときの核間距離の1/2として求められる．図2.12に単結合非金属元素の平均ファンデルワールス半径を示した．希ガスなどでは，ファンデルワールス結合により，原子どうしが弱い相互作用をしている．すべての原子間および分子間に働くこの弱い引力を総称してファンデルワールス力という．中性分子が液体や固体などの凝集相を形成するのは，この力による．

引力の要因として以下のものがある．

① **双極子効果**：永久双極子モーメントをもつ分子間の引力のことである．異なる電気陰性度をもつ原子どうしが結合した分子は，一方の原子が正の電荷を帯び，他方が負の電荷を帯びるため，電荷に偏りが生じる．この偏りを電気双極子と呼び，その大きさは，正負のそれぞれの電荷の大きさを$+q$および$-q$とし，2つの電荷間の距離をrとすると，**永久双極子モーメント**は$\mu = qr$（大きさと方向をもつベクトル：正電荷から負電荷へ向かう→印として表される．図2.13）として表される．この永久双極子モーメントμは分子の極性や分子間相互作用

周期\族	1	14	15	16	17	18
1	H 1.20					He 1.40
2		C 1.70	N 1.55	O 1.52	F 1.47	Ne 1.54
3		Si 2.10	P 1.80	S 1.80	Cl 1.75	Ar 1.88
4			As 1.85	Se 1.90	Br 1.85	Kr 2.02
5				Te 2.06	I 1.98	Xe 2.16

図2.12 単結合非金属元素の平均ファンデルワールス半径（Å）
参考資料：A. Bondi, *J. Phys. Chem.*, **68**, 441（1964）

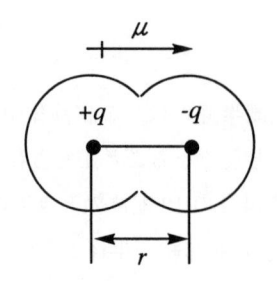

図 2.13 双極子モーメント μ

に影響を与える．分子全体の双極子モーメントは，分子中に個々の結合や非共有電子対の双極子モーメントのベクトルの和で表される．したがって個々の結合は双極子モーメントのベクトルを有しているが，分子の構造により全体の双極子モーメントは 0 になる分子もある．

② **誘起効果**：永久双極子モーメントをもつ分子が対照的な中性分子に近づくとき，双極子をもたない分子に双極子が誘起され，分子間引力が発生する．

③ **分散効果**：ともに双極子をもたない中性分子間にも，瞬間的に電荷の偏りが生じ，その偏りが隣の分子に影響して分極させ，結果として誘起双極子を生じて分子間引力が発生する．これらの引力を **London 力**または**分散力**と呼び，分子中の原子の大きさや分散力が増加すると大きな値となる．この値は分子間距離（r）の 6 乗に半比例し，距離 r が大きくなると急激に小さくなる．希ガスや水素，窒素など無極性分子間の相互作用は主として分散力によるものであり，その力によってこれらの分子の液化が可能となる．

結晶中においては，2 つの原子のファンデルワールス半径の和が，それぞれの原子の与えられているファンデルワールス半径の和より小さい場合がある．このような場合は一般に，それらの原子間に**水素結合**が存在していると解釈されている．

練習問題

問 1 炭素と同じ第2周期の元素に関する次の記述の正誤について，正しい組合せはどれか．

a これらの原子の 2s，2p，2d 軌道には電子が存在する．
b ホウ素は炭素よりも電気陰性度が小さく，酸素は窒素や炭素よりも電気陰性度が大きい．
c 炭素，窒素，酸素，フッ素の水素化化合物において，C−H 結合の分極がもっとも小さく，N−H，O−H，F−H の順に大きくなる．
d ネオンは炭素やホウ素と同じ周期の元素であるが，希ガスの1つであり，化学的に極めて安定な元素である．

	a	b	c	d
1	誤	正	正	正
2	正	正	誤	正
3	誤	誤	正	正
4	誤	正	正	誤
5	正	誤	誤	誤

（第82回薬剤師国家試験）

問 2 次の化合物 a～d について，永久双極子モーメントをもつものの正しい組合せはどれか．

a CO_2　　b H_2O　　c NH_3　　d Cl_2

1（a, b）　2（a, c）　3（a, d）　4（b, c）　5（b, d）　6（c, d）

（第83回薬剤師国家試験）

問 3 次の記述の正誤について，正しい組合せはどれか．

a H_2O 1モルあたりの体積が水よりも氷で大となるのは，H_2O 分子間の水素結合の度合いが違うためである．
b 気相中のエタン分子間には疎水性相互作用がみられる．
c ファンデルワールス力は，コロイド粒子間や粉体粒子間にも作用している．
d 薬物がたん白質に結合する原因の1つとして，静電的相互作用があげられる．

	a	b	c	d
1	正	誤	正	正
2	誤	正	正	誤
3	正	誤	誤	正
4	誤	正	誤	誤
5	正	誤	正	誤

（第85回薬剤師国家試験）

問 4 電気陰性度に関する記述のうち，正しいものの組合せはどれか．

a ハロゲンの中で最も電気陰性度が大きいのはヨウ素原子である．

b 水素化ナトリウムでは水素の方がナトリウムより電気陰性度が大きく，したがって水素は負に分極している．
c カリウム原子は，リチウム原子より電気陰性度が大きい．
d 臭化メチルにおいては，炭素より臭素の方が電気陰性度が大きく，したがってメチル基の炭素は正に分極している．

 1 (a, b) 2 (a, c) 3 (a, d) 4 (b, c) 5 (b, d) 6 (c, d)

（第86回薬剤師国家試験）

問 5 沸点に関する記述のうち，正しいものの組合せはどれか．

a 硫黄（イオウ）原子は酸素原子より電気陰性度が大きいため，メタンチオール（メチルメルカプタン）はメタノールより沸点が高い．
b o-ニトロフェノールは分子内水素結合をつくり，p-ニトロフェノールは分子間水素結合による会合を作るため，p-ニトロフェノールの方が沸点が高い．
c 酸素原子の電気陰性度が窒素原子より大きいことは，メタノールの沸点をメチルアミンより高くしている要因の1つである．
d ジメチルエーテルはメタノールより分子量が大きいため，ジメチルエーテルはメタノールより沸点が高い．

 1 (a, b) 2 (a, c) 3 (a, d) 4 (b, c) 5 (b, d) 6 (c, d)

（第86回薬剤師国家試験）

解 説

問 1 1

a （誤）炭素と同じ，第2周期の元素は，1s，2s，2p軌道に電子を持っているが，2d軌道というものは存在しない．
b （正）電気陰性度は，Li＜Be＜B＜C＜N＜O＜F＜Ne の順に大きな値を示す．
c （正）異なる元素が結合する場合，結合の性質を電気陰性度から予測することができる．一般に電気陰性度 χ の差が1.7以上であると，A−B の結合はイオン結合性の寄与が大きく，1.7より小さい場合は，共有結合性の寄与が大きい．C−H，N−H，O−H，F−H の電気陰性度 χ_{AR} の差は，0.35，0.84，1.24，1.78であるから，分極は C−H＜N−H＜O−H＜F−H の順番に大きくなる．
d （正）希ガスである Ne はその他の元素に比べて著しく安定で，他の元素とほとんど反応しない．これは，希ガスが閉核構造を有し，他の元素と相互作用しなくとも安定な電子配置を取っているためである．

問 2 4

二原子分子の 2 つの原子の電気陰性度の差が大きいほど，2 つの原子の電子を引き付ける力が異なる．電気陰性度の小さい原子は正電荷を帯び，電気陰性度の大きい原子は負電荷を帯びて共有結合の極性が強くなる．この極性の程度を表すのにベクトル量である双極子モーメント μ が定義されている．双極子モーメントは分子の形と密接な関係があり，図の中で双極子は正電荷から負電荷へ向かう矢印で表される．

a　$O\rightleftharpoons C\rightleftharpoons O$ では $C=O$ 結合の双極子モーメントは酸素原子方向に向いているが，直線状の分子であるため，分子全体では 2 つの結合のモーメントが打ち消しあうため双極子モーメントは 0 となる．

b　H_2O は，非共有電子対の双極子モーメントが大きく寄与し，結合の双極子モーメントと相まって分子として大きな双極子モーメントを有する．

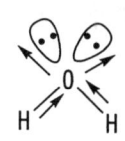

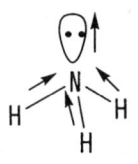

c　NH_3 は，非共有電子対と結合の双極子モーメントが強め合うので大きな双極子モーメントの値を示す．

d　Cl_2 のように同種の原子が共有結合している分子は，共有電子対が 2 原子間に均等に分布しているので，極性を示さない．双極子モーメントは 0 となる．

問 3 1

a　（正）氷の構造中の 1 個の H_2O 分子を考えるとき，その分子中の酸素原子は，共有結合している 2 つの水素原子の他に，隣接する 2 つの H_2O 分子の水素原子と相互作用し，3 次元構造をとっている．この構造中に空隙があるため，液体の水よりも密度が小さい．液体の水は，氷と異なり，常に位置が変動している．提案されている構造モデルの 1 つは，水分子が 4 つの隣接水分子と水素結合して形成された会合体と水素結合していない単量体との混合した状態で存在している．

b　（誤）疎水性相互作用は炭化水素鎖（疎水性物質）と水（極性物質）との接触面積の減少によるエントロピーの増大が関与しており，エタン分子間では，疎水性相互作用は見られない．

c　（正）隣り合っているが結合していないすべての原子間および分子間に働く弱い相互作用を総称してファンデルワールス力といい，中性分子が形成する液体や固体などの凝集相や，コロイド粒子間や粉体粒子間にもこの力が働く．

d　（正）イオン結合と同様に，陽イオンを帯びた分子と陰イオンを帯びた分子が存在するとき生じる引力を静電的相互作用という．薬物分子がたん白質と結合する力には，静

電的相互作用，水素結合，疎水性結合，ファンデルワールス力など様々なものがある．

問 4 5

a （誤）ハロゲンの中で最も電気陰性度が大きいのはフッ素原子である．
b （正）電気陰性度が大きい原子ほど，価電子を受け入れる傾向が強く，化合物中で陰イオンになりやすい．H は Na より電気陰性度の値が大きいので，H は陰イオンになりやすい．
c （誤）電気陰性度は同一属では，原子番号が大きいほど（周期表中下にいくほど）小さくなる．したがって，カリウム原子は，リチウム原子より電気陰性度が小さい．
d （正）炭素と臭素の電気陰性度の差は 0.92 である．電気陰性度 χ_{AB} の差が 1.7 より小さい場合，異なる原子 A−B の結合は共有結合性の寄与が大きい．

問 5 4

a （誤）酸素原子のほうが硫黄原子より電気陰性度が大きく，分子間において水素結合を形成できるため，メタノールのほうが沸点は高い（3.5.1 項 水素結合参照）．
b （正）o-ニトロフェノールは分子内水素結合を形成することにより，分子間水素結合を形成しにくくなるため，分子間力は小さくなり沸点は低くなる（3.5.1 項 水素結合参照）．
c （正）酸素原子は窒素原子より電気陰性度が大きいため O−H のほうが N−H よりも分極が大きくなる．したがって，O−H のほうが N−H よりも強く水素結合し，沸点は高くなる（3.5.1 項 水素結合参照）．
d （誤）メタノールは分子間で水素結合を形成するため，ジメチルエーテルよりも沸点は高い（3.5.1 項 水素結合参照）．

第3章 化学結合

　私たちの周りのすべての物質は，同種または異種の原子が結合した集合体である．これらの原子の結合を**化学結合** chemical bond という．化学結合は，物質の物理的および化学的性質に大きく関連している．したがって，取り扱う物質の性質を把握するためには，化学結合の基礎を十分理解しておく必要がある．代表的な化学結合には，イオン結合，共有結合，配位結合，金属結合，分子間力（水素結合，ファンデルワールス力，疎水結合，静電的相互作用）などがある．本章ではこれらの結合様式とその性質について説明する．

3.1 イオン結合

　イオン結合 ionic bond とは，正の電荷をもつ陽イオンと負の電荷をもつ陰イオンが**静電的引力**（**クーロン力** Coulomb's force）によって互いに引き合って生じる結合である．この引力は，両方のイオンの電荷の積に比例し，イオン間距離の2乗および誘電率に反比例する．

$$F = 1/(4\pi\varepsilon) \times (qq')/r^2$$

　　q, q'：イオンの電荷，r：イオン間の距離，ε：誘電率

　イオン結合化合物の陽イオンと陰イオンは，それぞれ正と負の電荷をもつパチンコ球のような

$$Na^{\cdot} \longrightarrow [Na]^+ + e^-$$

$$:\ddot{C}l^{\cdot} + e^- \longrightarrow [:\ddot{C}l:]^-$$

$$[Na]^+ + [:\ddot{C}l:]^- \longrightarrow [Na]^+[:\ddot{C}l:]^-$$

剛体球と考えられ，相手イオンがどの方向から近づいてくるかには依存しない．すなわち，イオン結合には後述する共有結合のような方向性はない．イオン結合の典型的な物質として塩化ナトリウム NaCl があげられる．アルカリ金属のナトリウム原子は最外殻の 3s 電子を 1 個失って Na^+ イオンとなり，安定なネオン型構造となる*．また，第 17 族（ハロゲン族）の塩素原子は 3p 軌道に電子 1 個が入り Cl^- となり，安定なアルゴン型構造となる．塩化ナトリウムは，このようにしてできた Na^+ と Cl^- がクーロン力によってイオン結合している．同様に，アルカリ土類金属との化合物の塩化マグネシウム $MgCl_2$ や酸化カルシウム CaO は，Mg^{2+} と Cl^-，Ca^{2+} と O^{2-} がそれぞれイオン結合したものである．Mg^{2+} は 3s 軌道の電子を 2 個失いネオン型構造を，Ca^{2+} は 4s 軌道の電子を 2 個失いアルゴン型構造となっている．O^{2-} は 2p 軌道に電子を 2 個受け取りネオン型構造を形成している．一般に，イオン結合はアルカリ金属やアルカリ土類金属などのイオン化エネルギー（第 2 章参照）の小さい陽性元素と，ハロゲン元素のような電子親和力（第 2 章）の大きい陰性元素との間に形成されやすい．

3.1.1 結晶構造

1 最密充填構造

イオン結合は，正と負の電荷をもった剛体球とみなされるイオン同士が静電的引力（クーロン力）によって結合していることを先に述べた．それではこのイオン結合結晶はどのような構造をしているのであろうか．その構造について説明する前に，剛体球の充填構造にはどういうものがあるか知っておく必要がある．

剛体球をできるだけ密に詰めた構造は**最密充填構造** closest packed structure と呼ばれ，この詰め方は 2 種類しかない．図 3.1 に示すように，剛体球を同じ高さの位置で密に敷きつめると正六角形的に接触した層ができ，これを第 1 層（A）とする．この第 1 層のくぼみの上に第 2 層（B）をのせ，さらに上から見て第 1 層と同じ位置にくるように第 3 層（A）をのせると ABAB----- の繰り返しの詰め方となる．このようにしてできる最密充填構造は**六方最密充填構造** hexagonal closest packed structure と呼ばれる．もう 1 つの最密充填構造は，第 1 層（A）に第 2 層（B）をのせ，さらに上から見て第 1 層に重ならないように第 2 層のくぼみに第 3 層（C）をのせる詰め方で，層の繰り返しは ABCABC----- となる．このようにしてできる最密充填構

---

* 自然界に存在する元素のうち，18 族に属する元素（希ガス）はその他の元素に比べて著しく安定で，他の元素とほとんど反応しない．これは，希ガスが閉殻構造を有し，他の元素と相互作用しなくとも安定な電子配置をとっているためである．希ガス以外の元素も，自身，あるいは他の元素と反応することで希ガスと類似した電子配置を取り安定化しようとする．このような規則性に関する理論を八偶説 octet theory（オクテット理論）という．すなわち，原子同士が相互作用するときには希ガス（He, Ne, Ar, Kr ……）と同様の電子配置をとりうるとき安定な生成物を与える．

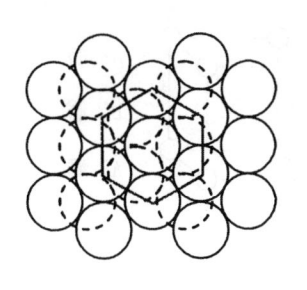

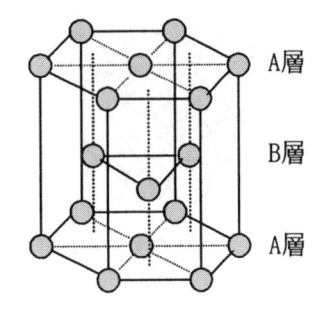

○ A層の剛体球
◌ B層の剛体球

図 3.1　六方最密充塡構造

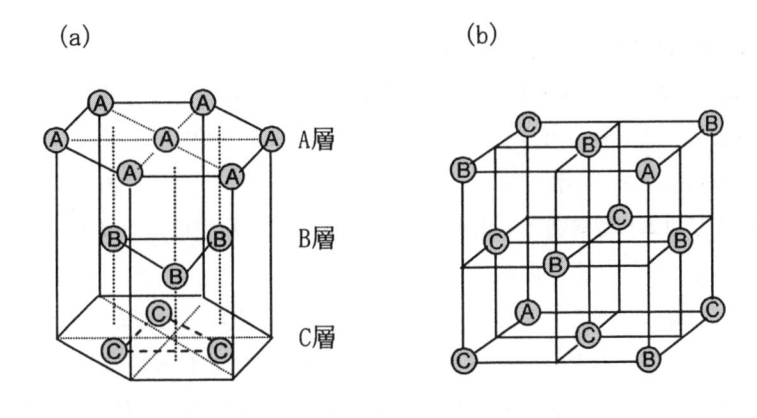

(a)　　　　　(b)

Ⓐ A層の剛体球　Ⓑ B層の剛体球　Ⓒ C層の剛体球

図 3.2　立方最密充塡構造 (a) と面心立方構造 (b) の関係

造は**立方最密充塡構造** cubic closest packed structure と呼ばれる（図 3.2 a）．この立方最密充塡構造は見方をかえると，立方体の 8 個の各頂点と 6 個の各面の中心に剛体球を配列した構造とみなすこともできるので**面心立方構造** face-centered cubic structure ともいわれる（図 3.2 b）．

　これらの最密充塡構造に対して最密充塡ではないもう 1 つの剛体球の詰め方がある．それは 4 個の剛体球が正方形的に接触する第 1 層（A′）のすべてのくぼみの上に第 2 層（B′）をのせ，さらに上から見て第 1 層（A′）と同じ位置になるように第 3 層（A′）をのせることによってつくられる（A′B′A′B′----）．この構造は，立方体の中心と各頂点に剛体球を配列した形となり**体心立方構造** body-centered cubic structure と呼ばれ，最密充塡構造と比べて隙間が多い（図 3.3）．

　2 つの最密充塡構造では各剛体球は 12 個の剛体球と接している．この数を**配位数** coordination number という（ここでは配位結合の数を示しているのではない．金属キレートの金属イオンの配位数と混同しないこと）．剛体球による空間の占有率（充塡率）はいずれも 74 % である．一方，体心立方構造では配位数は 8 で占有率は 68 % となる．

○ A′層の剛体球
◯ B′層の剛体球

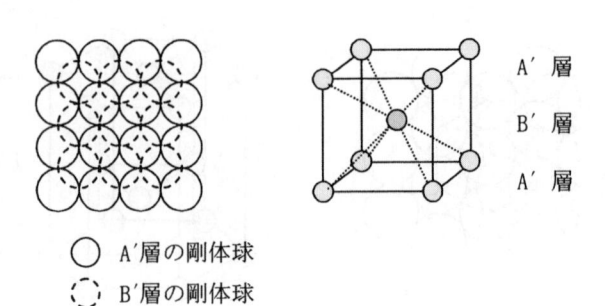

図3.3 体心立方構造

2 イオン結合結晶の構造

イオン結晶 ionic crystal は，それを構成しているイオンのモル比によって分類すると1：1，1：2，2：1などの簡単なモル比を示すものがほとんどである．そこでイオン結合結晶は，AX型，AX_2型，A_2X型（Aは陽イオン，Xは陰イオン）などに分類することができる．ここではAX型の代表的な構造について述べる．

岩塩（塩化ナトリウム）型構造 塩化ナトリウム NaCl は岩塩型構造の代表的な化合物である．図3.4に示すように，塩素陰イオン Cl^-，ナトリウム陽イオン Na^+ 両方とも面心立方型で（Cl^-，Na^+ 両イオンとも結晶全体からみると同じ構造で，単位格子の取り出し方が違う），NaClはこれらの両イオンの単位格子を合わせた構造となっている．Cl^- イオンは6個の Na^+ イオンに囲まれ，Na^+ イオンもまた同じように6個の Cl^- イオンに囲まれた6配位の八面体配列である．単位格子中のイオンの数は，格子中のイオンは1個，格子の面上のイオンは2つの格子に共有されるので1/2個，格子の角のイオンにはさまれたイオンは4つの格子に共有されるので1/4個，格子の角のイオンは8つの格子に共有されるので1/8個としてそれぞれが数えられる．したがって，単位格子中の Na^+ と Cl^- の数はどちらも4個となる．この構造型に属する化合物の例としては，LiBr, NaBr, KBr, KI, MgO, CaOなどがあげられる．

塩化セシウム型構造 塩化セシウム CsCl が代表的な化合物で，図3.5に示すように単位格子は体心立方構造をしている．すなわち，Cs^+ イオンは8個の Cl^- イオンに囲まれ，Cl^- イオンも

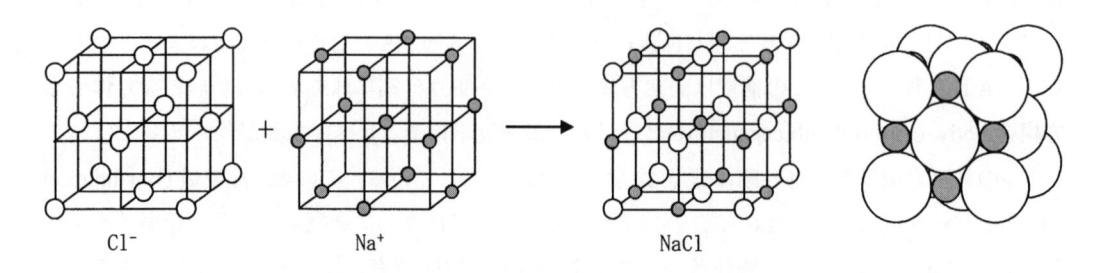

Cl^- + Na^+ → NaCl

図3.4 岩塩（塩化ナトリウム）型構造

○ Cl⁻　● Cs⁺

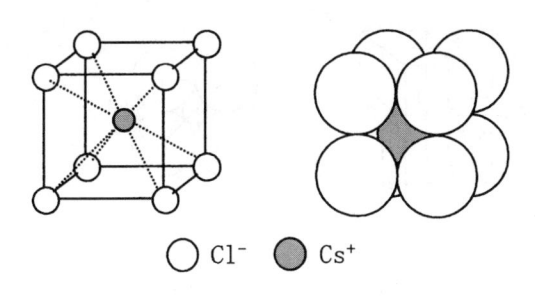

図 3.5　塩化セシウム型構造

同様に 8 個の Cs^+ イオンに囲まれた 8 配位の立方体配列である．単位格子中のイオンの数は，格子中のイオンが 1 個，角のイオンが 1/8 個とそれぞれ数えられるので，この単位格子の Cs^+ と Cl^- イオンはどちらも 1 個となる．この構造となる化合物には，CsBr，CsI，NH_4Cl，AgCl などがある．

また，MX 型には岩塩型や塩化セシウム型のほかに閃亜鉛型やウルツ型などが知られている．

イオン結合結晶の構造選択　MX 型のイオン結合結晶の構造にはいくつかの種類があることを述べた．なぜイオンの種類によってイオン結晶がいろいろな構造を形成するのだろうか．それは陽イオンと陰イオンの相対的な大きさ，すなわち陽イオンと陰イオンの半径比によってイオン結晶の安定性が左右されるからである．岩塩型と塩化セシウム型を例にあげて，以下に説明する．

図 3.6 に示すように，陰イオンの半径を一定にして陽イオンの半径を小さくしていくと，陽イオンと陰イオンの接触の仕方は (1) → (2) → (3) のように変化する．(1) の状態では，陽イオンと陰イオンのみが接触しているので安定な状態である．一方，(3) の状態は陰イオン同士だけが接触することで不安定となっている．(2) は陽イオンと陰イオンならびに陰イオン同士が接する状態で，安定な (1) と不安定な (3) の境目となっている．このときの半径比 (r^+/r^-,

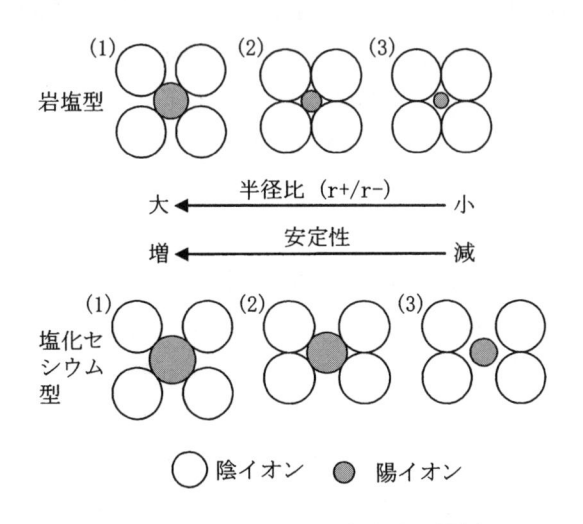

図 3.6　イオン半径と安定性の関係

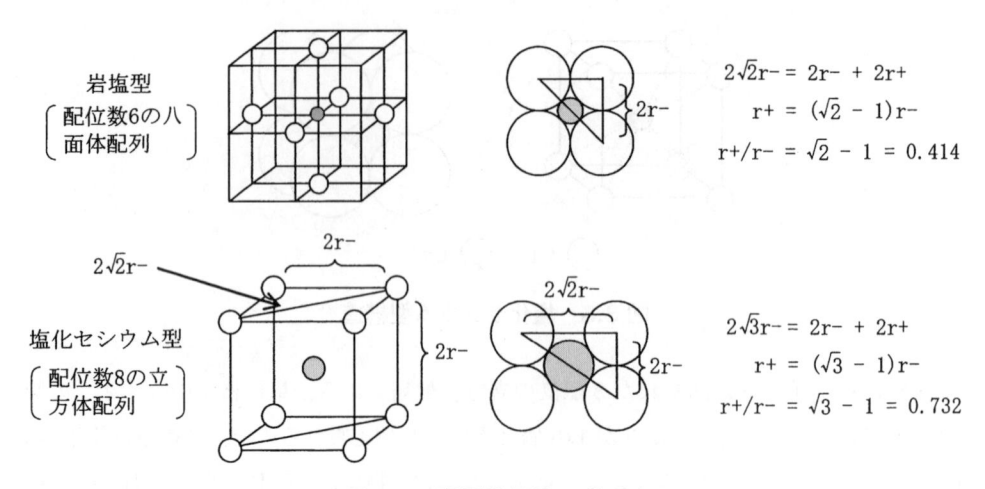

図3.7 限界半径比の求め方

r^+は陽イオンの半径，r^-は陰イオンの半径）を**限界半径比**という．図3.7から，岩塩型（配位数6，八面体配列）と塩化セシウム型（配位数8，立方体配列）の限界半径比は，それぞれ0.414と0.732となる．したがって，半径比が0.414より大きく，0.732より小さいときに八面体配列の岩塩型構造となり，0.732より大きくなると立方体配列の塩化セシウム型構造を形成するようになる．実際にNaClの半径比は0.54，CsClの半径比は0.93である．

3.1.2 結晶水

イオン結合化合物には，その結晶中に一定の割合で水分子を含んでいるものがある．この水分子は**結晶水** water of crystallization と呼ばれ，結晶内で一定の位置に配置し，結晶格子の安定化に寄与している．結晶水は結合様式によって次のように分類される．

1) 水分子の酸素原子の孤立電子対 lone pair（非共有電子対）が金属イオンに対して配位結合（3.3節配位結合参照）した**配位水** coordinate water
2) 水分子の分極した $O^{\delta-}-H^{\delta+}$ が陰イオンと水素結合（3.5.1項 水素結合参照）した**陰イオン水** anion water
3) 配位せずに結晶格子の隙間を満たすために一定の割合で存在する**格子水** lattice water

たとえば，通常5個の結晶水をもつ硫酸銅(II) $CuSO_4 \cdot 5H_2O$ では，この5個の結晶水のうち4個は，2価の銅イオンと配位して正方形の錯イオン $[Cu(H_2O)_4]^{2+}$ を形成する配位水である．残った1個の結晶水は，錯イオン $[Cu(H_2O)_4]^{2+}$ と SO_4^{2-} イオンとの間で水素結合した陰イオン水として存在している（図3.8）．$CuSO_4 \cdot 5H_2O$ は熱すると段階的に脱水され，102℃，113℃で順次2個ずつ配位水を失う．150℃以上になると陰イオン水が失われはじめて，最後には無水硫酸銅 $CuSO_4$ になる．3個の結晶水をもったフェロシアン化カリウム $K_4[Fe(CN)_6] \cdot 3H_2O$ では，

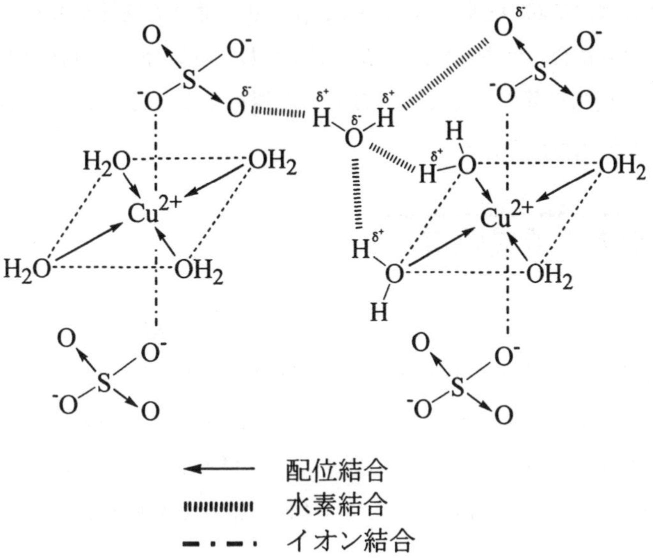

第3章 化学結合

[図: CuSO₄·5H₂O の構造図]

⟵ 　配位結合
||||||||| 　水素結合
—·—·— 　イオン結合

図 3.8　硫酸銅(Ⅱ) CuSO₄・5H₂O の配位水とイオン水

これらの水分子は陽イオンや陰イオンとは結合せずに結晶格子の空所に入り込んだ格子水の形で存在する．また，ミョウバン $KAl(SO_4)_2 \cdot 12H_2O$ では，12個の結晶水のうち6個はアルミニウムイオンに配位結合しているが，残りの水分子は格子水である．

3.2　共有結合

　非金属元素（電気陰性元素）の原子同士の結合では，両方の原子が電子を得ようとするため，互いの電子を共有することによって結合が形成される．この結合を**共有結合** covalent bond いう．共有結合は，結合に関与する電子対を－（線）で示すか，またはすべての最外殻電子を点で表すことによって示される．たとえば，塩素分子 Cl_2 では，塩素原子は価電子7個で3sに2個，3pに5個の電子をもち，互いに3pの**不対電子** unpaired electron を共有することによって閉殻構造となり安定化する．塩化水素分子 HCl の場合は，水素原子の1sの電子と塩素原子の3p電子を共有することによって共有結合がつくられる．
　イオン結合は，静電的引力（クーロン力）による結合のため方向性がないことを前に述べた．

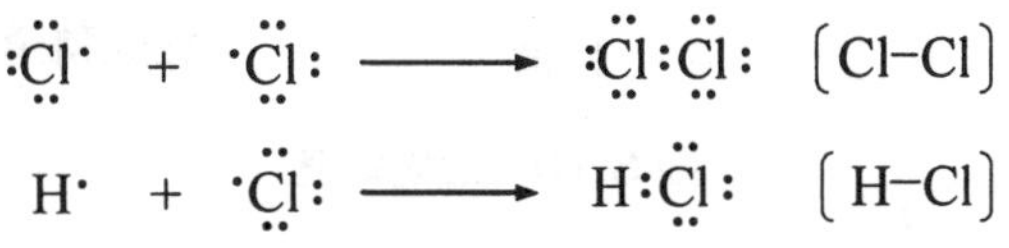

　　　　:Cl· + ·Cl: ⟶ :Cl:Cl:　〔Cl–Cl〕

　　　　H· + ·Cl: ⟶ H:Cl:　〔H–Cl〕

これに対し共有結合は，球状のs軌道を除いて，pやd軌道は方向性をもっているため，これらの軌道が関与する共有結合には方向性がある．すなわち，単結合，二重結合または三重結合した原子のまわりの立体構造は異なってくる．この方向性をうまく説明するために**混成軌道** hybrid orbital という概念が導入された．

3.2.1 炭素の混成軌道

炭素原子は通常4価の結合をしている．すなわち4本の共有結合をするので不対電子を4個もつということになる．炭素原子の基底状態の電子配置は，1sに2個 $(1s)^2$，2sに2個 $(2s)^2$，2pに2個 $2p_x$ $2p_y$ なので，この状態では不対電子は2個しかなく4本の共有結合をつくることができない．そこで2s軌道の対になっている電子の1個がエネルギー的に近い2p軌道に移動し，$(1s)^2 2s\, 2p_x\, 2p_y\, 2p_z$ の電子配置になると考えれば4価の結合を説明することができる（図3.9）．

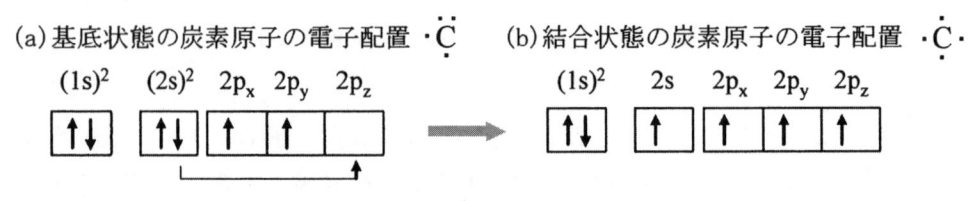

図3.9 炭素原子の電子配置

メタン分子 CH_4 は，X線結晶解析によって中心に炭素原子をもつ正四面体構造で，結合角 $\angle HCH$ は 109.5°であることが確かめられている．この構造では4つのC−H結合はすべて同等である．図3.9 (b) の電子配置であれば，炭素の2s軌道と水素の1s軌道でつくられる1つのC−H結合と，炭素の2p軌道と水素の1s軌道による3つのC−H結合が生じることになる．したがって，このような電子の配列のままでは4つの等価なC−H結合は形成されない．そこで，エネルギー的に近いs軌道とp軌道が混じり合い等価な新しい軌道をつくるという考えが導入された．このようにs軌道とp軌道という種類の異なった軌道から新しい軌道ができることを**混成** hybridization といい，新しくできた軌道を**混成軌道** hybrid orbital という（図3.10）．

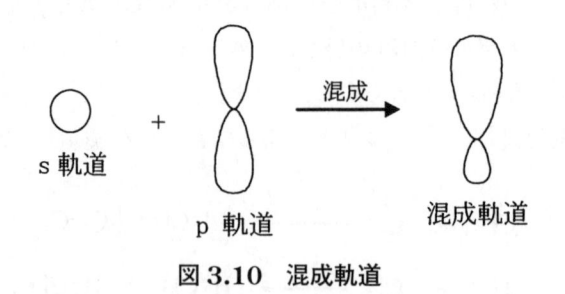

図3.10 混成軌道

1 炭素の sp³ 混成軌道

1個のs軌道と3個のp軌道の混成をsp³混成といい，生じた4つの等価な軌道をsp³混成軌道という（混成に使われた軌道の数と生じた混成軌道の数は常に同じ）．この4つの軌道は，**正四面体**の中心から4つの頂点へのびている（図3.11）．

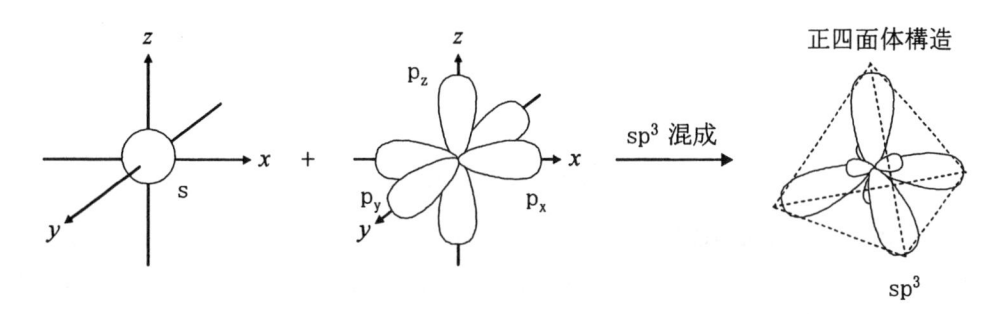

図3.11　sp³ 混成軌道

メタン分子 CH_4 やエタン分子 C_2H_6 などの単結合のみの炭素原子は1個の2s軌道と3個の2p軌道の混成により2sp³混成軌道（2sp³の2は2s，2pの2を意味し，混成している電子の主量子数を表している）を生じ，4つの等価な軌道がつくられる．よって，メタン分子は，∠HCHは109.5°の正四面体構造となる．これは，メタン分子のX線結晶解析の結果と一致する（図3.12）．

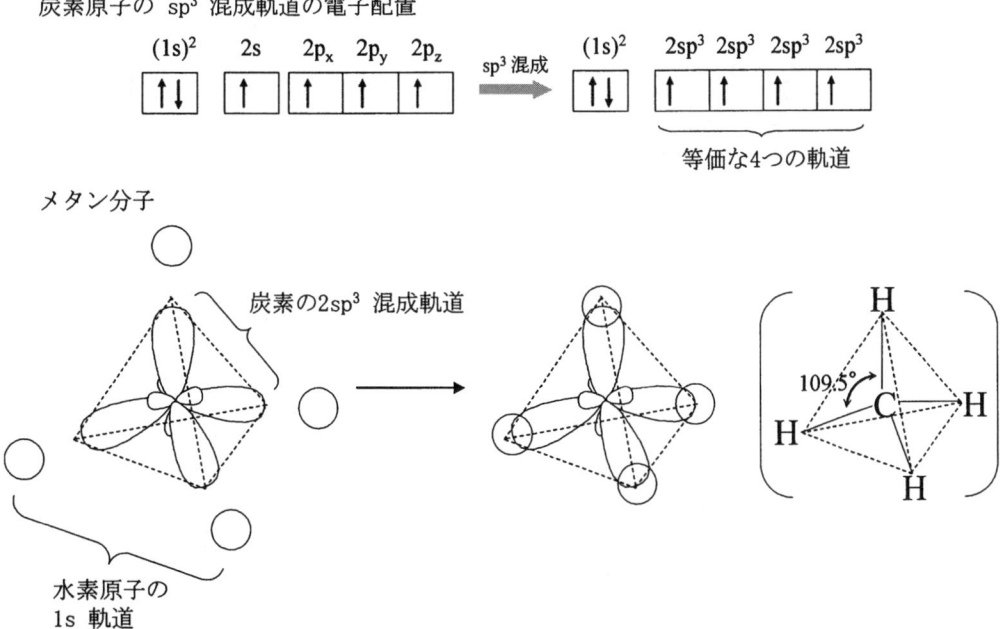

図3.12　炭素原子の sp³ 混成軌道

2 炭素の sp² 混成軌道

1個のs軌道と2個のp軌道の混成をsp²混成といい，生じた3つの等価な軌道をsp²混成軌道という．この3つの軌道は**同一平面上**にあり，互いの軌道は120°の角度をなしている（図3.13）．

s 軌道 ＋ 2個の p 軌道 →(sp² 混成) 120°　平面構造　sp²

図 3.13　sp² 混成軌道

エテン（エチレン）H₂C＝CH₂分子の混成軌道を考えてみる．図3.14に示すように，2つの炭素は，それぞれ1個の2s軌道と2個の2p軌道から2sp²混成軌道を形成し，等価な3つの軌道

炭素原子の sp² 混成軌道の電子配置

$(1s)^2$　2s　$2p_x$　$2p_y$　$2p_z$　→(sp² 混成)　$(1s)^2$　$2sp^2$　$2sp^2$　$2sp^2$　$2p_z$

等価な3つの軌道

エテン（エチレン）分子

(a) 120°　炭素の2sp²混成軌道　水素原子の1s軌道　→　σ結合

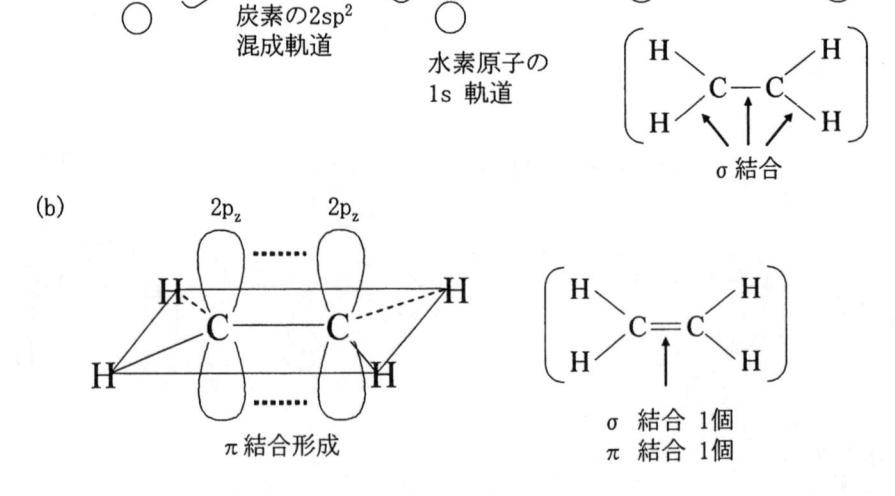

σ結合

(b) $2p_z$　$2p_z$　π結合形成

σ 結合 1個
π 結合 1個

図 3.14　炭素原子の sp² 混成軌道

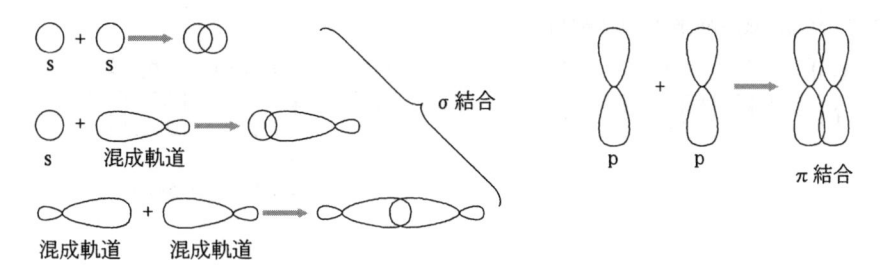

第3章　化学結合

図3.15　σ結合とπ結合

がつくられる．両炭素は，互いにこの等価な軌道の1つを使ってC-C結合を形成し，残りの等価な軌道は水素原子の1s軌道と重なりC-H結合をつくる（図3.14 a）．両炭素原子にはsp^2混成軌道に関与していない$2p_z$軌道が残っていて，それには電子が1個ずつ入っている．この軌道は，混成軌道と結合して生じたH_2C-CH_2の平面に対して垂直な関係にあり，この2つの$2p_z$軌道がH_2C-CH_2の平面の上と下で重なってもう1つのC-C結合をつくる（図3.14 b）．このように，二重結合の2つの共有結合は軌道の重なり方が異なった結合で，混成軌道同士が重なって生成した結合を**シグマσ結合**といい，両炭素のp_z軌道が重なって生じた結合は**パイπ結合**と呼ばれる．σ結合とπ結合の軌道の重なりの違いを図3.15に示した．水素分子の1s同士，メタン分子やエテン分子などの水素原子の1sと炭素の混成軌道，混成軌道同士，これらの軌道の重なりから生成する結合はσ結合で，結合軸に対して対称である．一方，垂直のp軌道同士で重なった軌道はπ結合となる．σ結合とπ結合の重なりを比較すると，σ結合のほうが重なりの度合いが大きく，π結合よりも結合力は強くなる．

3 炭素のsp混成軌道

1個のs軌道と1個のp軌道の混成をsp混成といい，生じた2つの等価な軌道はsp混成軌道という．この2つの軌道は直線状となる（図3.16）．

エチン（アセチレン）HC≡CH分子の両炭素は，それぞれ1個の2s軌道と1個の2p軌道から2sp混成軌道をつくり，等価な2つの軌道を生じる．この混成軌道を使ってC-H結合とC-C結合がつくられる．それぞれの炭素には電子が1個ずつ入った$2p_y$と$2p_z$の軌道が残って

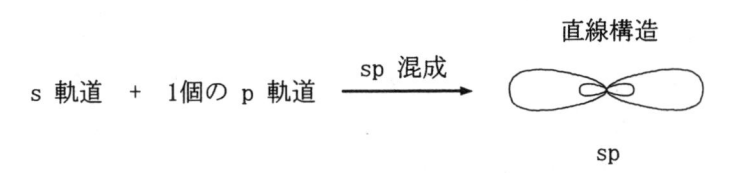

図3.16　sp混成軌道

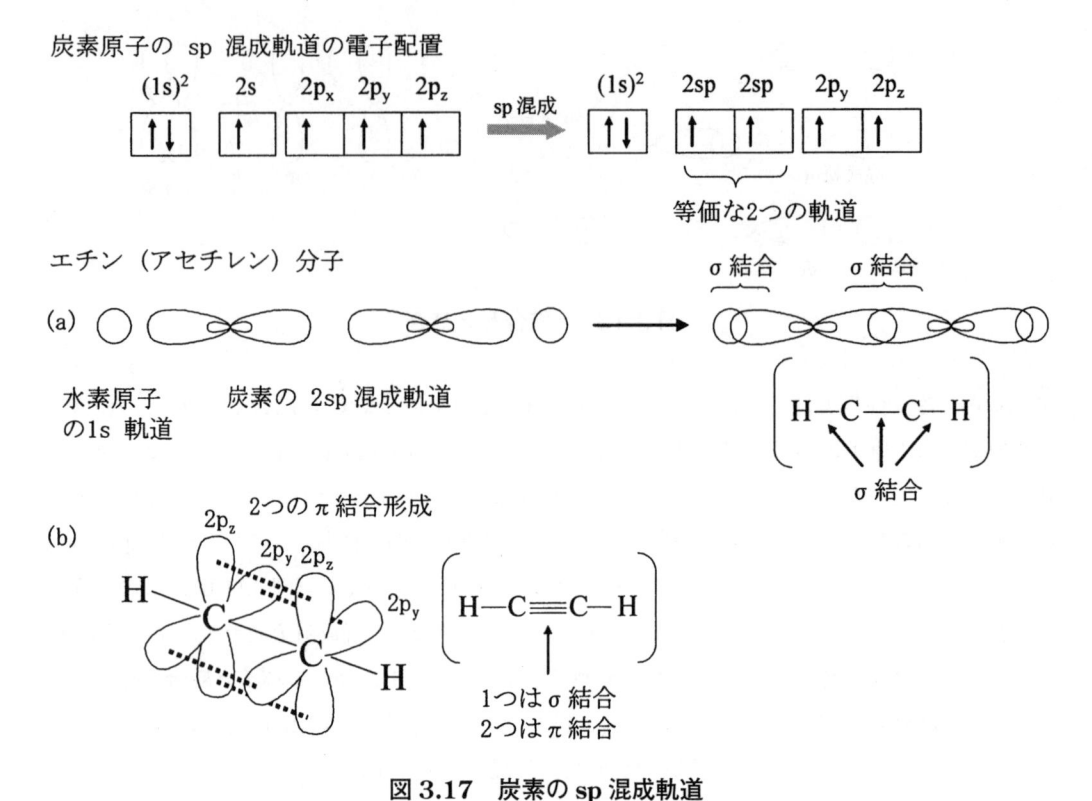

炭素原子の sp 混成軌道の電子配置

```
       (1s)²   2s    2pₓ   2pᵧ   2p_z              (1s)²   2sp   2sp   2pᵧ   2p_z
       [↑↓]   [↑ ]  [↑ ]  [↑ ]  [↑ ]   sp混成→    [↑↓]   [↑ ] [↑ ]  [↑ ]  [↑ ]
```
                                                        等価な2つの軌道

エチン（アセチレン）分子

(a) （炭素の2sp混成軌道と水素1s軌道の重なりの図） → σ結合 σ結合 [H—C—C—H σ結合]

水素原子の1s軌道　　炭素の 2sp 混成軌道

(b) （2つのπ結合形成の図：2p_z, 2pᵧ, 2p_z, 2pᵧ） [H—C≡C—H 1つはσ結合 2つはπ結合]

図 3.17 炭素の sp 混成軌道

いるので，$2p_y$-$2p_y$ と $2p_z$-$2p_z$ 同士で軌道が重なり 2 つの π 結合が形成される．したがって，エチンの三重結合の 1 つは σ 結合で残りの 2 つは π 結合である（図 3.17）．

炭素間の結合では，単結合，二重結合，三重結合と結合の数が増えるにしたがって炭素同士の結合は強くなるので，その結合距離は短くなってくる（C−C 1.53 Å ＞ C＝C 1.34 Å ＞ C≡C 1.20 Å）．

4 炭素イオンの混成軌道

単結合のみの炭素原子は sp^3 混成軌道をつくり，正四面体構造になることを先に述べた．それではこの炭素がイオンになると，どのような混成軌道を形成するだろうか．C−H 結合からプロトン（H^+）が放出されて生じる**炭素陰イオン（カルバニオン R_3C^-）**は，水素原子から電子を1個受けとり孤立電子対を1つもっている．電子は互いに反発し，なるべく離れようとするので，この炭素の3つの不対電子と1つの孤立電子対がそれぞれ最も離れた状態となり，四面体構造の sp^3 混成軌道となる（図 3.18）．一方，C−X 結合（X は電気陰性の脱離基）から X^- が脱離してできる**炭素陽イオン（カルボカチオン：R_3C^+）**は，電子を1個失って3つの不対電子のみをもっている．これらの電子は反発が最も少なくなるように離れるため，炭素陽イオンは平面で3方向へ広がった sp^2 混成軌道になる．

$$R-\underset{\underset{R}{|}}{\overset{\overset{R}{|}}{C}}-H \longrightarrow R-\underset{\underset{R}{|}}{\overset{\overset{R}{|}}{C}}:^- + H^+ \qquad R-\underset{\underset{R}{|}}{\overset{\overset{R}{|}}{C}}-X \longrightarrow R-\underset{\underset{R}{|}}{\overset{\overset{R}{|}}{C}}^+ + :X^-$$

孤立電子対　　　　　　　　　　　　　空の p 軌道

R_3C^- 炭素の sp³ 混成軌道　　　　　R_3C^+ 炭素の sp² 混成軌道

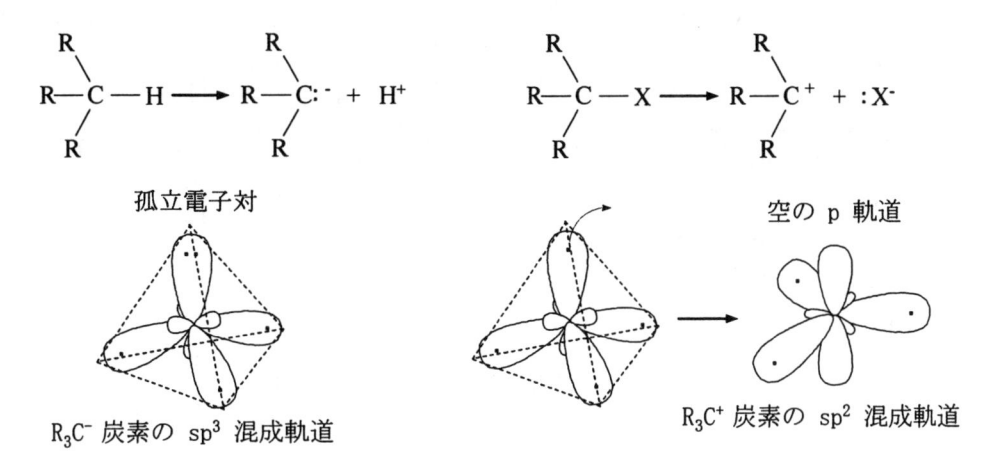

図 3.18 炭素イオンの混成軌道

3.2.2 炭素以外の原子の混成軌道

1 13 族のホウ素およびアルミニウムの混成軌道

ホウ素化合物のボラン BH_3 や三フッ化ホウ素 BF_3 について考えてみると，ホウ素原子は 3 本の共有結合をしている．ホウ素原子の基底状態の電子配置は $(2s)^2 2p_x$ で，このままでは 1 本の共有結合しかできない．そこで炭素の場合と同じように 1 個の 2s 電子が 2p に移動して $2s\ 2p_x\ 2p_y$ の電子配置となり，不対電子が 3 個となる（図 3.19）．さらに，電子同士の反発が最小になるように，1 つの s と 2 つの p が混成して 3 方向へ広がった平面構造の sp² 混成軌道を形成する（炭素陽イオンの場合と同じで，$2p_z$ に電子をもたない）．したがって，この等価な 3 つの軌道と

ホウ素原子

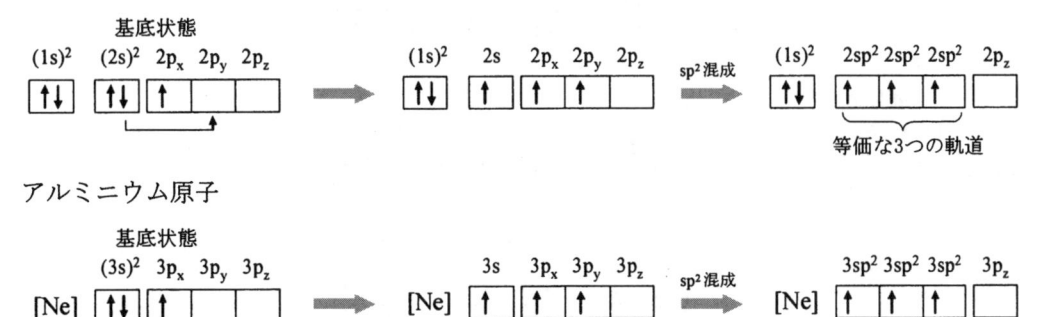

アルミニウム原子

[Ne]: ネオンの電子配置 $(1s)^2(2s)^2(2p)^6$

図 3.19 ホウ素原子とアルミニウム原子の電子配置

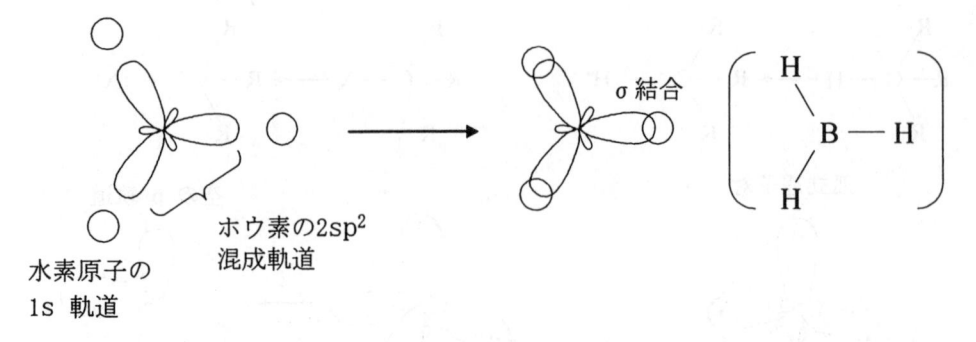

図 3.20　BH₃ のホウ素原子の sp² 混成軌道

水素原子またはフッ素原子の軌道の結合によるボランや三フッ化ホウ素は平面構造となる（図3.20）．アルミニウム化合物では塩化アルミニウム AlCl₃ が考えられるが，アルミニウム原子もホウ素原子と同じように1個の3sと2個の3pが混成して sp² 混成軌道をつくり共有結合している．

[2] 15 族の窒素の混成軌道

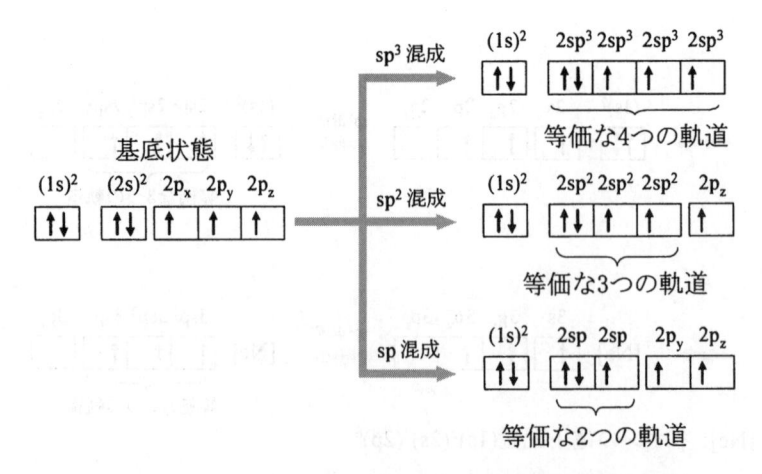

窒素化合物では単結合のアンモニア分子 NH₃，二重結合のイミン（R₂−C＝N−R），三重結合のニトリル（R−C≡N）について考えてみる．窒素原子の基底状態の電子配置は，2sに2個，3つの2pに各1個で3つの不対電子をもち（図3.21），そのまま水素原子と結合すれば∠HNH は90°のアンモニア分子となる．しかし，実際のアンモニア分子の∠HNH は 106.7°で N を頂点とした三角錐構造をしている（孤立電子対を含めると四面体構造）．これは，基底状態の電子配列で結合すると2s軌道に孤立電子対をもつことになり電子の反発が大きく，図3.22 からわかるように混成するほうが孤立電子対とほかの電子との距離が離れ，反発を少なくすることができる

図 3.21　窒素原子の電子配置

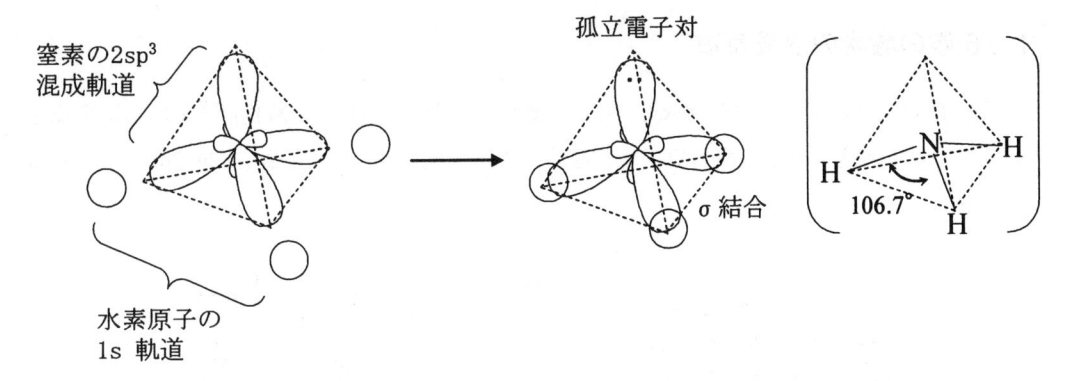

図 3.22 NH₃ の窒素原子の sp³ 混成軌道

からである．

二重結合のイミンは，炭素原子と窒素原子の sp² 混成軌道同士で C−N 間に σ 結合がつくられ，残っている p 軌道の重なりにより π 結合ができる（図 3.23 置換基 R との結合に使われる sp² 混成軌道は省略）．図に示してある炭素の 2 つの置換基 R が同じものでなければシス cis とトランス trans（または E と Z）の構造が可能となる．

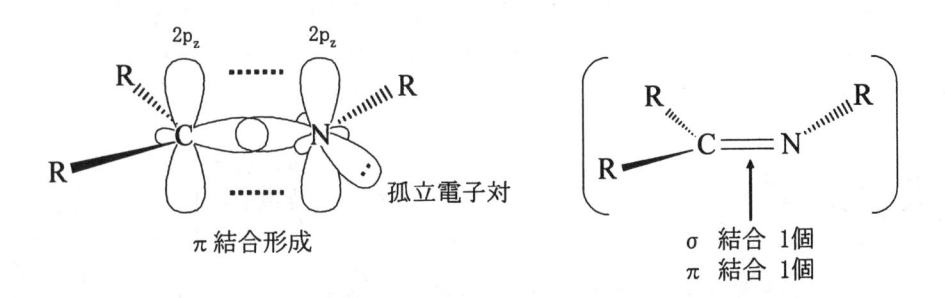

図 3.23 イミノ基の混成軌道

三重結合のニトリルでは，図 3.24 に示すように，炭素原子と窒素原子の sp 軌道同士が σ 結合をつくり，残された 2 つの p 軌道が重なって 2 つの π 結合を形成している．

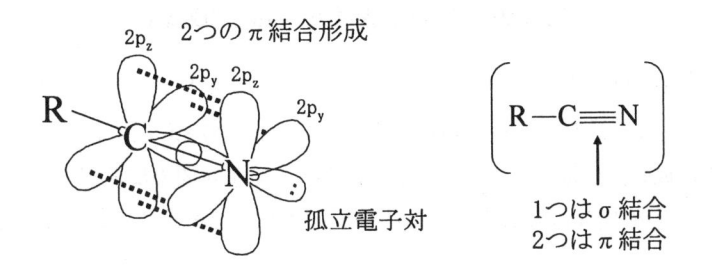

図 3.24 窒素原子の sp 混成軌道

3 16族の酸素の混成軌道

水分子 H_2O，カルボニル化合物 $R_2C=O$，二酸化炭素 $O=C=O$，一酸化炭素 CO の酸素原子の軌道について考えてみる．酸素原子の基底状態の電子配置は，$(2s)^2(2p_x)^2 2p_y 2p_z$ で，不対電子を2個もっている（図3.25）．

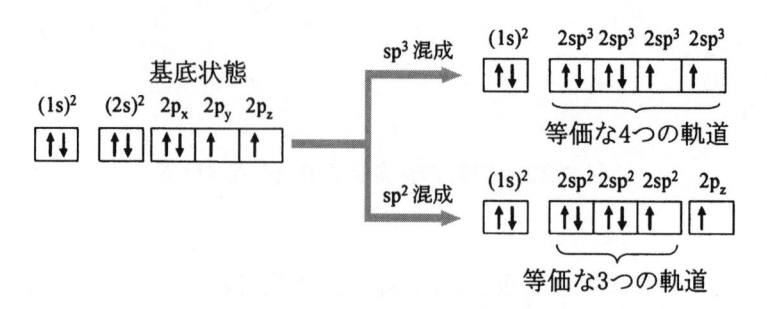

図3.25 酸素原子の電子配置

したがって水分子の場合，酸素原子の基底状態の電子配置でも2つの水素原子と結合することは可能である．しかしながら，その場合には2sと$2p_x$は電子対をもったままとなり，電子対同士の反発が大きくなってしまう．そこでNH_3の場合と同様に1つのsと3つのpが混成してsp^3混成軌道を形成し，電子対間の反発を和らげている（図3.26）．

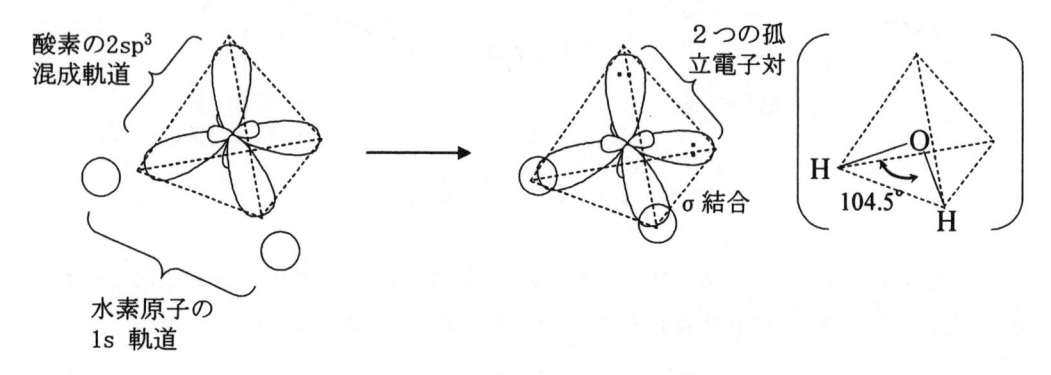

図3.26 H_2O 酸素原子の sp^3 混成軌道

カルボニル化合物の C=O 二重結合では，酸素原子の2sと2つのpが混成してsp^2混成軌道となり，3つの等価な軌道をつくっている．その1つは炭素のsp^2混成軌道と結合してσ結合を形成し，残りの混成軌道には電子対が入ることによって電子対間の反発を少なくしている．炭素原子および酸素原子の残りのp軌道は，R_2C-O面に垂直にあってπ結合をつくっている（図3.27）．

二酸化炭素では，炭素原子のsp混成軌道と2つの酸素原子のsp^2混成軌道で結合し（σ結合），残された炭素原子の2つのp軌道と酸素原子のp軌道はそれぞれπ結合を形成している．した

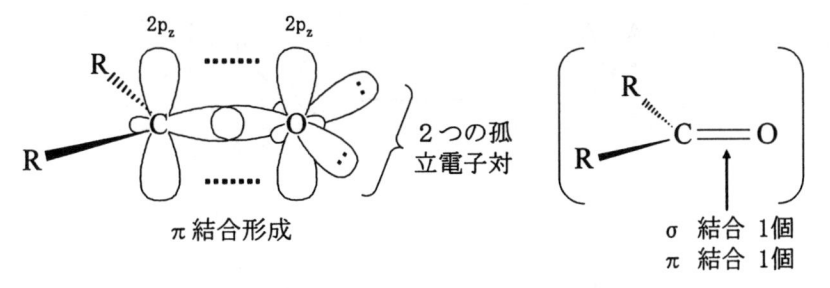

図 3.27 カルボニル基の混成軌道

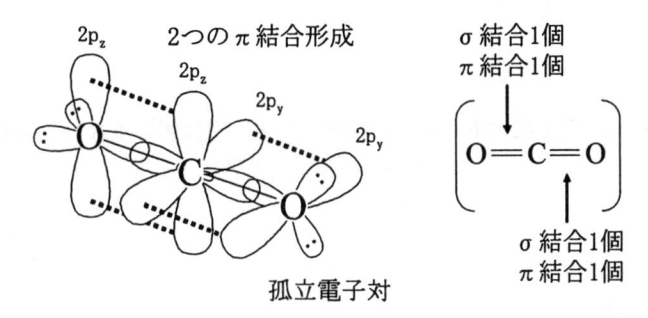

図 3.28 CO_2 の混成軌道

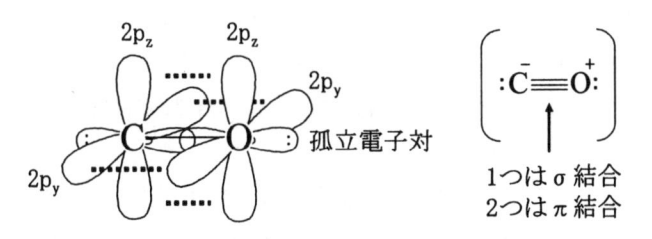

図 3.29 CO の混成軌道

がって，二酸化炭素は直線構造をしている（図 3.28）.

　一酸化炭素 CO は，炭素原子が酸素原子から 1 個の電子をもらった状態の $:\overset{-}{C}\equiv O:^{+}$ で表される．炭素原子と酸素原子両方が sp 混成軌道を形成して σ 結合し，残された p 軌道同士で 2 つの π 結合をつくっている（図 3.29）．すなわち，一酸化炭素の CO 間は三重結合と考えられ，実際の結合距離は 1.13 Å で，二酸化炭素の C=O 二重結合距離 1.16 Å より短い距離となっている．C−O 単結合の結合距離は 1.43 Å で，炭素-炭素間の結合距離の場合と同様に，炭素-酸素結合距離は単結合＞二重結合＞三重結合となる．

3.2.3 分子軌道法

　これまでに述べてきた原子価電子（価電子）の原子軌道の重なりのみで結合を理論的に取り扱う方法は**原子価結合法** valence bond method（VB 法）と呼ばれる．これに対して，いくつかの

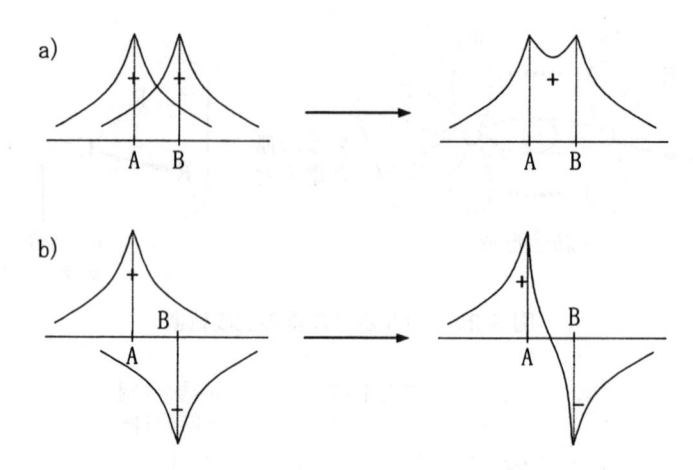

図 3.30 a) 同位相の重なり（結合性）と b) 逆位相の重なり（反結合性）
A, B は波（原子）の中心

原子が結合して分子を構成すると，原子の電子は分子全体の分子軌道上に配分されると考える**分子軌道法** molecular orbital method（MO 法）がある．

分子軌道法では，相互作用する軌道同士が重なると，もとの軌道より安定な（エネルギーの低い）**結合性分子軌道** bonding MO と，もとの軌道より不安定な（エネルギーの高い）**反結合性分子軌道** antibonding MO ができると考える．電子は波動の性質をもつので，2 つの波の重なりに似ていて，同位相で重なれば強め合い（結合性），逆位相であれば弱め合う（反結合性）ことになる（図 3.30）．

2 原子分子を例にして考えると，この分子軌道 MO Ψ は相互作用する原子 A と原子 B の原子軌道の波動関数 ϕA と ϕB の一次結合（linear combination of atomic orbital : LCAO）によって表される．

$$\Psi = a\phi A \pm b\phi B$$

（係数 a, b は，Ψ に対して最低エネルギーを与えるように選んだ定数）

水素分子 H_2 は，2 つの 1s 軌道が結合した分子である．この結合性 MO と反結合性 MO を図示すると図 3.31 となる．同位相（$\phi A + \phi B$）で重なると，結合軸のまわりに対称的な結合性 MO ができる（節 node なし．軌道の符号が変化するところで軌道を分ける面を節という）．この分子軌道は，1s 軌道同士の σ 結合の軌道なので σ1s という記号で表される．逆位相（$\phi A - \phi B$）で重なると，反結合性 MO ができ，この MO も結合軸のまわりに対称的で σ*1s と表される（節 1 個）．結合性 MO では，原子核の間に電子の分布が多いため，電子と核との引力が強く働き，もとの 1s よりエネルギーが低くなる．一方，反結合性 MO では，結合性 MO に比べて原子核間の電子分布が少ないため，電子と核との引力より核同士の斥力が大きくなり，もとの原子軌道よりもエネルギーが高くなっている．分子軌道に電子が満たされる場合も，原子軌道の場合と同じように**パウリ Pauli の排他原理** Pauli's exclusion principle（パウリの原理 Pauli principle）

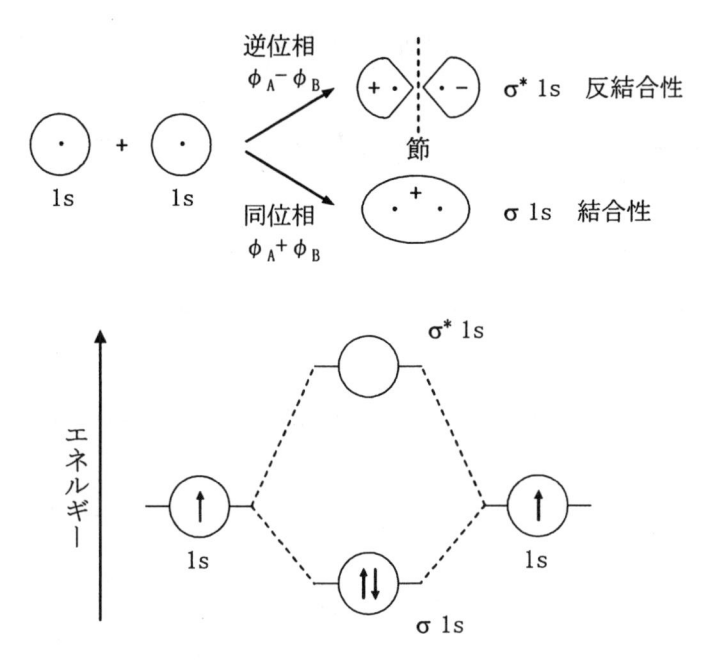

図 3.31 水素分子の H_2 の分子軌道

に従い，エネルギーの低い順に電子は2個ずつスピンを逆向きにして入る．

次に酸素分子 O_2 の分子軌道を考えてみる．酸素原子の電子配置は $(1s)^2(2s)^2(2p_x)^2 2p_y 2p_z$ で，酸素分子は図3.32 に示した分子軌道となる．酸素原子の $2p_x$ 同士からできる MO は，結合軸のまわりに対称で σ 結合を形成するので，結合性 MO は $\sigma 2p_x$，反結合性 MO は $\sigma^* 2p_x$ と表される．$2p_y$ と $2p_z$ は，結合軸に対して垂直で π 結合となるので，結合性 MO は $\pi 2p_y$，$\pi 2p_z$，反結合性 MO は $\pi^* 2p_y$，$\pi^* 2p_z$ とそれぞれ表される．また $\pi 2p_y$ と $\pi 2p_z$ および $\pi^* 2p_y$ と，$\pi^* 2p_z$ は，エネルギー的に同じ $2p_y$ と $2p_z$ によってつくられているので，同じエネルギー準位となっている．結合性の $\sigma 2p_x$ は，σ 結合の MO なので π 結合の $\pi 2p_y$ や $\pi 2p_z$ より安定でエネルギー的に低くなり，反結合性の MO では逆になり $\sigma^* 2p_x$ は $\pi^* 2p_y$ や $\pi^* 2p_z$ より高くなる．電子をエネルギーの低い順に入れていくと $\pi^* 2p_y$ と $\pi^* 2p_z$ に1個ずつ入る（**フントの規則** Hund's rule に従う）．すなわち，酸素分子は不対電子を2個もつことになる．原子あるいは分子を磁場に置くと磁場の方向に磁化される性質を**常磁性**というが（逆は**反磁性**），これは不対電子をもっている場合に起こる現象である．したがって，不対電子をもつ酸素分子は常磁性を示す．

分子軌道法では，電子で占有された（電子対の状態）最もエネルギーの高い分子軌道を**最高被占軌道** highest occupied molecular orbital（HOMO）といい，最もエネルギーの低い，電子の入っていない空の分子軌道は**最低空軌道** lowest unoccupied molecular orbital（LUMO）と呼ばれる．この HOMO と LUMO は，分子間の反応に関与する重要な分子軌道で**フロンティア軌道** frontier orbital といわれる．

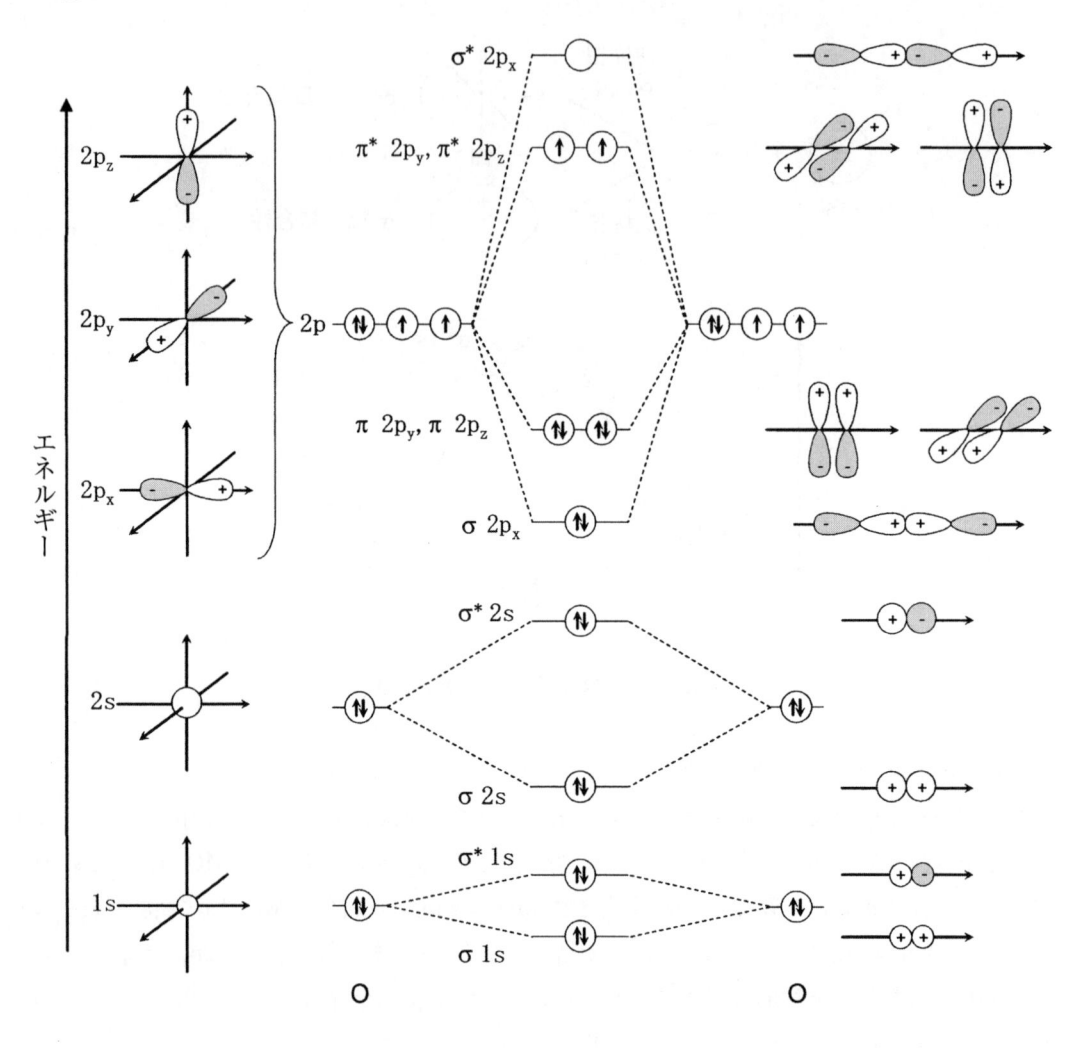

図 3.32　酸素分子の O_2 の分子軌道エネルギー準位

3.2.4　結合の極性

1　共有結合の極性

　電気陰性度の異なる原子間で共有結合がつくられるとき，結合電子は両原子間で均等に共有されるのではなく，電気陰性度の大きい原子のほうに引きつけられ，イオン性を帯びてくる（図3.33）．塩化水素 HCl の場合を考えてみると，塩素は電気陰性度が大きいため，結合電子は塩素原子に引き寄せられている．そのため，水素は若干電子不足の状態になるので正の部分電荷（δ^+）をもち，塩素原子はその分だけ負の部分電荷（δ^-）をもっている．このような電荷の分布の偏りを**極性** polarity があるといい，その偏った状態を**分極** polarization しているという．塩

第3章 化学結合

イオン性 →

電気陰性度の差 →

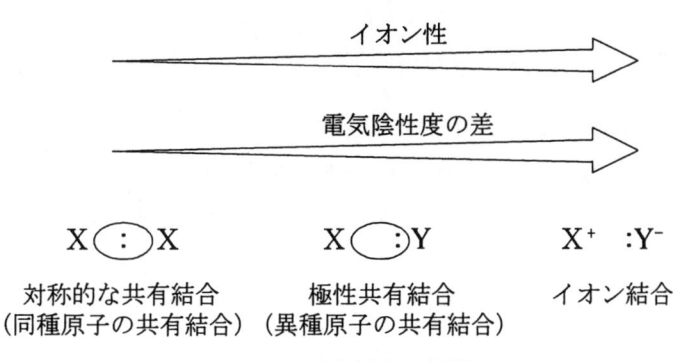

X :̈ X　　　　X ⌢:Y　　　　X⁺ :Y⁻

対称的な共有結合　　極性共有結合　　イオン結合
（同種原子の共有結合）（異種原子の共有結合）

図 3.33　共有結合の極性

極性分子：
- HCl　H—Cl　正味の双極子モーメント 1.08 D
- $CHCl_3$　正味の双極子モーメント 1.02 D
- NH_3　正味の双極子モーメント 1.47 D
- H_2O　正味の双極子モーメント 1.85 D

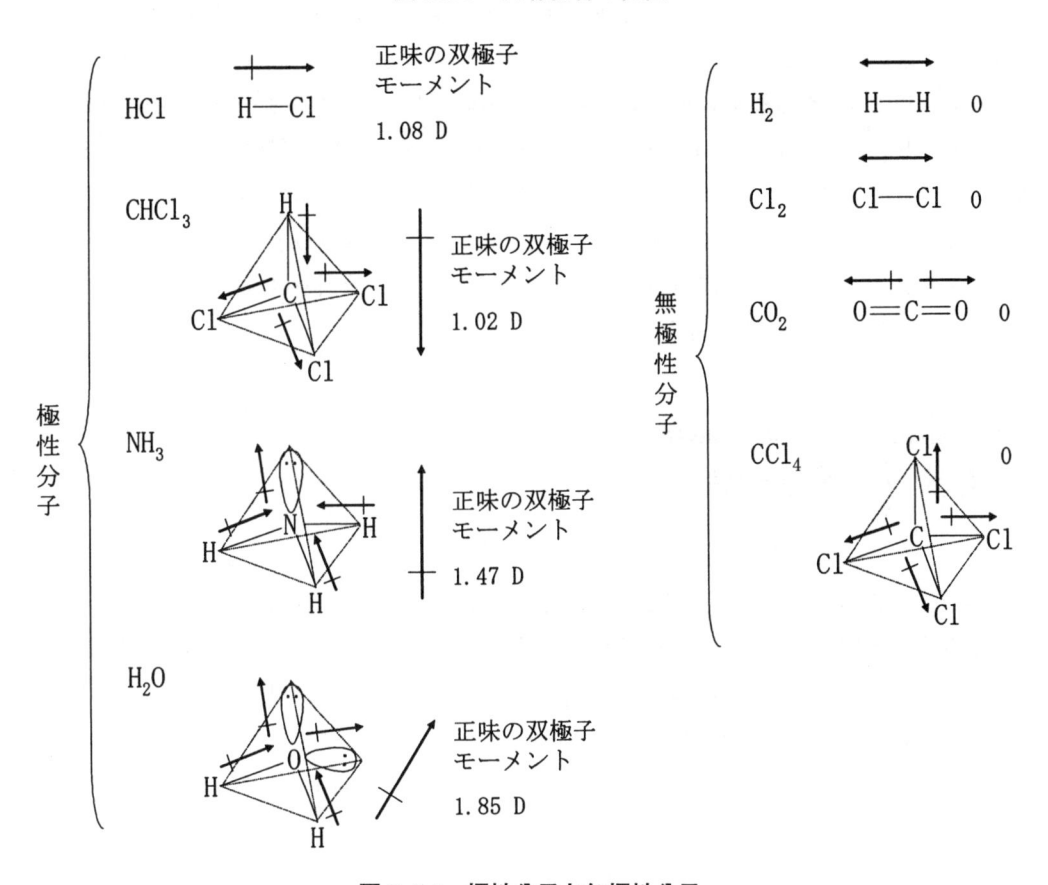

無極性分子：
- H_2　H—H　0
- Cl_2　Cl—Cl　0
- CO_2　O=C=O　0
- CCl_4　0

図 3.34　極性分子と無極性分子

化水素は分子内に正と負の部分電荷をもつ**双極子** dipole なので，このような結合の極性は**双極子モーメント** dipole moment（μ）で表される．

双極子モーメント（μ）は，電荷の大きさ（esu）とセンチメートル（cm）で表された距離の積によって求められ，単位としてデバイ debye（D）（$1D = 1 \times 10^{-18}$ esu・cm）が用いられる．

$$\mu \text{（D）} = 電荷\text{（esu）} \times 距離\text{（cm）}$$

また，極性結合の極性の方向は，図 3.34 に示した矢印 ↦ で示される．

2 分子の極性

原子間の電気陰性度が異なるため結合に極性を生じ，分子全体として電荷に偏りがある場合を**極性分子**といい，逆に電荷に偏りがない分子を**無極性分子**という．図3.34に代表的な極性分子と無極性分子を示した．2原子分子では，異種原子であれば電気陰性度が異なるため極性分子となり，同種原子であれば同じ力で結合電子を引っぱるので，双極子モーメントは0で無極性分子となる．また，分子の極性は2原子間の結合極性だけでなく，その分子構造の影響を受ける．クロロホルム $CHCl_3$，アンモニア NH_3，水 H_2O は，炭素原子，窒素原子，酸素原子それぞれの sp^3 混成軌道で分子が構成され，結合電子が電気陰性な原子のほうに引き寄せられた結果，分子全体として電荷に偏りが生じ極性分子となる．このような原子の結合極性と分子の構造から生じる正味の双極子は**永久双極子** permanent dipole とも呼ばれ，その双極子モーメントを**永久双極子モーメント** permanent dipole moment という（外部の電場や磁場の影響で誘起される双極子は誘起双極子）．二酸化炭素 CO_2 や四塩化炭素 CCl_4 は，CO_2 の sp 炭素や CCl_4 の sp^3 炭素によってそれぞれ直鎖状および正四面体構造をしている．それぞれの C=O 結合や C−Cl 結合は極性結合であるが，分子構造から正電荷と負電荷の中心が一致し，その極性は打ち消されて正味の双極子モーメントは0で無極性分子となる．

3.3 配位結合

互いの原子が1個ずつの電子を提供し電子対を形成する結合が共有結合であるが．一方の原子だけが電子対を提供し，もう1つの原子がその電子対を受け取ることによって形成される結合様式がある．このような結合を**配位結合** coordinate bond といい，通常の共有結合とは区別している．以下に配位結合のいくつかの例をあげてみる．

塩化アンモニウム NH_4Cl は，アンモニウムイオン NH_4^+ と塩素イオン Cl^- がイオン結合したものである．それではこのアンモニウムイオンの窒素原子と水素原子はどのように結合しているのだろうか．これは共有結合でできているアンモニア分子 NH_3 の窒素原子上の孤立電子対 lone pair（非共有電子対）を H^+ に提供し，アンモニア分子の窒素原子と H^+ が孤立電子対を共有して配位結合をつくっている．言いかえると，窒素原子の3つの sp^3 混成軌道と3個の水素原子のs軌道が重なって共有結合のアンモニア分子を形成し，その窒素原子上に残っている2個の電子をもつ sp^3 混成軌道が H^+ の空のs軌道と重なって配位結合している（図3.22参照）．

なお，上式の N→H は N から H へ孤立電子対が提供されて生じた配位結合を示しており，共有結合の N−H と区別するために用いられる．

また，酸性水溶液中に生じるヒドロニウムイオン H_3O^+ の H_2O と H^+ の結合もアンモニウムイ

オンの場合と同じような結合様式である．

錯体についての詳細は第7章で述べるが，中心金属に孤立電子対をもつ分子またはイオンが配位結合して錯体が形成される．

3.4 金属結合

　一般に，金属元素はイオン化エネルギーが小さく，電子を放出しやすい電気陽性元素である．したがって金属元素同士の化学結合は，イオン結合や共有結合とは異なり**金属結合** metallic bond といわれる．金属中では原子の価電子がすべての原子によって共有され，この価電子は金属中を自由に動き回ることができる（図3.35）．このような電子は**自由電子** free electron と呼ばれ，金属特有の性質 1）電気伝導性，2）熱伝導性，3）金属光沢，4）展性，5）延性を示す原因となる（1.4.3項を参照）．

　金属結合では自由電子と金属陽イオンとの間の静電的引力（クーロン力）が主な結合力となるので，共有結合のような結合の方向性はない．そのため，多くの金属結晶は最密充填構造 closest packed structure（面心立方構造または六方最密充填構造　図3.1, 3.2参照）をとる傾向がある．また，自由電子が多いほど結合力は強くなり，原子間距離は短くなる．たとえば，アルカリ金属の価電子はs軌道の1個で，自由電子の少ない単体金属である．それゆえに，これらの金属は結合力が弱く，密度も小さくなり（アルカリ金属は体心立方構造で最密充填構造ではない）低融点で柔らかい．

　金属の高い電気伝導性や熱伝導性は，自由電子が電荷や熱を伝える担体の役割をするためで，

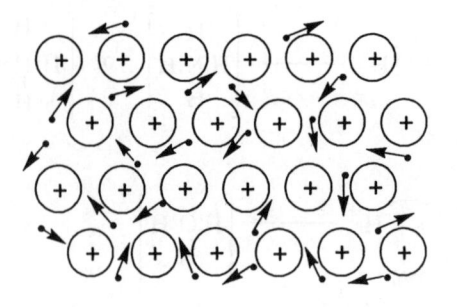

⊕ 陽イオンになっている金属原子

・ 自由電子

図 3.35　金属の構造

金属の光沢は，金属の中へ光が入るのを自由電子が妨げて光の反射率を高めるためである．また，金属の展性や延性は，外部の力によって金属結晶の金属イオンの配列に多少のずれが生じても自由電子がそのずれに対して自由に移動し，金属イオンとの結合を保つように働くからである．

3.5　分子間力

これまでは分子を形成している原子同士の結合について述べてきた．化合物の物性は，分子内の結合ばかりでなく，分子間に働く力，すなわち**分子間力** intermolecular force に大きく影響を受ける．分子間力は，水素結合，ファンデルワールス力，疎水結合，静電的相互作用などに分類されるが，他の化学結合と分子間力の結合の強さを比較すると，大まかには共有結合＞イオン結合＞金属結合≫水素結合＞水素結合以外の分子間力となる．

3.5.1　水素結合

水素原子 H が電気陰性度の大きい原子 X と共有結合して HX 分子をつくると，分極した分子となる（3.2.4 項　結合の極性参照）．分極した分子が近接した固体や液体の状態では，若干の正の電荷をもつ $H^{\delta+}$ は，陰性の $X^{\delta-}$ または別の陰性の原子 $Y^{\delta-}$ との間に静電的引力が生じる．このような引力による水素原子を介して結びつく結合を**水素結合** hydrogen bond という（水素結合を点線で示す）．水素結合は共有結合，イオン結合および金属結合と比較するとはるかに弱い

$$X^{\delta-} - H^{\delta+} \cdots\cdots X^{\delta-} - H^{\delta+}$$

$$X^{\delta-} - H^{\delta+} \cdots\cdots Y^{\delta-}$$

が，後述するファンデルワールス力よりは強い結合である．それではこの水素結合は，物性にどのような影響を与えるのであろうか．

エタノール C_2H_5OH とその構造異性体のジメチルエーテル CH_3OCH_3 の**沸点** boiling point（bp）を比較してみると，それぞれ常圧で 78.3 ℃ と 24.9 ℃ でエタノールの沸点の方が非常に高い．エタノールでは，水酸基 OH が $O^{\delta-}-H^{\delta+}$ に分極するために分子間で水素結合を生じるが，ジメチルエーテルではそのような水素結合は起こらない．したがってエタノールを液体から気体へ変化させる際は，水素結合を切断するためにより多くの熱エネルギーが必要となり，沸点が高くなる（図 3.36）．

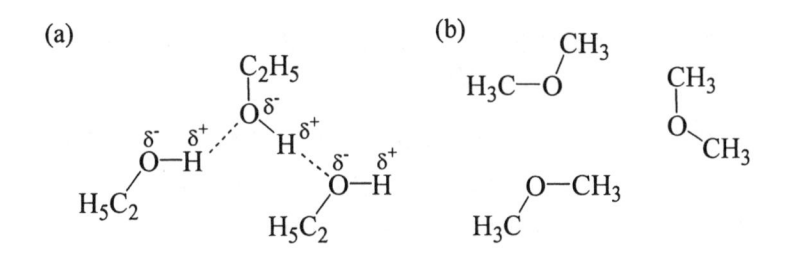

図 3.36 （a）水素結合したエタノール，（b）水素結合のないジメチルエーテル

水分子 H_2O は，氷の状態では周りの水分子と 4 本の水素結合した 1 個の水分子を中心にもつ四面体 tetrahedron となる（図 3.37a）．これはさらに水素結合ネットワークにより六角形を基本として 3 次元的に規則正しく無限につながっている（図 3.37b）．このように氷は隙間の多い構造となっている．一方，水の状態では大部分の水分子は四面体構造をとってはいるが，氷の場合と比較して 1～2 割の水素結合が切断され，一部の水分子が隙間に入り込んだ氷より密度の高い構造となる．一般に，物質が液体から固体になると体積は減少するが，水が氷になるのは，密度の高いものから低いものへの変化となるために体積が増加する現象が観察される．また，水の沸

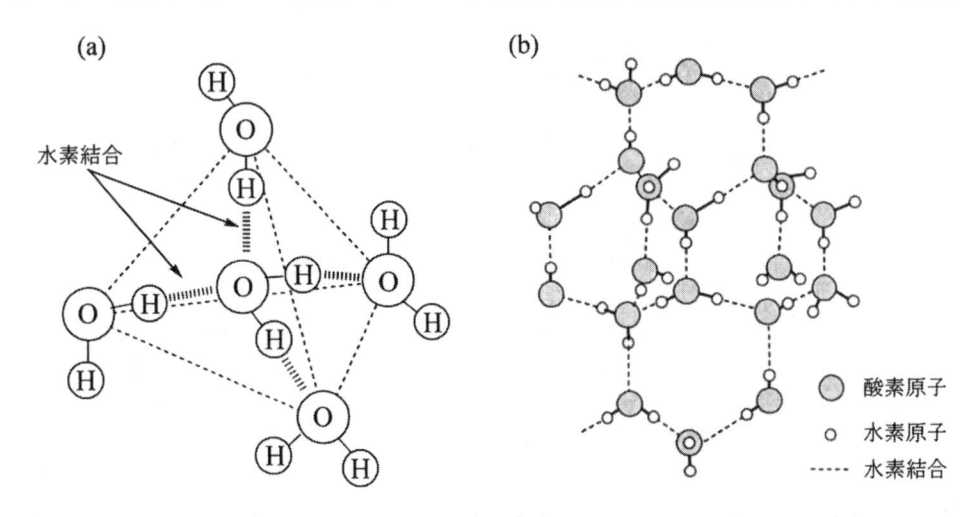

図 3.37 （a）H_2O の水素結合，（b）氷の構造

点は，酸素と同族の硫黄，セレン，テルルの水素化物 H_2S（bp − 60.7 ℃），H_2Se（bp − 42 ℃），H_2Te（bp − 1.8 ℃）と比較してみると異常に高い．酸素原子は同族の他の元素より電気陰性度が大きいため水分子の方が水素結合しやすく，分子間の水素結合で大きな分子を形成している．それゆえに，エタノールの場合と同様に液体から気体へ変化させるには多くの熱エネルギーが必要となる．この傾向はハロゲン族の水素化物（HF, HCl, HBr, HI）でも観察され，電気陰性度の大きいフッ素原子と結合したフッ化水素 HF は高い沸点を示す（図 3.38）．

図 3.38 水素結合したジグザグ鎖状構造の HF の会合分子
---- は水素結合

水素結合は，生体内においても重要な役割を担っている．核酸塩基のアデニンとチミンおよびグアニンとシトシンは水素結合することによって DNA 二重らせん構造を構築し，遺伝子情報伝達に大きな役割を果たしている（図 3.39a）．タンパク質の基本構造の1つである α-ヘリックス構造，これもまた水素結合によって形成されたものである．タンパク質はアミノ酸がペプチド結合した鎖状の化合物で，アミド基のカルボニル酸素と水素が，図 3.39b に示すように分子内で水素結合（C=O-----H−N）することによってエネルギー的に安定な α-ヘリックス構造となる．このように水素結合は分子間だけでなく分子内でも起こる．互いに近づくことのできる水酸基−OH，アミノ基−NH_2，カルボニル基 C=O，カルボキシル基−COOH，ニトロ基−NO_2 などの分極した官能基が分子内に存在すると，分子内で水素結合することが可能となる（図 3.40）．

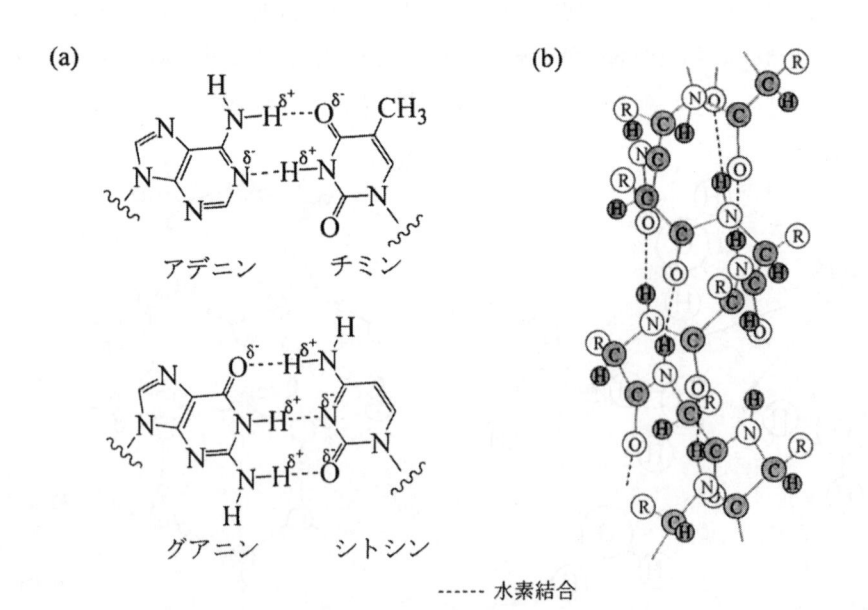

------ 水素結合

図 3.39 （a）水素結合した DNA の相補的塩基対，（b）タンパク質の α-ヘリックス構造

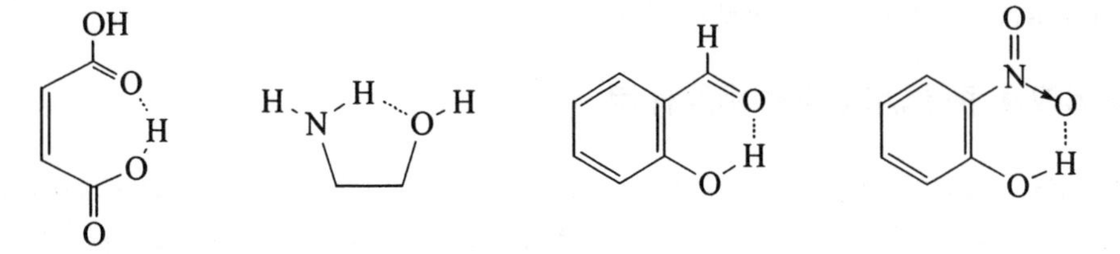

第3章　化学結合

マレイン酸　　2-アミノエタノール　　サリチルアルデヒド　　o-ニトロフェノール

図3.40　分子内水素結合した化合物
----は水素結合

3.5.2 ファンデルワールス力

すべての分子間で働く弱い引力の総称を**ファンデルワールス力** van der Waals force という．この引力を生じる原因として次の3種類の相互作用が考えられる（図3.41）．

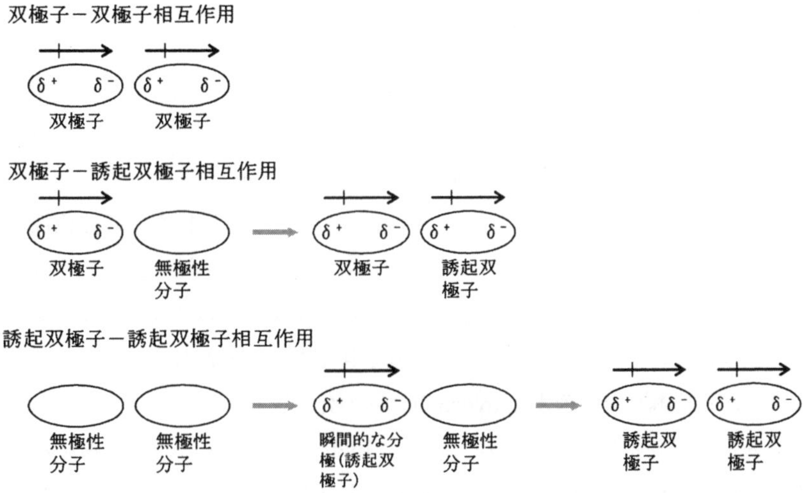

双極子-双極子相互作用

双極子-誘起双極子相互作用

誘起双極子-誘起双極子相互作用

図3.41　ファンデルワールス力を生じる相互作用

1 双極子-双極子相互作用

ほとんどの有機化合物は，分子中の異種原子間の電気陰性度の差と非対称構造のために，正と負の電荷の中心は一致せず双極子モーメントをもっている（3.2.4項　結合の極性参照）．このような極性分子では，異種電荷同士は互いに引き合い結合する（**双極子効果** dipole effect）．

2 双極子-誘起双極子相互作用

極性分子（双極子）が無極性分子に近づくと，無極性分子は極性分子の電場の影響を受け電子の偏りを生じる．すなわち，無極性分子は極性分子によって双極子が誘起され（**誘起効果**

induction effect），この間に引力が働く．

3 誘起双極子–誘起双極子相互作用

双極子をもたない無極性分子の場合でも，電子は核のまわりを運動しているので瞬間的には分子中の電子には偏りが生じ双極子となる（**分散効果** dispersion effect）．この瞬間的に生じた双極子は，近くの分子に双極子を誘起し分子間力を生じる．

3.5.3　静電的相互作用

分子間力を総称して**静電的相互作用**という場合もあるが，狭義では正の電荷を帯びた分子と負の電荷を帯びた分子間で生じる比較的弱い静電的引力（クーロン力）による結合をいう．この結合は，薬物と受容体が相互作用する際に働く引力の1つである．

3.5.4　疎水性相互作用

前述した水素結合で，液体の水分子は分子間水素結合していることを述べた．水に溶けている極性の高い溶質分子やイオンは，いくつかの水分子間の水素結合を妨害するが，新たに溶質–水分子間やイオン–水分子間に水素結合を形成し（**水和** hydration），系のエネルギーの減少が起こる（エンタルピーの減少）．一方，ベンゼンやヘキサンのような炭化水素の非極性分子は，水中では水分子間の水素結合を妨げるばかりでなく（エンタルピーの増加），非極性分子のまわりに水分子が規則正しくならびエントロピー（乱雑さ）が減少する．自然現象ではエンタルピーの減少またはエントロピーの増加のどちらかがもたらされる方向へと進行するので，非極性分子は水に加えてもほとんど溶解しない**疎水性** hydrophobic の化合物なのである．

分子中に非極性基（疎水性）と極性基（親水性 hydrophilic）をもつ化合物を水と混合した場合はどうなるであろうか．非極性の部分は炭化水素と同じように水の規則性を増加し（エントロピーの減少），極性の部分は水と相互作用して溶けようとする（エンタルピーの減少）性質をもっている．そこで，非極性基と水分子の接触を少なくして，水のエントロピーの減少を最小限にするように非極性基が互いに近づくように変化する（エントロピーが増加してエネルギー的に有利）．このような変化による疎水性の非極性基同士の相互作用を**疎水性相互作用** hydrophobic interaction という（図3.42）．界面活性剤のミセルや脂質の小胞体は，このような疎水性相互作用によって形成されたものである．タンパク質の α-ヘリックス構造は，水素結合によって維持されているが，この構造の安定性にはアミノ酸のアルキル側鎖やフェニル基同士の疎水性相互作用もかなり寄与している．

第 3 章 化学結合

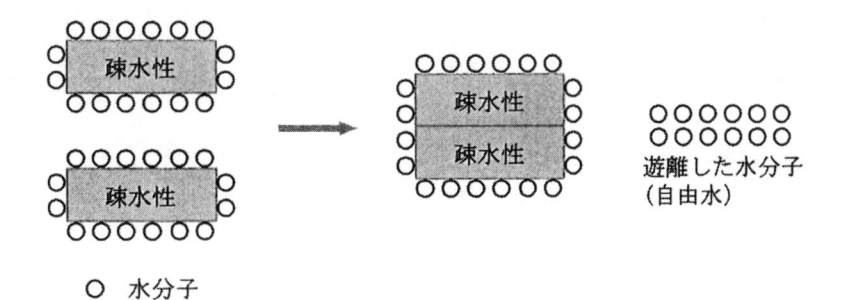

図 3.42 疎水性相互作用

練習問題

問 1 疎水性相互作用に関する記述の正誤について，正しい組合せはどれか．

a 疎水性相互作用は，溶質分子周辺の水構造（水分子間で形成される三次元構造）の形成・破壊とは関係がない．
b 界面活性剤の水中におけるミセル形成は，疎水性相互作用と関係がある．
c 疎水性相互作用にはエントロピーの寄与が重要である．
d 疎水性相互作用は，たん白質の高次構造の安定化に寄与している．
e 水銀が水に溶けないのは，極めて高い疎水性相互作用を有するからである．

	a	b	c	d	e
1	誤	正	誤	誤	正
2	正	正	誤	正	正
3	正	誤	正	誤	誤
4	誤	誤	正	正	正
5	誤	正	正	正	誤

（第 86 回薬剤師国家試験）

問 2 1 気圧下に置かれている純水及び 0.9 ％塩化ナトリウム水溶液の性質に関する次の記述の正誤について，正しい組合せはどれか．

a 純水が凝固して氷になると，密度は小さくなる．
b 凝固点よりも高温側にある液体の水では，水分子間に水素結合は全く形成されていない．これが純水の特徴である．
c 室温に保存した 0.9 ％塩化ナトリウム水溶液を緩やかに冷却すると，やがて氷が析出する．この時，氷と共存している水溶液中の塩化ナトリウム水溶液の濃度は 0.9 ％より高い．
d 塩化ナトリウム水溶液中では，ナトリウムイオンも塩化物イオン

	a	b	c	d
1	正	正	正	誤
2	誤	誤	正	正
3	正	正	誤	正
4	正	誤	正	正
5	誤	正	誤	誤

も，共に水和している．

（第81回薬剤師国家試験）

問 3 物質の溶解に関する記述のうち，正しいものの組合せはどれか．
a 溶媒の誘電率が大きいほど電解質は溶解しやすい．
b 溶媒分子と溶質分子間に双極子相互作用が働くと，溶解しにくくなる．
c エタノールを水と混和する時，エタノールが水和するため発熱するが，エタノールおよび水の部分モル体積は一定である．
d 硫酸バリウムが胃の造影剤として安全に用いられる理由の一つは，その溶解度積が小さいことにある．

1 (a, b)　2 (a, c)　3 (a, d)　4 (b, c)　5 (b, d)　6 (c, d)

（第82回，87回薬剤師国家試験）

問 4 次の化合物 a～d について，永久双極子モーメントをもつものの正しい組合せはどれか．

a CO_2　b H_2O　c NH_3　d Cl_2

1 (a, b)　2 (a, c)　3 (a, d)　4 (b, c)　5 (b, d)　6 (c, d)

（第83回薬剤師国家試験）

問 5 化学結合に関する次の記述のうち，正しいものの組合せはどれか．
a 塩化水素の結合は極性が高い共有結合である．
b エチレンの二重結合の1つは共有結合であり，もう1つはイオン結合である．
c フッ化リチウムの結合は共有結合である．
d アンモニアの結合は共有結合である．

1 (a, b)　2 (a, c)　3 (a, d)　4 (b, c)　5 (b, d)　6 (c, d)

（第84回薬剤師国家試験）

問 6 化学結合に関する次の記述の正誤について，正しい組合せはどれか．
a 二酸化炭素（CO_2）の2つの炭素-酸素間の平均原子間距離は，一酸化炭素（CO）の炭素-酸素間の原子間距離よりも大きい．
b Cl は H に比べ電気陰性度が大きいので，CCl_4 の永久双極子モーメントは $CHCl_3$ に比べて大きくなる．
c エチレンジアミン四酢酸（EDTA）は，アルカリ性で Ca^{2+} と配位結合をして，安定な金属錯体を形成する．
d 異なる2つの原子が共有結合するときに，片方の原子が他方の原

	a	b	c	d
1	誤	誤	正	誤
2	正	正	誤	正
3	正	誤	正	正
4	誤	正	正	誤
5	誤	正	誤	正

子よりも電子を引きつける力が強いと，イオン性を帯びた共有結合となる．

(第85回薬剤師国家試験)

問 7 窒素の化合物に関する記述のうち，正しいものの組合せはどれか．
a NH_3 分子の N-H 結合は，共有結合である．
b 窒素原子の電子配置は $(1s)^2 (2s)^2 (2p)^3$ であるが，NH_3 を形成するときには窒素の電子配置は sp^2 混成軌道となる．
c NH_3 に H^+ が近づくと，窒素の孤立電子対（非共有電子対）が H^+ に供与されて，NH_4^+ となる．
d NH_4^+ では，4つの H が N を取り囲んだ平面四角形構造をとっている．
e NH_4^+ の正電荷は，1つの H に局在している．

1 (a, b)　　2 (a, c)　　3 (a, e)　　4 (b, c)　　5 (c, d)　　6 (d, e)

(第86回薬剤師国家試験)

問 8 原子の軌道に関する記述の正誤について，正しい組合せはどれか．
a toluene の環炭素とメチル基との結合は，p 軌道と sp^3 混成軌道とからなるパイ（π）結合である．
b ammonia 窒素の非共有電子対は sp^3 混成軌道を占めるのに対し，pyridine 窒素の非共有電子対は sp^2 混成軌道を占めている．
c ethylene（ethane）炭素の混成軌道は sp^2 であるのに対し，acetylene（ethyne）炭素の混成軌道は sp であり，後者の方が混成軌道の s 性が高い．
d 第2周期の元素にはすべて，2s, 2p, 2d 軌道に電子が存在する．

	a	b	c	d
1	正	誤	正	誤
2	誤	正	正	誤
3	誤	誤	正	誤
4	正	誤	誤	正
5	誤	正	誤	正

(第87回薬剤師国家試験)

解 答

問 1 5
a （誤）疎水性相互作用は，溶質の疎水基のまわりの規則的な水構造が，溶質同士が集まることにより減少し，自由水の増加によるエントロピー増大が駆動力となって起こる相互作用である（3.5.4項 疎水性相互作用参照）．
b （正）
c （正）
d （正）
e （誤）疎水性相互作用は生じるが，金属原子同士は金属結合という独特で強い結合なので水に溶けない．

問 2 4

a （正）氷の密度（g/cm³）は水の密度より小さい．氷が水に浮くのはこの理由による．

b （誤）液体の水中では，1個の水分子は平均4.4個の水分子が水素結合で取り囲まれており，隙間が氷よりも約1割ほど密になっている．水は強く水素結合を形成している．水の分子量が小さいにもかかわらず沸点が高いのは，水素結合の形成による．

c （正）溶媒である水が固体（氷）になるとき，イオンを排除して系外に除去されるため，溶液の濃度が増加する．

d （正）Na^+は水分子の酸素原子（$O^{\delta-}$原子）を，Cl^-は水分子の水素原子（$H^{\delta+}$原子）を引きつけ，配位結合で錯イオン（水和イオン）を形成している．溶質粒子が水分子によって取り囲まれる現象を水和といい，結晶表面にある多くのNa^+やCl^-に対して水和が起こるとイオン結晶を構成するクーロン力が弱められ，結晶が崩れやすくなる．

問 3 3

a （正）溶媒の誘電率は，溶媒の極性の目安となるもので，これが大きいほど溶媒の極性は高くなる．溶媒の極性が高ければ電解質のイオンと溶媒が結合しやすくなる（溶媒和）ので電解質は溶解しやすくなる．

b （誤）溶媒分子と溶質分子との間に双極子相互作用が働くと（水和，溶媒和）溶解が促進される．

c （誤）水は水素結合により隙間の多い構造をしており（図3.37参照），その中にエタノールを混ぜる（混和）と，エタノールは水と水素結合して水和し発熱する．このとき，エタノールのエチル基（$-C_2H_5$）の部分では水素結合しないため，水と比べて水素結合が減少し，その分だけエタノールのエチル基の部分が隙間を埋めるような構造をとるので，水とエタノールそれぞれの部分モル体積が減少する．

d （正）硫酸バリウムは，溶解度積がきわめて小さく水に難溶性であるため，吸収されにくく，安全に用いられる．

問 4 4

3.2.4項 結合の極性参照．

a OとCではOのほうが電気陰性度が大きいが，直線構造をしているため，両側から同じ力で電子を引っ張り，互いに打ち消し合い，永久双極子モーメントをもたない．

b 水分子中のOはsp^3混成軌道をとるため，2つの非共有電子対（孤立電子対）を含めて考えると四面体構造をしている．そのため，H–O–Hは折れ線構造をとり，OとHの電気陰性度の差により永久双極子モーメントをもつ．

c アンモニア分子中のNはsp^3混成軌道をとっており，bと同様永久双極子モーメントをもつ．

d Cl 同士では電気陰性度に差がないため，永久双極子モーメントをもたない．

問 5 3

a （正）共有結合で結ばれた 2 個の原子の電気陰性度の差が大きく異なれば異なるほど，その結合に生じる極性も大きくなってイオン性を帯びる（3.2.4 項 結合の極性参照）．塩化水素ではイオン性が 17 ％程度である．ちなみにフッ化水素ではイオン性が 45 ％にも達している．

b （誤）エチレンの炭素原子は sp^2 混成軌道をもち，分子全体が一平面上にあり，これらの炭素原子同士は σ 結合と呼ばれる共有結合で結ばれている．もう 1 つの結合は，この面に対して垂直な p 軌道同士が横に共有結合し，π 結合をつくっている（3.2.1 項 炭素の混成軌道参照）．

c （誤）フッ化リチウムの結合は，金属元素と非金属元素との結合で，完全なイオン結合である．

d （正）アンモニアの窒素原子は sp^3 混成軌道をとり，分子はピラミッド型になっている．非共有電子対（孤立電子対）が 1 つの sp^3 混成軌道に入っているので，この非共有電子対を含めれば四面体構造である（3.2.2 項 炭素以外の原子の混成軌道参照）．

問 6 3

a （正）原子間距離は，原子の大きさや結合次数（共有結合の単結合，二重結合，三重結合などの多重度）などによって異なる．一般的に，原子間の結合次数が大きいほど原子間距離は短くなる．原子間距離：O＝C＝O 1.16 Å ＞：C≡O：1.128 Å（3.2.2 項 炭素以外の原子の混成軌道参照）

b （誤）CCl_4 分子は分子内に面対称，回転対称などがあり，分子内で永久双極子モーメントは打ち消されて，分子全体ではその値はゼロとなる（3.2.4 項 結合の極性参照）．

c （正）エチレンジアミン四酢酸（EDTA）は，いろいろな金属と配位結合して安定な金属錯体を形成する．

d （正）問 5a の解説参照．

問 7 2

3.2.2 項 ②15 族の窒素の混成軌道参照．

a （正）

b （誤）アンモニア分子の窒素の電子は sp^3 混成軌道となる．

c （正）つぎのように孤立電子対が H^+ に供与され NH_4^+ になり，正四面体構造をとる．また窒素原子から電子が供与されるので窒素原子が正電荷をもつ．

d （誤）正四面体構造をとる．

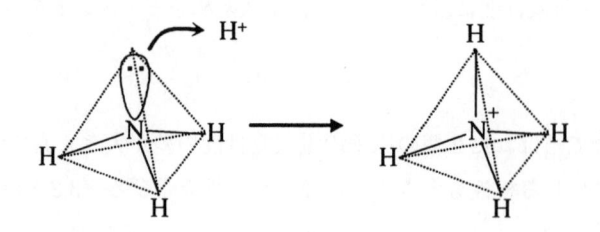

e （誤）窒素原子に正電荷が局在する．

問 8 2

a （誤）ベンゼン環を構成する炭素原子はお互いが 120° の角度をもつ 3 個の sp² 混成軌道からなり，3 個の sp² 混成軌道に垂直な 1 個の p 軌道がある．メチル基の炭素原子は 4 個の sp³ 混成軌道から成っている．したがって，トルエンの環炭素とメチル基との結合は，sp² 混成軌道と sp³ 混成軌道からなるシグマ（σ）結合である．

ベンゼン環の炭素原子の軌道　　メチル基の炭素原子の軌道

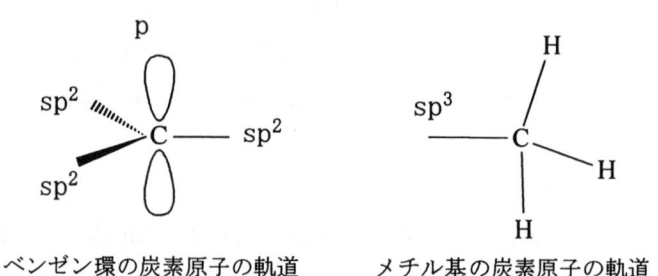

b （正）ammonia 窒素の非共有電子対は sp³ 混成軌道を占めるのに対して，pyridine 窒素原子は sp² 混成軌道をもつので，pyridine の非共有電子対は sp² 混成軌道を占めている．

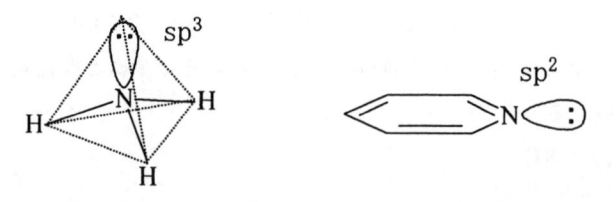

ammonia 窒素の非共有電子対　　pyridine 窒素の非共有電子対

c （正）ethylene 炭素の混成軌道はベンゼンと同じく sp² であり，acetylene の炭素は 2 個の p 軌道と 2 個の sp 混成軌道をもっている（3.2.1 項 炭素の混成軌道参照）．s 性（s と p との比率）は sp² 混成軌道が 1/3 であり，sp 混成軌道は 1/2 である．

d （誤）第 2 周期の元素には 2s, 2p 軌道は存在するが，2d 軌道というのは存在しない．

第 4 章　無機化学の反応

4.1　反応速度

　反応速度 reaction rate とは，反応の進行とともに特定の物質の量が減少，または増加する速度をいう．化学反応は熱力学ポテンシャルの減少する方向へ進むのが自然に起こる反応である．ところが反応速度は反応によって異なり，非常に速い反応や実際上は何の変化もないように見えるほど緩慢な反応がある．化学反応を表現する化学方程式は，反応に関与する物質と生成物の量的関係を示すだけで，実際に反応が起こった過程を示してはいない．**反応速度論**は，この反応の途中の経路について，すなわち反応機構の解明に重要である．

　反応速度 v は単位時間あたりの反応物あるいは生成物の濃度の変化で表す．いま次の式で表される化学反応があるとする．

$$a\,\mathrm{A} + b\,\mathrm{B} \longrightarrow c\,\mathrm{C} + d\,\mathrm{D}$$

この反応の時間 t における各物質の濃度をそれぞれ [A]，[B]，[C]，[D] とすると，反応速度 v は

$$v = -\frac{d[\mathrm{A}]}{dt},\ -\frac{d[\mathrm{B}]}{dt},\ \frac{d[\mathrm{C}]}{dt},\ \frac{d[\mathrm{D}]}{dt}$$

のいずれでも示すことができる．

　反応速度 v は，温度，圧力などの因子によって変化するが，一定温度で反応速度 v と反応物質の濃度との関係は，実験的に次のような形で表される．

$$v = k[\mathrm{A}]^{\alpha}[\mathrm{B}]^{\beta}$$

　ここで，比例定数 k は，一定温度では反応物質の濃度に無関係な定数で，**速度定数** rate constant と呼ばれる．α，β の値は**反応次数** order of reaction と呼ばれ，このとき A に関して α 次，B に関して β 次，反応全体として $(\alpha + \beta)$ 次であるという．反応次数は反応物，生成物の

濃度の時間的推移に大きく影響するので，その決定は重要であるが，一般にこの値は反応式の化学量論的次数a, bとは異なっていて，反応式からただちにα，βの値を知ることはできず，実験によって決定しなければならない．これはある化学反応で，反応が反応式の通りに進行するとは限らず，反応物から生成物に至るまでの間にいくつかの段階を経ることがあるためである．

一般に反応物が分解するような反応では，反応速度は次のように表される．

$$v = -\frac{d[A]}{dt} = k[A]^n \tag{4.1}$$

ここで，kは反応速度定数で，nは反応次数であり，$n = 0, 1, 2$のときの反応を**零（ゼロ）次反応**，**一次反応**，**二次反応**と呼ぶ．反応中の速度変化は，次数が大きくなるほど著しい．$n = 0$の時には反応は濃度に依存しない．また，$n = 1$の時には反応速度は濃度に比例する1次反応となる．

反応速度を測定するには，反応中の物質の濃度の時間経過による変化を求める．実際には反応の種類によって測定しやすいものを選べばよい．例えば

$$2H_2O_2 \longrightarrow 2H_2O + O_2$$

の反応では，一定時間毎に生成してくるO_2の体積を測定するか，あるいは反応溶液の一定量を取り出して残っているH_2O_2の量を定量することで反応速度を求めることができる．反応速度は反応温度により大きく影響されるので，測定はいつも一定温度で行わなければならない．

4.1.1 　一次反応

反応速度がただ1つの反応物質の濃度に比例する反応を**一次反応** first order reaction という．
一次反応において反応速度は，

$$-\frac{d[A]}{dt} = k[A] \tag{4.2}$$

で示される．Aの初濃度（$t = 0$のときのAの濃度）を$[A]_0$，時間tにおける濃度を$[A]$として，$t = 0$から$t = t$まで積分すると

$$\ln \frac{[A]}{[A]_0} = -kt \tag{4.3}$$

書き直すと

$$\ln [A] = -kt + \ln [A]_0 \tag{4.4}$$

この式でわかるように，一次反応では，$\ln [A]$とtは直線関係にあり，図4.1のように$\ln [A]$をtに対してプロットすれば，その直線の勾配は$-k$に等しい．

反応物質の濃度が初濃度の1/2に減少するまでに要する時間を**半減期** half life, half-value period といい$t_{1/2}$で表す．$t_{1/2}$とは上の式で $[A] = [A]_0/2$のときであるから，

第 4 章 無機化学の反応

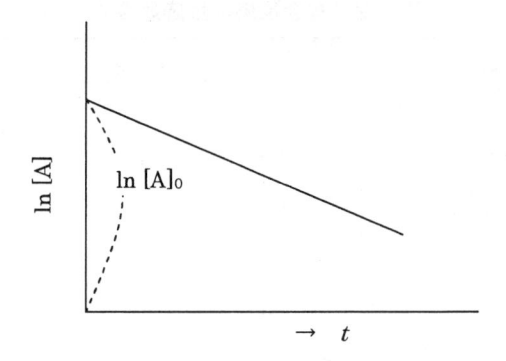

図 4.1 一次反応

表 4.1 基本的な反応速度式

反応の次数	0 次反応	一次反応	二次反応
微分速度式	$-\dfrac{d[A]}{dt}=k$	$-\dfrac{d[A]}{dt}=k[A]$	$-\dfrac{d[A]}{dt}=k[A]^2$
積分速度式	$[A]=[A]_0-kt$	$\ln[A]=\ln[A]_0-kt$	$\dfrac{1}{[A]}=kt+\dfrac{1}{[A]_0}$
濃度と時間の関係	[A] vs t、傾き$=-k$	$\ln[A]$ vs t、傾き$=-k$	$\dfrac{1}{[A]}$ vs t、傾き$=k$
k の単位	濃度・時間$^{-1}$	時間	濃度$^{-1}$・時間$^{-1}$
半減期 $t_{1/2}$	$\dfrac{[A]_0}{2k}$	$\dfrac{\ln 2}{2k}=\dfrac{0.693}{k}$	$\dfrac{1}{[A]_0 k}$

$$t=\frac{1}{k}\ln 2 = \frac{0.693}{k} \tag{4.5}$$

となり，一次反応の半減期は反応物質の初濃度に無関係となる．また，$t_{1/2}$ の値を実測して**速度定数 k** を知ることもできる．

表 4.1 に基本的な反応速度式とグラフを示した．

4.1.2 複合反応

一般に反応はいくつかの段階を経由して進行する．個々の段階の最も簡単な基本反応を**素反応** elementary reaction と呼んでいる．それに対して，複数の素反応が組み合わさった反応であることを示すときは**複合反応** complex reaction という．表 4.2 に複合反応の反応速度式を示す．

反応のある段階が全体の反応速度を支配するとき，その段階を律速段階と呼ぶ．

表 4.2 複合反応の反応速度式

反応の種類	微分型速度式	積分型速度式	濃度の時間経過を表すグラフ
逐次反応	$-\dfrac{d[A]}{dt}=k_1[A]$ $\dfrac{d[B]}{dt}=k_1[A]-k_2[B]$ $\dfrac{d[C]}{dt}=k_2[B]$	$[A]_0=[A]_0 e^{-k_1 t}$ $[B]=\dfrac{k_1}{k_2-k_1}[A]_0(e^{-k_1 t}-e^{-k_2 t})$ $[C]=[A]_0\left\{1+\dfrac{k_1}{k_2-k_1}(k_2 e^{-k_1 t}-k_1 e^{-k_2 t})\right\}$	
併発反応	$-\dfrac{d[A]}{dt}=k_1[A]-k_2[A]$ $\qquad =(k_1-k_2)[A]$ $\dfrac{d[B]}{dt}=k_1[A]$ $\dfrac{d[C]}{dt}=k_2[B]$	$[A]=[A]_0 e^{-kt}$ $[B]=\dfrac{k_1}{k}[A]_0(1-e^{-kt})$ $[C]=\dfrac{k_2}{k}[A]_0(1-e^{-kt})$	
可逆反応	$\dfrac{d[A]}{dt}=k_1[A]-k_{-1}[B]$ $\qquad =(k_1+k_2)[A]-k_{-1}[A]_0$ $[A]_0=[A]+[B]$	$\ln\dfrac{[A]_0-[A]_{eq}}{[A]-[A]_{eq}}=(k_1+k_2)t$	

1 逐次反応

2つ以上の素反応が連続して起こり，1つの段階の生成物が次の段階の反応物になっているような複合反応を**逐次反応** consecutive reaction という．表 4.2 に最も簡単な反応として次に示すような 2 つの一次反応からなる，A が中間物質 B を経て最終生成物 C になる反応を示す．

$$A \xrightarrow{k_1} B \xrightarrow{k_2} C$$

2 併発反応

1つの反応物が互いに独立な2つ以上の反応が同時に進行する反応を**併発反応** parallel reaction または平行反応（競争反応）という．

$$A \begin{array}{c} \xrightarrow{k_1} B \\ \xrightarrow{k_2} C \end{array}$$

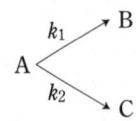

この反応では，$[B]/[C]=k_1/k_2$ の関係が時間に関係なく成立する．したがって，B と C の濃度比から k_1 と k_2 を求めることができる．

3 可逆反応

一般に化学反応は**可逆反応** reversible reaction であり，正反応だけが起こっているのではなく，同時に逆反応も起こっている．

$$A \underset{k_{-1}}{\overset{k_1}{\rightleftarrows}} B$$

この反応では $[B] = [A]_0 - [A]$ であるので，$\ln([A]_0 - [A]_{eq})/([A] - [A]_{eq})$ を時間 t に対してプロットすると直線が得られ，その傾きは，$k_1 + k_{-1}$ となる．反応の平衡定数 K_{eq} は

$$\begin{aligned} K_{eq} = k_1/k_{-1} &= [B]_{eq}/[A]_{eq} \\ &= ([A]_0 - [A]_{eq})/[A]_{eq} \end{aligned} \tag{4.6}$$

であるから，この平衡定数と $k_1 + k_{-1}$ の値から k_1 と k_{-1} を求めることができる．

4.1.3 可逆反応とギブズの自由エネルギー

熱力学は，系におけるある変化が進行する傾向にあるかどうかを教えてくれる．ある変化が自然に起こるかどうかは，系のエネルギーをできるだけ小さくするという方向と，系の乱雑さを増す方向の2つの因子によって左右される．すなわち定圧条件下では，2つの因子により決まる**ギブズの自由エネルギー** Gibbs' free energy, G の変化が注目する系の変化の方向を決定する．

定温，定圧条件下で化学反応が起こるとき，自由エネルギーはエンタルピーとエントロピーの和と定義される．

$$G = H - TS \tag{4.7}$$

ここで，H は**エンタルピー** enthalpy，S は**エントロピー** entropy，T は熱力学温度である．エンタルピーは，系の内部エネルギー，圧力および体積をそれぞれ U，P および V とするとき次式で示される．

$$H = U + PV \tag{4.8}$$

ギブズの自由エネルギーの変化 ΔG の正負は，温度によって支配される．定温定圧下での化学反応は，ギブズの自由エネルギーが減少する方向へ自発的に進行する．

例えば，以下のような溶液中の可逆反応を考えると，

$$A + B \rightleftarrows C + D$$

この系がある任意の状態にあり，仮に反応が $A + B \longrightarrow C + D$ という方向に起こるとき，$\Delta G < 0$，すなわち系の自由エネルギーが減少するならば，反応はこの方向に自発的に進行する．また，平衡時では，$\Delta G = 0$ である．

4.1.4 温度および触媒の影響

一般に化学反応速度は，温度の上昇に伴い著しく増大する．通例反応温度が10℃上昇すれば，反応速度は2〜3倍になる．これは温度の上昇に伴い，反応物質の粒子相互の衝突回数が増すためと考えられる．しかし，実際には衝突した分子がすべて反応するとは限らない．アレニウスArrhenius は反応が起こるためにはある一定以上のエネルギーをもった粒子が衝突することが必要であろうと考え，このエネルギーを**活性化エネルギー**activation energy と呼んだ．アレニウスによれば，反応速度の温度依存性に対して次の**アレニウス式**で示される関係がある．

$$k = A e^{-E_a/RT} \quad \text{または} \quad \ln k = \ln A - \frac{E_a}{RT} \tag{4.9}$$

ここで R は**気体定数** gas constant，T は熱力学温度，E_a は活性化エネルギー，A は頻度因子 frequency factor と呼ばれる定数である．温度を変化させ反応速度を測定し，$\ln k$ を縦軸に $1/T$ を横軸にプロットすると，右下がりの直線が得られる．この直線の勾配は $-E_a/R$ であり，$\ln A$ は横軸を0に外挿した（温度無限大）縦軸との切片から得られる．このプロットをアレニウスプロットと呼ぶ．活性化エネルギーが大きいほど，反応速度定数は小さくなる．

反応速度理論には，気体分子運動論に基づく衝突理論とアイリング Eyring が提唱した遷移状態理論がある．

衝突理論は，反応が進行するためには2つの反応物の分子が衝突しなければならず，衝突している分子のエネルギーが反応の活性化エネルギー以上でなければならないというものである．

遷移状態理論では，反応経路の途中で**遷移状態** transition state あるいは**活性複合体** activated complex と呼ばれる状態を通過しなければならない．この複合体はエネルギーに富んだ状態であるから不安定で，次の瞬間には反応生成物に変化するのである．遷移状態理論では，反応物と活性複合体はほとんど平衡であるとして，反応速度は複合体が分解して生成物に変化する速度により与えられる．

反応物と活性複合体間のエネルギー差を活性化エネルギー E_a と呼び，この高いエネルギー障壁を越えないと反応は進行しない．反応物と生成物間のエネルギー差を**反応熱**（反応のエンタルピー）ΔH と呼び，ΔH が負のとき発熱反応，正のとき吸熱反応という．

この反応の模式的なエネルギー図を図4.2に示した．この図の E_a が活性化エネルギーに相当する．

触媒 catalyst は，それ自身は消費されず活性化エネルギー E_a を低下させることによって反応速度を大きくする（小さくする物質は負触媒と呼ぶ）．

触媒は反応速度を変化させるが，反応の平衡には影響を及ぼさない．

第 4 章　無機化学の反応

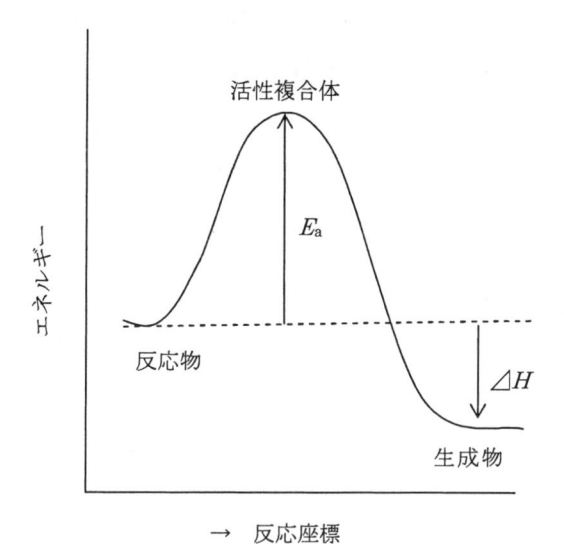

図 4.2　反応に対するエネルギー障壁と活性化エネルギー

4.2　化学平衡

次の化学反応

$$aA + bB \rightleftarrows cC + dD$$

において，A，B から C，D を生成する反応を**正反応**，逆方向の反応を**逆反応**という．A と B を反応させると正反応の速度は時間とともに小さくなり，逆反応の速度は大きくなる．さらに十分な時間が経過すると，正反応と逆反応の速度が等しくなり，見かけ上全く反応の進行しない状態となる．すなわち**化学平衡** chemical equilibrium にあるという．しかしこのとき分子 1 つ 1 つは，絶えず正，逆の両方向に反応しているのである．一定温度では，反応が正，逆どちらの方向から進行しても常に同一の状態で化学平衡に達する．

4.2.1　質量作用の法則

可逆反応が一定の温度と圧力のもとで平衡状態にあるとき，生成系の物質の濃度の積と，原系の物質の濃度の積の比は，その反応系に特有な値を示す．

$$\frac{[C]^c[D]^d}{[A]^a[B]^b} = K \tag{4.10}$$

[A] は，単位体積に含まれる A の物質量（n/V，濃度）を表す．K は，一定温度では各成分の

濃度に無関係であり，その反応によって決まる定数である．この K を**平衡定数** equilibrium constant と呼ぶ．この式で示される関係を**質量作用の法則** law of mass action といい，K は温度によって変わるが，濃度によっては変わらない定数である．このとき K は，モル濃度を用いて表した平衡定数であるから，濃度平衡定数と呼ばれ Kc と記される．

4.2.2　平衡の移動——ル・シャトリエの法則

　物理的あるいは化学的に平衡状態にある系で，温度，圧力，濃度などを変えると，その系はそれら外からの変化を減少しようとする方向に移動し，新しい平衡に達する．これを**ル・シャトリエの法則** Le Chatelier's law という．

　今，均一気相反応において，水素と窒素からアンモニアが生成する反応を例にとって考えてみる．

$$3H_2(g) + N_2(g) \rightleftarrows 2NH_3(g)$$

1 濃度の影響

　平衡状態にある系のある物質の濃度を大きくすると，その濃度を減少させる方向に平衡を移動し，濃度を小さくするとその物質の濃度を増す方向に平衡は移動する．

　アンモニア合成反応では，N_2 あるいは H_2 を外から加えるか，あるいは生成した NH_3 を反応系外へ取り除けば，反応は右に進行し，逆に外から NH_3 を加えるか N_2 または H_2 を減らすと左へ平衡は移動する．

2 圧力の影響

　平衡系の圧力を大きくすると，圧力を少なくさせる方向，すなわち体積を減少させる方向に平衡は移動し，逆に圧力を小さくすると系の平衡は圧力を増す方向すなわち体積を増加させる方向に移動する．前述のアンモニア合成反応では，3容の水素と1容の窒素から2容のアンモニアを生ずるので，体積は減少する．この系に外から圧力をかけると，体積を減少する方向，すなわち NH_3 の生成する方向（右向き）に平衡がずれ，NH_3 の合成される割合が増加する．

　一方，水素とヨウ素からヨウ化水素を作る反応

$$H_2(g) + I_2(g) \rightleftarrows 2HI(g)$$

などの反応は，反応の前後で物質量が等しいので体積の変化はないから，この平衡系は圧力によって影響されない．

3 温度の影響

　温度を高くすれば，温度を下げる方向，すなわち吸熱の方向に平衡が移動し，反対に温度を低くすると，発熱の方向へ移動する．アンモニア合成反応は発熱反応であるから低温で反応させる

ほどアンモニアの割合が多くなる．しかし，実際にはあまり低温にすると反応速度が遅くなり，平衡に達するまでに時間がかかりすぎるので，500℃で合成は行われる．

以上述べた平衡の考え方は，溶液中の酸，塩基平衡，錯イオン平衡，酸化還元平衡，あるいは固体の塩とその飽和溶液との平衡などにも応用される．

4.2.3 不均一系の化学平衡

化学平衡がただ1つの相のなかで成立している場合は**均一系の化学平衡**であるが，気相と固相などのように2つ以上の相にわたるときは**不均一系の化学平衡**という．気相と純粋な固相とを含む不均一系において化学平衡が成立している場合，固相の成分の気相における分圧（蒸気圧）は一定の温度で固相の量と無関係に一定であるから，平衡定数の式から除かれる．

4.2.4 平衡定数と標準自由エネルギー変化

化学ポテンシャル chemical potential, μ は，物質1モルあたりのエネルギー（部分モル自由エネルギー）のことであり，例えば次のような反応系

$$A + B \rightleftharpoons C + D$$

において，自由エネルギーは，各成分（溶媒成分はLで表す）の化学ポテンシャル（μ_A, μ_B, μ_C, μ_D, μ_L）と物質量（n_A, n_B, n_C, n_D, n_L）から次式で与えられる．

$$G = \mu_A n_A + \mu_B n_B + \mu_C n_C + \mu_D n_D + \mu_L n_L \tag{4.11}$$

AとBのdnモルが反応してdnモルのCとDになったとするとき，系の自由エネルギーの変化ΔGは次式のようになる．

$$\Delta G = \mu_C + \mu_D - (\mu_A + \mu_B) \tag{4.12}$$

また，理想溶液と仮定すれば，各成分の化学ポテンシャルと質量モル濃度（モル濃度）との間に次のような関係が成り立つ．

$$\begin{aligned}
\mu_A &= \mu_A° + RT \ln[A] \\
\mu_B &= \mu_B° + RT \ln[B] \\
\mu_C &= \mu_C° + RT \ln[C] \\
\mu_D &= \mu_D° + RT \ln[D]
\end{aligned} \tag{4.13}$$

ここで，$\mu_A°$, $\mu_B°$, $\mu_C°$, $\mu_D°$ は各成分の濃度を1とした標準状態での化学ポテンシャルである．したがって，式4.11は，次のように表せる．

$$\begin{aligned}
\Delta G &= [\mu_A° + \mu_B° - (\mu_C° + \mu_D°)] + RT \ln \frac{[C][D]}{[A][B]} \\
&= \Delta G° + RT \ln \frac{[C][D]}{[A][B]}
\end{aligned} \tag{4.14}$$

また，平衡状態では $\Delta G = 0$ であるから，式 4.13 は次のようになる．

$$\Delta G° = -RT\ln\frac{[\mathrm{C}]_{eq}[\mathrm{D}]_{eq}}{[\mathrm{A}]_{eq}[\mathrm{B}]_{eq}} = -RT\ln K \tag{4.15}$$

ここで，K は平衡定数，$[\mathrm{A}]_{eq}$，$[\mathrm{B}]_{eq}$，$[\mathrm{C}]_{eq}$ および $[\mathrm{D}]_{eq}$ は平衡時における各成分の濃度である．$\Delta G°$ は標準自由エネルギー変化と呼ばれ，平衡定数から計算によって求めることができる．この $\Delta G°$ は反応の推進力の尺度となり，この値が負で大きいほど反応が起こりやすい．

4.2.5 平衡定数の温度依存性

平衡定数は温度により変化する．気体反応において圧平衡定数の温度変化は次の式により与えられる．

$$\frac{d\ln K_p}{dt} = \frac{\Delta H}{RT^2} \tag{4.16}$$

ここで，ΔH は反応のエンタルピー（定圧反応熱）で，吸熱反応では $\Delta H > 0$，発熱反応では $\Delta H < 0$ である．この式は**ファント・ホッフ van't Hoff の定圧平衡式**と呼ばれている．温度範囲が狭い場合のように，ΔH が温度によらず一定とみなせる場合は，この式を積分すると次の形になる．

$$\ln K_p = C - \frac{\Delta H}{RT} \tag{4.17}$$

ここで，C は積分定数である．この式は $\ln K_p$ と $1/T$ が直線関係にあることを示し，直線の勾配は $-\Delta H/R$ である．この勾配から ΔH を計算することができる．$\ln K_p$ と $1/T$ をプロット（ファント・ホッフプロット）すると図 4.3 に示すような関係になる．したがって，K_p（$\ln K_p$）の値

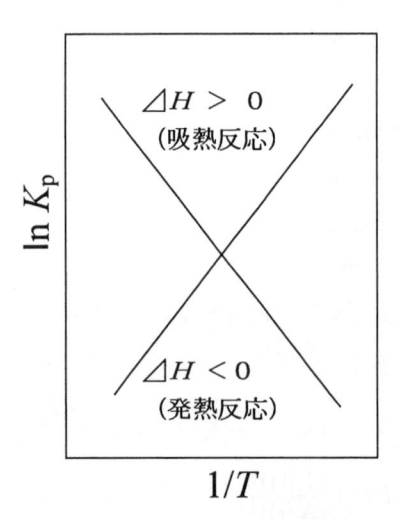

図 4.3　$\ln K_p$ と $1/T$ の関係

は温度の上昇に伴い，吸熱反応では大となり，発熱反応では小となる．

2つの温度 T_1, T_2 における圧平衡定数をそれぞれ K_{p1}, K_{p2} とすると次の式が成り立つ．

$$\ln \frac{K_{p2}}{K_{p1}} = -\frac{\Delta H}{R}\left(\frac{1}{T_2} - \frac{1}{T_1}\right) \tag{4.18}$$

4.3 酸と塩基

酸 acid や塩基 base に関する初期の研究は水溶液についてのみに限られていた．アレニウス Arrhenius（1884年）は電離説を用い酸・塩基を次のように定義した（**アレニウスの定義** Arrhenius definition）．すなわち，酸は遊離の水素イオンを，また塩基は水酸イオンを，水溶液中で生成する物質であるとした．この説は，水溶液中での酸と塩基の反応を十分説明できるが，その後明らかになった非水溶媒中の酸や塩基の挙動を説明するには不十分である．たとえば，極性の低い有機溶媒中でアミン類が塩基性を示すことや，弱酸や弱塩基の強さが水溶液の場合よりも増大することなどを説明できない．

4.3.1 ブレンステッド-ローリーの定義 Brønsted-Lowry definition

1923年 Brønsted と Lowry は，それぞれ独自に水素イオンに着目し，酸・塩基を次のように定義した．この定義では，酸はプロトン（H^+）を与える物質であり，塩基はプロトン（H^+）を受け取る物質である．この定義にあてはまる酸をブレンステッド酸，塩基をブレンステッド塩基と呼ぶ．すなわち，**ブレンステッド酸**とはプロトン供与体，**ブレンステッド塩基**とはプロトン受容体である．水素をもつあらゆる物質に適用可能な定義である．

一般に，酸をHA，塩基をBとすると，次の化学反応式で表される．

$$HA + B \rightleftarrows A^- + HB^+$$
（酸）（塩基）　（塩基）（酸）

ここで，酸とそれがプロトンを放出して生じた塩基とは，互いに**共役** conjugate しているという．すなわち A^- は酸 HA の共役塩基，HB^+ は塩基 B の共役酸と呼ばれる．

例えば，塩化水素 HCl を水に溶かしたときには，水が塩基として働き次のように電離している．

$$HCl + H_2O \rightleftarrows H_3O^+ + Cl^-$$
酸[1]　塩基[2]　　酸[2]　塩基[1]

この反応で，HCl はプロトンを供与するので酸[1]であり，Cl^- はその共役塩基（塩基[1]）である．また，H_2O はプロトンを受容するので塩基[2]であり，H_3O^+ はその共役酸（酸[2]）である．HCl と H_2O の反応は，ほとんど右方に進んで平衡に達する．つまり，HCl のプロトンを放出す

る傾向は非常に強いので，HCl は強酸である．また，逆反応はほとんど進まない．すなわち，Cl^- は，プロトンを受け取る傾向が非常に弱いので弱塩基である．このように，強酸は弱い共役塩基をもち，酸の強さは共役塩基の強さと逆の関係にある．また，塩基についても同様である．

上の塩基の場合には，水は塩基として働いたが，水が酸として働くこともある．たとえば，NH_3 のような塩基の溶液では，次のように電離し，水は酸として働いている．

$$NH_3 + H_2O \rightleftharpoons NH_4^+ + OH^-$$
塩基1　酸2　　酸1　塩基2

このように，水（H_2O）は反応する相手によって酸としても塩基としても働く両性分子であることがわかる．

4.3.2 ルイスの定義 Lewis definition

ルイス Lewis は酸・塩基の定義を拡張し，酸は電子対を受け入れる物質（電子対受容体），また塩基は電子対を放出する物質（電子対供与体）であると定義した．この定義にあてはまる酸を**ルイス酸**，塩基を**ルイス塩基**と呼ぶ．すなわち，ルイス酸とは電子対受容体，ルイス塩基とは電子対供与体であり，水素をもたない物質についても適用可能な定義である．

例えば，BF_3 の場合には次のように窒素原子上の孤立電子対を受け取る．

$$:NH_3 + BF_3 \rightleftharpoons H_3N \rightarrow BF_3$$

したがって，NH_3 やメタノールはルイス塩基であり，BF_3 はルイス酸である．同様に，塩化水素のようなプロトンを含む酸（HX）と水のような塩基（B）との反応が，$B \rightarrow HX$ の生成から始まると考えれば，プロトン酸はルイスの定義と一致する．

$$HCl + H_2O \longrightarrow [H_2O \rightarrow HCl] \longrightarrow H_3O^+ + Cl^-$$

また，銀イオンなどの金属イオンも配位子より孤立電子対を受け取り錯化合物を生成するので酸である．

$$Ag^+ + 2(:NH_3) \rightleftharpoons [H_3N \rightarrow Ag \leftarrow NH_3]^+$$

この考えによれば，上述の BF_3 の場合のようにプロトンに関係のない反応も十分に説明できる．しかし，Brønsted-Lowry の説では酸塩基の強さが簡単に比較できるのに対し，この説ではそれができないという欠点をもっている．ルイス酸の例としては，リチウムカチオン Li^+ のように低エネルギーの軌道をもつ化学種があげられる．一方，ルイス塩基としては，アルコール，エーテル，アルデヒド，ケトンなど，非共有電子対をもつ化合物があげられる．

4.3.3 水溶液中の酸・塩基

水は自己プロトリシス autoprotolysis により，きわめてわずかではあるが，次のように電離している．

第4章　無機化学の反応

$$2H_2O \rightleftharpoons H_3O^+ + OH^-$$

各成分の活量*を｜｜で表すとすると，この平衡定数 $K_w°$ は

$$K_w° = \frac{\{H_3O^+\}\{OH^-\}}{\{H_2O\}^2} \tag{4.19}$$

で表される．希薄溶液中の溶媒の活量はほぼ1で，また希薄溶液中の活量は濃度（mol/L）にほぼ等しいから $K_w°$ は次のようになる

$$K_w° = \{H_3O^+\}\{OH^-\} \fallingdotseq [H_3O^+][OH^-] = K_w \tag{4.20}$$

K_w を水のイオン積と呼ぶ．水のイオン積の値は温度により異なるが，常温ではほぼ 1×10^{-14} (mol/L)^2 である．これより純粋の $[H_3O^+]$ は 1×10^{-7} mol/L であることがわかる．酸を溶かすと $[H_3O^+]$ はこの値より大きくなる．しかし，この場合も K_w の値は一定であり，塩基についても同様である．

ブレンステッド酸 HA を水に溶かすと，次の平衡が成立する．

$$HA + H_2O \rightleftharpoons A^- + H_3O^+$$

この反応の平衡定数は，**酸解離定数** acid dissociation constant, K_a と呼ばれる．

$$K_a = \frac{[H_3O^+][A^-]}{[HA]} \tag{4.21}$$

水溶液中で強酸（HCl, H_2SO_4, HNO_3 など）は，すべてのプロトンを水に供与し，水の共役酸である H_3O^+ に変わる．そのため，これらの酸の水溶液は非常に強い酸性を示し，酸としての強さに差がないように見える．しかし，弱酸では H_3O^+ の濃度，すなわち酸の強さはそれぞれ異なり，プロトリシスの平衡定数（すなわち酸解離定数 K_a）の値より酸の強弱を比較できる．また，塩基の場合も同様に，その強弱は**塩基解離定数** base dissociation constant, K_b の値より比較できる．

酢酸を例にとると，K_a は次の式で表される．

$$CH_3COOH + H_2O \rightleftharpoons CH_3COO^- + H_3O^+$$

$$K_a = \frac{[C_3COO^-][H_3O^+]}{[CH_3COOH]} \tag{4.22}$$

K_b は，アンモニアを例にとると，次の式で表される．

$$NH_3 + H_2O \rightleftharpoons NH_4^+ + OH^-$$

$$K_b = \frac{[NH_4^+][OH^-]}{[NH_3]} \tag{4.23}$$

また，強酸，強塩基でない限り，K_a, K_b は非常に小さい値をとるので，K_a, K_b の代わりに pK_a （$pK_a = -\log K_a$），pK_b が酸・塩基の強さのめやすとしてよく使われる．おもな酸・塩基の解離

---

* 物質の作用する強さを表す量で，濃度より溶質粒子相互に働く力を補正した値である．$a = f \cdot c$ の関係がある．a：活量，c：濃度（mol/L），f：活量係数，無限希釈で $f = 1$ となる．

表 4.3　おもな酸・塩基の解離定数（298.15 K）

	酸または塩基	分子式	K_a または K_b (mol/L)	pK_a または pK_b
酸	ギ　　　　酸	HCOOH	1.77×10^{-4}	3.75
	酢　　　　酸	CH$_3$COOH	1.75×10^{-5}	4.76
	プロピオン酸	C$_2$H$_5$COOH	1.35×10^{-5}	4.87
	モノクロル酢酸	CH$_2$ClCOOH	1.40×10^{-3}	2.86
	安 息 香 酸	C$_6$H$_5$COOH	6.30×10^{-5}	4.20
	フェノール	C$_6$H$_5$OH	3.2×10^{-10}	9.50
	シアン化水素酸	HCN	7.2×10^{-10}	9.14
	炭　　　　酸	H$_2$CO$_3$	$K_a^1\ 4.3 \times 10^{-7}$	6.37
			$K_a^2\ 5.6 \times 10^{-11}$	10.25
	硫 化 水 素	H$_2$S	$K_a^1\ 5.7 \times 10^{-8}$	7.24
			$K_a^2\ 1.2 \times 10^{-15}$	14.92
	リ　ン　酸	H$_3$PO$_4$	$K_a^1\ 7.5 \times 10^{-3}$	2.12
			$K_a^2\ 6.2 \times 10^{-8}$	7.21
			$K_a^3\ 4.8 \times 10^{-13}$	12.32
塩基	アンモニア	NH$_3$	1.8×10^{-5}	4.74
	メチルアミン	CH$_3$NH$_2$	4.38×10^{-4}	3.36
	ジメチルアミン	(CH$_3$)$_2$NH	5.12×10^{-4}	3.29
	トリメチルアミン	(CH$_3$)$_3$N	5.27×10^{-5}	4.28
	アニリン	C$_6$H$_5$NH$_2$	3.83×10^{-10}	9.42
	ピリジン	C$_5$H$_5$N	1.6×10^{-9}	8.80

定数を表 4.3 に示す．

酸 HA の濃度を c とすると，$c = [\text{HA}] + [\text{A}^-]$

$$\frac{K_a}{[\text{H}^+]} = \frac{[\text{A}^-]}{[\text{HA}]} = 10^{\text{pH}-\text{p}K_a} \tag{4.24}$$

このことから，pH = pK_a，すなわち $[\text{H}^+] = K_a$ のときは酸のイオン形（解離型）の濃度と分子形（非解離型）の濃度は等しいことがわかる．弱電解質における溶液の pH と分子形イオン形の割合の関係は，次の**ヘンダーソン-ハッセルバルク Henderson-Hasselbalch の式**で表される．

$$\text{酸について，} \quad \text{pH} = \text{p}K_a + \log \frac{[\text{A}^-]}{[\text{HA}]} \tag{4.25}$$

$$\text{塩基について，} \quad \text{pH} = \text{p}K_a + \log \frac{[\text{B}]}{[\text{BH}^+]} \tag{4.26}$$

$$= \text{p}K_w - \text{p}K_b + \log \frac{[\text{B}]}{[\text{BH}^+]}$$

図 4.4 に弱酸と弱塩基について，弱電解質における溶液の pH と分子形とイオン形の割合を示す．

第4章 無機化学の反応

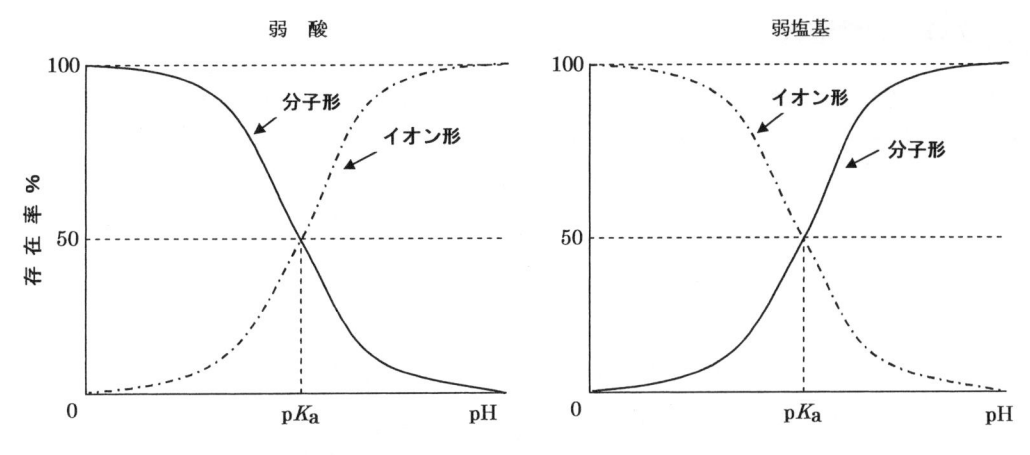

図4.4 弱電解質における溶液のpHと分子形とイオン形の割合

4.3.4 緩衝溶液

弱酸とその塩または弱塩基とその塩の混合水溶液には溶液のpHをほぼ一定に保つ働き(**緩衝作用**)がある．緩衝作用を持っている溶液を**緩衝溶液**という．弱酸HAについて濃度C_{HA}，その中性塩について濃度C_Sとなるように両者を合わせて溶かしたとき，pHはHenderson-Hasselbalchの式より，

$$pH = pK_a + \log \frac{C_S}{C_{HA}} \tag{4.27}$$

となる．すなわち，酸と塩の濃度比を適当に調整すれば任意のpHが得られる．

このような性質を示す緩衝液に強酸あるいは強塩基を加えるとき，そのpHを維持する能力を緩衝液の緩衝能といい，次式によって示される．

$$\beta = \frac{\Delta X}{\Delta pH} \tag{4.28}$$

ここで，βは緩衝能，ΔXは緩衝液に加えられた強酸あるいは強塩基の量，ΔpHはpH変化を表す．

4.3.5 非水溶媒中の酸・塩基

化学反応や化合物の物性研究において溶媒の選択はきわめて重要である．溶媒は，**プロトン性溶媒** protic solvent と**非プロトン性溶媒** aprotic solvent に分類できる．

1 プロトン性溶媒

硝酸は水溶液中では酸として働く．しかし，プロトンを放出する傾向が水よりはるかに強いHFやH₂SO₄を溶媒としたときには，硝酸は塩基として働くようになる．

$$HNO_3 + H_2O \rightleftarrows NO_3^- + H_3O^+ \quad (溶媒が水のとき)$$

$$HNO_3 + HF \rightleftarrows H_2NO_3^+ \; F^- \quad (溶媒がHFのとき)$$

同様に，HFもプロトンを放出する傾向が非常に大きい液体HClO₄を溶媒とすると塩基として作用する．

$$HF + H_2O \rightleftarrows F^- + H_3O^+ \quad (溶媒が水のとき)$$

$$HF + HClO_4 \rightleftarrows H_2F^+ + ClO_4^- \quad (溶媒がHClO_4のとき)$$

このように，溶解している物質が酸として作用するかあるいは塩基として作用するかは溶媒の性質によって左右される．

HF，H₂SO₄，CH₃COOHなどのようなプロトンを放出する傾向の大きい溶媒（**酸性溶媒**）中ではプロトンを受け取りやすいため，水中では弱塩基として作用する性質でも，一様に強塩基として働き，塩基の強さの差がみられなくなる（水平化効果）．一方，水溶液中では強酸である無機酸でも酢酸のような酸性溶媒中では解離しにくくなり，そのため，酸のプロトン供与性の強さの差がはっきり現れるようになる．強酸の強さの順は $HClO_4 > HBr > H_2SO_4 > HCl > HNO_3$ である．

また，NH₃，NH₂NH₂，R-NH₂などのようなプロトンを受け取る傾向の大きい溶媒（**塩基性溶媒**）中では，弱酸でもプロトンを溶媒に与えることができるので強酸として働くようになる．しかし，中程度以上の酸では水平化効果のため酸の強さの差が認められなくなる．また，塩基については示差化効果が認められる．水，アルコール類などのようにプロトンを与える傾向と受け取る傾向に大差がない溶媒を両性溶媒と呼ぶ．1,4-ジオキサン，エーテル，ピリジンなどのような，プロトンを受け取ることはできるが与えることのできない溶媒（半プロトン溶媒）は，塩基性である．

2 非プロトン性溶媒

炭化水素類，クロロホルムなどの溶媒は，ほとんどプロトンの授受をしない．通常の化学的条件でプロトンを生成しない溶媒を**非プロトン性溶媒**という．これらの溶媒は，プロトン性溶媒と違って，プロトンの授受をしないため，溶質の酸性，塩基性に影響を与えない．

ほとんどの非プロトン溶媒は非イオン性であり，極性が高く強く溶媒和して溶質を溶解するものとして，アセトニトリルや N,N-ジメチルホルムアミド（DMF），ジメチルスルホキシド（DMSO）があり，実験室でも溶媒としてよく用いられる．その他，代表的な非プロトン性溶媒としてTHFなどがあげられる．

一方，四塩化炭素CCl₄などの非プロトン性溶媒は，非極性で溶媒和しにくい．

4.4 酸化と還元

　ある原子が電子を放出して原子価あるいは酸化数が増加するとき，その原子は**酸化**されたという．一方，ある原子が電子を獲得して原子価あるいは酸化数が減少するとき，その原子は**還元**されたという．元来は，ある元素が酸素と化合する反応や，ある化合物の酸素含量が増加する反応を酸化とし，還元とはその逆の反応をさしていた．これらの反応を原子価の上から考察すると，酸化では原子価が増し，また還元では減少している．原子価の変化は電子の増減によるものであるから，**酸化還元反応**は電子の授受によると考えてよい．すなわち，酸化とは物質が電子を放出する反応であり，還元とは物質が電子を受け取る反応と定義される．

　酸化還元反応において，酸化と還元は必ず同時に起こる現象である．例えば

$$2FeCl_2 + Cl_2 \longrightarrow 2Fe^{3+}$$

の反応では，次の2つの反応が同時に起こっていると考えられる．

$$2Fe^{2+} - 2e \longrightarrow 2Fe^{3+} \quad （酸化）$$
$$Cl_2 + 2e \longrightarrow 2Cl \quad （還元）$$

したがって酸化反応，還元反応という場合には，それぞれ「何の酸化反応である」とか「何の還元反応である」とかを明記しなければならない．

　電子の授受を考えて酸化還元反応を理解するのに**酸化数**という概念を導入すると便利である．酸化数は，原子の酸化されている程度を数字で表したもので，ある元素の酸化数とは化合物中の価電子を各元素に割り当てたときその元素のもつ形式電価の数である．たとえば，$KMnO_4$の各元素の酸化数は $K(+1)$ $Mn(+7)$ $O(-2)$ である．すなわち酸化とは注目している元素の酸化数が増加することで，還元とは酸化数の減少することである．

4.4.1　酸化力と還元力

　化学反応において電子の交換があれば，その反応に関与する元素の酸化状態は変化する．次のような酸化還元反応を考えるとき

$$Ox^1 + Red^2 \rightleftarrows Red^1 + Ox^2$$

次のような2つの反応が同時に起こっている．

$$Ox^1 + ne \rightleftarrows Red^1$$
$$Ox^2 + ne \rightleftarrows Red^2 \quad (Red^2 - ne \rightleftarrows Ox^2)$$

Oxは酸化型，Redは還元型，またeは電子，nは1分子あたりに授受される電子の数を表す．ある酸化還元系（ある物質の酸化型Oxと還元型Redを含む系）に白金のような侵されない金

属を電極として浸すと，Oxは電子をとってRedに，またRedは電子を放出してOxに変わろうとし，ここに電子の出入による電位が現れる．この電位を**酸化還元電位**といい，ある酸化還元剤の酸化力または還元力の強さは，その酸化電位または還元電位で比較することができる．

酸化還元反応において，電子が授受される方向は酸化力の強弱にしたがっている．そしてそれは相対的なものであって，酸化剤自身は酸化後，還元された状態になるが，それに対してより強い酸化剤を作用させると酸化されてしまう．金属イオンの場合は，一般にイオン化傾向の順で酸化力の序列が知られている．

$$K > Ca > Na > Zn > Fe > Cd > Sn > Pb > (H_2) > Cu > Hg > Ag$$

酸化還元電位は直接測定することはできないが，半電池（電極）を電位が既知のほかの半電池（電極）（たとえば甘汞電極や標準水素電極）と組み合わせて電池を作り，その電位を求め，この値と標準とした電極の電位との差から電位を求めることができる．実際には，酸化還元電位は標準水素電極の電位を0ボルトとしたときの相対的な値として求められ，酸化が起こりやすい場合には正の，逆の場合には負の符号をつけて表す．

一般に $Ox + ne \rightleftarrows Red$ で示される酸化還元系の電位 E は，次の**ネルンストの式** Nernst's equation で表される．

$$E = E° - \frac{RT}{nF} \log \frac{a_{Red}}{a_{Ox}} \tag{4.29}$$

ここで，a は各物質の活量，R は気体定数，T は熱力学温度，n は反応の電荷数（反応で移動する電子の数），F はファラデー定数を表す．$E°$ は，物質の活量がすべて1である*ときの電極電位で，**標準電極電位** standard electrode potential と呼ばれている．

298.15 K では，ネルンストの式は，次のようになる．

$$E = E° - \frac{0.0591}{n} \log \frac{a_{Red}}{a_{Ox}} \tag{4.30}$$

表4.4 に標準酸化還元電位を示す．単純な酸化還元反応系において，半電池反応の電極電位は標準電極電位と化学種の活量とから計算式で導くことができる．溶液での活量は質量モル濃度に対するものを用いることが多い．

---

*1 物質が純粋な固体のときは，活量を1とする．

表 4.4 標準酸化還元電位 (298.15 K)

酸化還元反応		$E°/V$
$F_2(g) + 2H^+ + 2e^-$	$\rightleftarrows 2HF$	3.06
$O_3 + 2H^+ + 2e^-$	$\rightleftarrows O_2 + H_2O$	2.07
$S_2O_8^{2-} + 2e^-$	$\rightleftarrows 2SO_4^{2-}$	2.01
$Ce^{4+} + e^-$	$\rightleftarrows Ce(III)$ (1 M $HClO_4$)	1.61
$MnO_4^- + 8H^+ + 5e^-$	$\rightleftarrows Mn^{2+} + 4H_2O$	1.51
$Cl_2 + 2e^-$	$\rightleftarrows 2Cl^-$	1.36
$Cr_2O_7^{2-} + 14H^+ + 6e^-$	$\rightleftarrows 2Cr^{3+} + 7H_2O$	1.33
$IO_3^- + 6H^+ + 5e^-$	$\rightleftarrows 1/2\,I_2 + 3H_2O$	1.20
$Br_2(liq) + 2e^-$	$\rightleftarrows 2Br^-$	1.06
$2Hg^{2+} + 2e^-$	$\rightleftarrows Hg_2^{2+}$	0.92
$Ag^+ + e^-$	$\rightleftarrows Ag$	0.79
$Hg_2^{2+} + 2e^-$	$\rightleftarrows 2Hg$	0.79
$Fe^{3+} + e^-$	$\rightleftarrows Fe^{2+}$	0.77
$O_2(g) + 2H^+ + 2e^-$	$\rightleftarrows H_2O_2$	0.68
$Cu^+ + e^-$	$\rightleftarrows Cu$	0.52
$Fe(CN)_6^{3-} + e^-$	$\rightleftarrows Fe(CN)_6^{4-}$	0.36
$Cu^{2+} + 2e^-$	$\rightleftarrows Cu$	0.34
$2H^+ + 2e^-$	$\rightleftarrows H_2$	0.00
$Pb^{2+} + 2e^-$	$\rightleftarrows Pb$	-0.13
$Sn^{2+} + 2e^-$	$\rightleftarrows Sn$	-0.14
$Ni^{2+} + 2e^-$	$\rightleftarrows Ni$	-0.25
$Cr^{3+} + e^-$	$\rightleftarrows Cr^{2+}$	-0.41
$Fe^{2+} + 2e^-$	$\rightleftarrows Fe$	-0.44
$Zn^{2+} + 2e^-$	$\rightleftarrows Zn$	-0.76
$Mn^{2+} + 2e^-$	$\rightleftarrows Mn$	-1.18
$Al^{3+} + 3e^-$	$\rightleftarrows Al$	-1.66
$Mg^{2+} + 2e^-$	$\rightleftarrows Mg$	-2.37
$Na^+ + e^-$	$\rightleftarrows Na$	-2.71
$Ca^{2+} + 2e^-$	$\rightleftarrows Ca$	-2.87
$K^+ + e^-$	$\rightleftarrows K$	-2.93
$Li^+ + e^-$	$\rightleftarrows Li$	-3.05

練習問題

問 1 反応速度に関する次の記述の正誤について，正しい組合せはどれか．

a 温度一定の条件下，A→Pへの反応で，Pの濃度の増加速度がAの濃度に依存しないことがある．このような反応をゼロ反応と呼ぶ．

b 物質AとBの間に平衡が成り立ち，その反応が正逆ともに一次反応である場合，正反応の速度定数 k_1 と逆反応の速度定数 k_2 とは常に等しい．

c 2つの素反応からなる逐次反応 $A \xrightarrow{k_1} B \xrightarrow{k_2} C$ において，反応速度定数が，$k_1 \ll k_2$ の時，B→C が常に律速段階となる．

（第81回薬剤師国家試験）

	a	b	c
1	正	正	誤
2	正	誤	誤
3	正	誤	正
4	誤	正	正
5	誤	誤	正

問 2 物質Xが物質Yへと変化する反応が一次反応速式に従うとする．この反応に関する次の記述の正誤について，正しい組合せはどれか．

a 反応速度はXの濃度とYの濃度との積に比例する．

b 反応温度を一定にしておけば，Xの半減期はXの初濃度には無関係である．

c 反応速度定数 k の次元は（時間）$^{-1}$ となる．

d 反応速度定数 k が Arrhenius 式
$$k = A \cdot \exp(-E_a/RT)$$
に従うとすれば，温度 T の上昇にともなって k は小さくなる．

（第82回薬剤師国家試験一部変更）

	a	b	c	d
1	正	誤	正	誤
2	誤	正	正	誤
3	誤	正	正	正
4	正	誤	誤	正
5	正	正	誤	正

問 3 反応速度に関係する下図についての記述の正誤について，正しい組合せはどれか．ただし，触媒の有無によって頻度因子は変わらないものとする．

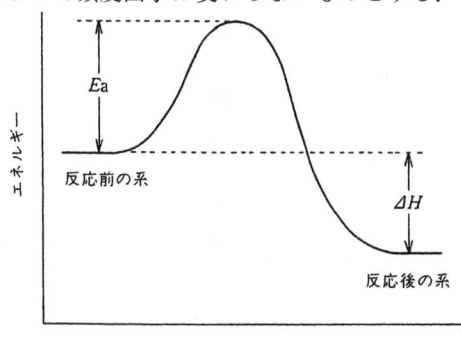

a この反応は吸熱反応である．

b この反応が自発的に進行するとき，反応後の系の自由エネルギーは反応前の系に比べて低下している．

c 触媒の添加によって反応速度が大きくなるのは，E_a の値が増加するためである．

d 触媒を添加すると ΔH の値は増加する．

（第82回薬剤師国家試験）

	a	b	c	d
1	誤	誤	誤	正
2	正	正	誤	誤
3	誤	正	正	正
4	正	誤	正	誤
5	誤	正	誤	誤

問 4 物質 A の濃度が減少するとき，その反応速度は一般に次式で示される．

$$\frac{-d[A]}{dt} = K[A]^n$$

n は反応次数，k は反応速度定数，t は時間である．また，$[A]_0$ を初期濃度とするとき，反応次数 (n) と積分反応速度式との関係は次のように示される．

	反応次数 (n)	積分反応速度式
a	0	$[A] = [A]_0 - kt$
b	1	$\ln[A] = \ln[A]_0 - kt$
c	2	$[A]^{-1} = kt + [A]_0^{-1}$

反応速度定数 k の次元について，正しい組合せはどれか．

	a	b	c
1	時間$^{-1}$	時間$^{-1}$	時間$^{-1}$
2	濃度・時間$^{-1}$	時間$^{-1}$	濃度・時間$^{-1}$
3	濃度	濃度$^{-1}$・時間$^{-1}$	濃度$^{-1}$
4	濃度・時間$^{-1}$	時間$^{-1}$	濃度$^{-1}$・時間$^{-1}$
5	濃度$^{-1}$	濃度・時間$^{-1}$	濃度$^{-1}$

(第 83 回薬剤師国家試験)

問 5 図は，電離する基を持たないある有機化合物の，温度一定の水溶液中における加水分解反応の速度定数 k_0 と pH との関係を示している．次の記述の正誤について，正しい組合せはどれか．

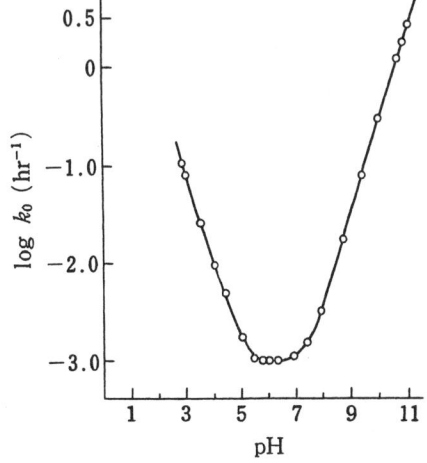

a この加水分解反応はいずれの pH においても 2 次反応である．
b 緩衝液の種類によって，同一 pH であっても k_0 が変化する可能性がある．

c k_0 が 0.036 hr^{-1} のとき，単位を s^{-1} に換算すれば 1.0×10^{-5} s^{-1} となる．

d この図のデータから加水分解反応の活性化エネルギーを求めることができる．

e この化合物の半減期は pH 6 付近において最も短い．

（第 84 回薬剤師国家試験）

	a	b	c	d	e
1	誤	正	正	誤	誤
2	誤	正	誤	正	正
3	正	誤	正	誤	誤
4	正	誤	誤	正	正
5	誤	誤	正	正	誤

問 6 化学反応に関する次の記述の正誤について，正しい組合せはどれか．

a 反応物 A と B が生成物 C と D になるとき，その反応には必ず遷移状態が存在する．

b 可逆反応においては，正反応と逆反応の活性化エネルギーは常に等しい．

c 活性化エネルギーが大きいと，その化学反応は吸熱反応となる．

d 触媒の添加で活性化エネルギーが変化するのは，素反応が異なるためである．

	a	b	c	d
1	正	誤	正	誤
2	正	誤	誤	正
3	誤	正	誤	誤
4	誤	正	正	正
5	誤	誤	正	誤

（第 84 回薬剤師国家試験）

問 7 化学反応に関する次の記述の正誤について，正しい組合せはどれか．

a 2 つの不可逆的な一次反応からなる逐次反応 A→B→C の進行途中において，B の濃度が A の濃度よりも大となることがある．

b 可逆的な一次反応 P ⇌ Q が平衡に達すると，かならず P の濃度と Q の濃度は等しくなる．

c X から Z への多段階反応 X→・・・→Z の反応速度は，そこに含まれている素反応のうち，最も速く進行する反応できまる．

d 素反応の反応速度は，活性化エネルギーのみによって定まる．

	a	b	c	d
1	正	誤	誤	誤
2	正	誤	正	誤
3	正	誤	誤	正
4	誤	正	正	誤
5	誤	正	誤	正

（第 85 回薬剤師国家試験）

問 8 反応速度に関係する下図についての記述のうち，正しいものの組合せはどれか．ただし，頻度因子は変わらないものとする．

a 活性化エネルギー E_a が大きい程，いずれの温度においても反応速度定数は大きくなる．

b 触媒を加えると ΔH は小さくなる．

c 触媒を加えると E_a は小さくなる．

d この反応は発熱反応である．

第 4 章　無機化学の反応

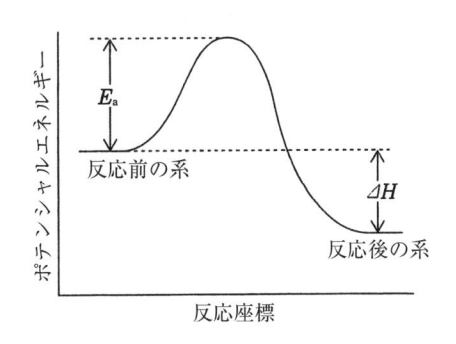

| 1 (a, b) | 2 (a, c) | 3 (a, d) | 4 (b, c) | 5 (b, d) | 6 (c, d) |

（第 86 回薬剤師国家試験）

問 9　Arrhenius の式における分解反応速度定数 k と絶対温度 T の関係は,
$$k = Ae^{-\frac{E_a}{RT}}$$
で示される（A：定数，E_a：活性化エネルギー）．これに関する記述の正誤について，正しい組合せはどれか．

a　縦軸に k，横軸に T をプロットすると右下がりの曲線を描く．
b　A は k と同じ単位を有し，頻度因子とよばれる．
c　0～2 次反応のいずれにおいても，E_a の値はそれぞれの半減期と温度の関係から求めることができる．
d　2 種類の化合物の E_a が同じ値をとる場合，高温でより安定な化合物は低温でも安定であるとはかぎらない．
e　R は気体定数で，RT は 1 モル当たりのエネルギーである．

	a	b	c	d	e
1	正	正	誤	誤	正
2	誤	誤	正	正	誤
3	誤	正	正	誤	正
4	誤	正	正	誤	誤
5	正	正	誤	正	正

（第 87 回薬剤師国家試験）

問 10　図は三塩基酸（H_3Y）のモル分率と pH との関係を示したものである．次の記述の正誤について，正しい組合せはどれか．

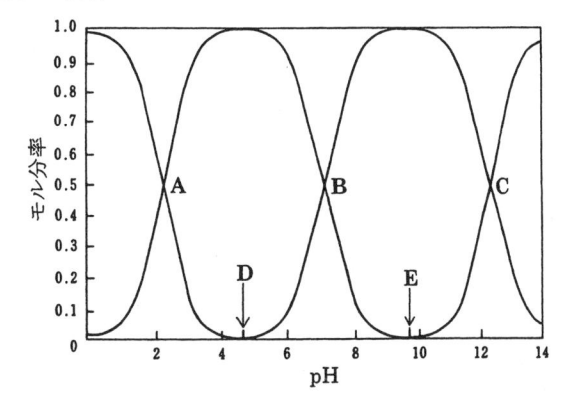

a 曲線の交点 A では，H_3Y と H_2Y^- のモル比は 1：1 である．
b 点 D の pH ではほとんどが H_2Y^- として存在し，点 E の pH ではほとんどが HY^{2-} として存在している．
c 曲線の交点 A，B，C の pH 値は，それぞれ pKa 値である．
d pH 14 では，ほとんどが Y^{3-} であり，HY^{2-} は 10 % 以下である．
e 三種の化学種 H_2Y^-，HY^{2-}，Y^{3-} が同量存在するのは pH 7 である．

	a	b	c	d	e
1	誤	正	正	正	誤
2	正	正	正	正	誤
3	正	正	誤	誤	誤
4	正	誤	正	誤	正
5	誤	正	誤	正	正

(第 85 回薬剤師国家試験)

問 11 次の酸化還元平衡式に関する a ～ d の記述の正誤について，正しい組合せはどれか．

$$Fe^{2+} + Ce^{4+} \rightleftarrows Fe^{3+} + Ce^{3+}$$

なお，酸化還元電位（E）はネルンスト（Nernst）式，

$$E = E° + \frac{0.059}{n} \log \frac{[酸化体]}{[還元体]}$$

で示され，Fe 及び Ce の標準酸化還元電位（$E°$）はそれぞれ 0.80 V 及び 1.60 V とする．

a 標準酸化還元電位（$E°$）は，[酸化体]：[還元体] ＝ 1：1 のときの電位（E）である．
b Fe^{2+} と Ce^{4+} の混合溶液では，反応は右に進む．
c Fe^{2+} と Ce^{4+} の混合溶液では，Ce^{4+} が還元剤であり，Fe^{2+} が酸化剤として働く．
d Fe^{2+} を Ce^{4+} で滴定すると，当量点における電位（E）は 1.20 V である．

	a	b	c	d
1	誤	正	正	誤
2	正	誤	正	正
3	正	正	誤	正
4	正	誤	正	誤
5	誤	正	誤	正

(第 85 回薬剤師国家試験)

問 12 弱酸 HA とそのナトリウム塩 NaA からなる緩衝溶液中では，次の平衡が成り立っている．

$$NaA \rightleftarrows Na^+ + A^-$$
$$A^- + H_2O \rightleftarrows HA + OH^-$$
$$HA + H_2O \rightleftarrows A^- + H_3O^+$$

NaA が強電解質である場合には，完全に解離しているため，A^- の濃度 $[A^-]$ は塩の全濃度 C_B に等しく，また，弱酸の濃度 $[HA]$ は弱酸の全濃度 C_A に等しいとみなすことができる．

H_3O^+ を H^+ とみなし，弱酸の解離平衡定数を K_a とすると，

$$K_\mathrm{a} = \frac{[\mathrm{H}^+][\mathrm{A}^-]}{[\mathrm{HA}]} \text{ で表され},$$

$$[\mathrm{H}^+] = \frac{K_\mathrm{a}[\mathrm{HA}]}{[\mathrm{A}^-]} = K_\mathrm{a} \times \frac{C_\mathrm{A}}{C_\mathrm{B}} \text{ となる}.$$

2.0×10^{-2} mol/L 酢酸と 3.6×10^{-2} mol/L 酢酸ナトリウムからなる緩衝液の pH は，どれか．ただし，酢酸の $K_\mathrm{a} = 1.8 \times 10^{-5}$ とする．

1 3.0　　　2 4.0　　　3 4.5　　　4 5.0　　　5 5.5

（第 87 回薬剤師国家試験）

問 13　下の図はある酸性化合物の化学種（イオン形又は分子形）のモル分率と pH との関係を示したものである．次の記述 a ～ c の正誤について，正しい組合せはどれか．

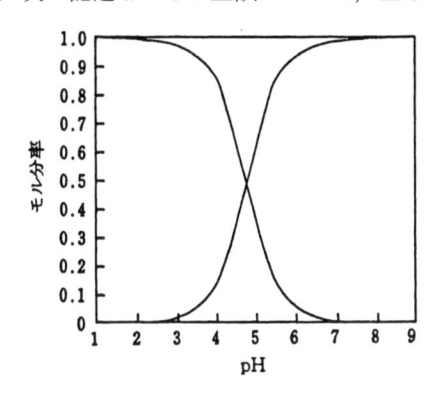

a　曲線の交点の pH は，その化合物の pK_a に等しい．
b　曲線の交点より低い pH では，イオン形の濃度が分子形の濃度より高い．
c　pH 8 以上ではほぼ完全に分子形として存在する．

	a	b	c
1	正	正	正
2	誤	正	正
3	正	誤	誤
4	正	誤	正
5	誤	正	誤

（第 83 回薬剤師国家試験）

問 14　0.05 mol/L 酢酸水溶液と 0.05 mol/L 酢酸ナトリウム水溶液を容積比 1：4 の割合で混合したときに得られる水溶液の pH の値に最も近いものは次のどれか．ただし，酢酸の $pK_\mathrm{a} = 4.5$，また $\log 2 = 0.30$，$\log 3 = 0.48$，$\log 7 = 0.85$ とする．

1 3.0　　　2 4.0　　　3 5.0　　　4 6.0　　　5 7.0

（第 86 回薬剤師国家試験）

問 15　解離定数に関する記述の正誤について，正しい組合せはどれか．
a　pK_a の値が小さいほど，酸性の強さは小さい．

b pK_b の値が大きいほど，塩基性の強さは大きい．
c pK_a の値は，解離している分子種と解離していない分子種が等モル量存在している溶液の pH に等しい．
d 25℃における弱電解質水溶液では，pK_a × pK_b = 14 として取り扱える．
e pK_b 8 の塩基性薬物は，pH 9 の水溶液においてはほとんどがイオン型で存在している．

	a	b	c	d	e
1	正	正	誤	誤	正
2	誤	誤	正	誤	正
3	正	正	誤	正	誤
4	誤	誤	正	誤	誤
5	誤	正	正	正	正

(第 88 回薬剤師国家試験)

解 答

問 1 2

a （正）0 次反応では反応速度が反応物の濃度に無関係に一定の値であり，反応速度定数は反応速度と同じ単位を有する．

b （誤）平衡とは原系の物質の量と生成系の物質の量とが，一定の比率を保って共存している状態で，このときの平衡定数は $K = k_1/k_2$ であり，k_1 と k_2 が等しいとはかぎらない．

c （誤）律速段階とは最も反応の遅い段階のことで，k_1 と k_2 で値の小さいほうが律速段階となり，全体の反応速度を支配する．

問 2 2

a （誤）反応速度は未分解物質濃度（C）に比例する．
$$-dC/dt = kC$$

b （正）一次反応速度式の $t_{1/2}$ は $t_{1/2} = \ln 2/k$ で表せるので X の初濃度には無関係である．

c （正）b の解説を参照．$k = \ln 2/t_{1/2}$

d （誤）両辺の自然対数をとると，$\ln k = -\dfrac{E_a}{R} \cdot \dfrac{1}{T} + \ln A$

縦軸に $\ln k$，横軸に $1/T$ をとるとグラフは右下がりの直線になり，温度が上昇すると k は大きくなる．

問 3 5

a （誤）系のもつ総エネルギーを示すエンタルピー（H）が反応前の系よりも低くなっていることから，この反応は発熱反応と考えられる．

b （正）自発反応の場合，反応後の自由エネルギーは反応前に比べ減少し，系の乱雑さは増加する．

c （誤）化学反応は遷移状態という山をこえなければ進まない．すなわち，反応が進行する

第 4 章　無機化学の反応

ためには活性化エネルギー以上のエネルギーが必要（活性化エネルギーとは，反応前の系を遷移状態にするために要するエネルギー）．この活性化エネルギーは，触媒を添加することによって，小さくすることができ，反応速度は増加する．

d （誤）触媒を添加すると，活性化エネルギーは減少するが，反応熱（ΔH）は変化しない．

問 4　4

$-\dfrac{d[A]}{dt} = k[A]^n$　より

$k = -\dfrac{d[A]}{dt} \cdot \dfrac{1}{[A]^n}$　となる．k の次元は，

0 次反応　$\dfrac{d[A]}{dt} = \dfrac{濃度}{時間}$

1 次反応　$\dfrac{d[A]}{dt} \cdot \dfrac{1}{[A]} = \dfrac{濃度}{時間} \cdot \dfrac{1}{濃度} = \dfrac{1}{時間}$

2 次反応　$\dfrac{d[A]}{dt} \cdot \dfrac{1}{[A]^2} = \dfrac{濃度}{時間} \cdot \dfrac{1}{濃度^2} = \dfrac{1}{時間} \cdot \dfrac{1}{濃度}$

問 5　1

a （誤）y 軸の速度定数の単位に注目すると，$k_0\,\mathrm{hr}^{-1}$ とあるので，この反応は 1 次反応である．各反応の反応速度定数を以下に示す

	0 次反応	1 次反応	2 次反応
反応速度定数	$k = C_0/2t_{1/2}$ ＝濃度/時間	$k = 0.693/t_{1/2}$ ＝1/時間	$k = 1/t_{1/2} \cdot C_0$ ＝1/時間・濃度
（単位の例）	$\mathrm{mol \cdot L^{-1} \cdot hr^{-1}}$	$\mathrm{hr^{-1}}$	$\mathrm{mol^{-1} \cdot L \cdot hr^{-1}}$

b （正）pH を制御するための緩衝剤の成分濃度に，反応速度が依存する場合がある．

c （正）$k_0 = 0.036\,\mathrm{hr^{-1}} = 0.036/3600\,\mathrm{s^{-1}} = 1.0 \times 10^{-5}\,\mathrm{s^{-1}}$

d （誤）この問題は，アレニウスの式を使って考える．アレニウスの式とは，『反応速度が温度依存性を示すこと』を表した式で，次のように示される．

$k_0 = A\mathrm{e}^{-E_a/RT} = A\exp(-E_a/RT)$

〔A：頻度因子　　E_a：活性化エネルギー〕

よって，活性化エネルギーを求めるには，異なる温度における k_0 の値が必要である．

e （誤）半減期は，どの反応のおいても，速度定数に反比例する．よって，速度定数が最も小さい pH 6 付近では，半減期は最も大きくなる．各反応の半減期を以下に示す．

	0 次反応	1 次反応	2 次反応
半減期	$t_{1/2} = C_0/2k$	$t_{1/2} = 0.693/k$	$t_{1/2} = 1/k \cdot C_0$

問 6 2

a （正）化学反応が進む時は，必ず遷移状態という山を通過する．

b （誤）等しいとは限らない．

c （誤）発熱反応か吸熱反応かには，活性化エネルギーの大きさは関係ない．
（生成物系のエネルギー）−（反応物系のエネルギー）が正の時吸熱反応となり，負の時発熱反応となる．

d （正）触媒の添加により，新しい経路をつくることができる．反応経路が異なると，素反応と活性化エネルギーは異なり，反応熱は同じである．

問 7 1

a （正）以下のグラフからもわかるように A $\xrightarrow{k_1}$ B $\xrightarrow{k_2}$ C において $k_1 \ll k_2$ でないかぎり，B の濃度が A の濃度よりも大となることがある．

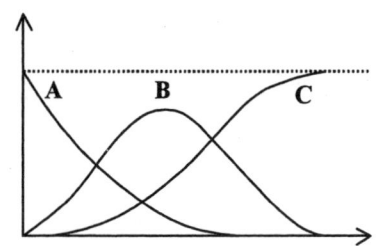

b （誤）平衡とは，『正反応と逆反応の速度が等しくなり，見かけ上反応が停止した状態』をいうのであって，濃度が等しくなるわけではない．P と Q の濃度比が一定になった状態をいう．

c （誤）多段階反応全体の反応速度は，そこに含まれる素反応のうち（X→Y→Z という反応があったならば，X→Y や Y→Z を素反応と呼ぶ），最も遅く進行する反応で決まる．この最も遅い反応段階を律速段階という．

d （誤）アレニウス式（$k = A \exp(-E_a/RT)$）より，活性化エネルギー（E_a）だけでなく，頻度因子（A）絶対温度（T）にも依存する．

問 8 6

a （誤）反応速度定数，温度，活性化エネルギーの関係は，アレニウスの式（$k = A_0 \cdot e^{-E_a/RT}$）により表される．この式より，活性化エネルギー E_a が大きくなると，反応速度定数 k は小さくなることがわかる．

b （誤）触媒を加えることにより，活性化エネルギー E_a が小さくなり，反応が速やかに進行する．よって，ΔH（反応熱）の値は，触媒を加えても不変である．

c （正）b の解説参照．

d （正）図から，反応前と反応後の系のエネルギーを比べると，反応後のエネルギーの方が

第4章 無機化学の反応

少なくなっていることがわかる（$\Delta H < 0$）．このことから，この反応により減少した分のエネルギーが，熱に変換されたと考えればよい．よって，この反応は発熱反応である．

問 9 3

a （誤）反応速度定数に影響を及ぼす因子として，温度・pH・イオン強度・誘電率・緩衝液の成分がある．反応速度定数は，一般的に温度と共に大きくなるので，縦軸に k，横軸に T をプロットすると右上がりの曲線になる．

b （正）アレニウス式の成立する温度範囲から温度無限大に外挿したときの反応速度定数を頻度因子（A）といい，アレニウスプロットの縦軸切片より求めることができる．よって，単位は反応速度定数と同じである．

c （正）アレニウスの式での反応速度定数は反応次数によらず，各反応次数に従った半減期の式から，反応速度定数が求められる．

0次： $t_{1/2} = \dfrac{C_0}{2k_0}$

1次： $t_{1/2} = \dfrac{\ln 2}{k_1}$

2次： $t_{1/2} = \dfrac{1}{C_0 k_1}$

アレニウス式 $k = -\dfrac{A e^{-E_a}}{RT}$ を対数式にすると，$\ln k = -\dfrac{E_a}{R} \cdot \dfrac{1}{T} + \ln A$ となり，縦軸に $\ln k$，横軸に $\dfrac{1}{T}$ をプロットすると，右下がりの直線になり，傾きから活性化エネルギーを求めることができる．

d （誤）活性化エネルギー E_a が同じ値をとる場合，対数グラフにおける直線の傾き $-\dfrac{E_a}{R}$ は等しくなる．よって，二種類の化合物における対数グラフ直線は平行となるため，高温安定な化合物は低温においても安定であるといえる．

e （正）気体定数（R）の単位は $JK^{-1}mol^{-1}$，絶対温度（T）の単位は K なので，RT の単位は $JK^{-1}mol^{-1} \times K = J/mol$，つまり1モル当たりのエネルギーとなる．

問 10 2

三塩基酸は pH を上げていくと，$H_3Y \rightleftarrows H_2Y^- \rightleftarrows HY^{2-} \rightleftarrows Y^{3-}$ と段階的に解離すると考えられる．

a （正）$H_3Y + H_2O \rightleftarrows H_3O^+ + H_2Y^-$ の解離が進行し，グラフより A 点での H_3Y と H_2Y^- のモル比は 1：1 である．

b （正）$H_2Y^- + H_2O \rightleftarrows H_3O^+ + HY^{2-}$ の解離が進行し，D 点を示す pH ではほとんどが H_2Y^- として存在し，E 点を示す pH ではほとんどが HY^{2-} として存在している．

c （正）$HY^{2-} + H_2O \rightleftarrows H_3O^+ + Y^{3-}$ の解離が進行し，交点 A，B，C の pH では，それぞ

れ，H_3Y と H_2Y^-，H_2Y^- と HY^{2-}，HY^{2-} と Y^{3-} がモル比 1：1 で存在しており，Henderson-Hasselbalch の式より，これらの pH はそれぞれの pK_a である．

d （正）pH14 では，HY^{2-} がモル分率で 0.1 以下，Y^{3-} がモル分率で 0.9 以上存在している．

e （誤）pH7 付近では，H_2Y^- と HY^{2-} がモル比 1：1 で存在している．

問 11　3

酸化還元平衡に関する問題．

a （正）酸化還元系に対する標準酸化還元電位は，与えられたネルンストの式より，[酸化体]：[還元体] ＝ 1：1 のとき，$E = E°$ となる．

b （正）電池　$Fe^{2+} + Ce^{4+} \rightleftarrows Fe^{3+} + Ce^{3+}$ の標準起電力 $U°$ は，
$U° = E°(Ce^{4+}, Ce^{3+}) - E°(Fe^{2+}, Fe^{3+}) = 1.60\,V - 0.80\,V = 0.80\,V$
Ce^{4+} は Fe^{2+} より標準酸化還元電位は大きく，Ce^{4+} は酸化剤，Fe^{2+} は還元剤として働き，反応は右に進行する．

c （誤）Ce^{4+} は酸化剤，Fe^{2+} は還元剤として働く．

d （正）酸化還元反応は 1：1 の反応であるので，その当量点の電位 E は，
$E = (E°_{Fe} + E°_{Ce})/2 = (0.80 + 1.60)/2 = 1.20\,V$ である．

問 12　4

弱酸の解離平衡定数 K_a と [H^+] の関係式
$K_a = [A^-][H^+]/[HA]$ より
$[H^+] = K_a[HA]/[A^-] = 1.8 \times 10^{-5} \times 2.0 \times 10^{-2}/3.6 \times 10^{-2} = 1.0 \times 10^{-5}$
ここで，pH ＝ − log [H^+] より pH ＝ − log10^{-5} ＝ 5.0
よって，緩衝液の pH は 5.0 である．

問 13　3

a （正）分子形とイオン形のモル比が 1：1 の時 pH ＝ pK_a となる．

b （誤）pK_a より低い pH では，分子形の濃度がイオン形の濃度より高い．

c （誤）pK_a より高い pH では，分子形よりイオン形の濃度が高くなり，pH 8 以上ではほぼ完全にイオン形として存在する．

問 14　3

Henderson-Hasselbalch の式を使って，pH を求める．

$pH = pK_a + \log([イオン型]/[分子型])$
$ = pK_a + \log([CH_3COONa]/[CH_3COOH])$

酢酸水溶液と酢酸ナトリウム水溶液は等モルであり，容積比 1：4，$pK_a = 4.5$ を代入すると，

$$\mathrm{pH} = 4.5 + \log 4 = 4.5 + 2\log 2 = 4.5 + 0.60 = 5.1$$

問 15 4

a （誤）$\mathrm{p}K_\mathrm{a} = -\log K_\mathrm{a}$ である．酸解離定数 K_a は大きいほど酸性が強いので，$\mathrm{p}K_\mathrm{a}$ の値が小さいほど酸性は強くなる．

b （誤）$\mathrm{p}K_\mathrm{b} = -\log K_\mathrm{b}$ である．酸解離定数 K_b は大きいほど塩基性が強いので，$\mathrm{p}K_\mathrm{b}$ の値が小さいほど塩基性は強くなる．

c （正）基本事項である．ヘンダーソン-ハッセルバルクの式は，以下のようになる．

酸の場合：$\mathrm{pH} = \mathrm{p}K_\mathrm{a} + \log[\text{イオン型}]/[\text{分子型}]$

塩基の場合：$\mathrm{pH} = \mathrm{p}K_\mathrm{a} + \log[\text{分子型}]/[\text{イオン型}]$

いずれの場合も，[イオン型] = [分子型] なら $\mathrm{pH} = \mathrm{p}K_\mathrm{a}$

d （誤）$K_\mathrm{a} \times K_\mathrm{b} = K_\mathrm{w}$（水のイオン積：25℃で 10^{-14}）である．この両辺の常用対数をとると，$\mathrm{p}K_\mathrm{a} + \mathrm{p}K_\mathrm{b} = 14$ となる．

e （誤）$\mathrm{p}K_\mathrm{b} = 8$ なので，$\mathrm{p}K_\mathrm{a} = 6$ である．ヘンダーソン-ハッセルバルクの式から，

$\log[\text{分子型}]/[\text{イオン型}] = \mathrm{pH} - \mathrm{p}K_\mathrm{a} = 9 - 6 = 3$

したがって，[分子型]/[イオン型] = 10^3 でほとんど分子型で存在している．

第5章 典型元素の化学

典型元素 typical element には，周期表で左端の1族，2族と中央から右端へかけての13族〜18族がある．このうち1族と2族は，最外殻ではs軌道のみに電子を有し，13〜18族は最外殻ではs軌道とp軌道に電子を有する．このため1族と2族の元素をsグループ典型元素，13〜18族の元素をpグループ典型元素と呼ぶことがある（1.4.2節を参照）．

sグループ典型元素は水素以外はすべて金属で，そのほとんどが密度の小さい軽金属である．sグループ典型元素は有効核電荷が小さいので最外殻電子を引きつける力が弱く，またそのs電子全部を失うと不活性ガスと同じ安定な電子配置になるので，陽イオン（1族では1価，2族では2価）化は容易に起こる．逆に陰イオン化は起こりにくい．特に2族では陰イオンになるためには電子をs軌道よりエネルギーの高いp軌道に迎え入れねばならず，それによって不安定になるから一層困難である．

pグループ典型元素は周期表で上の方にあるものは非金属，下の方にあるものが金属で，そのほとんどが重金属である（アルミニウムは例外で軽金属）．またpグループ典型元素はp軌道に電子を出し入れすることによって，陽イオンにも陰イオンにもなることができる．どちらに，よりなりやすいかは族番号により決まる．族番号の大きい元素（周期表で右の方）ほど有効核電荷が大きく，陰イオンになりやすい．ただし18族（不活性ガス）だけは安定な電子配置がすでにでき上がっているので，陽イオンにも陰イオンにもなりにくい．

5.1 水素およびアルカリ金属（1族元素）〜 H, Li, Na, K, Rb, Cs, Fr

第1族元素は共通して最外殻に1個のs電子をもち，その性質は表5.1にまとめられる．

表から明らかなように，第1周期の水素と第2周期以下の各元素（アルカリ金属と総称する）とは性質が大きく異なるので，分けて論じることにする．

表 5.1　1 族元素の物性

元　素	水素	リチウム	ナトリウム	カリウム	ルビジウム	セシウム	フランシウム
元素英名	hydrogen	lithium	sodium	potassium	rubidium	caesium	francium
元素記号	H	Li	Na	K	Rb	Cs	Fr
原子番号	1	3	11	19	37	55	87
電子配置	$1s^1$	$1s^2 2s^1$	$[Ne]3s^1$	$[Ar]4s^1$	$[Kr]5s^1$	$[Xe]6s^1$	$[Rn]7s^1$
原子量	1.01	6.94	22.99	39.10	85.47	132.91	223
電気陰性度	2.20	0.98	0.93	0.82	0.82	0.79	0.70
イオン化エネルギー (kJ/mol)	1312	520	496	419	403	376	
電子親和力(kJ/mol)	73	60	53	48	47	46	
単体の密度(g/cm^3)	0.090 g/L (0 ℃ 1 気圧)	0.535	0.971	0.862	1.532	1.876	
単体の融点(℃)	− 259.2	180.5	97.8	63.7	39.0	28.6	
単体の沸点(℃)	− 252.6	1326	883	756	688	690	
炎色反応	—	深紅	黄	紫	赤紫	青紫	

5.1.1　水　素

1　水素とそのイオン

　水素は原子番号が 1 で全元素中最小で，陽子 1 個と電子 1 個という単純な構成であり，また宇宙に存在する元素の過半数を占めるという点で，非常に特殊な元素である．最外殻に 1 個の s 電子を有することは他の 1 族元素と共通であるが，1s 軌道はその半径が約 0.5 Å で，2s 以上の s 軌道の半径が 1.5 〜 2.7 Å なのに比べ格段に小さい．そのため 1s 電子が強く原子核に引きつけられており，アルカリ金属よりは陽イオン化が困難になっている．また 1s 軌道に 2 個目の電子を入れると，不活性ガスであるヘリウムと同じ電子配置になるから，陰イオンがある程度安定になる．アルカリ金属では最外殻の s 軌道に 2 個目の電子を入れても不活性ガスと同じ電子配置にならないから，このような安定化は生じず，陰イオン化は困難である．

2　水素の結合

　水素の陽イオン H^+ は陽子そのもので単独では存在できず，他の原子の孤立電子対からの配位結合を受け入れた形で存在することが多い．水中のオキソニウムイオン，アンモニア中のアンモニウムイオンはその例である．

$$H^+ + H_2O \longrightarrow H_3O^+$$
$$H^+ + NH_3 \longrightarrow NH_4^+$$

　水素の陰イオンは電気陰性度のごく小さい金属の陽イオンとイオン結合性の化合物をつくる．これらは反応性が非常に大きい化合物である．

水素は非金属元素や，電気陰性度がごく小さくはない金属元素との間に共有結合をつくる．この結合は水素とその結合する非金属元素の電気陰性度の差が大きいと結合電子が偏り，ある程度イオン結合性を帯びる．水素原子同士の間ではもちろん共有結合をつくって二原子分子となる．

また水素の関わる結合で水素結合を省くことはできない．詳細は前述したが，水素原子から結合電子を除けば原子核のみで，他に電子が残らないことがポイントである（3.5.1項を参照）．

3 水素ガスの製法

水素の単体，すなわち**水素ガス** H_2 は，近年無公害燃料として注目されている．無色無味無臭の気体で分子量2，すべての気体中最も軽い．かつては大気中にもかなりあったらしいが，地球の重力は水素を留めおくには小さ過ぎるから，ほとんど宇宙空間に逃げてしまった．

水素ガスの工業的製法は数種ある．高純度の水素を得るには水の電気分解が適する．微量のアルカリまたは酸を溶かした水を電気分解すれば，陰極から水素ガスが発生する．陽極からは同時に酸素ガスが得られる．低純度でよければ，1) ナフサや天然ガスを水蒸気と高温，Ni触媒下反応させるか，2) ナフサや天然ガスを部分酸化する．1)，2) とも，COを種々の方法で除くと，粗製の水素ガスが安価に得られる．

$$1)\ C_mH_n + mH_2O \longrightarrow mCO + (m+n/2)H_2$$
$$2)\ C_mH_n + (m/2)O_2 \longrightarrow mCO + (n/2)H_2$$

実験室で水素を用いるには，キップの装置を使って亜鉛に希硫酸を加え，発生するガスを集めて使う昔ながらの方法があるが，最近は水素ボンベを用いるのが一般的である．水素ボンベは超小型のものを別にすれば赤く塗って火気厳禁の注意を喚起し，またネジが通常と逆に左に回して締めるようになっていて誤った接続を防いでいる．

4 水素ガスの吸蔵

パラジウム，ニッケル，白金，鉄などは水素ガスを吸収する．特にPdは常温常圧で体積にして1000倍近い大量の H_2 を吸収する．水素ガスを高圧でボンベに詰めたものよりはるかに安全で，水素ガスの貯法として有望視されている．これらは単なる表面での吸着のみでなく，金属内部に水素が原子状になって浸透しており，吸蔵と呼ばれる．吸蔵された水素は反応性が非常に高く，常温で塩素，臭素，硫黄，リン，ヒ素などと反応する．金属と酸の反応での発生直後の水素（発生期の水素という）も同様の働きがあるので，原子状の水素を含んでいると考えられる．

5 水素ガスの利用と燃料電池

$$1)\ 2H_2 + O_2 \longrightarrow 2H_2O$$

水素と酸素が触媒なしで直接反応して水ができる反応は常温では進行しない．高温では爆発的に進行するが，この反応からガソリンの内燃機関のようにエネルギーを能率よく取り出すのは困難である．そこでこの反応を次の2)～4) のように3つの反応に分け，それぞれを別の場所で

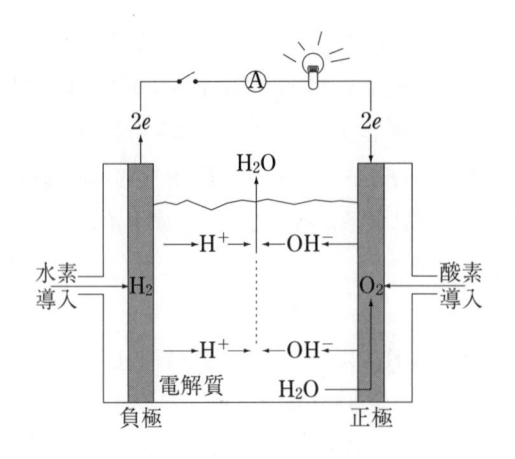

図 5.1　燃料電池の略図
(井口洋夫 (1999) 元素と周期律 (改訂版), 38 頁, 図 1.21, 裳華房)

2) $H_2 \longrightarrow 2H^+ + 2e^-$
3) $O_2 + 4e^- + 2H_2O \longrightarrow 4OH^-$
4) $H^+ + OH^- \longrightarrow H_2O$

行わせる試みがなされた. 2)×2 + 3)+ 4)×4で前記の式1) になる. 電解質水溶液に2つの電極を浸し，片方の電極（負極とする）に水素ガスを，もう片方の電極（正極とする）に酸素ガス（または空気）を吹き込めば，負極で2) の，正極で3) の，中間の液で4) の反応が起き，正極と負極を電線でつなげば電気が流れるから，電池として電気エネルギーを取り出せるはずである（図5.1）. ところが2) の反応は通常極めて遅い. 水素ガスが水素イオンになるためにはいったん原子状の水素にならなければならないが，これがエネルギー的に極めて不利なのである. だから水素ガスを吸蔵する金属を負極に用いれば2) の反応が常温でスムーズに進み，燃料電池としての利用が可能になる. この燃料電池は次世代の自動車のエネルギー源として本命視されている.

6　水素の同位体効果と重水

陽子の数（原子番号）が同じで，中性子の数の異なる原子（より正確には原子核）を同位体という. 同位体は大抵その化学的，物理的性質がほとんど同じなので，特定の研究目的以外では区別する必要がないが，水素の場合は，同位体間の性質の差（同位体効果という）は無視できない程度の大きさである.

水素には天然に質量数が1，2，3の同位体がある. 質量数1の ^1H が大半だが，質量数が2の ^2H（重水素ともいい，Dと記す）も0.0157 ％存在する. ^3H（三重水素，トリチウムともいい，Tと記す）は圧倒的に少ない. 水素の同位体効果では水の場合が重要である. 普通の水素 ^1H のみからなる ^1H_2O を軽水，重水素 ^2H のみからなる ^2H_2O（D_2O）を重水といい，かなり性質が異なる. 表5.2にそれをまとめた. 特にイオン積は1桁近く異なるから，酸塩基触媒による反応速

表 5.2 軽水と重水の物性

	軽水（^1H_2O）	重水（D_2O）
沸点（℃, 1atm）	100.0	101.4
融点（℃, 1atm）	0.0	3.8
密度（g/cm^3, 20℃）	0.998	1.105
屈折率（D 線, 20℃）	1.333	1.328
粘度（mPa 秒, 20℃）	1.01	1.26
共有結合エネルギー（kJ/mol）	463.5	470.9
イオン積（$(mol/L)^2$, 22℃）	1.0×10^{-14}	1.6×10^{-15}

度が軽水と重水ではかなり差があることが予測できる．また重水の D-O 間のエネルギーは軽水の H-O 間のエネルギーより大きく，結合が多少切れにくいことも伺える．

5.1.2 アルカリ金属

1 一般的性質

アルカリ金属には，リチウム Li，ナトリウム Na，カリウム K，ルビジウム Rb，セシウム Cs，フランシウム Fr の 6 種がある．このうちフランシウムは地球上に極微量しか存在せず，その性質はよくわかっていない．他の 5 種のうち，ナトリウムとカリウムは海水中や岩塩として大量（地殻の約 2 %）に存在する．アルカリ金属はその化学的性質が非常に似かよっている．いずれも 1 価の陽イオンになりやすいが，通常，2 価の陽イオンや，陰イオンにはならない．またいずれも炎色反応を呈し，その色が固有なので，アルカリ金属相互の識別に有用である（表 5.1 参照）．またこのうちナトリウムの出す黄色の光（589.0 および 589.6 nm）は D 線と呼ばれ，種々の光学的測定の光源として繁用されている．

2 単　体

アルカリ金属は価電子が 1 個しかなく，それも核に強く引きつけられてはいないから原子間の結合をつくる力が弱い．それで密度も小さく，特に周期表で上のほうのリチウム，ナトリウム，カリウムは水より軽い．融点も低く，特に周期表で下のほうのセシウムは，夏期には融解して液体になるほどである．ナイフで容易に切れるほど柔らかく，切断直後は切り口は銀白色の金属光沢だが，すぐに空気中の酸素と反応して酸化物の被膜ができ光沢を失う．やがて空気中の水分と反応して水酸化物ができ，表面はぼろぼろになる．アルカリ金属は水と激しく反応して水素と高熱を発し，水素に着火して火災となるので，水との接触を絶つべく，通常石油中に保存する．これらの反応は周期表で下へ行くほど激しい．

$$2M + 2H_2O \longrightarrow 2MOH + H_2 \uparrow$$

アルカリ金属の単体は，その最外殻の s 電子を失いやすいから，還元剤として重要である．い

ずれも水銀に溶けてアマルガムを形成する．特にナトリウムアマルガムは扱いやすく，強力な還元剤として広く用いられている．また，低温で液体アンモニアに溶けて導電性の青色の溶液になる．これは溶媒和した電子ができるためである．これも還元反応に用いられる．

$$M + nNH_3 \longrightarrow M^+ + e^-(NH_3)_n$$

アルカリ金属は高温で水素ガスや窒素ガスとも反応する．反応性は酸素や水との反応の逆で，周期表で上へ行くほど強く，リチウムは常温でも空気中の窒素と反応する．

$$6Li + N_2 \longrightarrow 2Li_3N$$

3 水素化物

アルカリ金属の陽イオン M^+ と，水素化物イオン H^- がイオン結合した塩型の化合物である．水と激しく反応し，水酸化物と水素を生じるので，水素発生剤，還元剤に用いられる．また水素化物イオンは強塩基性で，有機化合物から酸性が非常に弱い水素を引き抜いて炭素陰イオンをつくるのに用いられる．**水素化リチウム** lithium hydride，**水素化ナトリウム** sodium hydride などがある．

$$LiH + H_2O \longrightarrow LiOH + H_2$$
$$NaH + CH_3-S(O)-CH_3 \longrightarrow CH_3-S(O)-CH_2^-Na^+ + H_2$$

4 酸化物

通常の**酸化物**（oxide）M_2O 以外に，**過酸化物**（peroxide）M_2O_2 や，**超酸化物**（superoxide）MO_2 がある．いずれもアルカリ金属は1価の陽イオンになっている．アルカリ金属は空気中で燃えると通常の酸化物を生成するもの（リチウム），過酸化物を生成するもの（ナトリウムなど），超酸化物を生成するもの（カリウムなど）があり，必ずしも通常の酸化物が最もできやすいとは限らない．超酸化物は不対電子をもち，有色である．酸化物，過酸化物，超酸化物はいずれも水と反応して水酸化物となり，強いアルカリ性を示す．過酸化物では同時に過酸化水素を，超酸化物ではさらに酸素ガスも発生する．

$$M_2O + H_2O \longrightarrow 2MOH$$
$$M_2O_2 + 2H_2O \longrightarrow 2MOH + H_2O_2$$
$$2MO_2 + 2H_2O \longrightarrow 2MOH + H_2O_2 + O_2$$

5 水酸化物

アルカリ金属の水酸化物はいずれもよく水に溶け，強いアルカリ性を示す．また空気中の二酸化炭素を吸収して，炭酸塩，炭酸水素塩を形成する．

$$2MOH + CO_2 \longrightarrow M_2CO_3 + H_2O$$
$$M_2CO_3 + CO_2 + H_2O \longrightarrow 2MHCO_3$$

水酸化ナトリウム（**sodium hydroxide**）NaOH（日本薬局方第二部収載）

劇薬．潮解性のもろい固体．水やエタノールに溶けやすく，ジエチルエーテルにはほとんど溶けない．水に溶ける際，大量の熱を発する．水溶液は強アルカリ性で，製剤原料に用いられる．食塩水の電気分解で製する．

水酸化カリウム（potassium hydroxide）KOH（日本薬局方第二部収載）

劇薬．潮解性の固体．水，エタノールに溶けやすく，ジエチルエーテルにほとんど溶けない．水溶液は強アルカリ性で，製剤原料に用いられる．組織腐食作用が極めて強いので取扱いに注意が肝要である．

6 塩 類

アルカリ金属は多くの陰イオンと塩を形成する．強酸との塩は中性，弱酸との塩はアルカリ性に傾く．ほとんどの塩は水によく溶けるが，炭酸リチウム，炭酸水素リチウム，炭酸水素ナトリウムは，多少溶解性が低い．

炭酸リチウム（lithium carbonate）Li_2CO_3（日本薬局方第一部収載）

劇薬．水にやや溶けにくく熱湯に溶けにくい．エタノールやジエチルエーテルにほとんど溶けない．1％溶液のpHは約11．抗躁薬に用いられる．

炭酸ナトリウム（sodium carbonate）$Na_2CO_3 \cdot 10H_2O$（日本薬局方第二部収載）

風解性の固体．水に溶けやすく，エタノールやジエチルエーテルにほとんど溶けない．水溶液は強いアルカリ性を示す．炭酸水素ナトリウムを加熱し脱炭酸して製する．洗浄剤や製剤原料に用いられる．

炭酸カリウム（potassium carbonate）K_2CO_3（日本薬局方第二部収載）

吸湿性の固体．水に極めて溶けやすく，エタノールにほとんど溶けない．水溶液は強いアルカリ性を示す．製剤原料に用いられる．

炭酸水素ナトリウム（sodium bicarbonate）$NaHCO_3$（日本薬局方第一部収載）

重炭酸ナトリウム，重曹ともいう．水にやや溶けやすく（20℃で100gの水に9.6g），エタノールやジエチルエーテルにほとんど溶けない．5％水溶液のpHは約8．加熱により二酸化炭素を失って炭酸ナトリウムとなる．アシドーシス治療薬，制酸薬，製剤原料として用いる．

塩化ナトリウム（sodium chloride）NaCl（日本薬局方第一部収載）

食塩ともいう．結晶性の粉末．水に溶けやすく（20℃で100gの水に36g），エタノールに極めて溶けにくく，ジエチルエーテルにほとんど溶けない．海水や岩塩から製する．電解質補給，含そう（うがい）薬，吸入薬，製剤原料（等張化剤）として用いる．

塩化カリウム（potassium chloride）KCl（日本薬局方第一部収載）

水に溶けやすく，溶解時に吸熱する．エタノールやジエチルエーテルにほとんど溶けない．電解質（K^+）補給薬として用いる．

硫酸ナトリウム（sodium sulfate）Na_2SO_4

水に溶けやすいがエタノールに溶けない．吸湿性があり，有機溶媒中の微量の水分と反応して

134

十水和物となるので，乾燥剤に用いられる．

話題 A

⟨体液の浸透圧とアルカリ金属イオン⟩

　水分子は通すが溶質分子は通さない半透膜をはさんで，純粋な水（Ⅰ）と溶質を含む水溶液（Ⅱ）とが接しているとき，ⅠからⅡへと向かう水の移動速度は，その逆向きの速度よりも大きいため，膜を通して正味の水の移動が起こる．これを浸透という．このⅠからⅡへの水の移動によって，Ⅱの体積は増し，Ⅰよりも圧力が高くなる．この圧力は，ⅠからⅡへの新たな水の移動を阻む力として作用し，ⅠからⅡへと水が浸透しようとする力とつりあったところで平衡に達する．このときのⅠとⅡの圧力差を浸透圧という．

　細胞膜は，水以外の溶質をほとんど透過させず，水だけを透過させる半透膜である．一般に，細胞は高い濃度の生体分子やイオンを含んでおり，細胞を水の中に入れた場合，細胞膜内外の浸透圧差のために外部から細胞内に水が入る．その結果，動物細胞の場合は膨潤し，破壊される．多細胞動物では，このようなことが起こらないように細胞内液と細胞外液の浸透圧は近い値に保たれている．注射剤は組織や血管内に直接投与されるので，その浸透圧は体液の浸透圧に近い値になるよう調節されている．もし，注射剤の浸透圧が体液の浸透圧と大きく異なると，赤血球が破壊されて溶血を起こしたり，組織に障害を起こし，痛みを生じたりすることになる．

　植物細胞の場合，液胞内溶液の浸透圧は非常に高いため，外部の水は細胞内に入り込む．しかし，植物細胞は動物細胞とは異なり，細胞壁があるので，浸透圧の低い外液に浸しても破裂することはなく，一定容積まで膨らみ，そこで平衡に達する．この状態は，植物体の機械的強度を増すのに役立っている．また，植物が根から水を取り込む力を吸水力と呼ぶが，この力にも浸透圧が寄与しており，その大きさは細胞内液の浸透圧から膨圧（水が細胞内へ浸透することにより細胞内に生じる圧力）を差し引いた値である．このように，植物は浸透圧を形態の維持や水の吸収などに利用している．

　ヒトの体重の約60％は水であり，そのうちの約3分の2が細胞内液，残り3分の1が細胞外液として存在している．また，細胞外液の約4分の3は細胞間に存在する間質液であり，4分の1は血液である．

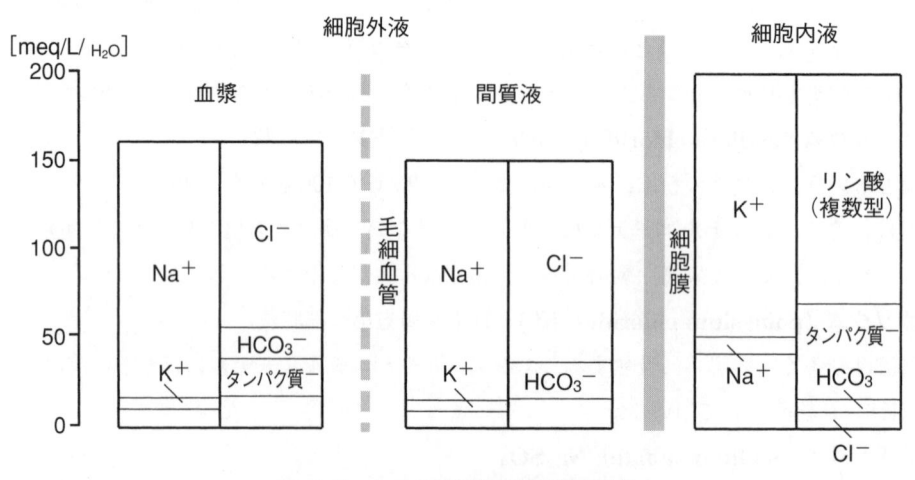

図A.1　ヒトの体液の電解質組成

体の中の水には多くの物質が溶けているが，図A.1に示したように，細胞内液と細胞外液とでは溶解している電解質の種類や濃度に大きな相違がある．

細胞外液の場合，陽イオンとしてはNa$^+$，陰イオンとしてはCl$^-$やHCO$_3^-$が主である．一方，細胞内液では，陽イオンとしてK$^+$が主でNa$^+$の量は少なく，陰イオンとしてリン酸イオンが多く存在する．

このように，各イオンの濃度は細胞の内外で大きく異なるが，細胞内外の浸透圧はほとんどの組織で同じである．体液の浸透圧を維持するうえで，主役となる陽イオンはアルカリ金属イオンであり，細胞外ではNa$^+$，細胞内ではK$^+$である．細胞外液の場合，全浸透圧300 mOsm/kgH$_2$OのうちNa$^+$とCl$^-$とで290 mOsm/kgH$_2$Oを与えている．生理食塩液（第14改正日本薬局方収載）は，0.9 w/v%（0.15 mol/L）の塩化ナトリウム水溶液であり，その浸透圧はヒトの体液と同じである．

〈Na$^+$, K$^+$-ATPアーゼ（ナトリウム-カリウムイオン輸送性ATPアーゼ）〉

細胞の内と外とではイオンの濃度が大きく異なっていることは既述のとおりである．これは，生物の進化と関連しており，まだ塩分濃度が高くなかった原始海洋で誕生した細胞が，そのときの海洋の塩の組成をそのまま保持しているためと考えられている．このように細胞外とは異なる細胞内環境を維持し，生存に必要な物質やイオンを細胞外から得るため，細胞は膜内外の濃度勾配に従う受動拡散だけではなく，濃度勾配に逆らって物質やイオンを膜輸送するしくみをつくりあげた．これが能動輸送であり，その過程にはATPのエネルギーが必要である．

能動輸送系の典型的な例は，細胞膜にあるナトリウムポンプである．図A.1に示したように，Na$^+$の細胞内濃度は細胞外濃度よりもはるかに低いが，K$^+$濃度はその逆の関係になっている．細胞内の（Na$^+$濃度/K$^+$濃度）比は約1/15であるのに対し，細胞外の（Na$^+$濃度/K$^+$濃度）比は約15である．Na$^+$やK$^+$に関して，このように大きな細胞内外の濃度差を維持する主役がこのポンプである．その本体は高等動物の細胞膜に分布するNa$^+$, K$^+$-ATPアーゼと呼ばれるATP加水分解酵素であり，この酵素によって細胞内のATPはADPと無機正リン酸とに加水分解される．Na$^+$とK$^+$は，この加水分解と共役して膜輸送され，1 molのATPが消費されると，3 molのNa$^+$が細胞外へ，2 molのK$^+$が細胞内へと同時に移動する．したがって，Na$^+$, K$^+$-ATPアーゼは，K$^+$を細胞内へと能動輸送するカリウムポンプとしての役割も果たしている．Na$^+$, K$^+$-ATPアーゼは1957年，J. C. Skouにより，カニの末梢神経細胞膜画分から発見された．この酵素は膜を貫通する2つのサブユニット（分子量～50000と～110000）からなる膜タンパク質で，活性中心は細胞膜の内側に分布している．

現在，ATPの加水分解と輸送の共役機構の詳細は明らかではないが，ATPアーゼが2つの異なるコンホメーション（立体構造），すなわち，K$^+$に対する親和性は高いが，Na$^+$に対する親和性は低いリン酸化された形と，Na$^+$に対する親和性は高いが，K$^+$に対する親和性は低い脱リン酸化された形とをとり，これらの間を往復することにより輸送を行うと考えられている．図A.2はこのモデルを示したものである．

この図には，次のような過程が示されている．
① 細胞内（細胞質側）表面上で，輸送タンパク質のNa$^+$高親和性部位に3個のNa$^+$イオンが結合する．
② 細胞質側のATP結合部位がリン酸化され，輸送タンパク質のコンホメーションが変わる．
③ Na$^+$に対する親和性が下がり，Na$^+$を細胞外に放出する．
④ 細胞外に突き出た部位にあるK$^+$高親和性部位に，細胞外K$^+$が2個結合する．
⑤ 酵素は脱リン酸化され，輸送タンパク質のコンホメーションが変わる．
⑥ K$^+$に対する親和性が下がり，K$^+$は細胞内へ遊離する．
⑦ 輸送タンパク質は，Na$^+$とK$^+$の輸送の次のサイクルへ進む．

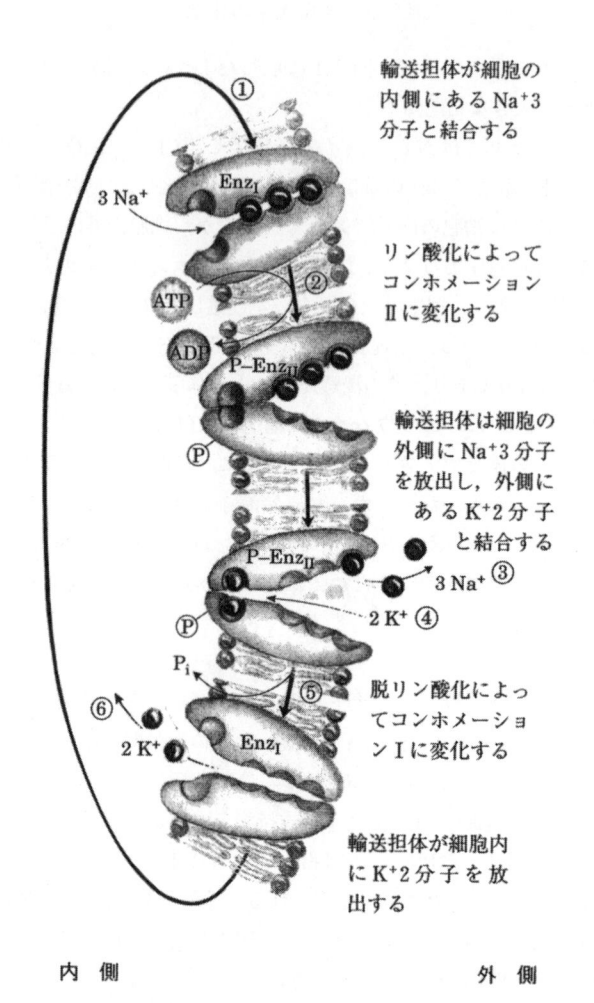

図A.2 Na^+, K^+-ATPアーゼによるNa^+とK^+の輸送機構の想像図
(D. L. Nelson and M. M. Cox 著, 山科郁男監修, 川嵜敏祐編集, 池田 潔, 他訳(2000) レーニンジャーの新生化学 第3版, p.529, 図12-34, 廣川書店より)

5.2 アルカリ土類金属（2族元素）～Be, Mg, Ca, Sr, Ba, Ra

5.2.1 一般的性質

2族元素にはベリリウムBe, マグネシウムMg, カルシウムCa, ストロンチウムSr, バリウムBa, ラジウムRaの6元素が含まれ, すべて金属であり, いずれも価電子として最外殻のs軌道に2個の電子をもっている.

第5章 典型元素の化学

表5.3 2族元素の物性

元素	ベリリウム	マグネシウム	カルシウム	ストロンチウム	バリウム	ラジウム
元素英名	beryllium	magnesium	calcium	strontium	barium	radium
元素記号	Be	Mg	Ca	Sr	Ba	Ra
原子番号	4	12	20	38	56	88
電子配置	$1s^22s^2$	$[Ne]3s^2$	$[Ar]4s^2$	$[Kr]5s^2$	$[Xe]6s^2$	$[Rn]7s^2$
原子量	9.01	24.31	40.08	87.62	137.33	226
電気陰性度	1.57	1.31	1.00	0.95	0.89	0.90
イオン化エネルギー (kJ/mol)	900	738	590	550	503	509
電子親和力 (kJ/mol)	−50	−40	−30	−30	−30	
単体の密度 (g/cm³)	1.86	1.75	1.55	2.63	3.59	5.02
単体の融点 (℃)	1278	651	843	769	725	700
単体の沸点 (℃)	1500	1107	1487	1366	1537	
炎色反応	—	—	橙赤	赤	黄緑	

　これら6元素をアルカリ土類金属と総称する場合と，周期表上位のベリリウムとマグネシウムを除いた4元素のみをアルカリ土類金属とする場合がある．しかし反応性からみると，酸化物や水酸化物をつくりにくいこと，共有結合性の化合物をつくりやすいこと，塩基性のみでなく酸性も有する両性であることなど，ベリリウムだけが特殊で，他の5元素は大なり小なり類似しているから，ベリリウムのみを別にして考えるのが妥当であろう．

　2族元素のうち，マグネシウムとカルシウムは地殻中に大量（2〜3％）含まれ，生物界でも大きな役割を果たす．またストロンチウムやバリウムも約0.02％存在する．ベリリウムやラジウムは存在量はごく少ない．

　2族元素は，周期表の全元素中では陽性が大きいほうだが，1族のアルカリ金属と比べると陽性が小さく最外殻の1個目の電子が取れにくい（第一イオン化エネルギーが高い）．これは原子核中の陽子数が対応するアルカリ金属より1個多いので，もう1個のs電子による遮蔽が多少あるものの，有効核電荷が大きくなり，最外殻電子を引きつける力がより強くなっているからである．逆に最外殻の2個目の電子は，1個目と同じs軌道から取れ，取れた後に不活性ガスと同じ電子配置になるから，比較的取れやすく，第一イオン化エネルギーの約2倍である（アルカリ金属では第二イオン化エネルギーは第一イオン化エネルギーの約10倍）．そこで2族元素が化合物をつくるときは2価の陽イオンになることが多い．ただし，ベリリウムだけは主に共有結合性の化合物をつくる．

5.2.2　単体

　ベリリウム以外の2族元素の単体はいずれも金属としては柔らかく軽く低融点だが，アルカリ金属の単体に比べればより硬く，密度，融点ともより高い．これは金属結合に預かる電子数がア

ルカリ金属の2倍あり，結合がより強いためである．

　ベリリウム以外は空気中で酸化されやすく，また水と反応して水素を発生し水酸化物となる．マグネシウムは低温では反応性が低いが，高温ではカルシウム以下の2族元素に引けを取らず，空気中で強熱すると激しく燃えて酸化マグネシウムになり（写真のフラッシュ），熱水と反応して水酸化マグネシウムを生じる．

5.2.3 水素化物

　水素化ベリリウム BeH_2 と**水素化マグネシウム** MgH_2 は，多少共有結合性を帯びたイオン結合，カルシウム以下の2族元素の水素化物はいずれも完全なイオン結合で，いずれも金属が陽イオン，水素が陰イオンになっている．水素化カルシウム CaH_2 は最も有用で，その還元力を利用して金属塩から金属を遊離させたり，水との反応性を利用して脱水剤に用いたりする．

$$CaH_2 + 2CsCl \longrightarrow 2Cs + CaCl_2 + H_2$$
$$CaH_2 + 2H_2O \longrightarrow Ca(OH)_2 + H_2$$

5.2.4 酸化物

　カルシウム以下の2族元素は，その単体を空気中で燃焼すると酸化物 MO になる．アルカリ金属のように，過酸化物や超酸化物が燃焼でできることは少ない．また酸化物は炭酸塩を加熱分解しても得られる．

$$2Ca + O_2 \longrightarrow 2CaO$$
$$CaCO_3 \longrightarrow CaO + CO_2$$

酸化カルシウム（calcium oxide）CaO（日本薬局方第二部収載）

　生石灰ともいう．熱湯には溶けにくいが，水と反応すると発熱して水酸化カルシウムになり，強アルカリ性を呈するから，直接人体に投与することはない．また酸化カルシウムは空気中の湿気や二酸化炭素を徐々に吸って，水酸化カルシウムや炭酸カルシウムになる．製剤原料に用いる．また酸性以外の薬品の乾燥に用いる．

酸化マグネシウム（magnesium oxide）MgO（日本薬局方第一部収載）

　マグネシア，苦土ともいう．水，エタノールにほとんど溶けない．制酸剤として用いられる．酸とは速やかに反応し，塩を形成する．

$$MgO + 2HCl \longrightarrow MgCl_2 + H_2O$$

5.2.5 水酸化物

　ベリリウム以外の2族元素の水酸化物は，その酸化物を水と反応させて得られる．水酸化物は

水に少ししか溶けないが，その水溶液は強いアルカリ性を示す．また酸性水にはよく溶ける．ベリリウムの水酸化物は水に不溶で，酸ともアルカリとも反応して溶ける両性である．

$$Be(OH)_2 + 2HCl \longrightarrow BeCl_2 + 2H_2O$$
$$Be(OH)_2 + 2NaOH \longrightarrow Na_2BeO_2 + 2H_2O$$

水酸化カルシウム（calcium hydroxide）$Ca(OH)_2$（日本薬局方第二部収載）

消石灰ともいう．水に溶けにくく，エタノール，ジエチルエーテルにほとんど溶けない．局所収斂薬，歯科用薬として，またサラシ粉や石灰水の原料として用いられる．

5.2.6 塩

2族元素の塩は水溶性に大差がある．ハロゲン化物は一般によく水に溶ける．ただしベリリウム以外のフッ化物は水に溶けにくい．硫酸塩はベリリウム，マグネシウム以外は水に難溶である．炭酸塩も難溶なものが多い．硝酸塩は易溶なものと難溶なものがある．

炭酸マグネシウム（magnesium carbonate）（日本薬局方第一部収載）

局方品は含水塩基性炭酸マグネシウム $Mg_2(OH)_2CO_3 \cdot nH_2O$ または含水正炭酸マグネシウム $MgCO_3 \cdot nH_2O$ である．いずれも水に難溶だが，希塩酸には二酸化炭素の泡を発して溶ける．また二酸化炭素を含む水には炭酸水素マグネシウムを形成して溶けるが，これは固体としては得られない．制酸薬や瀉下薬（下剤）に使われる．

炭酸カルシウム（calcium carbonate）$CaCO_3$（日本薬局方第一部収載）

水にほとんど溶けないが，二酸化炭素を含む水には炭酸水素カルシウムを形成して溶ける．これは単離できない．希酢酸，希塩酸に泡立って溶ける．制酸薬として用いられる．吸着作用もあり，多くの薬物を吸着する．

塩化マグネシウム（magnesium chloride）$MgCl_2$

海水から得られるニガリの主成分．水によく溶け，エタノールにも可溶．吸湿性が強い．六水塩は水に極めて溶けやすく，エタノールにもよく溶ける．豆腐の凝固剤や，保健食品として有名だが，医薬品としては輸液や透析液の成分として用いる．

塩化カルシウム（calcium chloride）$CaCl_2 \cdot 2H_2O$（日本薬局方第一部収載）

潮解性の固体．水に極めて溶けやすく，エタノールにやや溶けやすい．輸液の成分として多用される．無水物は吸湿性を利用して乾燥剤として使われるが，アルコール類と分子化合物（$CaCl_2 \cdot 4C_2H_5OH$ など）をつくるから，その乾燥には使えない．

硫酸マグネシウム（magnesium sulfate）$MgSO_4 \cdot 7H_2O$（日本薬局方第一部収載）

水に極めて溶けやすく，エタノールにほとんど溶けない．瀉下薬として，また輸液の成分として用いる．胆石症や頻脈性不整脈の治療にも用いる．

硫酸カルシウム（calcium sulfate）$CaSO_4 \cdot 1/2 H_2O$（日本薬局方第二部「焼セッコウ」収載）

焼セッコウともいう．水に溶けにくく，エタノールにほとんど溶けない．水と10分以内に反

応し，2分子の結晶水をもったセッコウとなって固まるから，ギブスの素材に用いられる．

硫酸バリウム（barium sulfate）$BaSO_4$（日本薬局方第一部収載）

水，エタノール，ジエチルエーテルにほとんど溶けない（水には常温で約 0.2 mg/100 mL）．塩酸，硝酸，水酸化ナトリウム試液にも溶けない．バリウムイオンは強い毒性をもつが，硫酸バリウムは水や希酸に溶けないので毒性は低い．消化管用の X 線造影剤に用いられる．しばしば単にバリウムと称されるが，可溶性バリウム塩（barium sulfite, barium sulfide）との混同を避けるため，正式名称で呼ばねばならない．

話題 B

〈カルシウムの代謝と役割〉

カルシウムは人体に最も多く含まれる無機質であって，総量は体重の 2〜3％を占める．人体内のカルシウムの 99％はリン酸と結合し，ヒドロキシアパタイトとして骨に存在している．残りのカルシウムはほとんど細胞外液中にあり，細胞内には細胞外液中濃度の約 1 万分の 1 程度（10^{-7} mol/L 以下）しか存在しない．

私たちは，通常，カルシウムを食物として 1 日に 500〜800 mg 摂取しているが，その約半分は小腸からリン酸塩として吸収され，血液を介して骨に運ばれる．血漿中の総カルシウムは 90〜110 mg/L である．排泄経路は，尿と糞便であるが，尿中への排泄は 1 日に 100〜150 mg であり，多くは糞便中へ排泄される．

カルシウム代謝の調節にはいくつかの因子が関与している．カルシウムの腸からの吸収は，ビタミン D，副甲状腺ホルモン，成長ホルモンによって促進され，カルシトニンや副腎皮質ホルモンにより抑制される．一方，尿中への排泄は，カルシトニン，副腎皮質ホルモン，成長ホルモンによって促進され，ビタミン D などにより抑制される．骨と血液との間のバランスについては，ビタミン D，副甲状腺ホルモンが骨から血液中へとカルシウムを動員して血中濃度を上昇させるのに対し，カルシトニン，女性ホルモンは骨へのカルシウム沈着を促進する．

カルシウムの役割は多彩である．体内分布から理解できるように，カルシウムは骨や歯を形成する材料として不可欠である．これは，カルシウムが不足すると，骨軟化症や骨粗鬆症などを引き起こすことからも明らかである．しかし，生理的に重要なのはイオン化したカルシウム Ca^{2+} である．直感的なイメージとは異なり，骨は活発に代謝されている組織であり，必要に応じ，血液を介して全身の筋肉細胞，循環器系細胞，ホルモン分泌細胞，免疫系細胞などへカルシウムを供給するための貯蔵組織でもある．血漿中総カルシウムのうち，約半分はイオン化した Ca^{2+} であるが，残りの半分は主に血漿タンパク質であるアルブミンと結合しており，不活性である．

Ca^{2+} の機能のうち，筋収縮や神経伝達と関連した事項については後にとりあげるので，それ以外の 2, 3 の機能について簡単にふれておくことにする．Ca^{2+} は血液が凝固するときに必要である．血液凝固には多くの凝固因子が関与するが，Ca^{2+} もそのうちの 1 つ（第Ⅳ因子）である．したがって，EDTA やクエン酸塩などのキレート剤によって Ca^{2+} を捕捉すると血液は凝固しない．このような目的で，輸血用の血液保存剤の中にもクエン酸塩が加えられている．

また，免疫担当細胞である T 細胞や B 細胞は外敵から生体を守るために存在するが，これらが活性化

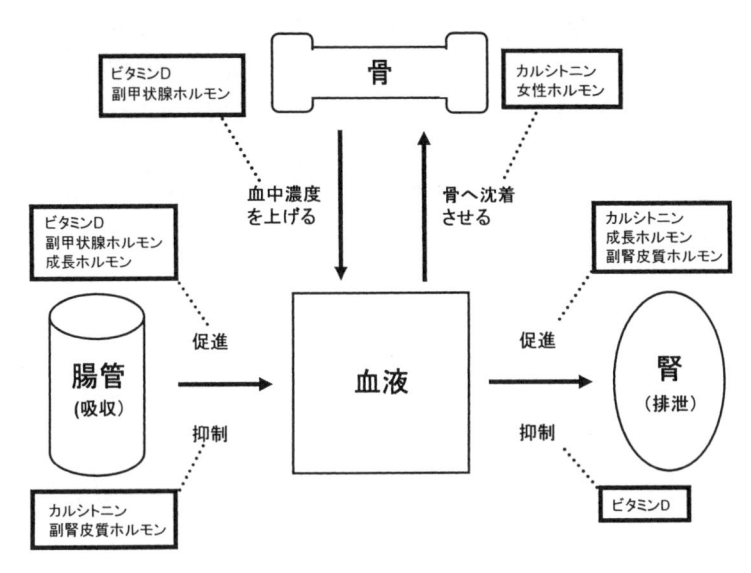

図 B.1　カルシウムの代謝調節

されるためには，細胞外の Ca^{2+} が細胞内に入ることが必要である．これによって細胞のスイッチが入れられたことになり，本来の働きができるようになるのである．細胞内の1万倍も高い濃度で存在する細胞外 Ca^{2+} の一部が細胞内に入ることで細胞のスイッチが ON になる現象は，他の細胞でも観察される．例えば，ホルモン分泌細胞や，胃液，唾液の分泌細胞がそうであり，これらの細胞からの分泌は Ca^{2+} により調節されている．

しかし，その調節能はカルシウムが不足すると低下する．カルシウム不足状態では，骨からカルシウムを動員して血中カルシウム濃度を一定に保つために副甲状腺ホルモンが分泌される．ところが，このホルモンは細胞内へのカルシウム取り込みを促す働きもあるため，カルシウム不足であるにもかかわらず，細胞内カルシウム濃度は高まるという矛盾した現象が起こり，これを"カルシウムパラドックス"と呼ぶ．このような状態では，分泌細胞の応答が混乱し，ホルモンや胃液，唾液の分泌低下などの症状を呈することになる．また，全身のカルシウム濃度のバランスが崩れるため，さまざまな悪影響が出ることになる．

〈筋収縮とカルシウムイオン〉

カルシウムイオン Ca^{2+} は筋肉の収縮には不可欠である．筋肉が収縮するには，ATP のミオシンによる加水分解と共役して，アクチンとミオシンという2つのタンパク質の層が互いに滑り込むことで生じる．筋肉が弛緩した状態では，アクチンとミオシンの間には両者の接触を妨げるタンパク質であるトロポミオシンが介在している．脳から筋肉の収縮を促す電気的な信号が伝えられると，筋肉を包む膜のセンサーがそれを感知し，筋小胞体の中にある Ca^{2+} を筋肉細胞の中へと送り出す．Ca^{2+} は，トロポニンという Ca^{2+} 結合タンパク質と結合し，アクチンのフィラメントに結合してミオシンとの結合部位をブロックしていたトロポミオシンの作用を抑制し，両者の接触が可能となるような変化をもたらす．一方，ミオシンに ATP が結合すると，アクチンはミオシンから解離する．続いて，ミオシンによって ATP が加水分解され，コンホメーション変化が起こり，ミオシンのアクチン結合部位が移動する．ミオシンは離れた位置にある別のアクチンサブユニットと結合し，リン酸イオンの遊離が起こる．次に，ミオシン

の結合部位のコンホメーションが元にもどり，ADP が開放される．このコンホメーション変化（パワーストローク）の際に生じる力により，ミオシン上でアクチンが滑るように移動して筋収縮が起こると考えられている．筋収縮の一方の主役であるミオシンは，アクチン結合タンパク質であるのみならず，ATP アーゼとしての役割も担っているのである．

筋肉が弛緩する過程では，まず，筋小胞体のカルシウムポンプが筋肉細胞内の Ca^{2+} を小胞体内に汲み戻し，細胞内濃度を 10^{-7} mol/L 以下にまで下げる．これにより，トロポニンは結合していた Ca^{2+} を放出するため，アクチンとミオシンの化学的相互作用は停止し，筋肉は弛緩することになる．ここでいうカルシウムポンプとは，Ca^{2+} を生体膜を通して能動的に輸送する系のことであり，最もよく知られているものが，筋小胞体に存在するものである．このポンプの実体は，Ca^{2+}-ATP アーゼという膜酵素であり，Ca^{2+}，Mg^{2+}，K^+ の共存下，ATP を加水分解し，そのエネルギーで Ca^{2+} を能動輸送する．1分子の ATP の加水分解により 2 個の Ca^{2+} が輸送される．

筋肉の場合もカルシウムが不足すると，"カルシウムパラドックス" によって細胞内のカルシウム濃度は高まり，カルシウム不足が逆に筋肉の収縮を起こすことになる．その結果，筋肉の痙攣，震えが起こることもある．

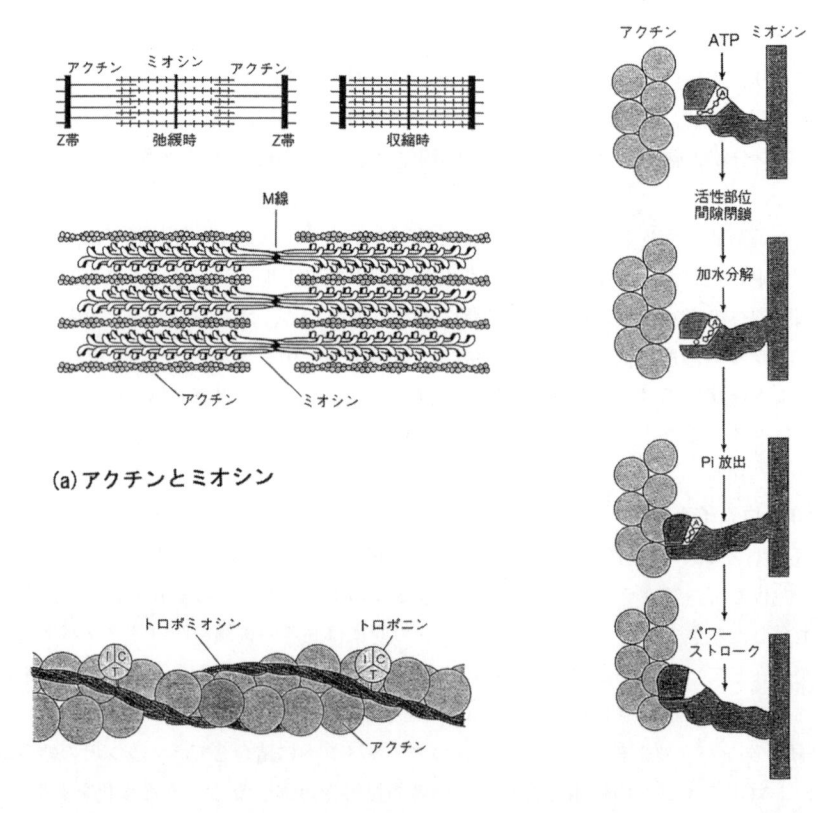

図 B.2 アクチン，ミオシンと筋収縮の過程

(W. F. Ganong 著，星　猛他 共訳（2000）医科生理学展望［原書：Review of Medical Physiology 19 版］，p.69, 図 3.3 および p.72, 図 3.6, 丸善より)

〈神経伝達および細胞内情報伝達とカルシウムイオン〉

カルシウムイオン Ca^{2+} は様々な生命現象に関与しているが，神経伝達もそのうちの１つである．神経細胞どうしや神経細胞と他の筋肉細胞などとの接続部分がシナプスであり，そこにはシナプス間隙と呼ばれる 30 nm 程度の間隙が存在する．したがって，神経細胞を伝達されてきた電気的なシグナルがシナプス後にある細胞に伝達されるためには，化学的信号としてシナプス間隙を通過する必要がある．

シナプス前の神経細胞末端では，伝達されてきたシグナルによってカルシウムチャネルが開く．カルシウムチャネルは，細胞膜に存在するタンパク質で，Ca^{2+} が膜を透過する際の通路となる．これが開くことにより，細胞外の Ca^{2+} がチャネルを通って細胞内へと流入する．すると，細胞内のチャネル周辺ではカルシウム濃度が高くなり，周囲に存在するシナプス小胞が細胞膜と融合して，小胞内の神経伝達物質がシナプス間隙に放出される．伝達物質がシナプス後の細胞の膜に存在するレセプターチャネルに結合すると，膜の陽イオンチャネルが開き，Na^+ イオンの流入が起こり，電気的シグナルとして伝達される．このようにして，神経伝達物質を介して，シナプス前の神経細胞からシナプス後の細胞へとシグナルは伝達されるが，神経伝達物質放出の過程でもカルシウムイオンは不可欠の物質なのである．

神経細胞でもカルシウムが不足して"カルシウムパラドックス"の状態になると，神経細胞間の情報伝達が混乱し，神経過敏やイライラを起こすことになる．

また，Ca^{2+} は細胞内での情報伝達物質としても重要な役割を果たしている．細胞外から伝達されてきたシグナルは，細胞内で Ca^{2+} の濃度変化となって細胞内に伝達され，これを感知する受容体を介して特定の機能が発現または停止することになる．

Ca^{2+} は，通常，小胞体，ミトコンドリア，および形質膜中の Ca^{2+}-ポンプの作用によって細胞内ではごく低濃度（10^{-7} mol/L）に保たれているが，外部からの刺激があると，形質膜のカルシウムチャネルを通した Ca^{2+} の細胞内流入や小胞体，ミトコンドリアに貯蔵されていた Ca^{2+} の放出によって細胞内濃度が上昇し，これによって種々の細胞応答がひき起こされる．

細胞内のカルシウム濃度の変化はカルシウム結合タンパク質が感知する．カルモジュリンは真核細胞に広く存在するこの種のタンパク質の１つであり，細胞内 Ca^{2+} 濃度が約 10^{-6} mol/L まで増加すると Ca^{2+} と結合して立体構造の変化を起こす．カルモジュリンは種々のタンパク質と相互作用し，Ca^{2+} を結合した状態でそれらの活性を調節する機能を持っている．Ca^{2+} と結合して立体構造の変化したカルモジュリンは，Ca^{2+}/カルモジュリン依存性プロテインキナーゼという酵素を活性化する．この酵素は多くのタンパク質をリン酸化することにより，それらタンパク質の活性を調節する．アデニル酸シクラーゼ，

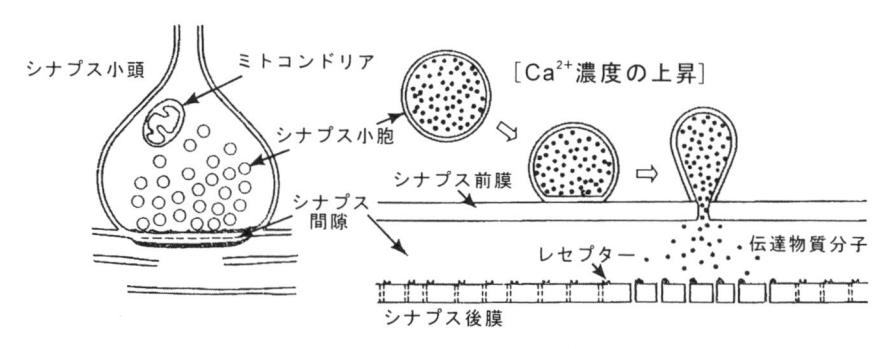

図 B.3 シナプスにおける神経伝達物質の放出

（大沢文夫，他 編集（1976）生物科学講座 4 細胞の機能，p.268，図 6.44，朝倉書店 より（一部改変））

ホスホリラーゼキナーゼ，膜 Ca^{2+}，Mg^{2+}-ATP アーゼ，NAD キナーゼ，ミオシン L 鎖キナーゼなど，いくつもの酵素がカルモジュリンを介した Ca^{2+} による調節を受けていることが知られている．

5.3 ホウ素，アルミニウム族元素（13族元素）～ B, Al, Ga, In, Tl

5.3.1 一般的性質

13族元素のうち周期表で最上位に位置するのはホウ素 B であるが，これのみが非金属で他は金属であることから，ホウ素のみで13族を代表するのは無理があり，周期表ですぐ下のアルミニウム Al を加えて，ホウ素，アルミニウム族と呼ぶことが多い．この族ではアルミニウムだけが地殻に大量（約8％）存在するが，意外なことに人体内には全く存在しない．なお，他の元素の地殻中存在割合はすべて 0.001 ％以下である．

13族元素は最外殻に s 電子2個と p 電子1個の，計3個の価電子をもつ．共有結合を形成する場合，s 電子のうち1個が p 軌道に移り，s 電子1個と p 電子2個で平面三角形型の sp^2 混成軌道をつくる．そこに3個の他の原子が結合して3本の共有結合ができる．3本の共有結合の6電子だけでは安定な希ガス型オクテットには2電子不足するので，孤立電子対を受け入れる性質が強く，代表的なルイス酸となる（図 5.2）．

アルミニウム以下の金属はしばしばイオン結合を形成し，価電子をすべて失って3価の陽イオンになる．ただし周期表で下位のインジウム In とタリウム Tl は1価の陽イオンになることもある．これは周期表で下へ行くほど，同一殻で s 軌道と p 軌道のエネルギー差が大きくなり，p 軌道の1個の電子ほどには s 軌道の2個の電子を容易に取り去ることができないからである．

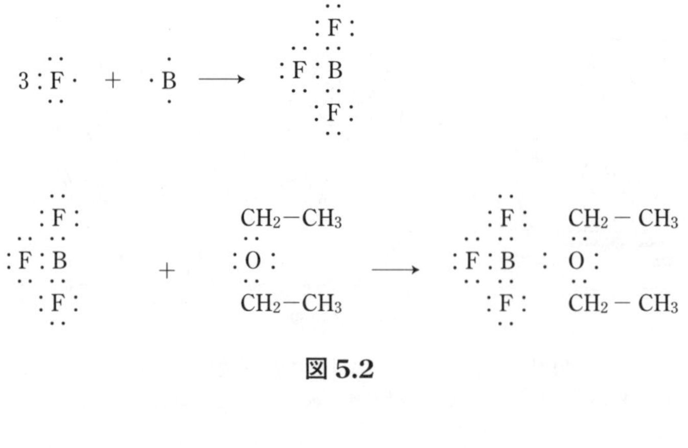

図 5.2

表 5.4 13族元素の物性

元素	ホウ素	アルミニウム	ガリウム	インジウム	タリウム
元素英名	boron	aluminium	gallium	indium	thallium
元素記号	B	Al	Ga	In	Tl
原子番号	5	13	31	49	81
電子配置	$1s^22s^22p^1$	$[Ne]3s^23p^1$	$[Ar]3d^{10}4s^24p^1$	$[Kr]4d^{10}5s^25p^1$	$[Xe]4f^{14}5d^{10}6s^26p^1$
原子量	10.81	26.98	69.72	114.82	204.37
電気陰性度	2.04	1.61	1.81	1.78	2.04
イオン化エネルギー (kJ/mol)	801	578	579	558	589
電子親和力(kJ/mol)	27	44	29	29	30
単体の密度(g/cm^3)	2.34	2.70	5.91	7.28	11.85
単体の融点(℃)	2300	660	30	155	304
単体の沸点(℃)	2550	2467	2400	2100	1457

5.3.2 単体

ホウ素の単体は高融点の黒色固体だが,他の13族元素の単体は低融点の金属である.特にガリウムは常温に近い30℃で溶ける.ホウ素の単体は常温では安定だが,700℃以上で空気中の酸素で酸化される.

金属アルミニウムはアルミナに氷晶石を混ぜて融点を下げ,これを電気分解して得られる.アルミニウムは酸素との結びつきが強いから,鉄のように酸化物をコークスで還元する方法では得られない.金属アルミニウムは比較的柔らかい金属であるが,酸化によって表面に固い酸化物被膜ができ,それ以上酸化が進まず不動態を形成する.金属アルミニウムは希塩酸,水酸化ナトリウム溶液のいずれにも水素を発生して溶ける.これはアルミニウムが両性元素だからである.

$$2Al + 6HCl \longrightarrow 2AlCl_3 + 3H_2$$

$$2Al + 2NaOH + 2H_2O \longrightarrow 2NaAlO_2 + 3H_2$$

ガリウム,インジウムも両性を示すが,タリウムは塩基性のみで,水酸化タリウムは水酸化ナトリウムに匹敵する強アルカリである.

以上のように13族は周期表最上位の酸性のホウ素から,両性元素を経て,最下位の塩基性のタリウムまで,性質が連続的にかなり異なる元素を含む特異な族である.

5.3.3 水素化物

13族元素は電気陰性度があまり小さくなく,水素のそれと比較的近いので,水素とは共有結合性の化合物を生成する.これらの一般式は13族元素をMとして,$(MH_3)_n$で表される.特に

Mがホウ素の場合は $n=2$, すなわち $(BH_3)_2$ で, **ジボラン**と呼ばれる．ジボラン中の6個の水素原子中4個は, 1個のホウ素原子とのみ結合しているが, 2個の水素原子はそれぞれ2個のホウ素原子と結合している（図5.3）．この2個の水素は見かけ上2価であり, ホウ素原子は見かけ上4価になっている．ジボランのB--H--B結合は, その中に結合電子を2個しか含んでいないから, 単結合というより半結合というほうがふさわしい．正確には3中心2電子結合といわれる．

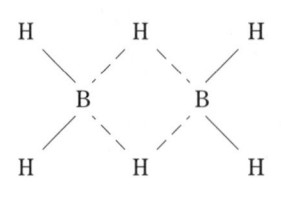

```
    H       H       H
     \     / \     /
      B       B
     / \     / \
    H       H       H
```

図 5.3

ジボランはオレフィンに付加して炭素ホウ素結合を生成する（ハイドロボレーション反応）．この結合を種々の試薬で切断して, 多種の有機化合物が得られる．

$$>C=C< \;+\; \tfrac{1}{2}B_2H_6 \longrightarrow \;>CH-CBH_2<$$

13族元素の水素化物は一種のルイス酸として働き, H^-（ハイドライドイオン）を配位結合で受け入れて－イオンとなる．ボラン BH_3 は水素化ナトリウム NaH と錯塩をつくって, **水素化ホウ素ナトリウム** $[BH_4]^-Na^+$ となる．これは通常 $NaBH_4$ と表される．またアラン AlH_3 は水素化リチウム LiH と錯塩をつくって, **水素化アルミニウムリチウム** $[AlH_4]^-Li^+$ となり, 通常 $LiAlH_4$ と表される．両者は共に還元剤として有用な化合物だが, その還元作用は後者のほうが大きい．ただし後者は水とただちに反応して分解するから, 水溶液中での還元反応には使えない．

$$RCHO \xrightarrow{NaBH_4} RCH_2OH$$

$$RCOOH \xrightarrow{LiAlH_4} RCH_2OH$$

5.3.4 | 酸化物

ホウ素の酸化物 B_2O_3 は水溶性で, 水と反応してホウ酸 H_3BO_3 となる．アルミニウムの酸化物 Al_2O_3 は**アルミナ**と称し, 水に溶けない．アルミナの結晶には多くの結晶多形があり, 種々のクロマトグラフィーのカラムの固定相に使われる．また, 微量の金属酸化物が混入したものはルビー, サファイアなどの宝石にもなる．

5.3.5 水酸化物

13族元素の水酸化物には，酸性を示すもの，両性を示すもの，塩基性を示すものがある．周期表最上位のホウ素の水酸化物 $B(OH)_3$ は，ホウ酸と呼ばれる酸性物質である．ホウ素酸素間の結合は共有結合でイオン性はない．水酸化アルミニウムは，アルミニウム酸素間の結合がかなりイオン性を帯び，両性を示すようになる．

ホウ酸（boric acid）H_3BO_3（日本薬局方第一部収載）

水またはエタノールにやや溶けやすく，ジエチルエーテルにほとんど溶けない．5％水溶液のpHは約4だから極めて弱い一塩基酸である．ところが多価アルコールが共存すると，ホウ酸はルイス酸なのでアルコールの酸素原子がホウ素に配位結合し，＋電荷を帯びた酸素原子についたアルコールの水素原子はプロトンとして離れやすくなるから，酸性が増し，酢酸程度の強さの酸となる．洗眼薬，眼用液剤の緩衝剤，等張化剤として用いられる．

$$(HO)_3B \xrightarrow{ROH} (HO)_3\overset{-}{B} \leftarrow \overset{+}{\underset{H}{O}}R \longrightarrow (HO)_3\overset{-}{B} \leftarrow OR + H^+$$

水酸化アルミニウム（alminium hydroxide）$Al(OH)_3$（日本薬局方第一部収載）

水，エタノール，ジエチルエーテルにほとんど溶けないが，希塩酸，または水酸化ナトリウム試液に大部分溶ける．制酸剤としては無晶形のものを用い，乾燥水酸化アルミニウムゲルと称する．

5.3.6 塩類

13族元素の塩化物は一般に共有結合性で，水に会うと分解する．またホウ素のフッ化物も共有結合性である．これらの化合物はいずれも13族原子の最外殻に電子を6個しかもたず，またハロゲンの電子吸引力により，ルイス酸として作用する．**フッ化ホウ素** BF_3 ではジエチルエーテルの酸素原子が配位し，塩化アルミニウムでは塩素の孤立電子対を使って配位結合がつくられ，二量化する（図5.4）．

四ホウ酸ナトリウム（sodium borate）$Na_2B_4O_7 \cdot 10H_2O$（日本薬局方第一部「ホウ砂」として収載）

ホウ砂ともいう．英語では，sodium tetraborate や borax ともいう．ホウ酸に炭酸ナトリウムか水酸化ナトリウムを加えると生成する．水にやや溶けやすく，エタノールやジエチルエーテルにほとんど溶けない．水溶液はアルカリ性を示す（5％溶液のpHは約9.5）．洗眼薬に用いられる．

塩化アルミニウム（aluminium chloride）$AlCl_3$

一見，塩の形をしているが，昇華性である．また潮解性で，空気中の水分と反応する．エタノ

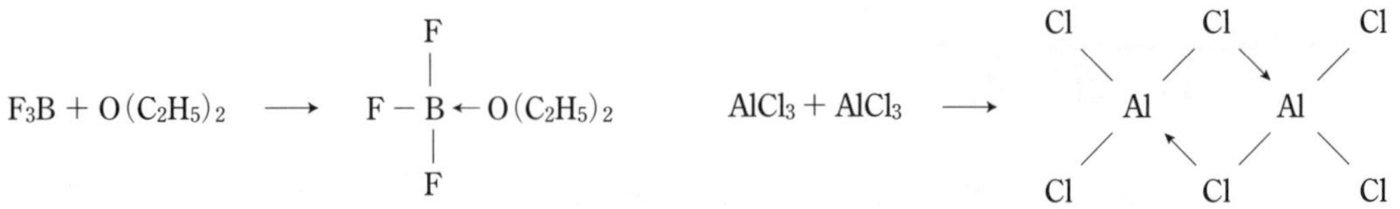

$$F_3B + O(C_2H_5)_2 \longrightarrow F-\underset{F}{\overset{F}{B}}\leftarrow O(C_2H_5)_2 \qquad AlCl_3 + AlCl_3 \longrightarrow \text{Al}_2Cl_6\text{構造}$$

図 5.4

ール，ジエチルエーテルに可溶．水に溶かすと分解して強酸性を呈する．フリーデル・クラフツ反応に用いられる．

硫酸アルミニウム（aluminium sulfate）$Al_2(SO_4)_3$

　空気中で安定な化合物．イオン結合性．水に溶けやすく，エタノール，ジエチルエーテルにほとんど溶けない．水溶液は加水分解して酸性を呈する．陰陽イオンとも電荷が大きく共存するコロイドから電荷を奪って凝集沈殿させる性質があるから，濁った水の浄化に用いられる．また複塩をつくりやすい．

硫酸アルミニウムカリウム（aluminium potassium sulfate）$AlK(SO_4)_2 \cdot 12H_2O$（日本薬局方第二部収載）

　ミョウバン，またはカリミョウバンともいう．硫酸アルミニウムと硫酸カリウムの複塩で，水に溶けやすく，エタノール，ジエチルエーテルにほとんど溶けない．水溶液は酸性を呈する．局所収れん薬，含そう（うがい）薬，局所止血薬に用いられる．味はやや甘い．

話題 C

〈身近な金属アルミニウムについて〉

　アルミニウムは金属の中で最も身近にあるものの1つである．1円硬貨，ジュースやビールの缶，建材，調理器具，電化製品など，家庭内の至るところにみられる．この金属は，軽い，強い，耐食性，加工性に優れる，電気をよく通す，非磁性体である，熱伝導性がよい，低温に強い，光や熱を反射する，毒性が低い，美しい，鋳造しやすい，再生しやすい，など多くの優れた特性をもっている．この金属が工業的に製造されるようになってからの歴史は浅く，100年あまりでしかない．紀元前から用いられてきた鉄や銅と比べると新しい金属材料である．それにもかかわらず，これほどまで広く日常生活に浸透したのは，上述のような優れた性質をもつからであろう．また，他の金属と比べて酸化されにくく，低融点のため，製品を溶かすことにより簡単に再生できる点は特に注目される．アルミニウムの再生に必要なエネルギーは，新たに金属をつくる場合のわずか3％であるといわれており，飲料の空き缶を回収して再資源化すれば地球環境保護にもつながる．アルミニウムは，理想的な資源節約型の金属材料である．

　ところで，生体とアルミニウムとの関係はどうなっているのだろう．人体内には，約40 mgのアルミニウムが存在している．アルミニウムは地球上に多量に存在する元素であり，水，空気，土壌，動植物の体内など，どこにでも存在している．したがって，私たちも，水や空気や食物からアルミニウムを摂取しており，食品から取り込む量は，1日当たり4.5 mgといわれている．一般に，摂取されたアルミニウムの99％は，便中に排泄され，残りは吸収された後，尿，髪の毛などに排泄される．厚生省は，アル

ミニウムが健康に影響を及ぼすことのない1日最大摂取量を50 mgと公表している．アルミニウム製調理器具からの溶出も懸念されるが，溶出量は1日最大摂取量の0.2％程度との報告もあり，その影響は小さいだろう．ただし，厚生省の示した数値は健常人に対するもので，腎機能が低下した高齢者などではもっと低い値となるはずである．また，制酸剤や緩衝アスピリン錠（バファリン）などのアルミニウム製剤を服用すると，医薬品から摂取するアルミニウム量は食料や飲用水から摂取する量よりもかなり多くなり，これには注意が必要かもしれない．

　また，アルミニウムはアルツハイマー病の原因物質かもしれないといわれている．臨床におけるアルミニウム中毒のために，人工透析患者に発生した神経系の変性，とくにアルツハイマー病様の変化とパーキンソン病様の変化が起こったとの報告，飲料水中のアルミニウム量と発病危険率が相関するという報告，キレート剤deferoxamineによるアルミニウムの捕捉がアルツハイマー病の進行を緩やかにするとした報告など，いくつかの証拠からアルツハイマー病の原因物質がアルミニウムではないかとする見方がある．しかし，一方では，アルミニウムがアルツハイマー病の原因であることを明確に示す証拠は得られておらず，因果関係はないとする見解もある．現在のところ，アルミニウムとアルツハイマー病との関係は灰色である．

5.4　炭素族元素（14族元素）～C，Si，Ge，Sn，Pb

5.4.1　一般的性質

　この族は典型元素のほぼ中央に位置し，最外殻には2個のs電子と2個のp電子を有する．無機化学的には特徴の少ない元素が並ぶが，自然科学の多方面から見ると，炭素Cは生物化学，有機化学で最も重要な元素であり，ケイ素Siは地殻中に大量（約25％）存在する．またケイ素はゲルマニウムGeとともに半導体の材料として電子工学の基本になる元素である．またスズSnと鉛Pbは古くから人類に知られ，その歴史を形作ってきた（この二元素の元素記号はラテン語に由来する）．

　周期表の最上位の炭素は代表的な非金属であり，その化合物は共有結合性である．中間のケイ素とゲルマニウムは半金属，下方のスズと鉛は金属性が強い．下方に行くに従って電気陰性度が小さくなり，化合物もイオン結合性を帯びてくるが，最下方の鉛はむしろかなり電気陰性度が高い．スズでは最外殻電子をすべて失った4価の陽イオンが安定であるのに対し，鉛ではむしろ2価の陽イオンのほうが安定である．この理由については5.3.1項13族元素の一般的性質を参照．

表 5.5　14族元素の物性

元　素	炭　素	ケイ素	ゲルマニウム	ス　ズ	鉛
元素英名	carbon	silicon	germanium	tin	lead
元素記号	C	Si	Ge	Sn	Pb
原子番号	6	14	32	50	82
電子配置	$1s^22s^22p^2$	$[Ne]3s^23p^2$	$[Ar]3d^{10}4s^24p^2$	$[Kr]4d^{10}5s^25p^2$	$[Xe]4f^{14}5d^{10}6s^26p^2$
原子量	12.01	28.09	72.59	118.69	207.2
電気陰性度	2.55	1.90	2.01	1.96	2.33
イオン化エネルギー (kJ/mol)	1086	786	762	709	715
電子親和力 (kJ/mol)	122	134	120	121	110
単体の密度 (g/cm³)	2.25	2.32	5.33	7.29	11.34
単体の融点 (℃)	3550	1412	940	232	327
単体の沸点 (℃)	4825	2355	2830	2270	1750

5.4.2　単　体

　炭素の単体は黒鉛（グラファイト），金剛石（ダイヤモンド），フラーレンの3種がある．前二者は古くから知られているが，その性質は正反対である．黒鉛は石墨ともいい，黒くもろい固体である．ベンゼン環が平面上に無数つながったものが層状に重なっている．したがって環平面方向は電気をよく通す．木炭から製した粉末状のものは多孔質で表面積が大きく，医薬品として薬用炭の名前で日本薬局方第二部に収載されている．水中で表面に多くの有機物を疎水結合などで吸着するので，中毒時，毒物の吸着剤に用いられる．一般には活性炭という．一方金剛石は炭素原子が3次元状に単結合でつながっている．極めて固く，電気を通さない．高温高圧で黒鉛と平衡状態になるので，黒鉛から製することもできる．もっともこの方法でつくった金剛石は粒が小さくまた黄色を帯び，宝石にはならない．フラーレンは炭素原子60個からなるかご状の分子で，サッカーボールに似て6員環と5員環から構成され，内部に金属原子を取り込むことができる（図5.5）．

　ケイ素やゲルマニウムの単体結晶は，金剛石と同じ三次元に共有結合がつながった巨大分子だが，わずかであるが結合が切れ電子が生じることがある．また13族や15族の元素を微量混ぜることにより，電子（または正孔）を生じさせることができる．これらの性質が電子材料に利用される．

　スズ単体の結晶は3つの同素体があり，温度によって容易に変換される．高温では2種の金属性の同素体（γスズ，白色スズ）だが，13℃以下の低温では非金属性のもろい同素体（灰色スズ）となる．金属スズはブリキ（鉄にスズメッキしたもの）として缶詰に使う．また青銅（スズと銅）などの合金をつくる．

　鉛の単体は有毒な金属である．重く柔らかく安価である．原子番号が大きく放射線（γ線）の

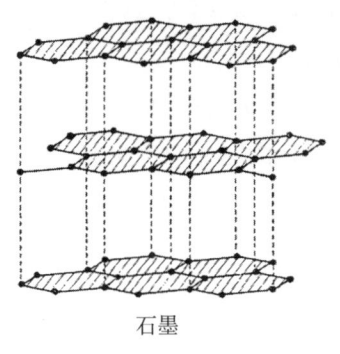

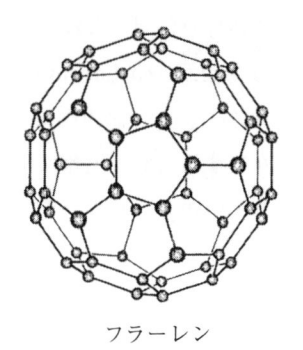

第 5 章　典型元素の化学

金剛石（ダイヤモンド）　　　　石墨　　　　フラーレン

図 5.5
（左と中央の図：大沢昭緒，他（2004）無機化学，117 頁，図 6.1，廣川書店．
右の図：三吉克彦（2000）大学の無機化学，32 頁左欄外図，化学同人）

遮蔽能力が高いので，放射線（γ線）の遮蔽剤に用いられる．また加工が容易なので水道管にも多用されたが，現在では用いられなくなった．蓄電池の材料には今でも使われるが，ハンダ（スズ合金の一種，金属同士の接着に用いる）の材料としてもあまり使われなくなりつつある．

5.4.3　水素化物

炭素の水素化物は有機化学の分野であるので，成書に譲る．ケイ素以下の 14 族元素の水素化物は一般に不安定で実用性に乏しい．

5.4.4　酸化物

炭素，ケイ素，ゲルマニウムの酸化物には一酸化物と二酸化物があり，どちらも共有結合性である．スズと鉛はいずれも多種の酸化物がある．これらはイオン結合性で，両性を示すものが多い．

二酸化炭素（carbon dioxide）CO_2（日本薬局方第一部収載）

炭酸ガスともいう．常温常圧で無色の気体．空気の約 1.5 倍の比重．不燃性．等体積の水に溶けて，炭酸となり微酸性を示す．医療用ガス（ボンベは緑色）として呼吸中枢刺激に使われる．O＝C＝O 型の直線分子で中央の炭素は sp 混成だから，そのC＝O 間の距離（1.16 Å）は通常のカルボニル基のそれ（1.22 Å）より短い．一般用としては，固体化したドライアイスを化学反応の冷却剤に用いる．これは -78 ℃で直接昇華して気体になる．また炭酸飲料の製造や消火器に大量に使われる．これらには石灰石（炭酸カルシウム）を強熱して分解生成した二酸化炭素を用いる．空気中に約 0.035 ％含まれる．最近，温室効果ガスとして注目され，その発生抑制が検討されているが，炭素や有機物の燃焼で必ず生じるからその削減は容易ではない．高温高圧で気体と液体の境界が消失した超臨界流体になり，天然物からの有用物質抽出や，クロマトグラフィー

による分離に用いられる（超臨界クロマトグラフィー）．

一酸化炭素（carbon monoxide）CO

極めて有毒．血中ヘモグロビンと結びつく力が酸素の200倍もあるので，空気中にわずかでも存在すると呼吸困難に至る．水に溶けにくい．また炭素と酸素の距離は1.13Åで，二酸化炭素より更に短く，多少三重結合性を帯びている．空気中では燃えて二酸化炭素となり，また空気がなくても他の酸化物から酸素原子を奪うから，金属の精練用還元剤として有用である．種々の遷移金属に配位して，金属カルボニルという錯体をつくる（第6，第7章参照）．

二酸化ケイ素（silicon dioxide）SiO_2（日本薬局方第二部「軽質無水ケイ酸」として収載）

シリカsilica，無水ケイ酸anhydrous silicic acidともいう．水，エタノール，ジエチルエーテルにほとんど溶けない．希塩酸に溶けないが，熱した水酸化ナトリウム水溶液に溶ける．製剤原料として使用する．一般には粉末状のものをシリカゲルと称し，水を初め多くの極性物質を吸着するから，種々のクロマトグラフィーの固定相に用いる．天然の結晶に水晶，石英がある．その小さく均質なものはケイ砂といい，ガラスやセメントの原料として重要である．

5.4.5 炭素酸とその塩

炭酸 carbonic acidは二酸化炭素から次の平衡反応で生じる．単離することはできないが，

$$CO_2 + H_2O \rightleftarrows H_2CO_3$$

水中では安定で，図5.6のような平面型の分子である．プロトンが解離すれば，共鳴により炭素-水素結合はすべて等価になって更に安定する．

また炭素は炭酸以外に多くの炭素酸を形成する．

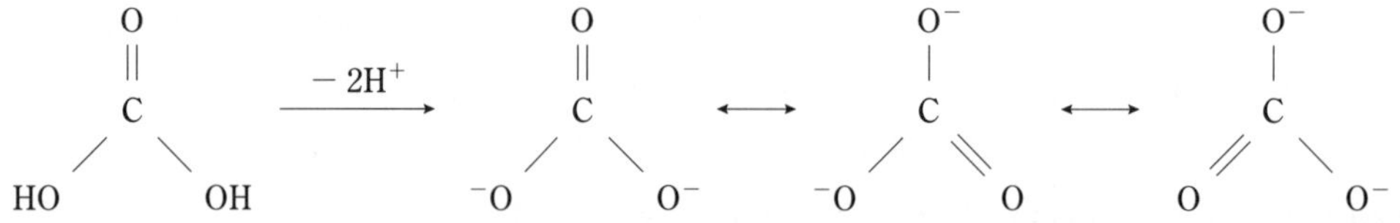

図 5.6

シアン化水素（hydrogen cyanide）HCN

いわずと知れた猛毒で呼吸鎖を阻害し窒息に至らせる．構造式は$H-C\equiv N$．低沸点（26℃）の液体で，蒸気は空気より軽く，アーモンド様の特有な匂いをもつ．水に溶けやすく，水溶液はシアン化水素酸といい，フェノール並みの極弱い酸性（pK_a 9）を示す．なおシアン酸はHOCN（$H-O-C\equiv N$）で猛毒ではない．シアン酸アンモニウムが尿素に異性化する反応は，初めて人工的に無機化合物から有機化合物を得た例として歴史的に有名である．またシアン化合物中毒の

$$NH_4OCN \longrightarrow (NH_2)_2CO$$

解毒剤にチオ硫酸ナトリウムが使われることがある．これはシアンイオン CN^- を体内の酵素ロダナーゼによってチオシアンイオン SCN^- に変える．チオシアン酸 HSCN は強酸で，毒性は低い．

シアン化カリウム（potassium cyanide） KCN

青酸カリともいう．猛毒（致死量 0.15g）の潮解性の固体．湿った空気中の二酸化炭素を吸って表面が炭酸カリウムに変質するから，保存が不完全だと毒性が低下する．水に溶けやすく水溶液は強アルカリ性である．ここに酸（強酸はもちろん，二酸化炭素でさえも）を加えると，揮発性のシアン化水素が発生し，極めて危険である．シアン化カリウムは遷移金属と空気中（酸素の存在下）で反応させるとシアン化物を経て水溶性のシアノ錯体を形成する．金属を含んだ反応性の高い溶液が容易にできるから，金や銀など貴金属の精練や，各種金属メッキに応用される．ただし鉄のシアノ錯体は極めて安定で，近年，食品添加物（食塩の吸湿防止）に使われる．

シアン化ナトリウム（sodium cyanide） NaCN

青酸ソーダともいう．性質は青酸カリに類似しているが，より安価なので，工業的にはこちらのほうが多用される．

5.4.6　他の 14 族元素の塩

ケイ酸アルミニウム（aluminium silicate）（日本薬局方第一部収載）

日本薬局方には合成ケイ酸アルミニウム（主成分の分子式 $Al_2(SiO_3)_3$）と天然ケイ酸アルミニウム（主成分の分子式 $Al_2O_3 \cdot xSiO_2 \cdot yH_2O$）がある．両者とも水，エタノール，ジエチルエーテルにほとんど溶けないが，前者は水酸化ナトリウム溶液にほぼ溶け，後者は大部分不溶である．また前者は制酸薬に，後者は止瀉薬（下痢止め）に用いられる．後者の作用は主に水分の吸着による．

ケイ酸マグネシウム（magnesium silicate） $2MgO \cdot 3SiO_2 \cdot xH_2O$　（日本薬局方第一部収載）

水，エタノール，ジエチルエーテルにほとんど溶けない．制酸薬に用いる．胃の塩酸とは次のように反応する．

$$2MgO \cdot 3SiO_2 + 4HCl \longrightarrow 2MgCl_2 + 3SiO_2 + 2H_2O$$

二酢酸鉛（lead diacetate） $Pb(CH_3COO)_2 \cdot 3H_2O$

単に酢酸鉛ともいう．酸化鉛 PbO を酢酸に溶かして製する．水によく溶ける．味が甘いので鉛糖ともいうが，毒性があるからなめてはいけない．水溶液中で硫化物イオンと反応すると黒色の硫化鉛の沈殿を生じるので，硫化物の定性反応に用いられる．

$$S^{2-} + 2H^+ \longrightarrow H_2S$$
$$H_2S + Pb(CH_3COO)_2 \longrightarrow PbS \downarrow + 2CH_3COOH$$

塩基性炭酸鉛（basic lead carbonate） $2PbCO_3 \cdot Pb(OH)_2$

炭酸水酸化鉛，または鉛白ともいう．白色粉末で水に溶けにくい．油によく混じり，耐久力が

大きいので塗料に用いられる．かつては化粧用にも用いられたが，有毒なので今は使われない．

話題 D

〈フラーレン～第4番目の炭素の同素体～〉

炭素の同素体として，ダイヤモンド，グラファイト，無定形炭素があることはよく知られており，ほかに新たなものが追加されることは予測されていなかった．しかし，1985年，H. W. Kroto らはフラーレンの存在を報告した後，1990年に W. Krätchmer らはそれを単離し，Kroto らの推定していた構造が証明された．20世紀の終わりに近くなってから，第4の同素体ともいえるフラーレンが発見されたのである．フラーレンの外観は，ふわふわとした黒い粉末である．よく目にするフラーレンの図は，前述の C_{60} と表されるサッカーボール型の分子であろう．ラグビーボール型の C_{70} も C_{60} 発見当時からその存在は知られており，生成量も C_{60} についで多いフラーレンである．現在，原子数 70〜100 の高級フラーレンやそれ以上の巨大フラーレンなどが知られており，その一部を図 D.1 に示した．これまでに発見されたフラーレン類は，炭素の五員環と六員環のみからつくられている．フラーレンのなかで，円筒状に長く伸びたものをバッキーチューブまたはナノチューブとよび，フラーレンの製造過程で発見されたものである．このようなものには7員環を含むものも発見されている．

フラーレンは他の炭素の同素体と比較し，分子が存在する点で大きく異なっている．その構造は閉じた籠状で，中は空洞である．籠の骨格は，炭素-炭素の共有結合で成り立っており，極めて頑丈である．炭素原子どうしの結合は，グラファイトに近い結合様式をもっているが，電気伝導性はグラファイトよりはるかに低い．フラーレンはグラファイトのように六員環だけから構成されるのではなく，その一部が五員環に置き換わっており，これによって球殻状の特異な構造ができるのである．

グラファイトの炭素-炭素結合においては，炭素原子どうしは各々の sp^2 混成軌道で結合し，同一平面上の3方向へのびているので，無限につながれば平面構造となる．しかし，フラーレンにおいては，

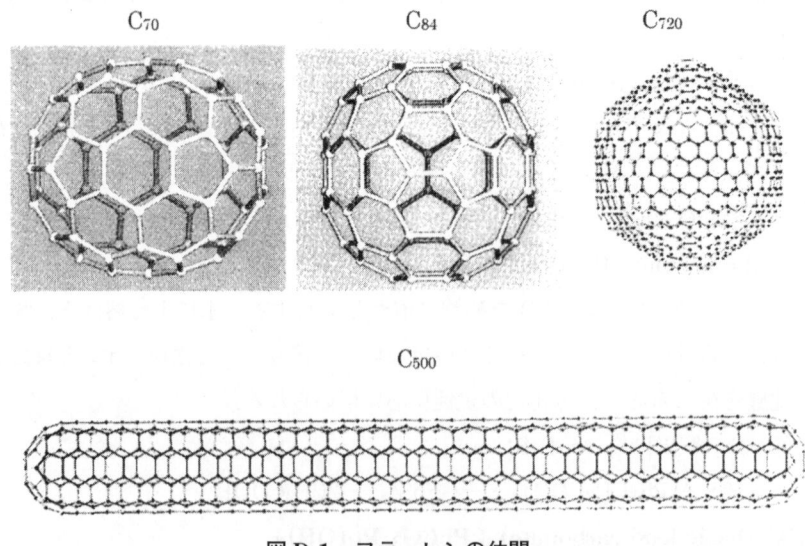

図 D.1　フラーレンの仲間
(「化学」編集部編（1993）C_{60}・フラーレンの化学，化学同人，口絵写真より)

五員環のまわりに5個の六員環が配置されており,隣接した環をつなごうとすると曲面にならざるをえない.したがって,sp^{2}軌道にゆがみが生じ,熱力学的にはグラファイトより不安定になる.ただし,多面体として閉じた構造ができてしまえば,常温,常圧で安定に存在できることになる.

炭素原子60個のフラーレンをさらに大きくするとどうなるだろう.五員環と六員環とで多面体をつくるとき,使用できる五員環は12個という制約(Euler式による)がある.したがって,大きくするとすれば,五員環をなるべくばらばらに配置し,残りを多数の六員環でつないだボール状(炭素オニオン)になるか,両端に6個の五員環を配置したチューブ状(炭素ナノチューブ)になるか,のどちらかであり,これらの形のものが実際に見いだされている.また,炭素ナノチューブでは,五員環と七員環を含んだ,負の曲率をもつ構造も見つかっている.

フラーレンのもつ特異な物性の中で,特に注目されたもののひとつが超伝導性であった.C_{60}にアルカリ金属を導入すると金属的な物質が合成される.1991年,カリウムを導入したC_{60}(K_3C_{60})の固体が18 Kで超伝導性を示すことが発見された.その後,多くのアルカリ金属やその合金を用いた研究がなされ,Cs_2RbC_{60}は33 Kという高温で超伝導性を示した.超伝導性以外にもフラーレン類に関する研究は数多くなされてきたが,その性質には未知の部分が多く残されており,性質の解明や応用分野については今後の研究に負うところが大きい.

5.5 窒素族元素(15族元素)〜 N, P, As, Sb, Bi

5.5.1 一般的性質

この族の元素は周期表最上位の窒素Nだけがずば抜けて電気陰性度が大きく,独特の物理的,化学的性質を有する.他の元素相互間には大差がない.また窒素とリンPは非金属であり,ヒ素As,アンチモンSb,ビスマスBiと,下に行くに従って金属性が増していき,いずれも半金属と呼ばれる.特にヒ素は素の字のつく名称から非金属と誤解されやすい.

最外殻電子配置はいずれもns^2np^3で,特にp電子は各軌道にすべて1個ずつ入るという比較的安定な形をしているから,これを崩すにはエネルギーを比較的多く要する.そのため両隣の14,16族に比べ同一周期ではイオン化エネルギーが大きく,電子親和力の値が小さい.

この族の元素中,窒素とリンは生体を構成する極めて重要な元素だが,他のものは生体との関連が薄い.むしろヒ素はその毒性に薬学者の注目が集まる.ヒ素は同族元素のうち特にリンと性質が似ているので,鉱物由来のリン化合物を用いる場合には,ヒ素の混入に十分留意すべきである.

表 5.6　15 族元素の物性

元素	窒素	リン	ヒ素	アンチモン	ビスマス
元素英名	nitrogen	phosphorus	arsenic	antimony	bismuth
元素記号	N	P	As	Sb	Bi
原子番号	7	15	33	51	83
電子配置	$1s^22s^22p^3$	$[Ne]3s^23p^3$	$[Ar]3d^{10}//4s^24p^3$	$[Kr]4d^{10}//5s^25p^3$	$[Xe]4f^{14}5d^{10}//6s^26p^3$
原子量	14.01	30.97	74.92	121.75	208.98
電気陰性度	3.04	2.19	2.18	2.05	2.02
イオン化エネルギー (kJ/mol)	1402	1012	947	834	703
電子親和力 (kJ/mol)	－7	72	77	101	110
単体の密度 (g/cm³)	1.25g/L (0℃1気圧)	1.82	5.73	6.69	9.78
単体の融点 (℃)	－210	44	817（36気圧）	631	271
単体の沸点 (℃)	－196	281	615（昇華）	1640	1560

話題 E

〈窒素の固定と循環〉

　大気中の窒素を代謝して生物学的に有用な化合物に変換する過程は，窒素固定と呼ばれる．光によって起こる反応や化学肥料工業も地球規模の窒素固定に関与しているが，窒素の固定は生物によるところが大きい．窒素固定ができる生物は，マメ科植物の根に共生する根粒菌，アルカリ性土壌に多い好気性のアゾトバクター，酸性土壌に多い嫌気性のクロストリジウム，池や沼に生息するラン藻類である．これらのうち，土壌中のバクテリアは窒素固定菌と呼ばれ，大気中の窒素を，アンモニアや硝酸塩などの窒素化合物に変えて土壌中に蓄える．その量は年間1億トンにもなり，多量の窒素肥料を生産し続けているわけである．ただし，土壌中のある種の細菌類は硝酸塩を還元し，気体窒素（N_2）を空中に放出する．この脱窒素作用は，有機物が多く，酸素の少ない場所でのみ起こるので，生態系全体としてみれば，硝酸塩の供給が不足することはない．

　すべての生き物は，アミノ酸やヌクレオチドなどの化合物の合成原料である窒素源を必要とする．植物は一般にアンモニアまたは硝酸塩を窒素源として利用することができ，根を通して，それらを土壌中から吸収する．しかし，脊椎動物は植物や他の動物を摂食することにより，アミノ酸または他の有機化合物の形で窒素を摂取している．こうして動植物に取り込まれた窒素化合物は，それらの死後，土壌中のバクテリアにより分解され，その生産物は土壌に戻されて再利用されることになる．

　地球上ではこのような窒素サイクルにより，膨大な量の窒素が循環していると考えられるが，それぞれどれくらいの量の窒素が移動するかは，はっきりしていない．しかし，大気中の窒素含量と比べると，生体を通って循環する窒素の量はわずかである．

第 5 章 典型元素の化学

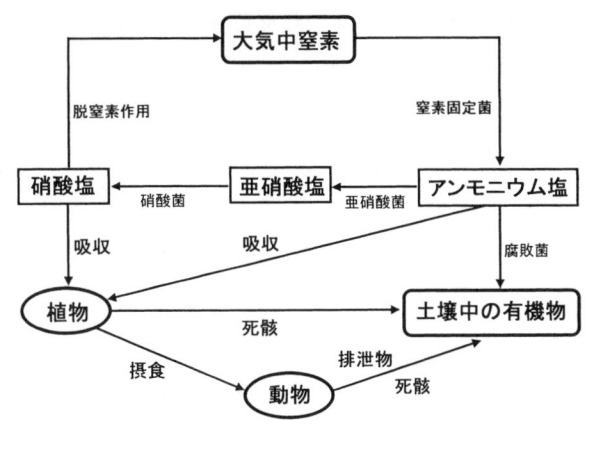

図 E.1 窒素の循環

5.5.2 単体

　窒素の唯一の単体である N_2 は，常温常圧で気体，空気の主成分（78 %）である．2 つの窒素原子は三重結合で強固に結びついている．その結合エネルギーはすべての単体二原子分子中最大である．非共有電子対は sp 混成軌道にあって原子核に強く引きつけられているので，塩基性はない．化学的に安定な気体として空気中酸素の除去に使われる．また液体窒素（沸点 − 196 ℃）は安価な冷却材として多用される．窒素は医療用ガスとして日本薬局方第二部にも収載されている．

　一方リンの単体は多種の同素体がある．有名なのは**黄リン** P_4 で，空気中で自然発火するので水中に貯えられる．有機溶媒に溶ける．悪臭があり，猛毒である．**赤リン**は黄リンの重合したもので反応性が低く，水や有機溶媒に溶けない．毒性も低く，マッチに使われる．他に最も安定な黒リンや，白リン，紫リン，紅リンなどが知られている．

5.5.3 水素化物とその誘導体

　15 族元素の水素化物はいずれも共有結合性の化合物で，その基本形は MH_3 である．特に窒素は水素化物とその誘導体の種類が多く，重要である．

アンモニア（ammonia）NH_3

　常温常圧で無色の気体．刺激臭がある．常圧で − 33 ℃で液化し，液体アンモニア，別名液安と称する無機溶媒となる．これはアルカリ金属を溶かし濃青色溶液となるので有用である．アルカリ金属は陽イオンとして溶け，放たれた電子はアンモニアに溶媒和される．窒素と水素から遷移金属を触媒として直接作られる（ハーバー−ボッシュ法）．一般の植物はアンモニアを合成で

きないが一部の細菌（根粒バクテリア）はこれを行う．水によく溶け塩基性を呈する．pK_b 4.75.

$$NH_3 + H_2O \longrightarrow NH_4^+ + OH^-$$

なおアンモニア，アンモニウムイオンとも窒素原子は sp^3 混成だが，アンモニウムイオンでは完全な正四面体構造であるのに対し，アンモニアでは H−N−H 間の角度が 109.5° より多少狭い 106.7° になっている．これは N の孤立電子対と H−N 間の σ 電子間の電気的な反発が，σ 電子間どうしの反発より大きいからである．

アンモニア水（ammonia water）（日本薬局方第一部収載）

アンモニア約 10 % を含む水溶液である．比重は 0.95〜0.96 で水より軽い．なお JIS 規格アンモニア水はアンモニアを 25〜28 % か 28〜30 % 含むので，同じ言葉なのに全く濃度が異なる．

ヒドラジン（hydrazine）H_2N-NH_2

アミノ基が 2 個くっついた奇妙な形の分子．沸点 114 ℃ の粘稠で有毒な液体．アンモニア並みの塩基性で，強い還元性を示す．つまり酸化されやすく，ロケット燃料に使われる．カルボニル基と脱水縮合してヒドラゾンとなる．

$$R_2C=O + H_2N-NH_2 \longrightarrow R_2C=N-NH_2 + H_2O$$

ヒドロキシルアミン（hydroxylamine）H_2N-OH

低融点（33 ℃）の有毒な固体．塩基性だがヒドラジンよりは弱い．酸素原子が窒素原子より電気陰性度が大きく，窒素の孤立電子対を引っ張るためである．電子が多くなった酸素原子の方には元々塩基性がない．また酸化剤にも還元剤にもなる．つまり酸化性の強い物質（Ag^+ など）を還元するが，還元性の強い物質（Fe^{2+} など）は酸化する．ヒドラジン同様，カルボニル基と脱水縮合してオキシムとなる．

$$R_2C=O + H_2N-OH \longrightarrow R_2C=N-OH + H_2O$$

アジ化水素（hydrogen azide）HN_3

低沸点（37 ℃）の有毒な液体．酢酸程度の酸性（pK_a 4.77）．極めて爆発しやすい．その塩も，共有結合性のもの（AgN_3, $Pb(N_3)_2$, $Hg_2(N_3)_2$）は爆発性がある．イオン結合性のもの（NaN_3, $Ba(N_3)_2$）は比較的安定で，常温で衝撃を与えなければ爆発することはない．アジ化ナトリウムは爆発で生じた大量の窒素ガスが風船を瞬間的に膨らませるので，自動車のエアバッグに使われるが，その毒性ゆえに最近では非アジ化物に押されている．

ホスフィン（phosphine）PH_3

猛毒の気体．極めて弱い塩基性．還元性が強く，酸素やハロゲンと激しく反応する．

アルシン（arsine）AsH_3

猛毒で悪臭の気体．弱酸性を示す．還元性が強い．

5.5.4 窒素の酸化物, オキソ酸とその塩

窒素は酸化物を作るとき, +1 から +5 までのすべての酸化数をとることができる. これらの酸化物には, 医薬品として重要なもの, 生体内で多くの働きをするもの, また逆に環境汚染物質となるものなどがあり, その役割は誠に多彩である. また化学的にみても不対電子があって二中心三電子結合するものなど, 実に興味深い. 表 5.7 にまとめた. すべての窒素酸化物の生成熱は負である. したがって空気を高温にすると窒素と酸素が反応して窒素酸化物ができることがある.

表 5.7 窒素の酸化物

酸化数	分子式	名称	常温での物性	化学的性状
+1	N_2O	酸化二窒素（亜酸化窒素）	無色の気体	助燃性（加熱すると分解して酸素を発生） $2N_2O \longrightarrow 2N_2 + O_2$
+2	NO	酸化窒素（一酸化窒素）	無色の気体	不対電子を有する. 常温で空気中の酸素と反応して二酸化窒素になる. $2NO + O_2 \longrightarrow 2NO_2$
+3	N_2O_3	三酸化二窒素	褐色の気体 沸点 4 ℃ 液体は濃青色	常温で不安定で, 分解しやすい $N_2O_3 \longrightarrow NO + NO_2$
+4	NO_2	二酸化窒素	褐色の液体〜気体 沸点 21 ℃	不対電子を有する. 二量体と平衡になっているが, 二量化は発熱反応なので低温では二量体が多い. 酸化力が大きい.
	N_2O_4	四酸化二窒素	無色の液体〜気体 沸点 21 ℃	二酸化窒素の二量体. 不対電子はない.
+5	N_2O_5	五酸化二窒素	無色の固体 融点 30 ℃	酸化力が大きい. 常温でも徐々に分解する. $2N_2O_5 \longrightarrow 4NO_2 + O_2$

窒素にはオキソ酸として亜硝酸と硝酸とがよく知られている. オキソ酸とはプロトンとして解離し得る水素原子が酸素原子に結合している無機の酸をいうが, 通常は対応する（つまり中心原子の酸化数が同じ）酸化物を水と反応させて生成する. しかし窒素のオキソ酸の中には酸化数の異なる窒素酸化物と水の反応で得られるものもある.

亜硝酸（nitrous acid）HNO_2 は, その水溶液だけが知られている. 濃縮すれば分解する. 対応する酸化物 N_2O_3 に水を加えて製する. 弱酸で, 酸化力と還元力を共に有する.

$$N_2O_3 + H_2O \longrightarrow 2HNO_2$$

そのナトリウム塩（sodium nitrite）$NaNO_2$ は, 芳香族第一アミンと反応してジアゾニウム塩を生成するジアゾ化剤に使われるので重要である.

$$NaNO_2 + 2HCl + ArNH_2 \longrightarrow ArN \equiv N^+ Cl^- + 2H_2O + NaCl$$

硝酸（nitric acid）HNO_3 は対応する酸化物 N_2O_5 と水との反応でも得られるが, 工業的には二酸化窒素を水と反応させて得る. この反応では酸化数 +4 の二酸化窒素の N が, 酸化数 +5 の

硝酸のNと酸化数＋2の一酸化窒素のNに分かれる．これを酸化数の不均化 disproportionation という．

$$3NO_2 + H_2O \longrightarrow 2HNO_3 + NO$$

生じた一酸化窒素は空気と混ぜれば二酸化窒素となり，再び反応に使えるから，結局次の反応が起こって硝酸を得たことになる．

$$4NO_2 + 2H_2O + O_2 \longrightarrow 4HNO_3$$

市販の濃硝酸は純粋な硝酸ではなく，濃度約70％の水溶液である．硝酸は強酸で，常温でも酸化力が強い．そこで水素よりイオン化傾向が小さく塩酸に溶けない銅，水銀，銀などの金属を溶かすことができる．この際硝酸は還元され，NOまたはNO_2が発生する．一方，鉄，亜鉛，アルミニウムなどは水素よりイオン化傾向が大きく，薄い酸に溶けやすい金属だが，濃硝酸と反応させると表面に丈夫な耐酸性の酸化物皮膜を形成し，それ以上侵食されない．これを不動態という．

濃硝酸は濃硫酸を共存させ（**混酸**という），芳香族のニトロ化剤として用いられる．混酸中では下記の反応が起きてNO_2^+が生成し，これがまず芳香環に付加する．この式からわかるように，硝酸は硫酸よりは弱い酸である．

$$HNO_3 + H_2SO_4 \longrightarrow NO_2^+ + HSO_4^- + H_2O$$

$$NO_2^+ + ArH \longrightarrow ArNO_2 + H^+$$

金属の硝酸塩は，ほとんどが水によく溶ける．常温では安定だが，高温では分解して酸素を発生する．カリウム塩（potassium nitrate）KNO_3は，硝石ともいい，古来から黒色火薬に酸化剤として配合されている．

亜酸化窒素（nitrous oxide）N_2O（日本薬局方第一部収載）

空気より重い無色無臭の気体．水やエタノールに溶けやすい．吸入麻酔薬に使われる．吸入すると顔の筋肉がゆるみ笑っているようにみえるから笑気ともいう．

5.5.5 他の15族元素の酸化物，オキソ酸とその塩

リンとヒ素の化合物が重要である．リンの酸化物には**三酸化二リン**P_2O_3と**十酸化四リン**P_4O_{10}がある．リンは＋5の酸化数が安定なのだから，三酸化二リン（リンの酸化数＋3）は不安定な化合物で，二量化しやすく，また空気中で加熱すれば発火して十酸化四リンになる．十酸化四リンは乾いた空気中では安定である．その組成式P_2O_5から**五酸化二リン**または**五酸化リン**とも呼ばれる．吸湿性が強く，酸性や中性物質の乾燥に用いられる．また脱水力も強く，脱水縮合剤にも使われる．

リンのオキソ酸には酸化数＋3のホスホン酸と，酸化数＋5のリン酸およびその無水物がある（図5.7）．**ホスホン酸**（phosphonic acid）H_2PHO_3は（OH)$_2$PHOの構造をもつ2価の酸であり，1個の水素原子がリン酸に直結している．還元性が大きく，毒性がある．意外にもリン酸より強

第5章 典型元素の化学

ホスホン酸

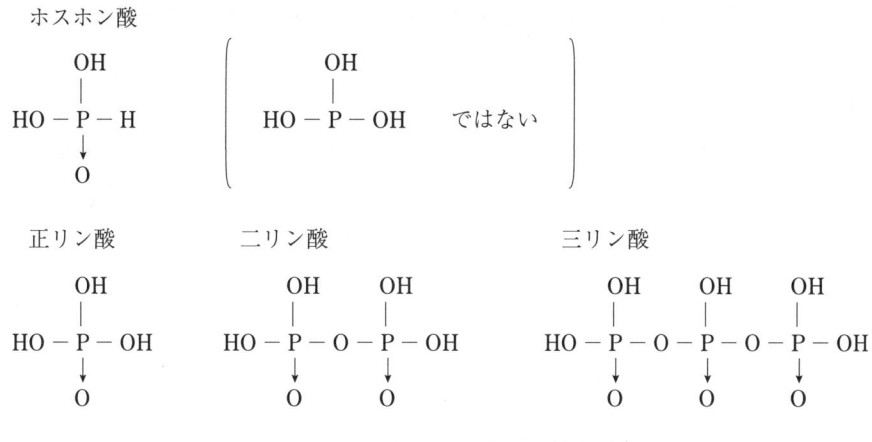

$$\text{HO}-\overset{\text{OH}}{\underset{\downarrow \text{O}}{\text{P}}}-\text{H} \qquad \left(\text{HO}-\overset{\text{OH}}{\underset{}{\text{P}}}-\text{OH} \quad \text{ではない}\right)$$

正リン酸　　　　　　二リン酸　　　　　　　　　三リン酸

$$\text{HO}-\overset{\text{OH}}{\underset{\downarrow \text{O}}{\text{P}}}-\text{OH} \qquad \text{HO}-\overset{\text{OH}}{\underset{\downarrow \text{O}}{\text{P}}}-\text{O}-\overset{\text{OH}}{\underset{\downarrow \text{O}}{\text{P}}}-\text{OH} \qquad \text{HO}-\overset{\text{OH}}{\underset{\downarrow \text{O}}{\text{P}}}-\text{O}-\overset{\text{OH}}{\underset{\downarrow \text{O}}{\text{P}}}-\text{O}-\overset{\text{OH}}{\underset{\downarrow \text{O}}{\text{P}}}-\text{OH}$$

図 5.7 リンのオキソ酸

い酸である．また**リン酸**（phosphoric acid）H_3PO_4 はオルトリン酸，または正リン酸ともいい，3価の酸であり，すべての水素原子が酸素原子に結合している．酸化力，還元力は共にない．また毒性もない．生体内のリン化合物はすべてリン酸の誘導体である．酸性は pK_{a1} が 4.2 で，酢酸と硫酸の間，中程度の強さの酸である．**二リン酸**（ピロリン酸）$H_4P_2O_7$ はリン酸 2 分子から水 1 分子が取れて縮合したもの，**三リン酸** $H_5P_3O_{10}$ はリン酸 3 分子から水 2 分子が取れて縮合したもので，いずれも高エネルギー化合物（加水分解により大量のエネルギーを発生するもの）として知られているが，常温では安定で簡単には加水分解しない．それには酵素の力を借りる必要がある．

リン酸水素カルシウム（dibasic calcium phosphate）$CaHPO_4 \cdot 2H_2O$（日本薬局方第二部収載）

　白色粉末で，水，エタノール，ジエチルエーテルにほとんど溶けない．希塩酸または希硝酸に溶ける．リン酸が塩酸や硝酸より弱い酸だからである．電解質（Ca^{2+}, PO_4^{3-}）補給薬，製剤原料に使われる．無水物も物性が似ているので，同様に使われる．

リン酸二水素カルシウム（monobasic calcium phosphate）$Ca(H_2PO_4)_2 \cdot H_2O$（日本薬局方第二部収載）

　白色結晶で，水にやや溶けにくく，エタノール，ジエチルエーテルにほとんど溶けない．希塩酸または希硝酸に溶ける．リン酸カルシウムと同様に，電解質（Ca^{2+}, PO_4^{3-}）補給薬，製剤原料に使われる．

リン酸水素ナトリウム（dibasic sodium phosphate）$Na_2HPO_4 \cdot 12H_2O$（日本薬局方第二部収載）

　化学的に正確でない紛らわしい名前で，リン酸一水素ナトリウム，リン酸水素二ナトリウムといったほうがよい．水に溶けやすく，エタノールやジエチルエーテルにほとんど溶けない．水溶液は弱アルカリ性を呈する．電解質補給薬，下剤，製剤原料に用いられる．

リン酸二水素ナトリウム（monobasic sodium phosphate）$NaH_2PO_4 \cdot 2H_2O$

水によく溶け，水溶液は微酸性を呈する．リン酸一水素ナトリウムとともに製剤原料（pH調節のための緩衝剤）に用いられる．

ヒ素の酸化物には酸化数が＋3で猛毒の**三酸化二ヒ素** As_2O_3 と，酸化数＋5で弱毒の**五酸化二ヒ素** As_2O_5 がある．三酸化二ヒ素は別名三酸化ヒ素，亜ヒ酸ともいい，致死量 0.1〜0.3 g といわれる．タンパク質中の－SH基と結合するのがその原因である．エタノール，ジエチルエーテルにほとんど溶けない．両性酸化物なので，酸，アルカリに溶ける．日本薬局方に収載されているが，現在医薬品としての使用は極めてまれである．殺虫剤（特にシロアリ駆除）には今でも用いられるが，誤って口に入らぬよう，厳重な注意が必要である．

5.5.6　15族元素のハロゲン化物

窒素のハロゲン化物は不安定である．リンのハロゲン化物には乾いた空気中で安定で，ハロゲン化剤として重要なものが多い．いずれも酸化数は＋3か＋5である．

三塩化リン（phosphorus trichloride）PCl_3

常温で液体．水と激しく反応してホスホン酸になる．P－O結合やP－C結合をもつ3価の有機リン化合物の合成に使われる．

五塩化リン（phosphorus pentachloride）PCl_5

常温で固体．水と反応させるとオキシ塩化リンを経てリン酸になる．三塩化リン＋塩素を固体化した試薬と考えられ，有機化合物の塩素化に有用である．

オキシ塩化リン（phosphorus oxychloride）$POCl_3$

常温で液体．アルコールやフェノールと反応させリン酸エステルを生成するのに使われる．

話題 F

〈大気汚染と窒素酸化物 NO_x〉

大気汚染の原因となる汚染物質は主に，硫黄酸化物（SO_x），窒素酸化物（NO_x），および粒子状物質（PM）である．化石燃料を燃焼すると，燃料中の硫黄が大気中の酸素と反応して硫黄酸化物ができ，燃焼による熱で大気中の窒素と酸素とが反応して NO_x が生成する．また，燃料中の炭素原子が不完全燃焼すると，煤が粒子状物質として排出される．これらの大気汚染発生源のなかで，火力発電所などの固定発生源の場合，規制の強化とあわせて排煙脱硝・脱硫装置が整備されてきた．また，ディーゼル自動車などの移動発生源に対しては，排出ガス規制，燃料の品質規制，排気後処理装置の装着などにより，NO_x と PM の排出削減が図られてきた．

NO_x には一酸化窒素，二酸化窒素，一酸化二窒素，三酸化二窒素，五酸化二窒素などが含まれるが，大気汚染物質としての窒素酸化物は一酸化窒素 NO と二酸化窒素 NO_2 が主である．NO_x は次のような一連の反応を経てつくられる．

まず，燃焼による熱で窒素と酸素から一酸化窒素ができる．工場の煙や自動車の排気ガス中の窒素酸化物の大部分は一酸化窒素である．

$$N_2 + O_2 \longrightarrow 2NO$$

一酸化窒素は空気中に放出され，その一部は空気中の酸素と反応して二酸化窒素が生じる．

$$2NO + O_2 \longrightarrow 2NO_2$$

二酸化窒素（NO_2）は，高濃度で存在すると，ヒトの呼吸器（のど，気管，肺など）に悪影響を与えるため，二酸化窒素に関する環境基準が設けられている．また，二酸化窒素は光化学オキシダントの原因物質であり，太陽光線があると不安定で一酸化窒素と原子状酸素とに分解し，生成した原子状酸素は分子状酸素と反応してオゾン O_3 をつくることが多い．

$$NO_2 + 太陽光線 \longrightarrow NO + O$$
$$O + O_2 \longrightarrow O_3$$

オゾンは目や呼吸器に炎症を起こすので，地上付近に高濃度のオゾンがあると，重大な健康問題となる．原子状酸素は太陽光線があると，未燃焼の炭化水素と反応して他の有害な化学物質もつくる．

大気を汚染する NO_x は，SO_x と同様に酸性雨の原因にもなっている．また，一酸化二窒素（亜酸化窒素）N_2O は，温室効果ガスの1つである．NO_x の発生源は，工場，火力発電所，自動車，家庭など，様々であるが，都市部では，その多くが自動車から排出されるものである．自動車のある便利な生活は，一方では環境破壊の原因となる物質を大量に排出するものであることを十分理解しておく必要がある．

〈一酸化窒素 NO と生体〉

NO を含む窒素酸化物（NO_x）は大気汚染物質として知られているが，生体内で産生される NO は血管を拡張して血流を良くしたり，侵入した細菌を殺したりする有用な物質でもあることが明らかになってきた．

NO は生体内の NO 合成酵素（NOS）によってアルギニンから生合成されるが，NOS には内皮型，誘導型，神経型の3種類が存在する．これらは存在部位が違っており，内皮型 NOS は血管内皮細胞，誘導型 NOS は単球，マクロファージ，好中球などの炎症性細胞，神経型 NOS は中枢神経系，特に小脳で発現する．したがって，NOS の種類により，産生された NO が作用する組織は異なり，NO 産生量も異なる．一般に，低濃度の NO は生体に有用であるが，高濃度の NO は有害であると考えられている．実際に，血管内皮を弛緩させるには 10^{-8} mol/L の濃度で十分であるのに対し，マクロファージが微生物を殺すために用いる NO の濃度は 10^{-5} mol/L であり，血管内皮の NO と，免疫系で用いられる NO とでは濃度が1000倍くらい違っている．

NO の主な生理作用として，循環系に対しては，血管拡張，血流増加，血圧低下，動脈硬化防止などの作用が挙げられる．ニトログリセリンは狭心症の特効薬として知られているが，この薬剤が有効なのは，ニトログリセリンが体内で NO を放出し，それが，生体内の NO と同様に血管拡張作用を発揮するからである．免疫系においては，マクロファージの細胞毒として病原菌やがん細胞を攻撃する．また，神経系では，シナプスの興奮伝達の調節，ニューロンの破壊などに関わっているが，記憶や学習にも関与している可能性がある．さらに，血液中の NO がアポトーシス（細胞の自殺）を抑制しているとの報告もある．アポトーシスはカスパーゼという酵素が働くことが引き金となって起こるが，カスパーゼに NO が結合すると酵素が阻害され，細胞が自殺できなくなるというのである．そうだとすると，体内の NO 量を人為的に増減できれば，アポトーシスを調節できることになり，それによって肝細胞壊死を抑制したり，がん細胞を死滅させたりできるようになるかもしれない．

しかし，いくら NO が有用であっても，過剰になると問題である．NO は本来生体内では短寿命の物質であるが，それが持続的に作られて長時間滞留すれば組織は障害されることになる．過剰の NO は慢性腎不全，潰瘍性大腸炎，慢性関節リウマチなどの一因ではないかとも考えられている．

5.6 酸素族元素（16族元素）〜 O, S, Se, Te, Po

5.6.1 一般的性質

16族の元素では周期表最上位の酸素 O だけが電気陰性度が 3.4 と圧倒的に大きく，全元素中，フッ素に次いで 2 位である．それで他の同族元素とは性質がかなり異なり，金属とイオン性の結合をする．酸素は空気の成分として（約 21 %），水の構成原子として，地殻の成分（約 50 %）として，地球表面に最も多く存在する元素であり，生命と切っても切れない関係にある．

一方，硫黄 S 以下の同族元素では電気陰性度が中程度（1.8 〜 2.6）で共有結合性であり，酸素原子にはない d 軌道を有し，電子の入っていない d 軌道が金属の電子の入った p 軌道と重なってさらに共有結合を強化することができる．これをバックドネーションという（図 5.8）．また硫黄は同一元素が鎖状に多数つながった構造（カティネーションという，−S−S−S−S− など）をとりやすいという，炭素に似た性質を示す．硫黄以下の 16 族元素は鉱物に含まれることが多いので鉱石元素（カルコゲン）と総称される．

表 5.8 16 族元素の物性

元　素	酸　素	硫　黄	セレン	テルル	ポロニウム
元素英名	oxygen	sulfur	selenium	tellurium	polonium
元素記号	O	S	Se	Te	Po
原子番号	8	16	34	52	84
電子配置	$1s^22s^22p^4$	$[Ne]3s^23p^4$	$[Ar]3d^{10}//$ $4s^24p^4$	$[Kr]4d^{10}//$ $5s^25p^4$	$[Xe]4f^{14}//$ $5d^{10}6s^26p^4$
原子量	16.00	32.06	78.96	127.60	210
電気陰性度	3.44	2.58	2.55	2.10	2.00
イオン化エネルギー（kJ/mol）	1314	1000	941	869	812
電子親和力（kJ/mol）	141	200	195	190	180
単体の密度（g/cm³）	1.43 g/L（0 ℃ 1 気圧）	2.07	4.26	6.24	9.40
単体の融点（℃）	− 218	113	217	450	252
単体の沸点（℃）	− 183	445	686	990	960

第 5 章　典型元素の化学

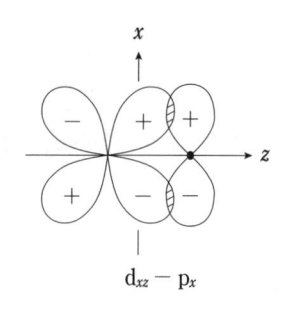

$d_{xz} - p_x$

図 5.8 バックドネーション

5.6.2 単体

酸素の単体が重要である．酸素には酸素分子 O_2 とオゾン O_3 の2種の同素体がある．酸素分子はその酸素原子間の距離（1.21 Å）と結合エネルギー（498 kJ/mol）から，結合の次数は二重結合とみなされる．またその常磁性（磁極に引き寄せられる性質）から，不対電子があると考えられる．これは2個の酸素原子の電子のうち 2p 軌道に入っていた計8個の電子が，酸素分子の軌道のうち結合性の σ 軌道に2個，同じく結合性の π 軌道に4個，それぞれ対を成して入り，残った2個の電子がフントの規則に従って同一スピンで反結合性の π^* 軌道に2個の不対電子として入るためである（図 5.9）．結合の次数＝（結合性軌道に入った電子数－反結合性軌道に入った電子数）÷2 である．一方，オゾンは3個の酸素原子が折れ曲がってつながっている．環状ではない．その酸素原子間距離は 1.28 Å で，酸素酸素単結合の距離 1.47 Å よりかなり短く，1.5重結合というべきである．また反磁性（磁極から逃げる性質）だから不対電子はない．そこで図 5.10 のような共鳴構造であると考えられている．

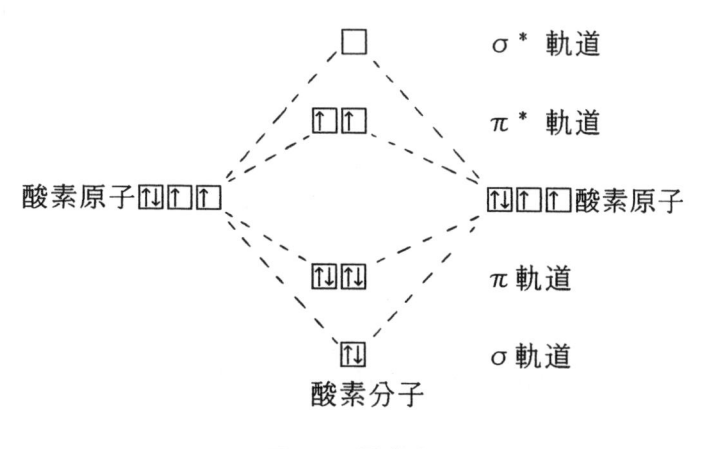

図 5.9 酸素分子

図5.10　オゾンの共鳴構造

酸素（oxygen）O_2（日本薬局方第一部収載）
　無色無臭のガスで，32倍容量の水に溶ける．空気の分留または水の電気分解で得られる．酸素吸入に用いる．ボンベは黒色．

オゾン（ozone）O_3
　青色の特有の臭気をもつ気体．沸点－112℃．空気の無声放電や紫外線照射で得られる．強い酸化剤で，有機合成によく利用される（オゾン酸化）．成層圏の地上20 km付近では高濃度（約3 ppm）存在し，生物に有害な短波長（300 nm以下）の紫外線が地上に到達するのを防いでいる．近年このオゾン層の減少，消失（オゾンホール）が人類の生存を脅かす重大な問題になっている．

　硫黄の単体には，S_2, S_4, S_6, S_8, S_x など数多くが知られている．このうち S_8 は環状分子で結晶性だが，多くの結晶多形がある．また S_x は鎖状で，ゴム状硫黄と呼ばれる．

イオウ（sulfur）S（日本薬局方第一部収載）
　淡黄色～黄色粉末で，水，エタノール，ジエチルエーテルにほとんど溶けないが，二硫化炭素 CS_2 によく溶ける．ローション，軟膏として，皮膚疾患治療薬に用いられる．

5.6.3　水素化物

　酸素族元素の水素化物として最も重要なものは何といっても**水 H_2O** である．水は生命に必須な化合物であり，人体の約2/3を占める．代表的な極性溶媒であり，ほとんどのイオン性の化合物と極性のある共有結合性化合物を溶解する．分子量が約18と小さい割に沸点，融点が異常に高いのは水素結合に由来する．水は2個の水素原子を使って2個，酸素原子の2個の孤立電子対を使って2個，計4個の強力な水素結合を作ることができる．水は物理化学的に見ても種々の興味ある特徴（大きな比熱，大きな表面張力，高い誘電率，固体密度〈液体密度〉を有するが，それらは成書に譲る．日本薬局方第二部には医薬品として4種類の水（常水，精製水，滅菌精製水，注射用水）が収載されているが，その区別は製造法（主に精製法）と純度（主に生物学的な純度）による．

　純粋な**過酸化水素**は淡青色の粘稠な液体（融点－1℃，沸点152℃）で，水よりかなり重い（比重1.465）．重金属イオンの痕跡量の存在で特にアルカリ性下では爆発的に分解して酸素を発生する．

$$2H_2O_2 \longrightarrow 2H_2O + O_2$$

水に自由に混じるほか，ジエチルエーテルにもよく溶ける．強い酸化剤で，多くの物質を酸化するが，自身より強い酸化剤に対しては還元剤として働いて酸素を放出する．この反応は下記オキシドールの定量法にも使われている．

$$5H_2O_2 + 2KMnO_4 + 3H_2SO_4 \longrightarrow 8H_2O + 5O_2 + 2MnSO_4 + K_2SO_4$$

オキシドール（oxydol）（日本薬局方第一部収載）

過酸化水素を約3%含む水溶液で無色透明．光やアルカリによって分解し酸素を発生するので，酸性物質などの安定剤を含む．遮光して30℃以下で保存する．消毒薬として用いられる．

硫化水素 H_2S は卵の腐った臭いの有毒な気体（沸点 -60 ℃）で，還元作用がある．

$$2FeCl_3 + H_2S \longrightarrow 2FeCl_2 + S + 2HCl$$

火山ガスに含まれ，タンパク質を分解すると発生する．水に少し溶け（0.1 mol/L）弱酸性を示す（$pK_{a1} \fallingdotseq 7$）．種々の重金属塩水溶液に硫化水素を加えると，有色の沈殿を生じる．これは重金属硫化物 MS で，その色により陽イオンの系統分析に用いられる．

Ag_2S, HgS, CuS, PbS, FeS（いずれも黒），CdS（黄），MnS（赤），ZnS（白），SnS（褐），SnS_2（黄）などが知られている．

5.6.4 酸化物とオキソ酸，その塩

硫黄には酸化数が+2から+8までに相当する酸化物が知られているが，重要なものは+4の**二酸化硫黄** SO_2 と，+6の**三酸化硫黄** SO_3 である．

二酸化硫黄は刺激性の毒ガスで，亜硫酸ガスともいわれる．火山ガスに含まれるが，硫黄や含硫有機物の燃焼でも得られる．水に溶けて弱酸性を呈する．還元性を示すことが多いが，強力な還元剤に対しては酸化性を示す．漂白剤に用いられる．

$$SO_2 + 2Mg \longrightarrow S + 2MgO \qquad SO_2 + 2H_2S \longrightarrow 3S + 2H_2O$$

三酸化硫黄は刺激性，発煙性の固体で，スルホン化剤に用いられる．二酸化硫黄を触媒の存在下で空気酸化して得られ，硫酸の原料になる．

硫黄には酸化物に対応するオキソ酸がある．酸化数が低いものは弱酸性で還元力があり，酸化数が高いものは強酸性で酸化力を有するものが多い．これらをまとめて表5.9に記す．

硫黄のオキソ酸の塩には医薬品や医薬品添加物として重要なものが多く，日本薬局方にも多数収載されている．英名では酸化数を母音一音の違いで表すことが多いから，注意が肝要である．

チオ硫酸ナトリウム（sodium thiosulfate） $Na_2S_2O_3 \cdot 5H_2O$（日本薬局方第一部収載）

無色結晶で水に極めて溶けやすく，エタノールに極めて溶けにくく，ジエチルエーテルにほとんど溶けない．水溶液はほぼ中性．ヒ素やシアン化合物の解毒剤に用いる．シアンイオンを低毒性で排泄されやすいチオシアンイオンに変える．

亜硫酸水素ナトリウム（sodium bisulfite） $NaHSO_3$（日本薬局方第二部収載）

白色粒状で，水に溶けやすく，エタノールやジエチルエーテルにほとんど溶けない．水溶液は

表 5.9 硫黄のオキソ酸

酸化数	オキソ酸	構造	特徴
+4	H_2SO_3 亜硫酸 sulfurous acid	HO–S–OH ↓ O	水溶液,塩のみが存在.弱酸(pK_{a1} 約 2).還元性(特にアルカリ性で強力).場合によって酸化性を示す.
+3 と +5	$H_2S_2O_5$ 二亜硫酸 disulfurous acid	HO–S→O | HO–S→O ↓ O	ピロ亜硫酸ともいう.塩のみが存在.還元性.
0 と +4	$H_2S_2O_3$ チオ硫酸 thiosulfuric acid	S ↑ HO–S–OH ↓ O	塩のみが存在.弱酸(pK_{a1} 0.6).還元性で,ヨウ素で酸化されて四チオン酸になる.遊離の酸は極めて不安定で,亜硫酸と硫黄か,硫酸と硫化水素に分解する.
0 と +5	$H_2S_4O_6$ 四チオン酸 tetrathionic acid	O O ↑ ↑ HO–S–S–S–S–OH ↓ ↓ O O	硫黄原子が数個連なった骨格をもつポリチオン酸の一種.水溶液,塩のみ存在.
+6	H_2SO_4 硫酸 sulfuric acid	O ↑ HO–S–OH ↓ O	粘稠で重い(比重 1.83)液体.安定な強酸.熱時は酸化性.水との混合で猛烈に発熱.脱水作用が強く,有機物に共有結合している水素原子と酸素原子を 2:1 の割合で奪う.安価なので,強酸として工業的に最も多く用いられる.

酸性を示す.空気や光によって酸化され硫酸塩になる.酸化防止剤に用いる.

乾燥亜硫酸ナトリウム(dried sodium sulfite)Na_2SO_3(日本薬局方第二部収載)

　白色結晶で,水に溶けやすく,エタノールやジエチルエーテルにほとんど溶けない.水溶液はアルカリ性を示す.湿った空気中で次式の様に徐々に硫酸ナトリウムと硫化ナトリウムに不均化(分子内酸化還元)する.酸化防止剤に使われる.

$$4Na_2SO_3 \longrightarrow 3Na_2SO_4 + Na_2S$$

ピロ亜硫酸ナトリウム(sodium pyrosulfite)$Na_2S_2O_5$(日本薬局方第二部収載)

　二亜硫酸ナトリウム,メタ重亜硫酸ナトリウムともいう.白色の結晶で,水に溶けやすく,エタノールに極めて溶けにくく,ジエチルエーテルにほとんど溶けない.水溶液は意外にも酸性を示す.吸湿性で空気中で徐々に分解する.酸化防止剤に使われる.

$$Na_2S_2O_5 + H_2O \longrightarrow 2NaHSO_3$$

話題 G

〈活性酸素種と疾病〉

　活性酸素種 reactive oxygen species という語を目にすることが多いが，これらはどのような物質で，私たちの生活とどのように関わっているのだろうか．私たちが生きていく上で，酸素は不可欠である．それは，私たちが酸素を利用して食物からエネルギーを得ているからである．酸素は生体内で水に還元されるが，活性酸素種とよばれる物質は，それに伴って生成するものである．したがって，活性酸素種は，私たちが生体を維持する上で不可避の物質なのである．

　活性酸素種には一重項酸素，過酸化水素，スーパーオキシドアニオン（O_2^-），およびヒドロキシルラジカル（HO·）が含まれる．一重項酸素は，通常は安定に存在する三重項酸素の励起状態であり，生体内でも光増感反応などにより発生するといわれている．化学的には，三重項酸素に強力な紫外線や放射線を照射すればオゾンとともに生成する．他の3つは，酸素 O_2 が水 H_2O にまで還元されていく過程で生じる中間的酸化状態の酸素を含む物質であり，上述のように当然，生体内で生成する分子種である．

　活性酸素種は化学反応性がきわめて高いため，それが過剰に存在すると種々の生体分子と反応し，生体を傷害するおそれがある．しかし，生体は活性酸素種の高い反応性を効果的に利用するとともに，組織傷害から身を守るシステムをも備えている．すなわち，白血球が体内に侵入した病原菌を殺したり，リンパ球の一種であるナチュラルキラー細胞ががん細胞を殺したりするとき，活性酸素種が有効に使われる．一方，余分な活性酸素種が生成した場合，それらを消去する防御機構を備えている．例えば，スーパーオキシドアニオンに対しては，スーパーオキシドジスムターゼが存在し，この分子種を過酸化水素と酸素とに変化させる．さらに，過酸化水素はカタラーゼやグルタチオンペルオキシダーゼによって水と酸素とに分解される．また，スーパーオキシドアニオン，過酸化水素，ヒドロキシルラジカル，一重項酸素と反応し，それらを消去する多くの化合物が知られている．したがって，生理的条件下では酸素代謝の副産物である活性酸素種は必ずしも恐れる必要のない物質である．

　しかし，活性酸素種が過剰に生成し，かつ，消去システムがうまく機能しない場合，あるいは生成する場所が適切ではない場合，生成と消去のバランスが崩れ，生体は活性酸素種により傷害されて各種疾患が誘発される．

　例えば，活性酸素種は種々の生体分子と反応するが，DNA が損傷されるとがんが誘発される．DNA の損傷は，発がん遺伝子の複製開始につながるからである．糖尿病については，活性酸素消去剤や抗酸

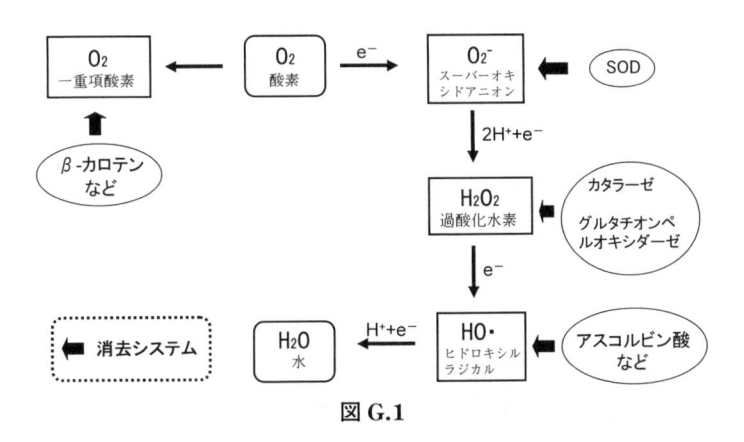

図 G.1

化剤が実験動物の糖尿病発症を抑制することから，その発症に活性酸素種が関与するのではないかと考えられている．また，炎症の場合，炎症巣では組織に浸潤した好中球が細菌のリポ多糖などで活性化されて，スーパーオキシドアニオンを放出するが，過剰な放出によって組織障害が生じることもある．

　活性酸素種の関与する疾患は，アルツハイマー型痴呆，がん，がん転移，潰瘍性大腸炎，肩こり，肝炎，急性膵炎，虚血（―再灌流）障害，虚血性心疾患，虚血性腸炎，クローン病，血管透過性亢進，高血圧，紫外線障害，自己免疫疾患，ショック，腎炎，心筋梗塞，ストレス性潰瘍，成人呼吸窮迫症候群，DIC（播種性血管内血液凝固），てんかん発作，凍傷，糖尿病，動脈硬化，脳卒中，パーキンソン病，肺気腫，白血病，白内障，浮腫，放射線障害，未熟児網膜症，薬剤性肝障害，リウマチ，老化など多岐にわたり，動脈硬化，糖尿病，炎症性疾患などの成人病においても重要な組織障害因子となっている．

5.7　ハロゲン元素（17族元素）～F, Cl, Br, I, At

5.7.1　一般的性質

　ハロゲンは反応性が極めて高い元素である．最外殻は ns^2np^5 の電子配置で，7個の価電子をもつ．1個の電子を受け取って陰イオンになってイオン結合を形成すればハロゲン自身は閉殻が完成して安定になるが，いつもこうなるとは限らず共有結合性の化合物を作ることも多い．この場合，ハロゲンの酸化数は－1～＋7まで多彩である．フッ素-炭素間の共有結合は安定（CH_3F で 456 kJ/mol）で熱にも強く，調理器具に多用される．逆にヨウ素-炭素間の共有結合は弱く切れやすい（CH_3I で 234 kJ/mol）．

表 5.10　17族元素の物性

元素	フッ素	塩素	臭素	ヨウ素	アスタチン
元素英名	fluorine	chlorine	bromine	iodine	astatine
元素記号	F	Cl	Br	I	At
原子番号	9	17	35	53	85
電子配置	$1s^22s^22p^5$	$[Ne]3s^23p^5$	$[Ar]3d^{10}//4s^24p^5$	$[Kr]4d^{10}//5s^25p^5$	$[Xe]4f^{14}//5d^{10}6s^26p^5$
原子量	19.00	35.45	79.90	126.90	210
電気陰性度	3.98	3.16	2.96	2.66	2.20
イオン化エネルギー（kJ/mol）	1681	1251	1140	1008	930
電子親和力（kJ/mol）	328	349	325	295	270
単体の密度（g/cm³）	1.70 g/L（0℃1気圧）	3.21 g/L（0℃1気圧）	3.12	4.93	
単体の融点（℃）	－220	－101	－7	114	302
単体の沸点（℃）	－188	－35	58	183	337
単体の色	黄	黄緑	赤褐	黒紫	

第 5 章　典型元素の化学

ハロゲンの激しい化学的性質は周期表最上位のフッ素 F で著しい．これは電気陰性度が全元素中最大であることによる．塩素以下のハロゲンは電気陰性度が多少小さくなり，より多彩で有用な性質を示すようになる．ハロゲンの地表（地殻以外に海水も含む）における存在量は，塩素 Cl＞フッ素 F ≫臭素 Br＞ヨウ素 I である．フッ素は海水には少ないが，ホタル石（CaF_2）や氷晶石（Na_3AlF_6）として地殻に多く存在する．ハロゲン元素の性質を表 5.10 にまとめて示す．

5.7.2　単体

ハロゲンの単体は，常温常圧でフッ素と塩素が気体，臭素が液体，ヨウ素とアスタチンは固体である（すべての非金属元素中，常温常圧で液体なのは臭素だけ）．これらはすべて共有結合性の二原子分子で，X_2 と総称される．この共有結合のエネルギーは比較的小さくて（F_2 155, Cl_2 239, Br_2 190, I_2 149 kJ/mol）切れやすい．切れると不対電子をもったラジカル X· を生じる．これがハロゲンの単体が化学的に活性である原因の 1 つである．

フッ素は酸素，キセノン以外の不活性ガスを除くすべての元素と直接反応する．

塩素は毒ガスとして知られている（ハロゲンの単体ガスはいずれも毒）．水と反応し酸性を示し酸化力のある溶液となる．

$$Cl_2 + H_2O \longrightarrow HCl + HClO$$

殺菌剤，漂白剤，有機反応の塩素化剤として有用である．ボンベ（黄色）入りのものが入手でき，また塩酸を酸化マンガン(Ⅳ)で酸化しても得られるが，水の簡便な殺菌には下記のサラシ粉を使うことが多い．

$$4HCl + MnO_2 \longrightarrow Cl_2 + MnCl_2 + 2H_2O$$

サラシ粉（chlorinated lime）（日本薬局方第二部収載）

水を加えると一部が溶け，液は赤色リトマス紙を青変し，後脱色する．組成は複塩 $Ca(ClO)_2 \cdot CaCl_2 \cdot Ca(OH)_2 \cdot 2H_2O$ といわれる．有効成分はそのうちの $Ca(ClO)_2$（次亜塩素酸カルシウム）である．プールや浄化槽の殺菌，消毒に用いられる．高温，光，重金属塩の混入などで分解，爆発することがあるので，その取扱いには注意が肝要である．

臭素は水に多少（3.6 g/100 mL）溶けて酸化性の水溶液となる．酸化力は塩素よりかなり弱い．また多くの有機溶媒によく溶ける．これらはフェノールの臭素化や，オレフィンへの付加など種々の有機反応に使われる．

ヨウ素は昇華性の固体で，水に溶けにくいが（水に対する溶解度 0.03 g/100 mL），一部ヨウ化物イオン I^- と水溶性の錯イオン I_3^- を形成して水に溶ける．日本薬局方ではヨウ素をヨウ化カリウムとともに 70 % エタノール水溶液に溶かし，**ヨードチンキ**（ヨウ素濃度約 6 %）および**希ヨードチンキ**（同約 3 %）として消毒薬に用いる（p.174 話題 H を参照）．有機溶媒には一般によく溶け，その色調は溶媒の種類により異なる．それは溶媒分子と電荷移動錯体を形成することがあるためである．ヨウ素の検出にヨウ素デンプン反応という青紫色の呈色反応が知られている．

これはヨウ素分子がデンプン分子のらせん構造中の穴に連続して入ることによる．ヨウ素は必須微量元素の1つだが，海草中に多く含まれるので日本人では欠乏症はまれである．ヨウ素そのものも，日本薬局方に収載されている．

5.7.3　水素化物およびその塩

ハロゲンの単体は水素ガスと反応して（フッ素なら激しく〜ヨウ素なら穏やかに），ハロゲン化水素 HX を与える．これらはまた，ハロゲン化水素の塩と不揮発性強酸（硫酸など）との反応でも得ることができる．ハロゲン化水素の結合は共有結合だが，ハロゲンと水素の電気陰性度の差により電子の偏りを生じいくぶんかイオン結合性を帯びる．ハロゲン化水素は一般に常温常圧で気体で沸点が氷点下だが，フッ化水素の沸点は19℃で液体と気体の境界にある．これはフッ化水素のみが液体では水素結合によって多数の分子が会合し，高分子化しているためである．

$$--H-F--H-F--H-F--$$

フッ化水素（hydrogen fluoride）HF

気体でも常温では二量体 $(HF)_2$ として存在する．水によく溶ける．弱酸．ガラスを冒す．他のハロゲン化水素の塩と異なり，銀塩が水に可溶で，逆に Ca 塩が不溶．

ヨウ化水素（hydrogen iodide）HI

刺激臭のある無色の気体．水，エタノールによく溶ける．強酸．不安定で還元剤として働く．光と空気で酸化されヨウ素を遊離する．

ハロゲン化水素を水に溶かしたものを一般にハロゲン化水素酸と称する（Cl のみ塩化水素酸ではなく塩酸）．HF 以外はほとんどの分子の共有結合が切れて H^+ イオンと X^- イオンになり酸性を示す．これらの酸性は $HF \ll HCl < HBr < HI$ である．これは周期表で下へ行きハロゲン化物イオン X^- のサイズが大きくなるとその負電荷が広い範囲に広がって互いの反発を減らすことができて安定になるからである．フッ化物イオンは半径が 1.4Å と小さいので，この安定化が十分には得られない．希薄な水溶液では前述の会合はなく，HF 分子が単独で水中にあるから，水素結合の有無は酸性の強弱と関係が薄い．

塩酸（hydrochloric acid）（日本薬局方第一部収載）

塩化水素を 35〜38% 含む．比重 1.18．発煙性で，刺激性の匂いがある．製剤原料に使われる．

希塩酸（diluted hydrochloric acid）（日本薬局方第一部収載）

塩化水素を約 10% 含む．比重 1.05．匂いはないが，強い酸味がある．胃酸補給に使われる．

臭化カリウム（potassium bromide）KBr（日本薬局方第一部収載）

無色無臭の結晶．水に溶けやすくエタノールに溶けにくい．水溶液はほぼ中性．水溶液は臭素を加えると KBr_3 を形成して溶かす．臭化カリウムは鎮静薬に用いられる．また赤外線スペクトル測定時，セルや錠剤としても用いられる．

臭化ナトリウム（sodium bromide）NaBr（日本薬局方第一部収載）

無色無臭の結晶で，吸湿性がある．水に溶けやすくエタノールにやや溶けやすい．水溶液は中性．鎮静薬に用いられる．

ヨウ化カリウム（potassium iodide）KI（日本薬局方第一部収載）

無色の結晶で，水に極めて溶けやすく，エタノールにやや溶けやすく，ジエチルエーテルにほとんど溶けない．弱い潮解性がある．去痰薬，ヨード補給薬として用いるほか，ヨウ素の水への溶解に用いられる．光で変化するので，遮光して保存する．

ヨウ化ナトリウム（sodium iodide）NaI（日本薬局方第一部収載）

無色無臭の結晶．水に極めて溶けやすく，エタノールに溶けやすい．潮解性がある．去痰薬，ヨード補給薬として用いる．光で変化するので，遮光して保存する．

5.7.4 酸化物およびオキソ酸

すべてのハロゲンについて酸化物は多数知られているが，いずれも不安定なものが多い．またオキソ酸の原料となるものも少ない．重要なものは二酸化塩素のみであろう．

二酸化塩素（chlorine dioxide）ClO_2

沸点 11 ℃．刺激臭のある橙色の気体．酸化力が大きい．ガス滅菌に用いられる．

一方オキソ酸は重要なものが数多い．フッ素のオキソ酸は知られていないが，他のハロゲンには HXO（次亜ハロゲン酸），HXO_2（亜ハロゲン酸），HXO_3（ハロゲン酸），HXO_4（過ハロゲン酸）がある．このうち塩素のオキソ酸については表 5.11 にまとめる．これらはいずれも正四面体の中央に塩素原子があり，各頂点に酸素原子あるいは塩素の孤立電子対が配置した構造であ

表 5.11 塩素のオキソ酸

酸化数	オキソ酸	構造	特徴
+1	HClO 次亜塩素酸 hypochlorous acid	H–O–Cl	水溶液，塩のみ存在．不安定で光，熱で分解．酸化力強い．酸性は弱い（pK_a 7.5）
+3	$HClO_2$ 亜塩素酸 chlorous acid	H–O–Cl=O	水溶液，塩のみ存在．二酸化塩素を水に溶かすと塩素酸と共に生じる．酸化力は強い．酸性は次亜塩素酸と塩素酸の中間． $2ClO_2 + H_2O \longrightarrow HClO_2 + HClO_3$
+5	$HClO_3$ 塩素酸 chloric acid	H–O–Cl(=O)$_2$	水溶液，塩のみ存在．かなり安定で，酸化力強い．強酸性．
+7	$HClO_4$ 過塩素酸 perchloric acid	H–O–Cl(=O)$_3$	単離可能だが無水物は不安定で爆発しやすい液体．水和物は多少安定．極めて強い酸で水がなくても解離する．水溶液の酸化力は温度と濃度に依存し，熱時濃厚液は酸化力が非常に強い．

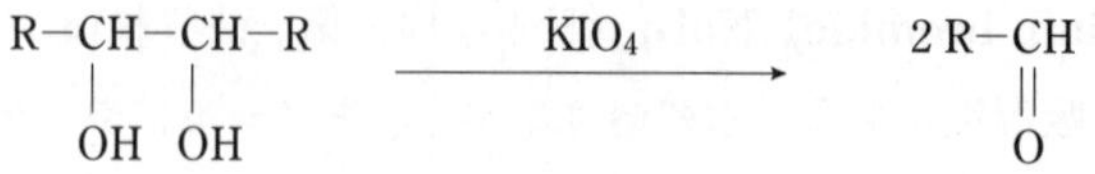

$$\underset{\substack{|\ \ \ |\\ OH\ OH}}{R-CH-CH-R} \xrightarrow{KIO_4} 2\ \underset{\substack{||\\ O}}{R-CH}$$

図 5.11

る．

　臭素やヨウ素のオキソ酸では**過ヨウ素酸** HIO_4 がよく知られている．これは酸化力は強いが選択性があり，有機化合物の構造決定に用いられる（過ヨウ素酸酸化，図 5.11）．酸性は過塩素酸より弱い．

　なお過ヨウ素酸（正確にはメタ過ヨウ素酸）に水が 2 分子付加した形のオルト過ヨウ素酸 H_5IO_6 も化学的性質が似ている．

話題 H

〈ハロゲン元素と殺菌消毒剤〉

　ハロゲン元素の単体は酸化力が強く，塩素やヨウ素は殺菌消毒剤として用いられてきた．塩素を水に飽和させた水溶液を塩素水という．塩素水中では，塩素の 3 分の 2 程度は分子として存在するが，3 分の 1 は水と反応して，前記したように次亜塩素酸 $HClO$ となる．この溶液は殺菌剤や漂白剤として利用される．水道水の殺菌に塩素が使われていることはよく知られている．

　次亜塩素酸の塩である次亜塩素酸ナトリウム $NaClO$ の水溶液は，強い酸化力をもち，器物，下水などの消毒薬や漂白剤として用いられる．溶液は黄緑色透明で塩素臭が強い．塩基性では酸性より安定ではあるが，次のように不均化する．

$$3ClO^- \longrightarrow 2Cl^- + ClO_3^-$$

また，酸などにより，酸素放出を伴う次のような分解を起こす．

$$4ClO^- + 4H^+ \longrightarrow 4HClO$$
$$4HClO \longrightarrow 2Cl_2 + O_2 + 2H_2O$$

次亜塩素酸ナトリウムの作用はこれらの反応で遊離した酸素や塩素によるものと考えられる．前記したように，サラシ粉 $CaCl_2 \cdot Ca(OCl)_2 \cdot 2H_2O$ も次亜塩素酸の塩であり，殺菌，消毒，漂白に用いられる．

　ヨウ素は古くから用いられてきた殺菌消毒薬の 1 つであり，その作用は，細菌に対する酸化作用やヨウ素化によるものと考えられる．ヨウ素は希薄溶液でも強い殺菌作用を有し，皮膚の消毒にも用いられる．また，前記したように，ヨウ素は水に不溶であるので，ヨウ化カリウムを加え 70 v/v％エタノールに溶解した「ヨードチンキ」，「希ヨードチンキ」や，グリセリン溶液とした「複方ヨード・グリセリン」が殺菌消毒用の製剤として用いられている（日本薬局方第二部収載）．これらの製剤の組成は次の通りである．

◇ヨードチンキ		◇希ヨードチンキ	
ヨウ素	60 g	ヨウ素	30 g
ヨウ化カリウム	40 g	ヨウ化カリウム	20 g
70 v/v％　エタノール　適量		70 v/v％　エタノール　適量	
全量	1000 mL	全量	1000 mL

第5章 典型元素の化学

◇複方ヨード・グリセリン

ヨウ素	12 g
ヨウ化カリウム	24 g
グリセリン	900 mL
ハッカ水	45 mL
液状フェノール	5 mL
精製水	適量
全量	1000 mL

　さらに，ヨウ素の化合物として，「ポビドンヨード」も日本薬局方に収載されている．これは，ヨウ素と1-ビニル-2-ピロリドンの重合物であるポリビニルピロリドンとの複合体である．この化合物は水溶性で，ヨウ素の化学的作用や微生物に対する作用をそのまま保持している．また，刺激性や組織障害性がきわめて小さいことから，皮膚の消毒ばかりでなく，粘膜や創傷部位にも適用できるので広く用いられている．

5.8 不活性ガス（18族元素）～ He, Ne, Ar, Kr, Xe, Rn

5.8.1 一般的性質

　この族の元素はいずれも気体で，反応性が極めて乏しいので，不活性ガス inert gas といわれる．またアルゴン（約1％）を除けば空気中に極微量しか存在しないので（ヘリウムは太陽には

表5.12 18族元素の物性

元素	ヘリウム	ネオン	アルゴン	クリプトン	キセノン	ラドン
元素英名	helium	neon	argon	krypton	xenon	radon
元素記号	He	Ne	Ar	Kr	Xe	Rn
原子番号	2	10	18	36	54	86
電子配置	$1s^2$	$1s^22s^22p^6$	$1s^22s^22p^6//$ $3s^23p^6$	$1s^22s^22p^6//$ $3s^23p^63d^{10}//$ $4s^24p^6$	$1s^22s^22p^6//$ $3s^23p^63d^{10}//$ $4s^24p^64d^{10}//$ $5s^25p^6$	$1s^22s^22p^6//$ $3s^23p^63d^{10}//$ $4s^24p^64d^{10}//$ $4f^{14}5s^25p^6//$ $5d^{10}6s^26p^6$
原子量	4.00	20.18	39.95	83.80	131.30	222
イオン化エネルギー（kJ/mol）	2372	2081	1520	1351	1170	1037
電子親和力（kJ/mol）	< 0	< 0	< 0	< 0	< 0	< 0
単体の融点（℃）	－272	－249	－189	－157	－112	－71
単体の沸点（℃）	－269	－246	－186	－153	－108	－62

約 1/4 もあるといわれるが），**希ガス** rare gas ともいう．さらに反応性が乏しく地球上に極微量しかないことが貴金属に似ているので，**貴ガス** noble gas と呼ばれることもある．反応性が乏しい故に発見は非常に遅く，メンデレーエフの周期表では全く考えられず，ようやく 19 世紀末にアルゴン Ar，クリプトン Kr，キセノン Xe，ネオン Ne が空気中から取り出された．また同じころヘリウム He が鉱石中ガスとして，ラドン Rn がラジウムから発生するガスとして見いだされた．ヘリウムは原子量が小さく，空気中にあったとしてもすでに宇宙空間へ逃げ出したのであろう．またラドンはそれ自身が放射性で半減期が短いから，地下室以外の大気中に多く溜ることはない．

ヘリウム以外の不活性ガスは，最外殻が ns^2np^6 の電子配置をもち，閉殻構造が完成しているから，さらに反応して電子をやり取りすることが困難である．これは他の族の元素に比べ，イオン化エネルギーが著しく大きいこと（ヘリウムのイオン化エネルギーは全元素中最大）や，電子親和力が負であることに現れている．また化合物をほとんど作らないから，Kr (3.0)，Xe (2.66) 以外の電気陰性度は与えられていない．

5.8.2 単体

これらの単体はすべて 1 原子分子で，沸点，融点とも極めて低い．また沸点，融点の温度差が小さい．反応性が極めて低い故に，これらの単体の利用価値は高い．まずヘリウムはその沸点が絶対 0 度（−273 ℃）に近いから，液体ヘリウムとして極低温を得るための冷却剤に用いられる．特に安定な低温での超電導状態の実現に欠かせない．気体としては分子量が H_2 に次いで小さいので安全な気球ガスとして用いられ，熱容量が小さいのでガスクロマトグラフィーの移動相気体として使われる．アルゴンは液体空気の分留により大量，安価に得られ，溶接の空気遮断ガスに用いられる．電球や蛍光灯の球にも詰められる．不活性ガスは一般にガラス管に詰め放電すると固有の強い可視光を出すので，夜景を彩るネオンサインに用いられる．これはネオンガスに限らない．また光を用いる測定機器の光源にも使われる（キセノンランプなど）．

5.8.3 化合物

不活性ガスは反応性が極めて低いが，化合物を全く作らないわけではない．キセノンやクリプトンはフッ素や酸素と化合物を作ることがある．特にキセノンとフッ素の組み合わせが有力で，XeF_2，XeF_4，XeF_6 が存在する．ほかに，XeO_2F_2，XeO_3，KrF_2 が知られている．なお，ヘリウム，ネオン，アルゴンのフッ化物は得られていない．原子半径が小さい希ガス元素では，最外殻電子と核との結合が強く，イオン化エネルギーが大きいためと考えられる．

話題 J

⟨希ガスの化合物⟩

希ガスは発見された後，長い間化合物をつくらないと信じられていた．しかし，1933年にL. PaulingはXeF$_6$のような化合物の存在を示唆していたことから，希ガスの元素の化合物を合成する試みは続けられていた．1962年，コロンビア大学のN. Bartlettによってキセノンの化合物，ヘキサフルオロ白金(V)酸キセノン Xe$^+$[PtF$_6$]$^-$ が合成された後は，かなりの数の希ガス化合物が合成されることとなった．

Xe$^+$[PtF$_6$]$^-$ の発見は，六フッ化白金 PtF$_6$ により酸素分子が酸化されてヘキサフルオロ白金(V)酸二酸素 O$_2^+$[PtF$_6$]$^-$ が得られたことに端を発している．Bartlettは，PtF$_6$に関する研究中，この化合物が空気と触れると色が変わることを見出し，その反応を詳しく検討して O$_2^+$[PtF$_6$]$^-$ を結晶性固体として得た．彼は，PtF$_6$が分子状酸素 O$_2$（イオン化エネルギー = 1165 kJ/mol）を酸化できるほど強力な酸化剤であるなら，同程度のイオン化エネルギーをもつキセノン Xe（イオン化エネルギー = 1170 kJ/mol）も同様に酸化できると考えた．こうして PtF$_6$ と Xe とを反応させることにより，橙黄色固体の Xe$^+$[PtF$_6$]$^-$ を得たのである．

練習問題

問 1 Cl, N, S の酸化物に関する記述の正誤について，正しい組合せはどれか．

a N$_2$O には全身麻酔作用がある．
b KClO$_3$ には酸化作用はない．
c H$_2$SO$_4$ は水と任意の割合で混ざり，この時発熱する．
d SO$_2$ には還元作用がある．

	a	b	c	d
1	正	正	正	誤
2	誤	正	誤	正
3	正	誤	正	誤
4	正	正	正	正
5	正	誤	正	正

（第84, 88回薬剤師国家試験）

問 2 無機質あるいは無機イオンに関する次の記述の正誤について，正しい組合せはどれか．

a O$_3$ には酸化作用がある．
b H$_2$O$_2$ は，常温で O$_2$ と H$_2$ に徐々に分解する．
c HClO$_4$ は，蒸留水に溶解させると，ただちに O$_2$ と HCl に分解する．
d HCl は，蒸留水に溶解させた場合にも，真空中に気化させた場合にも，ほとんどがイオン化して H$^+$ と Cl$^-$ とに解離して

	a	b	c	d	e
1	誤	誤	正	正	正
2	正	誤	誤	誤	正
3	正	誤	正	正	誤
4	誤	正	正	誤	誤
5	誤	正	誤	正	正

e H$^+$は電子を持たない．

(第 88 回薬剤師国家試験)

問 3 次の記述 a～d は，日本薬局一般試験法定性反応として記載されている物質ア～ウの確認法に関するものである．正しい組合せはどれか．

　　　ア　チオ硫酸塩
　　　イ　リン酸塩（正リン酸塩）
　　　ウ　硫酸塩

a 試料の硝酸酸性溶液に亜硝酸ナトリウム試液 5～6 滴を加えるとき，液は黄色～赤褐色を呈し，これにクロロホルム 1 mL を加えて振り混ぜるとき，クロロホルム層は黄色～赤褐色を呈する．

b 試料の酢酸酸性溶液にヨウ素試液を滴加するとき，試液の色は消える．

c 試料の中性又は希硝酸酸性溶液にモリブデン酸アンモニウム試液を加えて加温するとき，黄色の沈殿を生じ，水酸化ナトリウム試液又はアンモニア試液を追加するとき，沈殿は溶ける．

d 試料の溶液に塩化バリウム試液を加えるとき，白色の沈殿を生じ，希硝酸を追加しても沈殿は溶けない．

	ア	イ	ウ
1	d	c	b
2	c	d	a
3	b	a	c
4	a	b	d
5	b	c	d

(第 85 回薬剤師国家試験)

問 4 日本薬局方容量分析用標準液の標定に関する記述のうち，正しいものの組合せはどれか．

	容量分析用標準液	滴定の種類	使用する標準試薬	指示薬
a	1 mol/L 塩酸	酸塩基滴定	水酸化ナトリウム	メチルレッド試液
b	1 mol/L 水酸化ナトリウム液	酸塩基滴定	アミド硫酸（スルファミン酸）	ブロモチモールブルー試液
c	0.05 mol/L ヨウ素液	酸化還元滴定	チオ硫酸ナトリウム	デンプン試液
d	0.1 mol/L チオ硫酸ナトリウム液	酸化還元滴定	ヨウ素酸カリウム	デンプン試液

1 (a, b)　　2 (a, c)　　3 (a, d)　　4 (b, c)　　5 (b, d)　　6 (c, d)

(第 87 回薬剤師国家試験)

問 5 ヨウ素に関する記述の正誤について，正しい組合せはどれか．

a 水中でヨウ素分子の一部は，次亜ヨウ素酸（HIO）とヨウ化水素酸（HI）になる．

b ヨウ素分子は，ポビドン（polyvinylpyrrolidone）と複合体を形成し，その複合体はポビド

第 5 章　典型元素の化学

ンヨードとして殺菌・消毒薬として用いられる．

c　水溶液中でヨウ素分子は，デンプンと包接化合物を作り青紫色を呈する．

d　ヨウ素分子は常温で揮散すると，その蒸気は無臭で紫色である．

	a	b	c	d
1	誤	正	誤	正
2	正	正	誤	誤
3	誤	誤	正	正
4	正	正	正	誤
5	正	誤	正	正

（第 82，86 回薬剤師国家試験）

問 6　日本薬局方の確認試験などに金属ナトリウムが使用されている．金属ナトリウムの性質に関する記述のうち，正しいものの組合せはどれか．

a　酸化されにくい．
b　水と激しく反応する．
c　液体アンモニアに溶け，青色の溶液を与える．
d　無水エタノール中に保存すると安全である．
e　新しい切口の表面は銀白色を呈し，約 100 ℃で融解する．

　　1 (a, b, d)　　2 (a, b, e)　　3 (a, c, d)　　4 (b, c, e)　　5 (c, d, e)

（第 87 回薬剤師国家試験）

問 7　$NaHCO_3$（炭酸水素ナトリウム）に関する次の記述の正誤について，正しい組合せはどれか．

a　本品を水に溶かすと，陽イオンと陰イオンとに解離（電離）する．

b　C と O とは共有結合しているが，Na と H とは直接には結合していない．

c　本品 1 g を蒸留水 20 mL に溶かすと，激しく泡立ち，CO_2 を発生する．

d　本品 1 g を蒸留水 20 mL に溶かした液の pH は 7 より小さい．

	a	b	c	d
1	正	正	正	正
2	誤	正	誤	正
3	正	誤	正	正
4	正	正	誤	誤
5	誤	誤	正	誤

（第 81 回薬剤師国家試験）

問 8　代表的な無機化合物に関する記述のうち，正しいものの組合せはどれか．

a　殺菌薬として用いられるオキシドールは，酸化作用と還元作用をもっている．

b　チオ硫酸ナトリウムは，その酸化作用により解毒薬として用いられる．

c　殺菌・消毒薬として用いられるサラシ粉の次亜塩素酸イオンにおける塩素原子の酸化数は，＋1 である．

d　亜酸化窒素は，空気より軽い無色のガスで，吸入麻酔薬として用いられる．

1 (a, b)　　2 (a, c)　　3 (a, d)　　4 (b, c)　　5 (b, d)　　6 (c, d)

(第87回薬剤師国家試験)

問 9　図は無機ヒ素の定量に用いられる装置を示す．図のA（発生フラスコ）に，無機ヒ素を含む試験溶液，塩酸，KI溶液，SnCl₂溶液を入れ，室温で15分間放置したのちにZnを加えて20～25℃で1時間放置する．反応によって発生した気体のヒ素化合物　a　は，B（酢酸鉛ガラス綿を入れた吸収管），C（ガス誘導管）を経てD（吸収受器）に導かれ，D中にピリジン溶液として加えた　b　と赤紫色錯化合物を形成する．

文中のaとbに相当する化合物の正しい組合せはどれか．

	a	b
1	AsH₃	ジエチルジチオカルバミン酸銀
2	AsH₃	4-アミノアンチピリン
3	AsH₃	ランタンアリザリンコンプレクソン
4	AsCl₃	ジエチルジチオカルバミン酸銀
5	AsCl₃	4-アミノアンチピリン
6	AsCl₃	ランタンアリザリンコンプレクソン

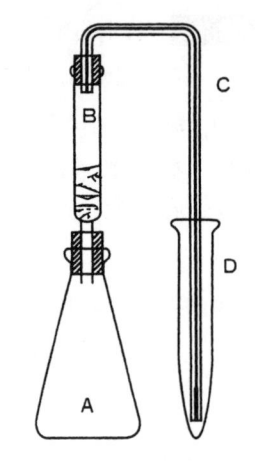

(第84回薬剤師国家試験)

問 10　スーパーオキシドに関する次の記述のうち，正しいものの組合せはどれか．

a　オゾンの3量体である．
b　活性酸素の一種である．
c　スーパーオキシドジスムターゼで代謝される．
d　過酸化脂質の生成を防止する．

1 (a, b)　　2 (a, c)　　3 (a, d)　　4 (b, c)　　5 (b, d)

(第85回薬剤師国家試験)

解　答

問 1　5

a　（正）窒素酸化物のうち麻酔作用があるのは亜酸化窒素 N_2O で，笑気ともいう．
b　（誤）塩素の酸化物は全て酸化作用があり，還元作用は全くない．これは塩も同様である．
c　（正）硫酸 H_2SO_4 は硫黄酸化物の一つの三酸化硫黄 SO_3 と水を反応させ製する．生成した硫酸は極性が大きいから水によく溶ける．また水を加えると激しく発熱するので，希硫酸を調製する際は，硫酸に水を加えるのでなく，水を冷やして撹拌しながら，

そこへ硫酸を徐々に加える．

d （正）硫黄の酸化物は，酸化数が低いもの（＋2のSO，＋3のS_2O_3）は還元性，酸化数が高いもの（＋6のSO_3）は酸化性，中間の酸化数＋4のSO_2は酸化性と還元性の両方の性質を持つ．

問 2　2

a （正）酸素の単体はもちろん酸化作用があるが，なかでもオゾンO_3は酸化力が強い．

b （誤）過酸化水素H_2O_2は不安定で，常温でも分解しやすいが，分解産物は酸素と水である．水素ガスは発生しない．$2H_2O_2 \rightarrow O_2 + 2H_2O$

c （誤）塩素のオキソ酸は一般に水がないと不安定で直ちに分解するが，水溶液はある程度安定に存在できる．

過塩素酸$HClO_4$は特別で，水がなくても存在し得る．濃厚な水溶液を加熱して初めて，問題のように分解する．

d （誤）HClは水溶液中では問題文のようにイオン化しているが，水がなければHとClは共有結合しており，イオン化していない．

e （正）H^+は水素（陽子1個と電子1個から構成）から電子が取れてイオン化したものだから，陽子1個が残るのみである．

問 3　5

ア（b）チオ硫酸塩は弱い還元力があるので，それを利用する．ヨウ素（褐色）がヨウ素イオンになれば無色になる．

$$2S_2O_3^{2-} + I_2 \longrightarrow S_4O_6^{2-} + 2I^-$$

他にチオ硫酸塩の定性反応には，塩酸を加えて分解し硫黄と二酸化硫黄を発生させる反応と，硝酸銀を加えてチオ硫酸銀（白色沈殿）としさらにそれが分解した硫化銀の黒色沈殿を確認する方法がある．

イ（c）リン酸塩はモリブデン酸アンモニウムを加えるとリンモリブデン酸アンモニウムの黄色沈殿を生じる．

$$PO_4^{3-} + 12MoO_4^{2-} + 3NH_4^+ + 24H^+ \longrightarrow 6H_2O + (NH_4)_3PO_4 \cdot 12MoO_3 \cdot 6H_2O \downarrow$$

他にリン酸塩の定性反応には硝酸銀を加えて黄色のリン酸銀を沈殿させ，希硝酸かアンモニア試液で沈殿が溶ける確認法と，マグネシア試液で白色の沈殿を生じさせ，希塩酸で沈殿が溶ける確認法がある．

ウ（d）硫酸塩は塩化バリウムを加えると硫酸バリウムの白色沈殿を生じ，希硝酸に溶けない．

$$SO_4^{2-} + BaCl_2 \longrightarrow 2Cl^- + BaSO_4 \downarrow$$

他に硫酸塩の定性反応には，酢酸鉛(Ⅱ)試液を加えて硫酸鉛の白色沈殿を生じさせこ

れに酢酸アンモニウム試液を加えて溶かす確認法と，希塩酸を加えても白濁せず二酸化硫黄のにおいを発しない確認法がある．

問 4　5

a （誤）塩酸を標定する標準試薬には，炭酸ナトリウムを用いる．水酸化ナトリウムは空気中の二酸化炭素を吸って純度が低下しやすいから，標準試薬には使わない．

b （正）

c （誤）ヨウ素液を標定する標準試薬には，三酸化二ヒ素を用いる．チオ硫酸ナトリウムは分解し易いから標準試薬には不向きである．
　　チオ硫酸ナトリウムは，標定されたヨウ素液を用いて還元性物質を定量する際，過量のヨウ素を滴定するのに用いる．

d （正）

問 5　4

a （正）塩素 Cl_2 が水に溶けて次亜塩素酸 HClO と塩酸 HCl になるように，ヨウ素 I_2 も水に溶ければ次亜ヨウ素酸 HIO とヨウ化水素酸 HI になる．もっとも，ヨウ素の水に対する溶解度は極めて低いから，生成する次亜ヨウ素酸とヨウ化水素酸の量は非常に少ない．

b （正）単独では水に溶けにくいヨウ素も，ポビドンやヨウ素イオンと複合体を作ると溶解度が増す．この複合体の溶液もヨウ素の性質を示す．

c （正）有名なヨウ素デンプン反応．色はデンプンの種類により様々で，青紫色とは限らない．

d （誤）ハロゲンの気体はいずれも非常に強い刺激臭があり，ヨウ素もその例に漏れない．ヨウ素の固体や気体は黒紫色だが，溶液は溶媒によっては紫色だったり，褐色だったりする．特に水溶液は褐色．

問 6　4

a （誤）アルカリ金属は極めて酸化されやすく，リチウムを除いて常温で空気中の酸素で酸化される．

b （正）アルカリ金属はいずれも常温で水と激しく反応し，水素ガスと水酸化物イオンを発生して，自らは 1 価の陽イオンとなる．

c （正）アルカリ金属はいずれも液体アンモニアに溶け，青色の溶液となる．これはアルカリ金属が陽イオン化し，生じた電子がアンモニアに溶媒和されたものである．

d （誤）アルカリ金属はいずれもエタノール（無水でも）と反応し，水素ガスを発生して金属エチラート $C_2H_5O^-\ M^+$ を生じる．アルカリ金属の保存にはそれと反応しない石

第5章　典型元素の化学　　　　　　　　　　　　　　　　　　　183

　　　油（つまり炭化水素）中に保存するのが普通である．
e （正）アルカリ金属は，酸化や水酸化の起きる前の新しい切り口は，金属の通性として銀白色で光沢がある．融点は金属にしては低い．Li で 180 ℃，Na で 98 ℃．周期表で下へ行けばさらに低く，セシウムでは常温に近い 29 ℃である．

問 7 　4

a （正）炭酸水素ナトリウムは塩なので，水に溶かせば陰イオンと陽イオンに解離する．
$$NaHCO_3 \longrightarrow Na^+ + HCO_3^-$$
b （正）炭酸水素ナトリウムは H–O–C(=O)–O⁻Na⁺ の構造で，C と O は全て共有結合しているが，H と Na の間には化学結合はない．
c （誤）炭酸水素ナトリウム水溶液は常温では安定で，二酸化炭素は生じない．65 ℃以上に加熱すると，分解して二酸化炭素を発生する．
$$2NaHCO_3 \longrightarrow Na_2CO_3 + H_2O + CO_2$$
　　　ただし，常温でも水中に酸があれば，分解して二酸化炭素を発生する．
$$NaHCO_3 + HCl \longrightarrow NaCl + H_2O + CO_2$$
d （誤）炭酸水素ナトリウムは形式的には酸性塩だが，実際には弱アルカリ性（pH 7.9 〜 8.4）である．炭酸水素イオンが一部，加水分解して少量の水酸化物イオンを生じるためである．
$$HCO_3^- + H_2O \longrightarrow H_2CO_3 + OH^-$$

問 8 　2

a （正）オキシドールの有効成分は過酸化水素．これは通常，酸化剤として働く．
$$H_2O_2 + SO_2 \longrightarrow H_2SO_4$$
　　　しかし強力な酸化剤が存在すると，過酸化水素は逆に還元剤として働く．
$$5H_2O_2 + 2KMnO_4 + 3H_2SO_4 \longrightarrow 5O_2 + 8H_2O + 2MnSO_4 + K_2SO_4$$
b （誤）チオ硫酸ナトリウムには酸化作用はない．また，その解毒剤としての利用は硫黄原子を提供することによる．
$$S_2O_3^{2-} + CN^- \longrightarrow SO_3^{2-} + SCN^-$$
c （正）次亜塩素酸イオンは ClO⁻で，イオン全体で酸化数が −1，酸素原子が −2 だから，塩素原子の酸化数は +1 である．一般にハロゲンのオキソ酸ではハロゲン原子の酸化数は，次亜○○酸が +1，亜○○酸が +3，○○酸が +5，過○○酸が +7 である．
d （誤）亜酸化窒素 N_2O の分子量は $14 \times 2 + 16 = 44$．空気を $N_2 : O_2 = 4 : 1$ と近似するとその分子量は $14 \times 2 \times 0.8 + 16 \times 2 \times 0.2 = 28.8$ となる．よって亜酸化窒素

は空気より分子量が大きく，重い．

問 9　1

ヒ素の化合物で常温で気体なのは，ヒ化水素（アルシン，AsH_3）のみである．三塩化ヒ素（$AsCl_3$）は常温で液体．

3価のヒ素化合物は，亜鉛-塩酸による発生期の水素で還元され，ヒ化水素になる．5価のヒ素化合物は発生期の水素で還元されにくいので，あらかじめ酸性下の2価のスズ（$SnCl_2$）により3価のヒ素化合物に還元しておく．

生成したヒ化水素は還元力が強く，ジエチルジチオカルバミン酸銀から銀を遊離する．この銀がコロイドを形成し，赤紫色に見える．

$$(C_2H_5)_2N-C\begin{matrix}S\\ \parallel\\ S\end{matrix}Ag \xrightarrow{AsH_3} (C_2H_5)_2N-C\begin{matrix}S\\ \parallel\\ SH\end{matrix} + Ag$$

なお，4-アミノアンチピリンはフェノール類の定量に用い，ランタンアリザリンコンプレクソンはフッ素の定量に用いる．

問 10　4

a （誤）オゾンとは無関係．
b （正）活性酸素の一種で，酸素分子 O_2 が一電子還元を受けたアニオン・O_2^-．
c （正）スーパーオキシドジスムターゼは，活性酸素を代謝して消去する作用があるので，生体防御機構として重要である．
d （誤）過酸化脂質の生成を促進する．

第6章　遷移元素の化学

6.1　遷移元素の分類と特徴

　s軌道またはp軌道に電子が満たされていく一連の元素群が典型元素であるのに対し，**遷移元素** transition element はd軌道またはf軌道に電子が満たされていく一連の元素群である．遷移元素のうち，d軌道に電子が満たされていく元素群はd-ブロック元素（主遷移元素），f軌道に電子が満たされていく元素群はf-ブロック元素（内遷移元素）と呼ばれる．さらに，d-ブロック元素においては，3d軌道，4d軌道，および5d軌道に電子が満たされていく元素群を，各々，第一系列，第二系列，第三系列と呼ぶ．また，f-ブロック元素では，4f軌道，5f軌道に電子が満たされていく元素群を各々，ランタノイド系列，アクチノイド系列と呼ぶ（1.4節を参照）．

　遷移元素は，典型元素とは異なる特徴的な電子配置をもつ．すなわち，外殻の電子（s軌道電子）は上に述べた各系列間では大差がなく，電子はその内側の電子軌道に満たされていく．このために，遷移元素においては，周期表上で横に連なった元素の性質の類似性が大きい．

　これらの元素群に共通した性質には次のようなものがある．まず，これらの元素はすべて金属である（したがって，遷移元素は**遷移金属元素** transition metal element とも呼ばれる）．つまり，各元素の単体は，金属光沢をもつ，密度が高い，硬い，融点や沸点が高い，電気伝導性や熱伝導性がよい，展性や延性に富む，などの金属特有の性質を示す．ただし，元素によってその程度に大きな差があるのも事実であり，延性や展性に乏しいもの，軟らかいものなど，必ずしもすべての遷移元素が金属の通性とされるすべての性質を有するとは限らない．また，遷移元素は，一般に複数の酸化状態をとり，多くの場合連続した整数値をとる．さらに，不対電子をもつため常磁性を示し，磁力線を引きつけること，着色した化合物やイオンをつくること，安定な錯体をつくりやすいこと，触媒になるものが多いこと，なども遷移元素の一般的な性質である．

　遷移元素が複数の酸化状態をとる理由は，d-ブロック元素の場合，d軌道とその外側のs軌道

のエネルギー準位は近接しており，これらの軌道間で電子の移動が起こりやすく，d軌道の電子も結合に関与するからである．スカンジウム Sc は2個の s 電子が結合に使われるときは，＋2の酸化数をもち，2個の s 電子と1個の d 電子が使われる場合は＋3の酸化数をとることができる．チタン Ti は2個の s 電子が結合に使われるときは，＋2，2個の s 電子と1個の d 電子が使われる場合は＋3，2個の s 電子と2個の d 電子が使われる場合は＋4の酸化状態をとる．同様にして，バナジウム V は酸化数＋2，＋3，＋4および＋5の状態をとる．クロム Cr の場合は，1個の s 電子が結合に用いられるので，＋1の酸化状態がある．さらにいろいろな数の d 電子を結合に使うことによって＋2，＋3，＋4，＋5，および＋6の酸化状態をとることが可能である．マンガン Mn は＋2，＋3，＋4，＋5，＋6，および＋7の酸化状態をもつ．これら第一系列のはじめの5元素では，簡単な化合物中の電子構造と酸化状態との関係は理解しやすい．しかし，あとの5つの元素では，最低酸化状態は s 電子数に等しいが，最高酸化数と電子構造との間の関係は明確ではない．また，第二，第三系列の元素の電子構造は，第一系列にそのまま従うわけではない．

　遷移元素のイオン化エネルギーは，s-ブロック元素より大きいが，p-ブロック元素よりは小さく，電気陰性度もそれらの中間である．したがって，遷移元素の化合物は条件によりイオン結合性または共有結合性になると考えられる．一般に，遷移元素は低原子価ではイオン結合性，高原子価では共有結合性の化合物をつくる．

　遷移元素が配位化合物をつくりやすい理由は，遷移元素の金属イオンの大きさが小さいうえに高い正電荷をもつため，配位子から供与される負電荷をもつ電子対を受け入れやすく，また，それを受け入れるのに適したエネルギー準位の空軌道が存在するためである．

6.2　スカンジウム族元素（3族元素）〜 Sc, Y, La, Ac

表6.1　3族元素の性質

元素	スカンジウム	イットリウム	ランタン	アクチニウム
元素英名	scandium	yttrium	lanthanum	actinium
元素記号	Sc	Y	La	Ac
原子番号	21	39	57	89
電子配置	$[Ar]3d^14s^2$	$[Kr]4d^15s^2$	$[Xe]5d^16s^2$	$[Rn]6d^17s^2$
原子量	44.9559	88.9059	138.9055	(227)
イオン化エネルギー (kJ/mol)	631	616	538.1	(499)
イオン半径 (Å)	0.83 (Sc^{3+})	0.97 (Y^{3+})	1.04 (La^{3+}) 0.90 (La^{4+})	1.18 (Ac^{3+})
単体の密度 (g/cm^3)	2.989	4.469	6.145	10.060
単体の融点 (℃)	1539	1490	880	(1050)
単体の沸点 (℃)	3900	4100	1800	(3200)

第6章　遷移元素の化学

周期表の第3族元素をスカンジウム族元素という．スカンジウム族元素には，スカンジウム Sc，イットリウム Y，ランタン La，アクチニウム Ac が含まれる．Sc, Y, La は地殻全体に広く分布しているが，アクチニウムは放射性元素で，ウラン鉱物に極微量含まれている．

Sc，Y にランタノイド（La 〜 Lu）元素をあわせた17元素を希土類元素と呼ぶこともある．その理由は，それらの元素の化学的性質が非常に似ているからであるが，スカンジウム族は d 軌道に電子が満たされていく元素群であるのに対して，La を除くランタノイド元素は f 軌道に電子が満たされていく元素群であり，希土類元素と呼ばれる元素には電子構造上の特性が異なる種類のものが含まれることになる．

スカンジウム族の元素はいずれも3価の陽イオンになる傾向が強い．それは，これらの元素の最外殻電子配置が $(n-1)d^1ns^2$ であり，それらの電子が失われやすいからである．

6.2.1　単体，化合物

スカンジウム族元素の単体は水や酸と反応するが，アルカリとは反応しない．水と反応すると，水素を発生し，塩基性酸化物や水酸化物をつくる．$Sc(OH)_3$ の塩基性は，$Ca(OH)_2$ よりも弱いが $Al(OH)_3$ よりも強い．空気中で加熱すると酸化されやすく，塩基性の酸化物を生じる．酸化物は比較的水によく溶けて塩基性を示す．

スカンジウムには特別な用途はあまりないが，イットリウムの用途は比較的広く，イットリウムにランタノイド元素の1つであるユウロピウム Eu を加えたものは，赤色蛍光体の基質としてブラウン管に用いられたり，イットリウムアルミニウムガーネット（$Y_3Al_3O_{12}$, YAG と呼ばれる）単結晶がレーザーの母体として用いられたりしている．また，イットリウムの酸化物 Y_2O_3 やランタンの酸化物 La_2O_3 などを酸化ジルコニウム ZrO_2 などと組み合わせたガラスは優れた光学特性をもち，レンズなどに用いられている．アクチニウムは得られる量も少なく，放射性であるため用途はない．

6.3　チタン族元素（4族元素）〜 Ti, Zr, Hf

周期表の第4族元素をチタン族元素という．チタン族元素にはチタン Ti，ジルコニウム Zr，ハフニウム Hf が含まれる．チタンおよびジルコニウムは地殻に比較的多く存在する元素であるが，これらと比較するとハフニウムの存在量は少ない．チタン族元素の最外殻電子配置はいずれも $(n-1)d^2ns^2$ であり，すべての電子を失った4価の陽イオンが安定である．そのため，酸化状態が＋2，＋3の化合物はかなり不安定で，還元剤として働く．＋2，＋3の酸化状態はチタンでは存在するが，他の元素では知られていない．

表 6.2　4 族元素の性質

元　素	チタン	ジルコニウム	ハフニウム
元素英名	titanium	zirconium	hafnium
元素記号	Ti	Zr	Hf
原子番号	22	40	72
電子配置	$[Ar]3d^24s^2$	$[Kr]4d^25s^2$	$[Xe]4f^{14}/5d^26s^2$
原子量	47.88	91.224	178.49
イオン化エネルギー（kJ/mol）	658	660	642
イオン半径（Å）	0.80（Ti^{2+}） 0.69（Ti^{3+}）	1.09（Zr^{2+}） 0.87（Zr^{4+}）	0.84（Hf^{4+}）
単体の密度（g/cm³）	4.540	6.506	13.310
単体の融点（℃）	1660	1852	2230
単体の沸点（℃）	3287	4377	4602

6.3.1　単体，化合物

　チタン族元素の単体は，いずれも融点や沸点が高い．また，これらの元素の単体は，低温では酸化性の酸に対して不動態をつくるため，それらに溶けにくく，耐腐食性が大きい．また，チタン族元素の酸化物 TiO_2，ZrO_2，HfO_2 は，いずれも両性酸化物である．これらは安定で不揮発性，難溶性であり，強熱すると耐火物になる．また，これらの元素のイオンは希酸に溶解しないリン酸塩をつくるので，定性分析でリン酸イオンの除去に用いられる．

　チタンの単体は鋼よりも軽く，強度，耐熱性に優れるため，ジェットエンジンやロケットの製造には不可欠の材料である．チタン酸バリウム $BaTiO_3$ は強誘電体であり，コンデンサーの容量を増大させるのに用いる．また，圧電効果を示すことから，着火素子や圧力センサーなどにも用いられる．

　ジルコニウムは中性子吸収断面積が金属の中で最も小さいことから，生産量の 90 ％以上が原子炉の二酸化ウラン燃料棒の被覆や炉の材料として用いられる．ただし，この用途では，ふつう少量含まれるハフニウムを除去する必要がある．ハフニウムの中性子吸収断面積はジルコニウムの 640 倍も大きいからである．二酸化ジルコニウム ZrO_2 は安定で融点が高く，熱膨張係数も小さいので，有用な耐火性物質であり，るつぼなどに用いられる．

　ハフニウムは機械的な強度が大きく，耐食性にも優れており，中性子吸収断面積が大きいので，原子炉の制御棒に用いられる．ジルコニウムの原子炉における用途とは対照的である．

酸化チタン（**titanium oxide**）**TiO_2**（日本薬局方第二部収載）

　白色粉末で，においおよび味はない．水，エタノール，ジエチルエーテルにほとんど溶けない．熱硫酸やフッ化水素酸に溶けるが，塩酸，硝酸，希硫酸には溶けない．カプセルの不透明剤（乳

白化剤），日焼け止めクリーム，体表面の保護剤の一成分，などに用いられる．

TiO_2 は，白色顔料として大量に用いられているが，最近では，光触媒としても注目され，抗菌作用や脱臭効果をもたせたり，汚れを自然に分解したりする目的でガラスやタイルなどの表面コーティング剤として用いられる．

6.4　バナジウム族元素（5族元素）～V, Nb, Ta

表6.3　5族元素の性質

元　素	バナジウム	ニオブ	タンタル
元素英名	vanadium	niobium	tantalium
元素記号	V	Nb	Ta
原子番号	23	41	73
電子配置	$[Ar]3d^34s^2$	$[Kr]4d^45s^1$	$[Xe]4f^{14}/5d^36s^2$
原子量	50.9415	92.9064	180.9479
イオン化エネルギー (kJ/mol)	650	664	761
イオン半径（Å）	0.65（V^{3+}）	0.74（Nb^{4+}）	0.72（Ta^{3+}）
	0.59（V^{5+}）	0.69（Nb^{5+}）	0.68（Ta^{4+}）
			0.64（Ta^{5+}）
単体の密度（g/cm³）	6.110	8.570	16.654
単体の融点（℃）	1890	2468	2996
単体の沸点（℃）	3380	4742	5425

周期表の第5族元素をバナジウム族元素という．バナジウム族元素にはバナジウムV，ニオブNb，タンタルTaが含まれる．地殻におけるこれらの元素の存在量は比較的少ない．この族の元素の最外殻電子配置はいずれも $(n-1)d^3ns^2$ が基本であるが，ニオブは例外的に $(n-1)d^4ns^1$ の配置をとる．酸化状態は＋2から＋5まであるが，最高酸化状態は，いずれも＋5である．酸化状態が＋5のバナジウムの化合物は酸化剤であるが，酸化状態＋5のニオブおよびタンタルの化合物は安定である．同じ族の遷移金属元素では，原子番号が大きいほど高い酸化状態の安定性は増加することになる．バナジウムには＋2～＋5の酸化状態が存在するが，＋4の状態が安定で，バナジルイオン VO^{2+} として挙動することが多い．ニオブもタンタルも，主として＋5の酸化状態の化合物をつくりやすく，生成した化合物は共有結合性が強い．ニオブとタンタルは，ほとんど同じ原子半径，イオン半径をもち，よく似た化学的性質を示す．これらは一緒に産出し，分離は困難である．

6.4.1 単体，化合物

バナジウム族の金属は，常温では化学的に安定で，酸やアルカリに侵されにくい．バナジウムはフッ化水素酸，濃硝酸，王水に溶解するが，ニオブやタンタルはフッ化水素酸だけに溶解する．しかし，加熱すると反応性は著しく大きくなり，ハロゲンや窒素，炭素，水素などと化合物をつくる．高温で酸素と反応すると五酸化物 M_2O_5 を生じるが，バナジウムでは VO_2 も生成する．

バナジウムは第一遷移金属の中では，最も融点が高く，鉄に添加すると強靭な鋼が得られる．また，ニオブやタンタルは種々の性質をもった合金をつくるのに用いられる．

酸化バナジウム(V)（vanadium oxide） V_2O_5

バナジウムの酸化物のうち，酸化バナジウム(V) V_2O_5（五酸化バナジウム）は工業的に重要な化合物であり，硫酸の製造において二酸化硫黄を三酸化硫黄に酸化する反応の触媒として用いられる．V_2O_5 は両性化合物であり，酸と反応すると $VOCl_3$ や VCl_5 のような塩を，アルカリと反応すると Na_3VO_4 のようなバナジン酸塩をつくる．酸化状態が $+5$ のバナジウムは $+4$ の状態に還元されやすく，酸化作用を示す．二酸化硫黄を三酸化硫黄に酸化する反応（$2SO_2 + O_2 \rightarrow 2SO_3 + SO_3$）における V_2O_5 の触媒作用は，次の反応（1）～（3）の繰り返しとして説明できる．

$$SO_2 + V_2O_5 \longrightarrow V_2O_4 + SO_3 \tag{1}$$

$$V_2O_4 + 2SO_2 + O_2 \longrightarrow 2VOSO_4 \tag{2}$$

$$2VOSO_4 \longrightarrow V_2O_5 + SO_2 + SO_3 \tag{3}$$

6.5 クロム族元素（6族元素）～ Cr, Mo, W

表6.4 6族元素の性質

元素	クロム	モリブデン	タングステン
元素英名	chromium	molybdenum	tungsten
元素記号	Cr	Mo	W
原子番号	24	42	74
電子配置	$[Ar]3d^54s^1$	$[Kr]4d^55s^1$	$[Xe]4f^{14}/5d^46s^2$
原子量	51.9961	95.94	183.84
イオン化エネルギー (kJ/mol)	652.7	685	770
イオン半径 (Å)	0.84 (Cr^{2+}) 0.64 (Cr^{3+}) 0.56 (Cr^{4+})	0.92 (Mo^{2+}) 0.62 (Mo^{6+})	0.68 (W^{4+}) 0.62 (W^{6+})
単体の密度 (g/cm³)	7.190	10.220	19.300
単体の融点 (℃)	1857	2617	3410
単体の沸点 (℃)	2672	4612	5660

周期表の第6族元素をクロム族元素という．クロム族元素にはクロム Cr，モリブデン Mo，タングステン W が含まれる．これらの元素は地殻にはかなり豊富に存在する．この族の元素の最外殻電子配置は $(n-1)d^4ns^2$ が基本と考えられるが，この形をとるものはタングステンのみで，クロムとモリブデンは $(n-1)d^5ns^1$ の配置をとる．これは d 軌道がちょうど半分だけ満たされた状態および完全に満たされた状態にある場合に安定性が増加するためである．これらの元素のうち，クロムとモリブデンは +1 から +6 までの酸化状態をとり，タングステンは +2 から +6 までの酸化状態をとるが，いずれも最高酸化状態は +6 である．クロムは +3 がもっとも安定な状態であるのに対し，モリブデンやタングステンは +6 がもっとも安定である．高い酸化状態は原子番号が大きいほうが安定であるといえる．モリブデンとタングステンはよく似た大きさをもち，化学的性質も類似している．また，クロム族元素は錯化合物をつくる傾向が強く，Cr^{3+} には非常に多くの錯化合物が知られている．

6.5.1　単体，化合物

クロム族の金属は，いずれも空気中で安定で，融点，沸点が高く，密度や硬度が大きい．バナジウム族の元素と同様，これらの元素の常温での反応性は低い．クロムは希塩酸と硫酸に溶解するが，モリブデンやタングステンは耐酸性である．クロムは強アルカリと徐々に反応するが，他は反応しない．しかし，高温では反応性が高まり，酸化物やハロゲン化物などを生成する．

クロムは主として，ステンレス鋼やニクロムなどの合金材料やめっきに用いられる．モリブデンは多くが製鋼業で用いられ，鋼の機械特性の改善のために添加される．また，二硫化モリブデン MoS_2 は高温に耐える優れた潤滑剤である．タングステンは炭素についで融点が高く，電気抵抗が大きいため，単体では電球のフィラメントとして使用されており，また，炭化タングステンは超硬合金の製造に用いられる．

クロム族元素の酸化物の中で，低酸化数の酸化物は塩基性，高酸化数のものは酸性，中間のものは両性を示す．たとえば，クロムの場合は，酸化クロム(Ⅱ)は塩基性，酸化クロム(Ⅲ)は両性，酸化クロム(Ⅵ)は酸性である．酸化クロム(Ⅱ) CrO は化学的に不安定で，常温でも空気中で酸化される．酸化クロム(Ⅲ) Cr_2O_3 は化学的に安定で，顔料，触媒などに用いられ，酸化クロム(Ⅳ) CrO_2 は磁性体として磁気テープなどに利用されている．酸化クロム(Ⅵ) CrO_3 は酸化剤以外にも皮革なめし，漂白，洗浄などにも用いられる．また，クロム酸鉛 $PbCrO_4$ は黄色顔料として用いられる．なお，酸化状態が +6 のクロム化合物は有毒であるので，環境を汚染しないようにその取り扱いには慎重にせねばならない．酸化状態 +3 の化合物の毒性は，+6 のものよりもはるかに低い．

クロム(Ⅲ)イオン Cr^{3+} を含む水溶液は紫色を呈する．これはクロム(Ⅲ)イオンに6個の水分子が水和した水和イオン $[Cr(H_2O)_6]^{3+}$ の色である．この溶液に塩化物イオンを加えると，徐々に緑色に変化する．これは，水和イオンの中の水分子が塩化物イオンに置換された錯イオン

(a) CrO_4^{2-} (b) $Cr_2O_7^{2-}$

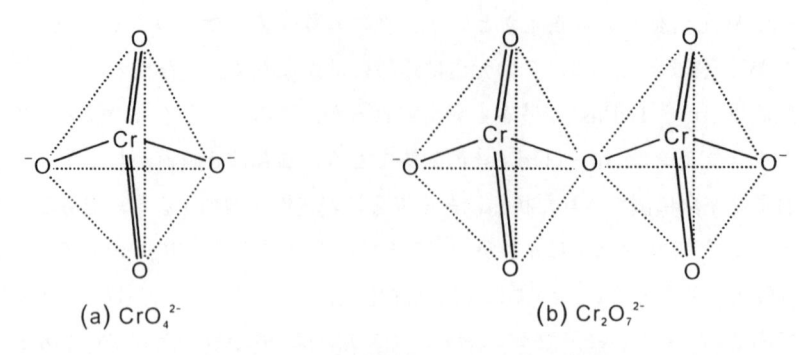

図 6.1　クロム酸とニクロム酸の構造
(前野昌弘（1999）演習形式で学ぶ　やさしい無機化学, p.134, 図 3.3, 裳華房)

$[Cr(H_2O)_5Cl]^{2+}$, $[Cr(H_2O)_4Cl_2]^+$ が生成するためである．

クロム酸イオン（chromate ion）CrO_4^{2-}，ニクロム酸イオン（dichromate ion）$Cr_2O_7^{2-}$

クロム酸ナトリウム Na_2CrO_4 や二クロム酸ナトリウム $Na_2Cr_2O_7$ は，水溶液中ではクロム酸イオン（黄色）や二クロム酸イオン（橙赤色）となる．これらのイオンは，次の平衡式で示されるように，クロム酸イオンは塩基性で，二クロム酸イオンは酸性で安定である．

$$2CrO_4^{2-} + 2H^+ \rightleftharpoons Cr_2O_7^{2-} + H_2O$$

二クロム酸塩は，酸性溶液中で強い酸化作用を示す．硫酸酸性溶液中での二クロム酸イオンと過酸化水素との反応は次のように書くことができる．

$$Cr_2O_7^{2-} + 3H_2O_2 + 8H^+ \rightleftharpoons 2Cr^{3+} + 7H_2O + 3O_2$$

クロム酸イオン CrO_4^{2-} は，Ba^{2+}，Pb^{2+}，Ag^+ などを加えると特徴的なクロム酸塩を沈殿するので，これらの反応は CrO_4^{2-}，Ba^{2+}，Pb^{2+}，Ag^+ の検出に用いられる．モール法は，クロム酸カリウム溶液を指示薬とし，中性条件下，塩化物イオンを硝酸銀で滴定する方法であり，クロム酸銀の赤褐色沈殿が生成したところを終点とする．

$$Ba^{2+} + CrO_4^{2-} \longrightarrow BaCrO_4 （黄色）$$
$$Pb^{2+} + CrO_4^{2-} \longrightarrow PbCrO_4 （黄色）$$
$$2Ag^+ + CrO_4^{2-} \longrightarrow Ag_2CrO_4 （赤褐色）$$

モリブデン酸アンモニウム（ammonium molybdate）$(NH_4)_2MoO_4$

硝酸酸性のモリブデン酸アンモニウム溶液にリン酸イオンを加えて加温すると，リンモリブデン酸アンモニウムの黄色沈殿が生成し，この反応はリン酸イオンの検出に用いられる．

6.6　マンガン族元素（7 族元素）〜 Mn, Tc, Re

周期表の第 7 族元素をマンガン族元素という．クロム族元素にはマンガン Mn, テクネチウム

表 6.5　7族元素の性質

元　素	マンガン	テクネチウム	レニウム
元素英名	manganese	technetium	rhenium
元素記号	Mn	Tc	Re
原子番号	25	43	75
電子配置	$[\mathrm{Ar}]3d^54s^2$	$[\mathrm{Kr}]4d^55s^2$	$[\mathrm{Xe}]4f^{14}/5d^56s^2$
原子量	54.9381	(99)	186.207
イオン化エネルギー (kJ/mol)	717.4	702	760
イオン半径 (Å)	0.91 (Mn^{2+}) 0.70 (Mn^{3+}) 0.52 (Mn^{4+})	0.72 (Tc^{4+}) 0.56 (Tc^{7+})	0.72 (Re^{4+}) 0.61 (Re^{6+}) 0.60 (Re^{7+})
単体の密度 (g/cm^3)	7.440	(11.500)	21.020
単体の融点 (℃)	1244	2172	3180
単体の沸点 (℃)	2062	4877	5627

Tc，レニウム Re が含まれる．マンガンが広く地球上に存在するのに対し，すべての同位体が放射性であるテクネチウムは天然には存在せず，また，レニウムも地殻中に極微量（0.0007ppm）しか存在しない．この族の元素の最外殻電子は $(n-1)d^5ns^2$ の配置をとり，最高酸化数は，いずれも +7 である．マンガンは +2 から +7 までほとんどすべての酸化数を，テクネチウムとレニウムは，主に +1，+3，+4，+5，+7 の酸化数をとる（+7 がイオン（$\mathrm{ReO_4}^-$，$\mathrm{TcO_4}^-$）としては最も安定である）．

6.6.1　単体，化合物

　マンガンの単体は，鉄より硬くて脆い金属であり，空気中では表面が酸化されて褐色となる．マンガンは金属の単体として用いられることはなく，合金として用いられる．すべての鉄鋼はマンガンを含んでいる．テクネチウムやレニウムは，マンガンとは異なり，軟らかい展延性に富む金属である．テクネチウム $^{99}\mathrm{Tc}$ は使用済み核燃料の中に多量含まれている．$^{99}\mathrm{Tc}$ は低エネルギー β 線源として，また，$^{99\mathrm{m}}\mathrm{Tc}$ は核医学診断薬として広く用いられている．レニウムは産出量が少なく高価なため，化学反応の触媒など，小規模の用途に限定されている．

　マンガンは酸に溶け，酸性〜中性水溶液中では水和イオン $[\mathrm{Mn(H_2O)_6}]^{2+}$ の形で存在し，淡桃色を呈する．アルカリを加えると，白色の水酸化マンガン $\mathrm{Mn(OH)_2}$ が沈殿するが，容易に空気酸化されて $\mathrm{Mn_2O_3}\cdot n\mathrm{H_2O}$ に変化する．Mn^{3+} は水溶液中では不安定で Mn^{2+} に還元されやすい．酸化マンガン(Ⅳ) $\mathrm{MnO_2}$ は，+4 価のマンガン化合物と知られている唯一のものである．マンガン酸イオン $\mathrm{MnO_4}^{2-}$ 中の Mn は +6 価である．このイオンは，アルカリ溶液中では安定であるが，酸を加えたりすると，不均化反応を起こして過マンガン酸イオン $\mathrm{MnO_4}^-$ と酸化マンガン(Ⅳ) $\mathrm{MnO_2}$ とに変化する．過マンガン酸イオン中の Mn は +7 価である．過マンガン酸イオン

は強い酸化性を示し，水溶液中で濃い赤紫色を呈する．還元剤との反応は，溶液の pH に依存し，酸性条件下では Mn^{2+} まで，塩基性条件下では Mn^{4+} にまで還元される．

$$酸性：MnO_4^- + 8H^+ + 5e^- \longrightarrow Mn^{2+} + 4H_2O$$

$$中性〜塩基性：MnO_4^- + 2H_2O + 3e^- \longrightarrow MnO_2 + 4OH^-$$

酸化マンガン(Ⅳ)(manganese oxide) MnO_2

マンガンの酸化物にはマンガンの酸化数が+2，+3，+4，+7のものが存在する．酸化マンガン(Ⅳ) MnO_2（二酸化マンガン）は灰黒色の粉末で水に不溶である．酸化剤であり，塩酸と反応して塩素を生成させる．また，乾電池の酸化剤として用いられる．酸化マンガン(Ⅳ)は，過酸化水素や塩素酸カリウムの分解反応の触媒としても作用する．実験室で過酸化水素水から酸素を得る場合，過酸化水素水に酸化マンガン(Ⅳ)を加えて次の反応を促進する．

$$2H_2O_2 \longrightarrow 2H_2O + O_2$$

過マンガン酸カリウム（potassium permanganate） $KMnO_4$（日本薬局方第一部収載）

暗赤紫色の結晶であり，金属光沢を有する．水にやや溶けやすい．0.1w/v％水溶液はやや甘みがあり，収斂性がある．局所収斂薬，殺菌薬として外用される．また，酸化剤として化合物の合成や分析化学の分野で広く用いられる．分析化学では水溶液を酸化還元滴定の標準液として用いる．硫酸酸性下での過酸化水素およびシュウ酸との反応は以下の式で示される．過マンガン酸カリウム標準液による滴定の終点は，過マンガン酸イオンの淡赤色が認められたところである．

$$2MnO_4^- + 5H_2O_2 + 6H^+ \longrightarrow 2Mn^{2+} + 5O_2 + 8H_2O$$

$$2MnO_4^- + 5H_2C_2O_4 + 6H^+ \longrightarrow 2Mn^{2+} + 10CO_2 + 8H_2O$$

6.7 鉄，コバルト，ニッケル族（8，9，10族元素）〜 Fe, Co, Ni, Ru, Rh, Pd, Os, Ir, Pt

周期表の8，9，10族，すなわち，鉄 Fe，ルテニウム Ru，オスミウム Os（この3元素を鉄族と呼ぶ），コバルト Co，ロジウム Rh，イリジウム Ir（この3元素をコバルト族と呼ぶ）および，ニッケル Ni，パラジウム Pd，白金 Pt（この3元素をニッケル族と呼ぶ）の合計9元素をまとめて，鉄，コバルト，ニッケル族と呼ぶ（垂直方向の族名）．なお，非常にまぎらわしいが，周期表では横に並んだ関係である Fe, Co, Ni の3元素，Ru, Rh, Pd の3元素，Os, Ir, Pt の3元素はそれぞれ相互に類似した性質をもっているので，それぞれ横の関係で一まとめにすることも多く，第4周期の Fe, Co, Ni を鉄族元素，第5周期の Ru, Rh, Pd をパラジウム族元素，第6周期の Os, Ir, Pt を白金族元素と呼ぶこともある（水平方向の族名）．また，第5周期と第6周期の6元素は，第4周期の3元素の場合と同様に，物理的，化学的性質がお互いに類似しているため，これらの6元素を合わせて白金族として分類する場合もある．

第6章　遷移元素の化学

表 6.6　8,9,10 族元素の性質

元素	鉄	コバルト	ニッケル	ルテニウム	ロジウム
元素英名	iron	cobalt	nickel	ruthenium	rhodium
元素記号	Fe	Co	Ni	Ru	Rh
原子番号	26	27	28	44	45
電子配置	$[Ar]3d^64s^2$	$[Ar]3d^74s^2$	$[Ar]3d^84s^2$	$[Kr]4d^75s^1$	$[Kr]4d^85s^1$
原子量	55.847	58.9332	58.7	101.07	102.9055
イオン化エネルギー (kJ/mol)	762	758	736	711	720
イオン半径 (Å)	0.76 (Fe^{3+} : 0.64)	0.70 (Co^{2+})	0.68 (Ni^{2+})	0.72 (Ru^{3+})	0.69 (Rh^{3+})
単体の密度	7.86	8.70	8.90	12.43	12.42
単体の融点 (℃)	1550	1500	1450	1950	1970

元素	パラジウム	オスミウム	イリジウム	白金
元素英名	palladium	osmium	iridium	platinum
元素記号	Pd	Os	Ir	Pt
原子番号	46	76	77	78
電子配置	$[Kr]4d^{10}$	$[Xe]4f^{14}//5d^66s^2$	$[Xe]4f^{14}//5d^9$	$[Xe]4f^{14}//5d^96s^1$
原子量	106.4	190.2	192.22	195.09
イオン化エネルギー (kJ/mol)	804	840	900	870
イオン半径 (Å)	0.72 (Pd^{2+})	0.67 (Os^{4+})	0.66 (Ir^{4+})	0.52 (Pt^{2+})
単体の密度	12.03	22.70	22.64	21.45
単体の融点 (℃)	1550	2500	2450	1780

　これらの元素の価電子の配置は，$(n-1)d^{6,7,8}ns^2$ が標準であるが，第5周期以下では規則性がくずれている．しかしながら，鉄族元素の価電子数は8個，コバルト族は9個，ニッケル族は10個であり，族ごとに共通している．d軌道の電子の充てん状態から，いずれも代表的な遷移元素である．

　Fe, Ru, Os の最高酸化数はそれぞれ＋6，＋8，＋8であるが，Fe は，＋2，＋3，Ru は＋2，＋3，＋4，Os は＋4，＋6が代表的な酸化数である．Co, Rh, Ir の最高酸化数はそれぞれ＋5，＋4，＋6であるが，Co は＋2，＋3，Rh は＋1，＋3，Ir は＋3，＋4の形で化合物を形成する場合が多い．Ni, Pd, Pt の最高酸化数はそれぞれ＋4，＋4，＋6であるが，Ni, Pd は＋2，Pt は＋2，＋4の形で化合物を形成することが多い．これら9元素は，前にも記したように，周期表の垂直方向の類似性と同時に，周期表の水平方向（周期ごと）の類似性も顕著である．これは，周期表の水平方向の3元素はそれぞれ荷電，イオン半径，原子半径が似ているためと考えられる．これらの元素は単体金属が磁性を有すると同時に，常磁性のイオン（塩）や化合物を形成する．イオンは特有の色を呈し，塩類も多くのものが着色している．また，これらの元素のイオンはイオン半径が小さく，電荷が大きいため錯体形成能力が大きく，いろいろな配位化合物をつくる性質がある．さらに触媒能が著しい．しかし第5周期と第6周期の6元素は，第4周期の3元素に比べ，イオン化エネルギーが大きく，第4周期の3元素に比較してはるかに化学反応性が

劣り，いずれも貴金属である．

6.7.1　単　体

Fe, Co, Ni は，いずれも物理強度が大きく，特に，これらを主組成分とする合金は，さらに強度あるいは硬度を増すので構造材料として広く用いられる．例えば，ステンレス鋼 stainless steel は，Fe に Cr（18 %）および Ni（8 %）を含んだものである．

また，これらの元素の金属単体は，磁気特性，特に保磁力が大きい．すなわち，Fe, Co, Ni はそれ自身で強磁性，これら以外の6元素の単体も常磁性であり，その性質は，合金を作ることによってさらに改良することができる．例えば，酸化鉄を含むフェライト ferrites 系合金（一般式 MFe_2O_4, M = Zn, Cd, Ni など）は強い保磁力を有し（反磁性のものと常磁性のものとがある），コンピュータの磁気部品として用いられている．また，洋銀（Ni, Zn, Cu），ニクロム（Ni, Fe, Cr），ニモニック（Ni, Cr, Ti, Al, Co）などの合金は耐熱性，耐腐食性などに優れている．

Fe は反応性が高く，乾いた空気中では安定であるが，湿った空気中でも酸化される（さびる）．このさびはどんどん内部に進行する赤さびと，表面のみで皮膜となる黒さびがある．赤さびは主として水酸化物と酸化鉄（II）の混合物（$Fe(OH)_2$；$Fe_2O_3 \cdot nH_2O$）で，黒さびは主として Fe^{2+} と Fe^{3+} の混合酸化物 Fe_3O_4（$FeO \cdot Fe_2O_3$）である．さびる性質は実用上，Fe の最大の欠点であるといわれている．また，Fe はかなり良い還元剤であり，希酸中では容易に Fe^{2+} となる．ただし，濃硝酸中では酸化物の保護膜ができ，不動態を形成して溶けなくなる．Co は常温では空気や水に対し安定であり，希塩酸や希硫酸にも抵抗力が強いが，希硝酸には溶ける．Ni は鉄より安定なため，メッキや合金材料として鉄とともに用途が広い．また，無定形ニッケルは水素を吸蔵するので，接触還元の触媒（ラネーニッケルなど）に用いる．Fe, Co, Ni の中では，Ni が最も安定で，空気中で不動態を形成し，さびにくい．Co は Ni と Fe の中間の安定性である．

Ru, Rh, Pd, Os, Ir, Pt はいずれも化学的にきわめて安定で，通常の温度では反応性が乏しい．しかし高温では酸素やハロゲン元素と反応して，RuO_2, Rh_2O_3, PdO, OsO_4, IrO_2, PtO のような酸化物，RuF_4, RhF_3, PdF_3, OsF_6, IrF_6, PtF_4 のようなハロゲン化物，硫酸塩などを形成するが，加熱，還元などで比較的容易に金属単体に戻るものが多い．また，Pd, Os, Pt は王水には溶け，$PdCl_2$ や OsO_4，$H_2[PtCl_6]$ などを与えるが，Ru, Rh, Ir は王水にも侵されない．Pd, Pt などは多量の水素を吸収して還元力の強い，可逆的な非化学量論的水素化物となるので，接触還元の良い触媒である．また，Pt は硫酸や硝酸の製造触媒にも用いられる．

6.7.2　化合物

第一鉄（II）イオン Fe^{2+} を含む水溶液は淡緑色を呈する．また，第二鉄（III）イオン Fe^{3+} の溶

液は黄褐色を呈することが多いが，これはコロイド状の酸化鉄または塩基性塩が存在するためである．Fe^{2+}の酸化は中性溶液中では速やかであるため（酸性溶液中では幾分遅くなる），Fe^{2+}の溶液は用事調製し，しかも酸性にしてあるものでなければ空気酸化のためにいつでも多少のFe^{3+}を含んでいる．Coのイオンは+2価と+3価が知られているが，Co^{3+}は強力な酸化剤で速やかに水を酸化してしまうため，水溶液中では遊離のイオンとしてはCo^{2+}のほうが安定で，水溶液（水和イオン$[Co(OH_2)_6]^{2+}$）はピンク色を呈する．Ni^{2+}イオンを含む水溶液（水和イオン$[Ni(OH_2)_6]^{2+}$）は緑色を呈する．

Fe, Co, Niは，共通の形の酸化物としてMO，水酸化物として$M(OH)_2$が存在する．これらはいずれも塩基として作用する．酸化数+3のM_2O_3は共通して存在するが，対応する酸化物$M(OH)_3$はFe，Coについてのみ存在する．これらは塩基として作用するが，Fe_2O_3，$Fe(OH)_3$は酸（亜鉄酸）としても作用するので，両性物質である．なお，Fe^{3+}の水酸化物（水酸化鉄(III)）の構造は$Fe(OH)_3$といった簡単なものでなく，オートレーションを起こして縮合が進行したものであり，複雑な三次元構造の巨大分子である．

ハロゲン化物MX_2，硫化物MS，およびその他の硫酸塩は酸化数+2のものがFe，Co，Niに共通して存在する．$FeCl_2$は還元性があり，Fe^{3+}の塩に変化する．$CoCl_2$，$NiCl_2$は還元性がない．Feは，アルカリの存在下で硝酸塩などで酸化すると+6の酸化数をもった強酸化性の鉄酸塩K_2FeO_4などを形成する．これは他の鉄族元素についても共通で，ルテニウム酸塩M_2RuO_4，オスミウム酸塩M_2OsO_4などが存在する．

本族元素は錯体を形成しやすい．すなわち，本族元素のイオンはH_2O，NH_3，ハロゲンイオン，CN^-，NO_2^-などを配位子として，多くの場合，有色の錯塩を形成する．そのため，例えばコバルト塩化物とアンモニアの錯体はその組成により黄，紫，緑，赤などの様々な色を呈するため色素として古くから用いられている．Fe，Coの2価あるいは3価のイオンを含む錯塩は，多くの場合，6個の配位子が配位した正八面体構造である．Ni^{2+}は配位数が4または6の錯体をつくる．また，Fe，Co，Niは酸化数0の形で，一酸化炭素COとの間に種々の比率でカルボニル化合物を形成する．Feは有機化合物とサンドイッチ型錯体フェロセンを形成することもできる．

Ru，Rh，Pd，Os，Ir，Ptの化合物は高原子価化合物が比較的安定で，低原子価のものは錯体を形成して安定化する．このため単独イオンの状態では存在しない．

本金属元素の金属には，生化学的に重要なものが多い（第8章を参照）．

塩化鉄(II)（iron(II) chloride）$FeCl_2$

水和物（$FeCl_2 \cdot 4H_2O$）は淡緑色，無水物は無色である．酸性水溶液中ではやや不安定で，さらに酸化されて第二鉄塩となる．還元剤として用いられる．

塩化鉄(III)（iron(III) chloride）$FeCl_3$

水和物（$FeCl_3 \cdot 6H_2O$）は黄橙色，無水物は褐色である．種々の陰イオンの検出試薬（錯体形成），ルイス酸型反応触媒として広く用いられる他，媒染剤としても用いられる．医薬品としては，造血剤，収れん止血剤として用いられる．

硫酸鉄(II)（iron(II) sulfate）FeSO$_4$・7H$_2$O（日本薬局方第一部収載）

鉄を硫酸にとかして得られる代表的な+2価の鉄塩で，水和されたFe^{2+}イオンの青緑色を呈している．空気中で酸化されやすく次第に赤褐色のFe^{3+}化合物となる．無水物は無色である．還元剤として用いられる他，錯体形成を利用して，顔料，媒染剤，陰イオン検出試薬として広く用いられる．医療用には造血，収れん止血剤として用いられる．

ヘキサシアノ鉄(II)酸カリウム（potassium hexacyanoferrate (II)）K$_4$[Fe(CN)$_6$]・3H$_2$O

フェロシアン化カリウム potassium ferrocyanide 黄色塩とも呼ばれる．黄色結晶である．第二鉄イオンが存在するとベルリン青 Fe$_4$[Fe(CN)$_6$]$_3$ を生じる．錯化試薬として広く用いられる．

ヘキサシアノ鉄(III)酸カリウム（potassium hexacyanoferrate (III)）K$_3$[Fe(CN)$_6$]

フェリシアン化カリウム potassium ferricyanide 赤色塩とも呼ばれる．赤色結晶である．酸化剤として用いられる他，第一鉄イオンが存在するとターンブル青 Fe$_3$[Fe(CN)$_6$]$_2$ を生じるため，インキ，顔料の原料として用いられる．

塩化コバルト(II)（cobalt(II) chloride）CoCl$_2$

無水の塩化物 CoCl$_2$ は青色であるが，水和したもの [Co(OH$_2$)$_6$]$^{2+}$ は赤紫〜橙色となるので，空気中の水分の検出試薬となる．この性質を利用して，脱水剤として用いられている粒状シリカゲルには塩化コバルトをまぶしてあり，乾燥剤としての機能評価が行われている（シリカゲルにまぶしてあるのは Co[CoCl$_4$] であり，水を吸収すると [Co(OH$_2$)$_6$]Cl$_2$ に変化してピンク色となる）．

酸化オスミウム(VIII)（osmium(VIII) oxide）OsO$_4$

強い酸化力を有する．自身は酸化されて黒色の OsO$_2$ となる．揮発性があり，有毒酸化物であるが，有機化合物の酸化，特に，二重結合の立体特異的酸化触媒，あるいは試薬として，しばしば用いられる．

6.8 銅族元素（11族元素）〜 Cu, Ag, Au

周期表11族の銅 Cu, 銀 Ag, 金 Au の3元素を銅族元素といい，天然に単体として産出する．これらの金属は色も美しく，延展性にすぐれ細工しやすく，さらに化学的に安定であるため古くから人類に利用されてきた．これらの金属は貨幣金属とも呼ばれ，代表的な貴金属である．

Cu, Ag, Au の最外殻電子配置は $(n-1)d^{10}ns^1$ である．ns^1 の電子配置をもつアルカリ金属（1族）の元素と類似しているが，11族元素は最外殻の1個のs電子をとり除いて一応閉殻の形となっても，なお10個のd軌道電子が残っており，希ガス構造の8電子殻とはならない．すなわち，これらの元素の+1の酸化数をもったイオンは準閉殻構造であり，したがってこれらの元素は遷移元素である．融点，硬度などはアルカリ金属よりずっと高く，またイオン化エネルギー

表 6.7 11 族元素の性質

元素和名	銅	銀	金
元素英名	copper	silver	gold
元素記号	Cu	Ag	Au
原子番号	29	47	79
電子配置	$[Ar]3d^{10}4s^1$	$[Kr]4d^{10}5s^1$	$[Xe]4f^{14}//5d^{10}6s^1$
原子量	63.546	107.868	196.9665
イオン化エネルギー (kJ/mol)	745	731	889
イオン半径 (Å)	1.71 (Cu^+) 0.8 (Cu^{2+})	1.13 (Ag^+)	1.37 (Au^+)
単体の密度	8.92	10.5	19.3
単体の融点 (℃)	2310	1950	2600

はアルカリ金属の約2倍であるため,アルカリ金属より銅族元素は不活性である.そのため,酸化されにくく,天然でも単体の状態で産出されることがある.ただし,第1次,第2次,第3次のイオン化ポテンシャルの差がそれほど大きくはないので,1個のs電子のほかに,最高2個までd電子がとり除かれることが可能であり,酸化数は0～+3が可能である.このうち,Cuについては+1と+2が重要であり,Agについては+1,Auについては+3が安定かつ重要である.化学反応性は Cu, Ag, Au の順に低下し,Au はかなり化学的には安定である.なお,共通して酸化数+1では無色であるが(Cu_2O は例外で赤色である),Cu^{2+},Ag^{2+},Au^{2+} は最外殻電子が d^9 となり不対電子をもつため,常磁性で有色である.

6.8.1 単体

これらの単体金属の性質は互いに類似点が多いが,他方8,9,10族,12族の周期表における両隣元素単体とも類似点が多い.

　Cu は赤橙色の金属で展性,延性に富み,熱・電気の伝導性がきわめて大きい.乾いた空気中で徐々に酸化され,表面が暗褐色となる.また,湿った空気中に放置すると,酸化されて塩基性炭酸銅 $Cu(OH)_2 \cdot CuCO_3$(ろくしょう－緑色)を生じる.銅のイオン化傾向は水素より小さいので,鉱酸とは反応しにくいが,酸化力のある酸とは容易に反応する.また,徐々にではあるが,有機酸やアンモニアにも侵される.Cu は軟らかい金属であるが,合金にすると硬度を増す.シンチュウ(真鍮)は Cu (90～60%)-Zn であり,ブロンズ(青銅)は Cu (99～80%)-Sn である.また Cu は Ag に次いで電気抵抗が小さく,良好な電導体であり,展性,延性が大きいので,電線などに用いられている.Cu の電気抵抗が小さいのは,3d電子殻が10個の電子で満たされていて空いていないため,結晶格子の中で動き回る伝導電子が格子で散乱されて3d電子殻に入ることができなくなり,それだけ散乱される確率が低下することによって電気抵抗も小さくなるためである.同様の理由で,Ag, Au も電気抵抗が小さい.

Agは，CuよりもさらにGu反応性が低く安定であるため貴金属の1つである．AgはAuに次いで展性，延性が大きく，無毒安定なので，食器，歯科用などにも広く用いられている．ただし，オゾンを含む空気や，硫化水素を含む空気中では酸化されて黒色被膜を作る．銀食器や銀の宝飾品を放置すると黒ずむのは，Agが空気中のイオウ分と反応するためである．また，アルカリ，シアン化アルカリ等の溶液には空気の存在下錯体を生じて溶ける．AuはAgよりもさらに安定であり，濃硫酸にも反応せず，高温でも空気や酸素で酸化されない．その化学的な不活性さと他の元素との化合のしにくさのために，Auは腐食しにくい黄金色の輝きを長く保つ単体として存在する．ただし，塩素などのハロゲンには反応するので，塩素を発生する王水（HCl-HNO$_3$）よって酸化され，塩化金酸 HAuCl$_4$ となる．また，酸素の存在でシアンイオンを含む溶液には溶解してシアン化物となる．Auは純金では軟らかすぎるが，銀，銅などとの合金にすると硬度を増し，安定性は変わらないので，合金として用いられることが多い（カラットKが金合金の品位を表される）．展性，延性に富み，電気や熱の良導体である．純金はまた歯科用にも広く用いられる．

6.8.2 化合物

銅族元素では，Cu$_2$Oを除くM$^+$は無色，M^{2+}の化合物は常磁性，有色である．

Cu$^+$の塩としてはハロゲン化第一銅 CuX，シアン化第一銅 CuCN などがあるが，いずれも水に溶けにくく，やや不安定で酸化されやすく，また分解されやすいので還元力がある．酸化銅（Ⅰ）Cu$_2$O は強塩基性であり，Cu(OH) として作用するが，酸に溶けると分解して Cu^{2+} の塩を生じる．また空気中に放置しても酸化されて CuO となる．これに対して Cu^{2+} の化合物はいずれも安定である．塩類 CuX$_2$ はいずれも水溶性で，Cu^{2+} による常磁性の青色液となる．Cu(OH)$_2$，CuS，CuO などは水に不溶の化合物である．Cu(OH)$_2$ は CuCl$_2$ などの塩をアルカリで中和すると生じる青色ゲルである．Cu(OH)$_2$ は本族元素中では唯一のかなり安定な水酸化物であるといえるが，加熱すれば脱水して CuO となる．CuO は弱塩基性で Cu(OH)$_2$ として働く．CuO，CuS は黒色沈殿である．

Ag の場合は Cu とは逆に Ag^{2+} の化合物は少なく，Ag$^+$ の化合物のほうが安定で，種々の酸との塩を形成する．一般のハロゲン化物 AgX や，シアン化物 AgCN は水に不溶である．AgX の沈殿は光にあたると還元を受けて Ag を生じる（黒化）．ハロゲン化物とシアン化物以外の Ag$^+$ の塩は一般に水溶性である．Ag$^+$ の塩をアルカリで中和すると，いったん水酸化銀 Ag(OH) ができるが，直ちに脱水され，褐色の酸化銀 Ag$_2$O として沈殿する．Ag$_2$O もあまり安定ではなく，Ag を生じて黒化する．また，Ag$_2$O は酸と反応して Ag$^+$ に戻る．

Au の場合は Au$^+$ も Au^{2+} も不安定で，Au^{3+} の化合物のみが安定である．AuCl$_3$ は分子型の化合物であり，水溶性であると同時に有機溶媒にもかなり溶ける．水酸化金（Ⅲ）Au(OH)$_3$ は AuCl$_3$ をアルカリで中和すると生じる黄色沈殿であるが，これは不安定で直ちに1分子の脱水が起こり，オキシ酸である金酸 HAuO$_2$ となり，過剰のアルカリと塩を形成して溶解する．Au は

安定な酸化物 Au_2O_3 などを与えない.

　本族の元素,イオンはいずれも配位化合物を作りやすい.特に,Cu^{2+}イオンはきわめて錯形成能が高く,いろいろな配位子と錯イオンをつくり,特有の色を呈する.この性質を利用し,医薬品の確認試験には硫酸銅(II)がよく用いられる.また,水に難溶の CuCl は濃塩酸やアンモニア,シアン化ナトリウム水溶液には溶けるが,これは $[CuCl_2]^-$,$[Cu(NH_3)_2]^+$,$[Cu(CN)_2]^-$ を形成するためであり,Cu^{2+}がアンモニアの存在で深青色となるのは $[Cu(NH_3)_4]^{2+}$ を生じるためである.AgCl が過剰のアンモニア,シアン化物イオン,濃塩酸の存在で溶けるのも $[Ag(NH_3)_2]^+$,$[Ag(CN)_2]^-$,$[AgCl_2]^-$ などの錯イオンを形成するためである.Au^+,Au^{3+} も $[Au(NH_3)_2]^+$,$[Au(CN)_2]^-$,$[Au(CN)_4]^-$,$[AuCl_2]^-$,$[AuCl_4]^-$ などの錯イオンを形成する.またこれらの金属は,種々の興味ある有機金属化合物を形成する.

硫酸銅(II)五水和物(copper(II) sulfate penta hydrate) $CuSO_4 \cdot 5H_2O$

　硫酸銅(II)$CuSO_4 \cdot 5H_2O$ は代表的な青色の銅(II)塩で,加熱すると無色の $CuSO_4 \cdot H_2O$ を経て無水硫酸銅となる.さらに加熱すると,結晶水を全部失ったのち分解され,黒色の酸化銅(II)CuO になる.

　還元糖の検出などに用いるフェーリング Fehling 試液は,硫酸銅(II)の溶液と酒石酸カリウムナトリウム(ロッシェル塩)のアルカリ溶液を混ぜて得られる.アルデヒド基,ヒドラジン基-$NHNH_2$ などの還元基によって Cu^{2+} は還元され,酸化銅(I)Cu_2O の赤色沈殿を生じる.また硫酸銅のアルカリ液はアミノ酸の検出反応であるビウレット反応 biuret reaction の試薬として用いられる.

　希薄溶液は収れん作用,濃溶液は腐食作用を示す.農作物の殺菌用(農薬のボルドー液は生石灰との混合物で,$3CuO \cdot CuSO_4$),染料,めっき用試薬として用いられる.食品では母乳代替食品に添加する.

塩化銀(I)(silver(I) chloride) AgCl,臭化銀(I)(silver(I) bromide) AgBr

　いずれも水に難溶であるが,濃塩酸には溶ける.また,AgCl は過剰のアンモニアに溶けるが,AgBr は過剰のアンモニア水にもあまり溶けない.AgCl,AgBr は光にあたると黒化する.そのため,AgBr は写真フィルム,印画紙用の感光剤として広く用いられる.なお,AgBr はチオ硫酸イオン $S_2O_3^{2-}$ の溶液には可溶であるので,写真フィルム上の感光していない AgBr の粒子を洗い出すためにチオ硫酸ナトリウムの溶液を用いる(定着).

硝酸銀(I)(silver(I) nitrate) $AgNO_3$(日本薬局方第一部収載)

　光沢のある無色の結晶で,水に極めて溶けやすい.光によって黒化し,徐々に灰黒色になる.$AgNO_3$ のアンモニア溶液をアルデヒド,糖などと加温すると,それらを酸化し,Ag^+ は還元されて金属 Ag を容器の内面に析出する.この反応は銀鏡反応と呼ばれ,還元性有機化合物の検出に利用される.また,$AgNO_3$ は塩化物の除去(AgCl として),検出にも用いられる.

　毒性は低く,殺菌力は $HgCl_2$ の約 1/4 である.医療用には新生児の膿漏眼の予防に点眼用(1%水溶液),目,鼻,咽頭粘膜の消毒や収れんに用いられる.

6.9 亜鉛族元素（12族元素）～Zn，Cd，Hg

表6.8 12族元素の性質

元　素	亜　鉛	カドミウム	水　銀
元素英名	zinc	cadmium	mercury
元素記号	Zn	Cd	Hg
原子番号	30	48	80
電子配置	$[Ar]3d^{10}4s^2$	$[Kr]4d^{10}5s^2$	$[Xe]4f^{14}//5d^{10}6s^2$
原子量	65.38	112.41	200.59
イオン化エネルギー (kJ/mol)	906	876	1007
イオン半径（Å）	0.83（Zn^{2+}）	1.03（Cd^{2+}）	1.10（Hg^{2+}）
単体の密度	7.14	8.64	13.546
単体の融点（℃）	419.4	320.9	－38.89
単体の沸点（℃）	907	767.3	356.95

　周期表12族の亜鉛 Zn，カドミウム Cd，水銀 Hg の3元素は亜鉛族元素とも呼ばれる．これらの元素の最外殻電子配置は $(n-1)d^{10}ns^2$ で，3d，4d あるいは 5d 軌道が10個の電子で満たされており，d 軌道の電子配置が完成されている．そのため，遷移元素とはいえないが，2族の元素が＋2の酸化数をもつと完全な8電子殻となるのとは異なり，本族元素は＋2の酸化数となることによって完成した d 軌道が露出し，また周期表の遷移元素群の右端に位置するため，通常遷移元素に含まれて取り扱われていることが多いので，典型的な遷移金属ではないが，本書でも遷移元素に含めて取り扱う．ただし，他の遷移元素とは異なり，周期表の水平方向の隣の元素とはかなり異なる性質がある．たとえば，融点，沸点が低く，ことに水銀は常温常圧下におけるただ1つの液状金属元素である．また，他族の遷移元素が d 殻の電子を失って種々の酸化数をとることが多いのに対して，本族元素はいずれも最外殻の s 殻の電子を失った＋2の酸化数が基本形である．なお，塩化第一水銀 HgCl などは例外とされ，見かけ上の酸化数は＋1であるが，これも Hg^+Cl^- の形の塩ではなく，その構造は Hg_2Cl_2 すなわち Hg－Hg 結合を有する $[Hg-Hg]^{2+}$・$2Cl^-$ あるいは Cl－Hg－Hg－Cl であり，Hg は2価の原子価も持っている．また，いずれの元素の＋2価イオンも無色であり，常磁性をもたない．一方，これらの金属は2族に比べイオン化ポテンシャルはずっと大きく，陽性が小さい．

6.9.1　単体

　Zn は他の多くの同周期の金属に比べ，ずっと低融点で軟らかい．また，乾いた空気中では安

定であるが，湿った空気中では表面に炭酸塩の膜ができて白くなる．Znを空気中で強熱すると燃えて酸化物をつくり，また赤熱下に水と反応させると水素を発生しつつ酸化物を生じる．Znは代表的な両性金属であって，希酸，アルカリ共に侵され，発生期の水素を生じて還元作用を有する．

$$Zn + H_2SO_4 \longrightarrow ZnSO_4 + H_2$$
$$Zn + 2NaOH \longrightarrow NaZnO_2 + H_2$$

Znは酸素，ハロゲン，イオウとは直接反応して+2価の化合物をつくるが，反応性はあまり大きくはないので，他の非金属，水素，窒素，炭素などとは反応しない．

Znの最も大きな用途は合金材料である．鉄板をZnでメッキしたものがトタンであり，Znのほうがイオン化傾向が大きいために電解質中であってもFeの代わりにZnが溶け出すこと，また，Znは耐食性であることのために，トタンはもちが良く，建材，家具その他の道具材料に広く利用される．また，シンチュウはCuとの合金である．また，低いイオン化電圧は乾電池などの陰極として利用される．

CdはZnよりもさらに軟らかい金属で，ナイフで切れる．展性，延性も大きく細工しやすい．加熱すると激しく反応して水素を発生しつつ溶ける．Cdを空気中で強熱すると，赤色の炎を上げて燃え，暗褐色の酸化カドミウムCdOを生じる．Cdは両性を示さない．希酸によって侵され，酸化される時，還元性を示す．また，酸素，ハロゲン，イオウとは直接反応するが，その他の非金属とは直接反応しない．合金を作りやすいので各種合金の材料となるが，有害重金属であり，取扱いには注意を要する．Cdは光電池やカドニカ（Ni–Cd合金）電池に用いられる．

Hgは重い液体金属である．Zn，Cdに比べずっと安定で空気中では熱時表面のみが侵され（HgO），また，イオン化傾向が水素より小さいので，希鉱酸には侵されないが，熱濃硫酸，王水には酸化されて溶ける．Hgも種々の金属と低融点の合金を形成し，これをアマルガムamalgamという．特に，発生期の水素発生用のアルカリ金属アマルガムや，Ag，Auなどの貴金属アマルガムは広く用いられる．Hgは流動性の安定な金属であり，温度に比例して膨張するので温度計に用いる．Cdと共に代表的な有害重金属であるため，その取扱いには注意する．特に，気化しやすいので，蒸気の吸入を避ける．なお，肺から取り込まれたHgは代謝されてHg^+，Hg^{2+}のイオンとなるが，これらのイオンは脂溶性が高いために細胞膜を透過しやすく，脳をはじめ，多くの組織，臓器で毒性を示す．

6.9.2　化合物

亜鉛族元素は共通して酸化数が+2の化合物となる．いずれも加熱すれば空気中で酸化されてMO型の酸化物となるが，HgOは400℃以上では再び還元される．対応する水酸化物$M(OH)_2$はMOが水に難溶であるため，MOの水和では得られず，対応する水溶性塩を希アルカリで水解すると沈殿する．ただし，$Hg(OH)_2$は不安定で直ちに分解する．

ZnO および $Zn(OH)_2$ は両性物質であり，酸にもアルカリにも溶ける．

$$ZnO + 2HCl \longrightarrow ZnCl_2 + H_2O$$
$$ZnO + 2NaOH \longrightarrow NaZnO_2 + H_2O$$

すなわち，$Zn(OH)_2$ は亜鉛酸として解離することも可能である．

$$2H^+ + ZnO_2^{2-} \rightleftharpoons H_2ZnO_2 = Zn(OH)_2 \rightleftharpoons Zn^{2+} + 2OH^-$$

CdO，HgO は強酸には溶けるが，アルカリには溶けず，したがって，両性化合物ではなく，塩基性である．

本族元素のハロゲン化物は共有結合が強く，特に $HgCl_2$ は水に溶けると同時に種々の有機溶媒にも可溶である．HgS，$HgCO_3$，$Hg_3(PO_4)_2$，$HgSO_4$ などは水に溶けにくい．Zn の場合は，$ZnCO_3$，ZnS などを除いては一般に水溶性である．

亜鉛族の元素，イオンは銅族の場合と同様に，配位化合物を作りやすい．一般にアンモニア，シアン化物イオンなどと $M(NH_3)_4^{2+}$ や $M(CN)_4^{2-}$ などの錯イオンを形成する．また，水に難溶の $CdCl_2$ や $HgCl_2$ は自己錯塩 $[CdCl_4]^{2-}$，$[HgCl_4]^{2-}$ を形成している．HgI_2-KI をアルカリに溶かしたものは $K_2[HgI_4]$ の溶液であり，ネスラー試薬 Nessler's reagent と呼ばれ，アンモニアがあると不溶性の錯体を形成する．

また，これらの金属は，Et_2Zn，RHgX，R_2Hg，R_2Zn などの有機金属化合物を形成する．

Cd や Hg の単体，イオン（Cd^{2+}，Hg^{2+}），有機金属化合物などはいずれも毒性が高く，取扱い，廃液処理などには注意を要する（8.2 節を参照）．

酸化亜鉛（II）（zinc(II) oxide）ZnO（日本薬局方第一部収載）

亜鉛華と呼ばれる白い粉末であり，水には溶けない．両性酸化物である．外用で使用すると皮膚のタンパク質と結合して被膜を形成し，局所に対して保護作用，緩和な収れん作用，消炎作用，保護作用，軽度の防腐作用などの作用を有するため，外用剤（軟膏剤，散布剤，懸濁剤，パスタ剤）として，湿疹，皮膚炎，外傷などの皮膚潰瘍の治療に用いられる．亜鉛華デンプンは酸化亜鉛をデンプンで薄めて，その作用を一層緩和し，散布しやすくしたものである．また亜鉛華軟膏は酸化亜鉛を軟膏基剤と混ぜた軟膏剤で，酸化亜鉛の作用に加え，皮膚軟化性および皮膚密着性をもち，肉芽形成・表面形成を促進させて皮膚疾患を改善する．アクリノール・亜鉛華軟膏は，亜鉛華軟膏の局所収れん，保護作用に加えてアクリノールの殺菌作用をもたせた軟膏である．白色顔料，触媒などにも使われる．

塩化亜鉛（zinc chloride）$ZnCl_2$（日本薬局方第二部収載）

白色の結晶性粉末である．潮解性で，水，エタノール，アセトン，エーテルによく溶ける．医療用には，Zn^{2+} イオンがタンパク質を沈殿させる作用があるので，局所収れん剤として用いる．硫酸亜鉛よりもこの作用は強く，また殺菌作用もあるといわれている．触媒（ルイス酸型）にも用いる．

硫酸亜鉛（zinc sulfate）$ZnSO_4 \cdot 7H_2O$（日本薬局方第一部収載）

無色または白色の結晶で，水に極めてよく溶ける．エタノール，エーテルにはほとんど溶けな

い．医療用には，収れんの目的で点眼，洗眼用に用い，粘膜の表層を収れんして刺激し，局所組織細胞の新生を促す作用がある．また，希釈液は鼻，咽頭などの粘膜の洗浄料として用いる．食品では母乳代替食品に強化剤として添加する．触媒（ルイス酸型）にも用いる．

塩化水銀（I）（mercury（I）chloride）Hg_2Cl_2

塩化第一水銀，甘汞とも呼ばれる．光にさらしたりアルカリに溶かすと Hg を生じ黒色となる．水よりもむしろ有機溶媒に溶ける分子型化合物である．$HgCl_2$ に較べて低毒性であるとされている．

塩化水銀（II）（mercury（II）chloride）$HgCl_2$

塩化第二水銀，昇汞とも呼ばれる．無色の針状晶で，水，有機溶媒に溶ける．昇華性である．有毒である．

6.10 ランタノイド元素およびアクチノイド元素

周期表3族の第6周期のランタン La からルテチウム Lu までの15元素をランタノイドまたはランタニド元素（lanthanoids または lanthanides），および第7周期のアクチニウム Ac からローレンシウム Lr までの15元素をアクチノイドまたはアクチニド元素（actinoids または actinides）と呼ぶ．これらの元素は，一般に最外殻軌道の2つ内側のf軌道（ランタノイドでは4f，アクチノイドでは5f）が次々に電子で満たされていき，共通の化学的特性をもつので，f-グループ元素，f-グループ遷移元素，あるいは内部遷移元素 inner transition element とも呼ばれる（f-グループ元素という場合には La，Ac は除く）．また，3族である Sc，Y にランタノイドを加えた17元素を希土類元素 rare earth elements と呼ぶ．希土類元素という命名は，これらの元素の化合物が比較的稀な鉱物から得られた複雑な混合酸化物から分離されたことに基づいて行われたが，現在ではこれらの元素の地殻全体中の存在量が希少ではないことが見出されている．各系列では化学的性質が相互によく似ており，鉱石中に一緒に産出することが多い．

6.10.1 ランタノイド元素

原子番号61のプロメチウム Pm は天然に存在しないが，他のランタノイド元素はモナズ石，ガドリン石などに，リン酸塩の形で相互に混ざり合って産出する．電子配置は表6.9に示すように，4f軌道と，一部5d軌道への電子配置が原子番号とともに変わっていく系列で，性質は相互によく似ている．

ランタノイド元素の単体は酸と反応して水素を発生する．また，ランタノイド元素はいずれもイオン化電圧が低いため，イオン化しやすい．これは，最外殻の2個の 6s 電子がとり除かれや

表 6.9 ランタノイド元素の性質

原子番号	元素	元素記号	英名	内殻	外殻電子			イオン半径 $(R^{3+}Å)$	外殻(3価イオン)			イオンの色(3価イオン)
					4f	5d	6s		4f	5s	5p	
57	ランタン	La	lanthanum		0	1	2	1.172	0	2	6	無
58	セリウム	Ce	cerium		2	0	2	1.15	1	2	6	無(4価,橙赤)
59	プラセオジム	Pr	praseodymium		3	0	2	1.13	2	2	6	緑
60	ネオジム	Nd	neodymium		4	0	2	1.123	3	2	6	淡紫
61	プロメチウム	Pm	promethium		5	0	2	1.11	4	2	6	桃
62	サマリウム	Sm	samarium		6	0	2	1.098	5	2	6	黄(2価,赤)
63	ユウロピウム	Eu	europium		7	0	2	1.087	6	2	6	淡桃(2価,淡褐)
64	ガドリニウム	Gd	gadolinium	[Xe]*	7	1	2	1.078	7	2	6	無
65	テルビウム	Tb	terbium		9	0	2	1.063	8	2	6	淡桃
66	ジスプロシウム	Dy	dysprosium		10	0	2	1.052	9	2	6	黄
67	ホルミウム	Ho	holmium		11	0	2	1.041	10	2	6	淡黄
68	エルビウム	Er	erbium		12	0	2	1.033	11	2	6	桃
69	ツリウム	Tm	thulium		13	0	2	1.020	12	2	6	淡緑
70	イッテルビウム	Yb	ytterbium		14	0	2	1.008	13	2	6	無(2価,橙赤)
71	ルテチウム	Lu	lutetium		14	1	2	1.001	14	2	6	無

*キセノン(Xe)の電子配置:$1s^2 2s^2 2p^6 3s^2 3p^6 3d^{10} 4s^2 4p^6 4d^{10} 5s^2 5p^6$

すく,またf電子(Ce, Gd, Lu では 5d 電子)がとり除かれやすいためであると考えられ,M^{2+},M^{3+},M^{4+} を与える.一般には酸化数+3の化合物として安定であるが,Ceは $4f^1$,$5d^1$,$6s^2$ のすべての電子がとり除かれると,閉殻であるXeの電子配置となるため,Ce^{4+} の形で安定に存在し,Sm, Eu, Yb などでは+2価をもつものもある.ランタノイド元素のイオンは着色したイオンである場合が多い.

ランタノイド元素の M_2O_3(酸化数+3)の形で存在する酸化物は安定である.また,水和物に相当する水酸化物は $M(OH)_3$ であり,水に難溶であるが,アルカリ性を示す.その強さはイオン半径の減少,すなわち原子量が大きくなるにしたがって減る.フッ化物以外のハロゲン化物,硝酸塩,過塩素酸塩,臭素酸塩は水に可溶,フッ化物,炭酸塩,リン酸塩,シュウ酸塩は不溶で,硫酸塩は可溶性から難溶性のものまである.また,ランタノイド元素のイオンは一般に水に可溶の安定な複塩を形成する($[M(NO_3)_3]_2[Mg(NO_3)_2]_3 \cdot 24H_2O$,$[M_2(SO_4)_3][Na_2SO_4]_3 \cdot 12H_2O$,など).さらに,ランタノイド元素のイオン(+3価)半径は表6.9に示すように原子番号とともに少しずつ減少する.これはf軌道の広がりが大きいため,核荷電の増加につれてのf電子による遮へい効果がきかず,有効核荷電が増し周囲の電子雲が引きつけられることに由来する.この現象はランタノイド収縮 lanthanoids contraction と呼ばれるが,このためランタノイド元素のイオンは少しずつ性質が異なり,イオン半径の小さいものは,水和されやすく,また錯体をつくりやすい.

ランタノイド元素のイオンまたはその化合物は,不対電子をもたない Sc^{3+},Y^{3+},La^{3+},

Ce^{4+}, Lu^{3+}, Yb^{2+}などを除いて，一般に常磁性を示すものも多い．そのため，Eu の有機溶媒可溶錯体が核磁気共鳴スペクトルのシフト試薬，また Gd^{3+}（7個の f 軌道の 1 個ずつに電子が入って，ランタノイド元素中最大の 7 つの不対電子を有する）の水溶性錯体が磁気共鳴イメージングの造影剤として使用されている（8.5節を参照）．

6.10.2 アクチノイド元素

表 6.10 アクチノイド元素の性質

原子番号	元 素	元素記号	英 名	内 殻	外殻電子			イオン半径(Å)	
					5f	6d	7s	R^{3+}	R^{4+}
89	アクチニウム	Ac	actinium			1	2	1.12	
90	トリウム	Th	thorium			2	2		0.94
91	プロトアクチニウム	Pa	protoactinium		2	1	2	1.04	0.90
92	ウラン	U	uranium		3	1	2	1.025	0.89
93	ネプツニウム	Np	neptunium		4	1	2	1.01	0.87
94	プルトニウム	Pu	plutonium		6		2	1.00	0.86
95	アメリシウム	Am	americium		7		2	0.975	0.85
96	キュリウム	Cm	curium	[Rn]*	7	1	2	0.97	0.85
97	バークリウム	Bk	berkelium		9		2	0.96	0.83
98	カリホルニウム	Cf	californium		10		2	0.95	0.821
99	アインスタイニウム	Es	einsteinium		11		2		
100	フェルミウム	Fm	fermium		12		2		
101	メンデレビウム	Md	mendelevium		13		2		
102	ノーベリウム	No	nobelium		14		2		
103	ローレンシウム	Lr	lawrencium		14	1	2		

＊ラドン(Rn)の 電子配置：$1s^2 2s^2 2p^6 3s^2 3p^6 3d^{10} 4s^2 4p^6 4d^{10} 4f^{14} 5s^2 5p^6 5d^{10} 6s^2 6p^6$

　アクチノイド元素はいずれも放射性同位元素であり，またウランより原子番号の大きい元素はすべて人工放射性同位元素で，超ウラン元素 transuranic elements とも呼ばれる（ただし，ネプツニウム Np，プルトニウム Pu は天然にごく微量存在するので，厳密にはまた原子番号 95 のアメリシウム Am 以降が人工元素である）．イオンスペクトルや磁気的性質は多くの点でランタノイド元素のイオンの特性と平行しているが，より複雑である．これらの元素はいずれも低いイオン化電圧をもつが，生じるイオンの酸化数はそれぞれ異なり，特に安定イオンの酸化数は Ac（+3），Th（+4），Pa（+5），U（+6），Np（+5），Pu（+4），Am（+3），Cm～No（+3）で，原子番号の小さい元素では酸化数も高原子価数が安定であるが，原子番号の増加につれて低酸化数が安定となる．また，5f 電子のイオン化ポテンシャルが 4f 電子より小さく，外部電子殻による遮へい力が弱いため，アクチノイド元素のイオンはランタノイド元素のイオンよりも錯体を作りやすく，加水分解もしやすい．

アクチノイド元素のイオンのイオン半径は表6.10に示すように原子番号とともに少しずつ減少する．これは1個ずつ増加する電子が最外殻軌道に入らず，電子殻の内部にある5f軌道に入るために，プラスの電荷をもった原子核から引き付けられやすく，原子番号，すなわち核電荷の増加にともなって核に引き付けられることによって起こる現象で，アクチノイド収縮 actinoids contraction と呼ばれる．このためアクチノイド元素のイオンは少しずつ性質が異なる．

アクチノイド元素の中でウランUとプルトニウムPuは原子炉の燃料として利用されている．金属ウラン，プルトニウムは極めて化学的な反応性が高く，希ガス以外のすべての元素と反応するといわれている．金属ウランの粉末は空気酸化されやすく発火してU_3O_8となる．水とも徐々に反応し，水を分解して水素ガスを発生する．プルトニウムも同様である．また，Uは酸素と反応してUO_2（黒褐色），U_3O_8（濃緑），UO_3（橙色）など有色の酸化物を与える．UO_3は両性酸化物である．Uの安定な酸化状態は＋4と＋6価である．U^{4+}は空気中の酸素により酸化されてUO_2^{2+}となる．U^{6+}イオンは黄色で，水溶液中で安定である．Uのハロゲン化物はすべて揮発性である．

練習問題

問 1 日本薬局方過マンガン酸カリウムの定量法に関する次の記述のうち，正しいものの組合せはどれか．

a シュウ酸との反応は，通常硫酸酸性で行うが，塩酸または硝酸酸性でもよい．
b 滴定は過マンガン酸カリウム溶液の一定量を三角フラスコにとり，0.05 mol/L シュウ酸液で滴定する．
c 滴定は 0.05 mol/L シュウ酸液の一定量を三角フラスコにとり，過マンガン酸カリウム溶液で滴定する．
d 反応終了近くなったならば，55～60℃に加温して滴定を行う必要がある．

1 (a, b)　　2 (a, c)　　3 (a, d)　　4 (b, d)　　5 (c, d)

(第77回薬剤師国家試験)

解 答

問 1 5

a （誤）塩酸は酸化されてCl_2が生成し，硝酸はシュウ酸を酸化するので不適当である．
b （誤）通常は定量する試料を三角フラスコにとり，濃度既知の標準液で滴定するが，この場合は逆にする．こうすれば，無色の溶液が過マンガン酸カリウムの淡赤色を呈するところが終点となり，その判定がしやすい．また，滴定条件が異なると誤差を生

じやすいので，0.02 mol/L の過マンガン酸カリウム液の標定法とできるだけ同じ条件になるよう規定している．

c　（正）

d　（正）滴定の終点近くでは，反応の速度が遅くなるので，少し加温する必要がある．

第 7 章　錯体の化学

7.1　錯体

錯体 complex は**金属錯体** metal complex，**配位化合物** coordination compound とも呼ばれ，中心金属とそれを取り巻くように結合する**配位子** ligand とから構成される．金属としては，狭義には遷移金属 transition metal および希土類元素 rare earth metal を扱うが，カルシウムやマグネシウムなどの典型金属元素も含めて取り扱うことが多い．また，配位子とは非共有電子対をもつ分子やイオンであり，ルイスの塩基と同じ意味である．なお，錯体の表示法および命名法は付録 1，2 に示す．

7.2　錯体生成反応と錯体の安定度定数

金属イオン（M，電荷省略）と配位子（L）とが反応して，錯体 ML_n が生成する反応を**錯体生成反応** complexation reaction（**錯形成反応**）といい，その反応の平衡定数は，錯体の**生成定数** formation constant であるが，しばしば**安定度定数** stability constant と呼ばれる．錯体生成反応が段階的に生じる場合，反応は以下のように示され，それぞれの平衡定数 K_1，K_2，…K_n は**逐次生成定数**あるいは**逐次安定度定数** stepwise stability constant と呼ばれる．

$$M + L \rightleftarrows ML \qquad K_1 = \frac{[ML]}{[M][L]} \tag{7.1}$$

$$ML + L \rightleftarrows ML_2 \qquad K_2 = \frac{[ML_2]}{[ML][L]} \tag{7.2}$$

$$ML_{n-1} + L \rightleftarrows ML_n \qquad K_2 = \frac{[ML_n]}{[ML_{n-1}][L]} \tag{7.3}$$

式 (7.1) ～ (7.3) をまとめると，式 (7.4) のような反応が生じているとも考えられる．

$$M + nL \rightleftarrows ML_n \quad (n = 1, 2, \cdots n) \qquad \beta_n = \frac{[ML_n]}{[M][L]^n} \tag{7.4}$$

β_n は**全生成定数（全安定度定数** overall stability constant) と呼ばれる．単に**生成定数（安定度定数）**という場合には，**全生成定数（全安定度定数）**を意味する場合が多い．全安定度定数と逐次安定度定数とは式 (7.5) のような関係がある．

$$\beta_n = K_1 \cdot K_2 \cdots\cdots\cdots K_n \tag{7.5}$$

金属イオンは，水溶液中では通常，水が配位した**アクア錯体**（水和イオンともいう．また金属イオンに配位している水を**配位水**と呼び，溶媒としての水と区別している）として存在している．したがって，式 (7.4) で示される反応が水溶液中で生じるとき，M はアクア錯体 $M(H_2O)_n$ を意味しているので，この錯体生成反応は式 (7.6) で示されるような配位子置換反応と考えることができる．

$$M(H_2O)_n + nL \rightleftarrows ML_n + nH_2O \quad (n = 1, 2, \ldots, n) \tag{7.6}$$

水溶液中の錯体生成反応は pH の影響を強く受ける．一般に，pH の低い領域と高い領域において，錯体 ML_n の生成量は低下する．その中間に存在する錯体生成量の多い領域を**至適 pH 域** optimum pH region という．至適 pH 域が存在する理由は，以下のように説明できる．

配位子 L はルイス塩基であるが，そのほとんどはブレンステッド塩基である．したがって，酸性水溶液では，水素イオン H（電荷省略）の濃度が高いため，次の反応 (7.7) が生じる．その結果，LH の濃度が増加し，L の濃度が減少するために錯体 ML の生成が抑えられることになる．

$$L + H \rightleftarrows LH \tag{7.7}$$

水素イオン H と金属イオン M はともにルイス酸であるから，酸性領域ではルイス塩基である配位子 L に対して互いに競争して結合しようとすると考えればよい．

一方，pH が高いアルカリ性水溶液では，水酸化物イオン OH（電荷省略）の濃度が高く，反応式 (7.8) に従って**ヒドロキソ錯体** $M(OH)_n$（電荷省略）が生成し，金属イオン M（あるいは $M(H_2O)_n$）の濃度が減少するために金属錯体 ML の生成が抑えられることになる．

$$M + nOH \rightleftarrows M(OH)_n \tag{7.8}$$

水酸化物イオン OH（電荷省略）と配位子 L はともにルイス塩基であるから，アルカリ性領域ではルイス酸である金属イオン M に対して互いに競争して結合しようとすると考えられる．

以上のように，金属イオン M や配位子 L の濃度が pH に大きく依存しているため，水溶液中で錯体を合成する実験では，溶液を至適 pH 域に調節することが大切である（図 7.1）．

安定度定数の大きい錯体とは，式 (7.6) の平衡反応が大きく右に傾いていることを意味しているが，必ずしも反応速度が大きいとか生成した錯体が化学的に安定であるということではない．すなわち，安定度定数の大きい錯体であるからといって，金属イオンと配位子とを反応させ

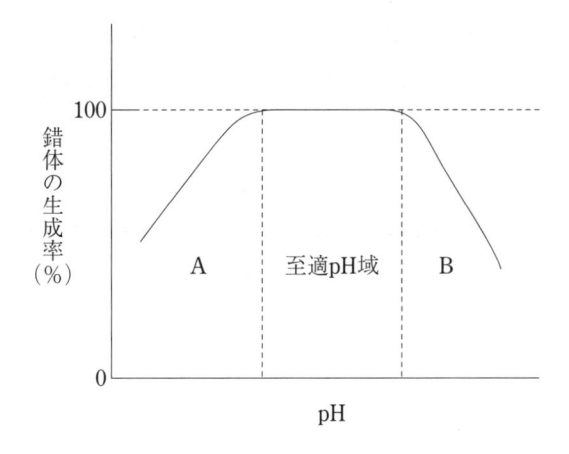

図 7.1　錯体 ML の生成に及ぼす pH の影響

A：H^+ 濃度が高いため HL が生成し，L の濃度が低下する．したがって，錯体 ML の生成量が減少する．

B：OH^- 濃度が高いため $M(OH)_n$ が生成し，M の濃度が低下する．したがって，錯体 ML の生成量が減少する．

ると，直ちに錯体が生成するとは限らないことに注意すべきである．例えば，Al(III)，Co(III)，Cr(III) などの錯体は安定度定数が大きい場合であっても，一般に反応速度は遅い．その原因は，式（7.6）で示される置換反応の反応速度が遅いためであり，Al(III)，Co(III)，Cr(III) などの錯体は置換不活性 inert であるといわれる．一方，Cr(II) や Hg(II) などは，反応速度が速く置換活性 labile であるといわれる．置換活性の程度は，アクア錯体 $M(H_2O)_n$ の配位水の交換速度

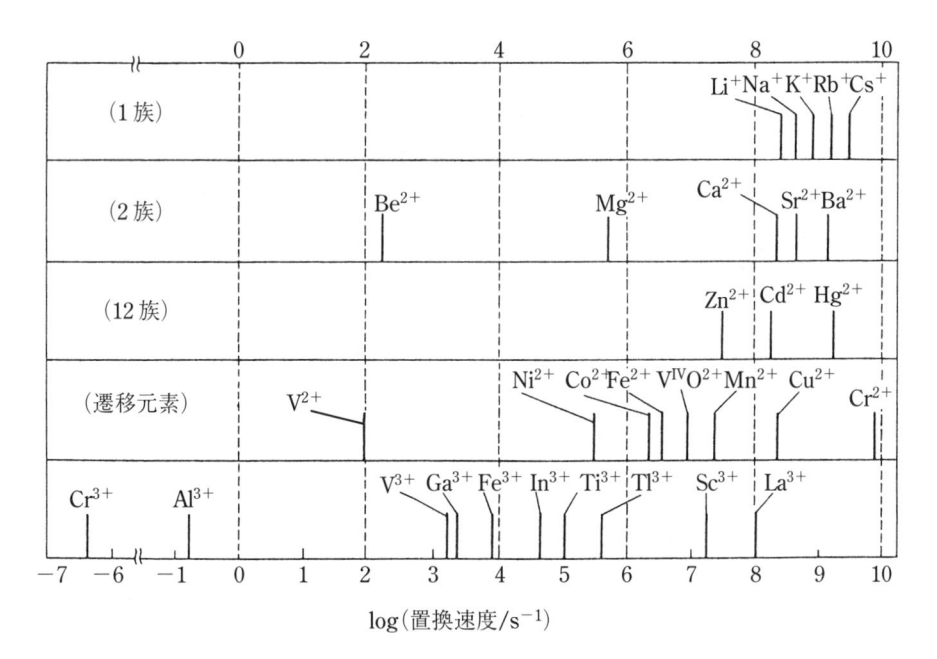

図 7.2　水和金属イオンにおける配位水交換の速度

（斉藤一夫，新しい錯体の化学，p.117，大日本図書，1986 一部改変）

から推定することができる（図 7.2）．さらに，安定度定数の値が大きい錯体であっても化学的に安定とは限らない．光や酸素の存在下で容易に分解してしまうものがある．安定度定数の大きい錯体を意識して表現する場合，"熱力学的に安定な錯体"という．

7.3 錯体の安定度に影響を及ぼす因子

錯体の安定度に影響を及ぼす因子には，金属イオンのもつ性質と配位子のもつ性質があり，さらに両者の組み合わせにはおおまかな経験則があることが知られている．

7.3.1 金属イオンの種類

錯体生成反応は，陽電荷をもつ金属イオンと非共有電子対をもち，電子の豊富な配位子との結合生成であるから，陽イオンと陰イオンとがイオン結合する反応と類似していると考えることができる．すなわち，静電的相互作用が支配するような反応系では，金属のイオン半径，金属イオンの酸化数（電荷）などが安定度定数の大きさに影響することが知られている．例えば，同じ電荷の金属では，イオン半径が小さくなると電荷密度は大きくなるので，イオン半径の小さい錯体ほど安定度定数は大きくなる（表 7.1）．また，同じイオン半径であれば，電荷の大きい金属イオンほど安定度定数は大きくなる（表 7.2）．このような関係は，イオン結合性の大きい錯体でしばしば認められる．

アーヴィング-ウィリアムズ Irving-Williams 系列

周期表第 4 周期の Mn から Zn までの 2 価遷移金属イオンの錯体の安定度定数の値を比較する

表 7.1　2 価金属イオンのイオン半径と安定度定数（20 ℃）との関係

2 価金属イオン	Mg^{2+}	Ca^{2+}	Sr^{2+}	Ba^{2+}
イオン半径	0.66	0.99	1.12	1.34
安定度定数（$\log K_1$）	4.31	2.82	2.11	1.62

配位子：8-hydroxyquinoline（oxine）

表 7.2　金属イオンの電荷と安定度定数との関係

金　属	Na^+	Ca^{2+}	Y^{3+}	Th^{4+}
イオン半径	0.97	0.99	0.89	1.02
安定度定数（$\log K_1$）	−0.2	1.3	6.3	10.8

配位子：ヒドロキソ（OH^-）

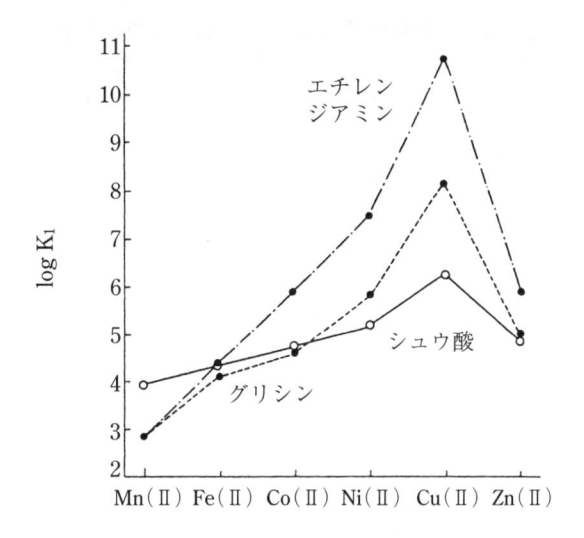

図 7.3 中心金属の原子番号と安定度定数との関係（Irving-Williams 系列）
（山根靖弘，田中久，喜谷喜徳（編），無機生物化学，p.50，南江堂，1980）

と，一般に次のような序列が成立する．

$$\text{Mn(II)} < \text{Fe(II)} < \text{Co(II)} < \text{Ni(II)} < \text{Cu(II)} > \text{Zn(II)}$$

これはアーヴィング-ウィリアムズ系列 Irving-Williams series（アーヴィング-ウィリアムズの順序 Irving-Williams order または安定度序列）といわれる経験則である．実例を図 7.3 に示した．

この序列が生じる理由は，結晶場の理論から導かれる結晶場安定化エネルギーの大きさが遷移金属イオンの d 電子の数により決まってくることにより説明されている．

7.3.2 配位子の種類

錯体の中心原子に配位結合している原子や原子団のことを**配位子** ligand（リガンド）といい，中心原子に直接に結合している原子を**配位原子** coordinating atom（liganding atom）という．配位原子の数が 1 個の配位子を**単座配位子** monodentate ligand，2 個のものを**二座配位子** bidentate ligand，3 個のものを**三座配位子** terdentate ligand，……と呼び，二座以上のものを**多座配位子** multidentate ligand（**キレート配位子** chelate ligand）という．また，一般に多座配位子となり得るような化合物を**キレート試薬** chelating agent（**キレート剤**）という．代表的な単座配位子および多座配位子をそれぞれ付録 4，表 7.3 に示す．

1 配位子の塩基性

金属錯体生成が，プラス電荷をもつ金属イオンと非共有電子対をもっている配位子（配位原子）

表7.3 多座配位子（キレート剤）の構造と名前

化学構造	名前（配位子としての英名）	略号	配位形式
COOH–COOH	シュウ酸 (oxalato)	H_2ox	O, O
CH_2–COOH, NH_2	グリシン (glycinato)	Hgly	N, O
$HOOCCH_2$\N–CH_2–CH_2–N/CH_2COOH （エチレンジアミン四酢酸骨格）	エチレンジアミン四酢酸 (ethylenediaminetetraacetato)	H_4edta	N_2, O_4
CH_3–C=CH–C–CH_3 （OH, O）	アセチルアセトン[*1] (acetylacetonato)	Hacac	O, O
（8-ヒドロキシキノリン構造）	8-キノリノール[*1] (8-quinolinolato)	Hoxin	N, O
（ジチゾン構造 PhN=N–C(SH)=N–NHPh）	ジチゾン[*1] (dithizonato)	Hdz	N, S
NH_2–CH_2–CH_2–NH_2	エチレンジアミン (ethylenediamine)	en	N, N
（1,10-フェナントロリン構造）	1,10-フェナントロリン (1,10-phenanthroline)	phen	N, N
C_2H_5\N–C(=S)–SNa/C_2H_5	ジエチルジチオカルバミン酸ナトリウム[*1] (diethyldithiocarbamato)	dtc	S, S
（18-クラウン-6構造）	1,4,7,10,13,16-hexaoxacyclooctadecane	18-crown-6	O_6
（サイクラム構造）	(1,4,8,11-tetraazacyclotetradecane)	cyclam	N_4

*1 抽出キレート剤

との間の静電的相互作用であると考えると，配位子（配位原子）の電荷密度が大きいほど，安定度定数は大きくなる．配位子がブレンステッド塩基である場合，配位子（配位原子）の電荷密度は電離定数 Ka の大きさと負の相関がある．したがって，配位子の pKa と安定度定数の大きさとの間には正の相関があると予想される．すなわち，プロトンが強く結合している配位子（pKa の値が大きい）は，プロトンと同じルイス酸である金属イオンとも強く結合すると考えることができる．配位子の pKa の値が大きい場合，ブレンステッド塩基としての塩基性が大きいという表

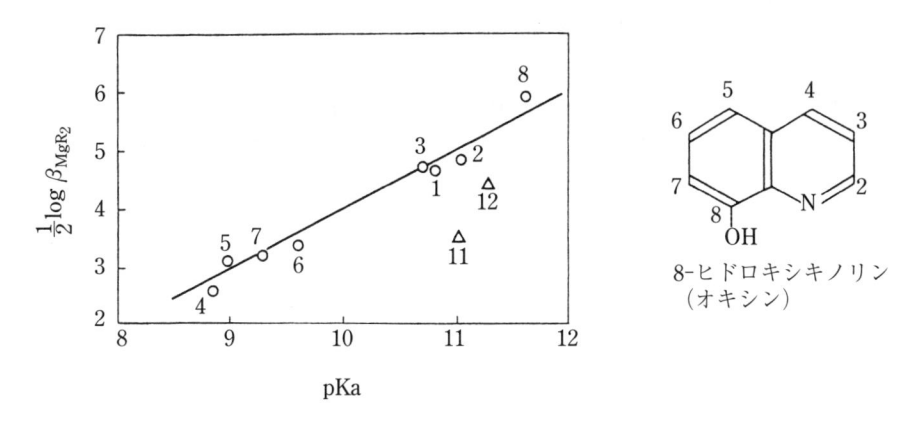

図7.4 配位子の電離定数（pKa）と安定度定数との関係
8-ヒドロキシキノリン類縁化合物とそのマグネシウム錯体
1：オキシン，2：5-メチルオキシン，3：6-メチルオキシン，4：8-ヒドロキシシンノリン，
5：8-ヒドロキシ-4-メチルシンノリン，6：8-ヒドロキシキナゾリン，7：5-ヒドロキシキ
ノキサリン，8：4-メチルオキシン，11：2-メチルオキシン，：7-メチルオキシン
○：立体障害なし，△：立体障害（2-または7-位置換体）
（田中元治，溶媒抽出の化学，p.37，共立出版，1977，一部改変）

現ができ，一般に塩基性の大きい配位子（配位原子）が生成する錯体の安定度定数は大きい．図7.4に8-ヒドロキシキノリン（オキシン）の誘導体について，そのpKaとMg(II)錯体の安定度定数の大きさとの関係を示すが，配位子のpKaの値が大きくなるほど，安定度定数も大きくなる．ここに述べた相関関係は，配位子の基本的な配位構造がよく似ている配位子群においてはよく成り立つ．

なお，8-ヒドロキシキノリン（オキシン）の誘導体の2-または7-位にかさばった置換基がある場合には，立体障害のため配位結合が弱められ，安定度定数の値は小さくなる．

2 キレート効果

アンミン（NH_3）およびエチレンジアミン（$H_2N\text{-}CH_2CH_2\text{-}NH_2$, en）のように同じ配位原子をもつ単座配位子および二座配位子から生成する錯体の対応する安定度定数を比較すると，一般に後者の値のほうが著しく大きい．このような現象を**キレート効果** chelate effect と呼んでいる．

キレート効果は次のように説明される．キレートが生成する過程（図7.5）において，二座配位子の1つの配位原子Xが金属イオンMと結合したとき，2つ目の配位原子Yは金属イオンMの近くに位置するため，2つ目の配位原子Yが金属イオンMと結合する確率は極めて高くなる．一方，単座配位子においては，2つ目の配位子が金属MXに結合するために衝突する確率はかなり低い．このような理由でキレートの安定度定数が大きくなる．

例えば，表7.4に示したように $[Ni(NH_3)_6]^{2+}$ および $[Ni(en)_3]^{2+}$ の対応する安定度定数 $\log \beta_2$, $\log \beta_4$, $\log \beta_6$ および $\log \beta_1$, $\log \beta_2$, $\log \beta_3$ をそれぞれ比較するとき，後者のほうが大

二座配位子によるキレート生成

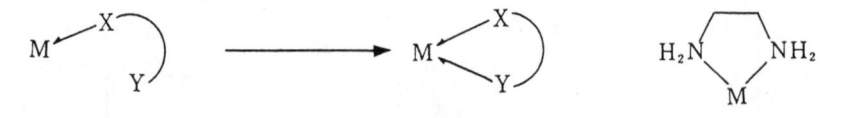

単座配位子による錯体生成

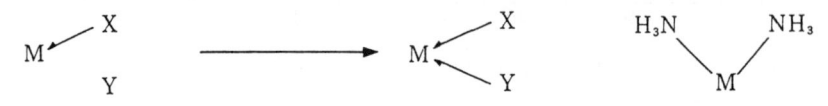

図 7.5 キレート生成と錯体生成

表 7.4 キレート効果が安定度定数の大きさに及ぼす影響

	安定度定数 [$\log \beta_n$]		
[Ni(NH$_3$)$_6$]	4.89 (n = 2)	7.67 (n = 4)	8.31 (n = 6)
[Ni(en)$_3$]	7.35 (n = 1)	13.54 (n = 2)	17.7 (n = 3)

きいが，これはキレート効果に基づいている．

　生体内で鉄や銅などの遷移金属イオンが生理活性を発現する際，金属イオンはタンパク質などに強く結合している必要がある．例えば，赤血球中のヘモグロビンはヘムと呼ばれる部分に鉄を含み，この鉄が肺において酸素と結合して体内に酸素を運搬するが，鉄はキレートとしてヘムに強固に結合している．またインビボ放射性診断薬のなかにも金属イオン（放射性同位元素）をキレート化合物として用いている例が多い（8.4 節，8.5 節を参照）．

7.3.3　HSAB 則（HSAB 理論）

　錯体生成反応が式（7.9）のように表されるとき，反応が右へ進むかどうかは，配位子 L と L*の金属イオン M に対する親和性の相対的な大きさにより，ほぼ決まる．

$$\text{M-L} + \text{L*} \rightleftarrows \text{M-L*} + \text{L} \tag{7.9}$$

ある金属錯体 ML に対して配位子 L* を色々変化させて式（7.9）の反応が右へ進行するかどうかを調べることにより，金属イオン M に対する配位子（配位原子）の親和性の順序を決めることができる．この順序は金属イオンの種類によって変化する．Pearson はこれらの関係を整理して，**Hard and Soft Acids and Bases 則**（**HSAB 則**, HSAB 理論 HSAB principle）と呼ばれる経験則を提案し，金属イオン（Lewis の酸）と配位子（Lewis の塩基）を**かたい酸・塩基** hard acid, hard base および**やわらかい酸・塩基** soft acid, soft base と名付けた．

　HSAB 則は以下のようにまとめられる．

表 7.5 HSAB 則によるルイス酸とルイス塩基の分類

かたい酸		中間の酸		やわらかい酸	
H^+	Li^+	Fe^{2+}	Co^{2+}	Cu^+	Ag^+
Na^+	K^+	Ni^{2+}	Cu^{2+}	Hg^+	Hg_2^{2+}
Mg^{2+}	Ca^{2+}	Zn^{2+}	Pb^{2+}	Pd^{2+}	Pt^{2+}
Cr^{3+}	Fe^{3+}			Cd^{2+}	Au^{3+}
Co^{3+}	Al^{3+}				

かたい塩基			中間の塩基		やわらかい塩基	
H_2O	OH^-		NO_2^-	Br^- (2.8)	RSH	RS^-	S^{2-}
RO^-	CO_3^{2-}	SO_4^{2-}			CN^-	CO
NH_3	EDTA				PR_3	
F^- (4.0)		Cl^- (3.0)			I^- (2.5)	

( )：元素の電気陰性度を表す値

① かたい酸はイオン半径が小さく，正電荷密度が大きい．一方，やわらかい酸はイオン半径が大きく，正電荷密度が小さい．

② かたい塩基（配位原子）は電気陰性度が大きく，分極しにくく，酸化されにくい．一方，やわらかい塩基は電気陰性度が小さく，分極しやすく，酸化されやすい．

③ かたい酸とかたい塩基は親和性が大きく，イオン結合性の大きい化合物を生成する．

④ やわらかい酸とやわらかい塩基は親和性が大きく，共有結合性の大きい化合物を生成する．

具体的な分類を表7.5に示す．やわらかい酸は重金属に属しているが，これらが硫化水素やチオール類と親和性が高いことがHSAB則で説明できる．

7.4 錯体の構造

7.4.1 配位数と立体構造

錯体の構造は，中心金属の種類，酸化状態および配位子の種類により変わる．一般に，錯体の中心金属に配位結合している原子団の数を**配位数** coordination number という．配位数として，2〜12が知られているが，多くの金属では2，4，6である．ウェルナー（A. Werner）の配位説から推論すると，中心金属に結合している原子団は，等距離かつ等間隔に存在する．配位数2，4，6の金属イオンでは，一般に中心原子に結合している配位原子は対称性のよい構造をとり，**直線形 linear**，**正四面体 tetrahedral**，**正方平面 square planar**，**正八面体 octahedral** をとるものが多い（表7.6）．なかでも正八面体形あるいはそれに近い構造をとる錯体が多い．また，ほ

表7.6 配位数と錯体の立体構造

配位数	立体構造	名　称	主な金属
2		直線形 (linear)	Ag(I), Hg(II)
4		平面四角形 (square planar)	Ni(II), Pd(II), Pt(II) Cu(II), Au(III)
4		正四面体 (tetrahedral)	Co(II), Zn(II)
6		正八面体 (octahedral)	Mg(II), Al(III), Cr(III) Mn(II), Mn(III), Fe(II) Fe(III), Co(II), Co(III) Ni(II), Pt(IV)

とんどすべてのPt(II)錯体が正方平面形であるように，立体構造のほぼ決まっている金属イオンもあるが，Ni(II)やCo(II)のように配位数が4および6であるような金属も存在する．数は少ないが，配位数が3，5，あるいは7以上となる金属イオンもあり，これらの錯体では立体構造も表7.6に示したものとは異なる．

7.4.2 異性現象

錯体には，いろいろな異性現象が存在する．大きく分けると構造異性 structural isomerism と立体異性 stereoisomerism があり，さらに立体異性には代表的なものとして幾何異性 geometrical isomerism および光学異性 optical isomerism がある．なお異性の関係にある化合物を異性体 isomer という．

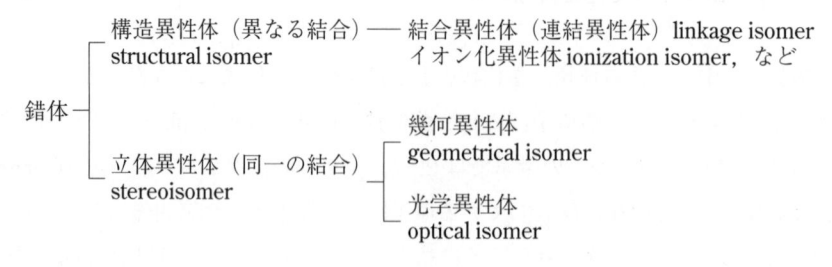

```
              構造異性体（異なる結合）── 結合異性体（連結異性体）linkage isomer
              structural isomer          イオン化異性体 ionization isomer，など
      錯体─┤
                                       ┌ 幾何異性体
              立体異性体（同一の結合）  │ geometrical isomer
              stereoisomer              │
                                       └ 光学異性体
                                         optical isomer
```

1 構造異性

配位子の構造の違いによって起こる異性を構造異性という．例えば，[CoCl(NH$_3$)$_5$]SO$_4$ と [Co(SO$_4$)(NH$_3$)$_5$]Cl のように，陰イオンが配位子となるか，ならないかによって生じるものを **イオン化異性** ionization isomerism という．また，2 種以上の配位原子をもつ配位子が金属原子に配位するとき，どの配位原子が結合するかによって生じる異性現象を **連結異性** linkage isomerism（結合異性ともいう）といい，図 7.6 に示す亜硝酸イオンが N か O かで配位，チオシアン酸イオン NCS$^-$ が N か S かで配位するのがその例である．なお，表示的に配位原子を明示する場合には，配位子名にハイフンを付けて配位原子をイタリックで示す．

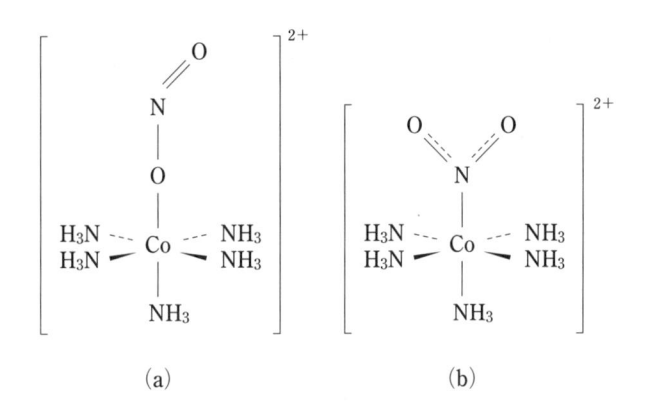

図 7.6　結合異性の例
(a) ペンタアンミンニトリト-*O*-コバルト(III)イオン
(b) ペンタアンミンニトリト-*N*-コバルト(III)イオンまたは
　　ペンタアンミンニトロコバルト(III)イオン

2 幾何異性

平面正方形錯体および八面体形錯体において，シス-トランス異性が生じる．図 7.7 に示すように平面正方形 MA$_2$B$_2$，正八面体形 MA$_4$B$_2$，MA$_3$B$_3$ にはシス-トランス異性が存在する．例えば，ジアンミンジクロロ白金(II) [PtCl$_2$(NH$_3$)$_2$] には，**幾何異性体** geometrical isomer（シス体とトランス体）が存在し，前者はシスプラチン呼ばれる制がん薬であるのに対して，後者には，制がん活性がまったくないことが知られている．正八面体形錯体におけるシス-トランス異性体は，[CoCl$_2$(en)$_2$]Cl など，多数知られている．

3 光学異性

6 配位錯体には，**光学異性** の例が多い．例えば，[Co(en)$_3$]$^{3+}$ においては，図 7.8 に示すように鏡像の関係にある **光学異性体** optical isomer（鏡像体，エナンチオマー enantiomer）が存在する．この関係を **キラリティー** chirarity という．[Co(en)$_3$]$^{3+}$ は不斉炭素原子をもたないが，光

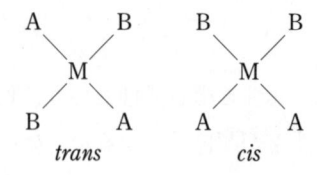

(a) 平面正方形 MA_2B_2

(b) 正八面体形 MA_4B_2

(c) 正八面体形 MA_3B_3

図 7.7　幾何異性体の例

(c) の mer は meridional（子午線）の略で，配位子の A 基が正八面体の子午線内にあることを示している．また，fac は facial（面の）の略で，A 基が正八面体の 1 つの三角面の面内にあることを示している．

学活性であり，旋光性を示す．

　鏡像異性体の絶対配置を表記するには，不斉炭素の場合は記号 R, S を用いるが，錯体の場合には記号 Δ，Λ を用いる．アミノ酸のように配位子自身がキラリティーをもつ場合は R, S で表す．

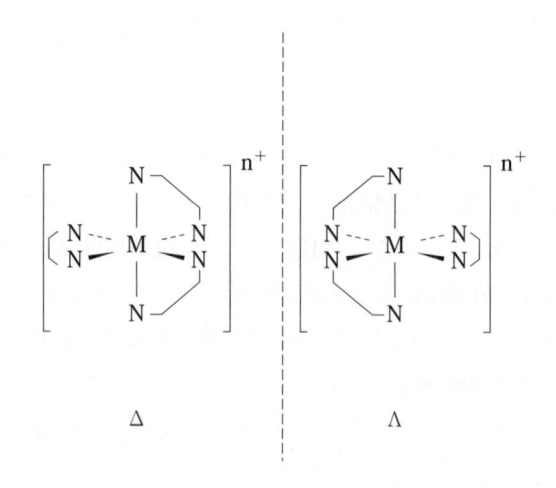

図 7.8　トリエチレンジアミンコバルト(III) $[Co(en)_3]^{3+}$ の光学異性体
M：Co(III)

7.5 結合理論

金属イオンと配位子との結合をそれぞれの電子配置に基づき説明するために，**原子価結合理論** valence bond theory，**結晶場理論** crystal field theory，**配位子理論** ligand field theory，**分子軌道理論** molecular orbital theory などが提唱されている．ここでは主として結晶場理論について説明する．

7.5.1 結晶場理論

遷移金属イオン（$d^1 \sim d^9$）を含む錯体の多くは色をもち，その紫外可視吸収スペクトル（電子スペクトル）は錯体の電子状態や立体構造を反映している．また，多くの遷移金属錯体は，d 軌道に不対電子をもち，磁性を示す．磁性を示す金属錯体を**常磁性錯体** paramagnetic complex，磁性をもたないものを**反磁性錯体** diamagnetic complex と呼ぶ．結晶場理論によって，錯体が色と磁性をもっている理由が説明された．

遷移金属イオン，例えば Co^{2+}，Ni^{2+}，Cu^{2+} は原子番号が 27，28，29 と 1 つずつ異なっているが，それらの水溶液は，それぞれ赤，緑，青といった様々な色をしている．これらの金属のアクア錯体が色をもつ原因は，結晶場の理論から説明される．**結晶場理論**は，おおまかにいうと金属-配位原子との結合がイオン-イオンあるいはイオン-双極子の結合であると考え，d 軌道が方向性をもつことを考慮して導かれたものである．すなわち配位子を負の点電荷とみなし，配位子中の負電荷と遷移金属イオン中の d 軌道の電子とが配位結合する際に負電荷同士が反発するために，d 軌道が分裂してエネルギーの異なる軌道が新たに生じると考えるのである．このような金属錯体に光を照射すると，その軌道間のエネルギー差に対応する波長の光が吸収され，その補色が我々の目に見えるのである．

Ti^{3+} の水溶液は六配位正八面体形アクア錯体 $[Ti(H_2O)_6]^{3+}$ を含み，赤紫色を呈している．この水溶液に結晶場理論を適用してみよう．Ti は原子番号 22 であるから，Ti の電子配置は $(1s)^2(2s)^2(2p)^6(3s)^2(3p)^6(3d)^2(4s)^2$ である．チタン原子から 3 個の電子が抜けた Ti^{3+} イオンの電子配置は $(1s)^2(2s)^2(2p)^6(3s)^2(3p)^6(3d)^1$ であり，d 電子は 1 個である．孤立した Ti^{3+} のもつ 5 個の d 軌道は，すべて同じエネルギーをもっている．同じエネルギー準位にある軌道は縮重している軌道 degenerate orbitals と呼ばれる（図 7.9）．孤立した Ti^{3+} イオンに配位子（6 個の H_2O）が図 7.10 に示すように x，y，z 軸方向からそれぞれ近づくと，H_2O 分子の酸素原子が負電荷を帯びているため，Ti^{3+} イオンの最外殻軌道（d 軌道）の 1 個の電子との間で反発が生じて d 軌道のエネルギーが増大する．さらに H_2O 分子が近づくと，$d_{x^2-y^2}$，d_{z^2} 軌道は強い反発を受けて 3/5

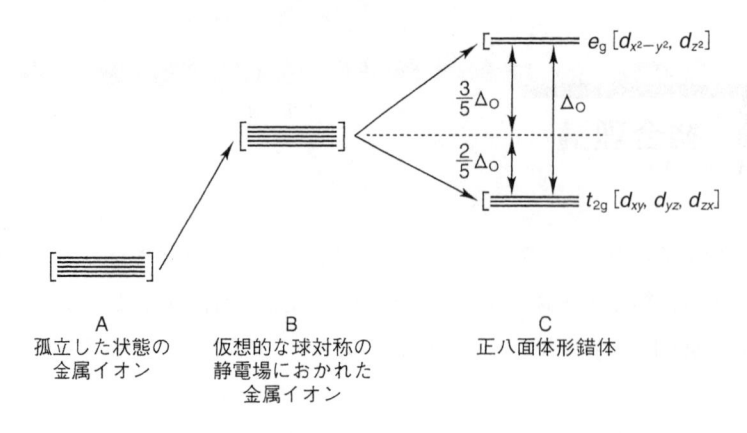

```
                                          ┌─ [▭▭] eg [dx²−y², dz²]
                                         ↗
                              [▭▭▭▭▭]    3/5 Δo   Δo
                              ↗          ↘
                                          └─ [▭▭▭] t2g [dxy, dyz, dzx]
              [▭▭▭▭▭]                       2/5 Δo

                A              B               C
            孤立した状態の    仮想的な球対称の    正八面体形錯体
            金属イオン       静電場におかれた
                           金属イオン
```

図 7.9　正八面体形錯体における金属 d 軌道の結晶場分裂
（日本薬学会編（2004）化学系薬学 I　化学物質の性質と反応，p.104，東京化学同人）

だけエネルギーが増大し，不安定化する（**結晶場分裂**）．図 7.11 に示すように x，y，z 軸方向に電子雲をもつ軌道は $d_{x^2-y^2}$ および d_{z^2} 軌道であり，これらを e_g 軌道という．一方，d_{xy}，d_{xz}，d_{yz} 軌道は配位子と直接向かい合わないために，反発が少なく，2/5 だけエネルギーが低下し安定化する（図 7.9）．これら d_{xy}，d_{xz}，d_{yz} 軌道を t_{2g} 軌道という．t_{2g} 軌道と e_g 軌道のエネルギー差を**結晶場分裂エネルギー**といい，Δ_0 で表す．Ti^{3+} の 1 個の d 電子はエネルギーの低い t_{2g} 軌道に入る．Ti^{3+} の水溶液に光を照射すると，t_{2g} 軌道の電子が高いエネルギーの e_g 軌道へと遷移（d-d 遷移）する．2 つの軌道間のエネルギー差（Δ_0）が吸収スペクトルに反映されており，可視吸収スペクトルを測定すると 500 nm 付近に極大吸収帯（d-d 吸収帯）が観測される（図 7.12）．[Ti(H$_2$O)$_6$]$^{3+}$ における d-d 遷移によって，緑色の光が吸収されるために，その補色である赤紫色が目に見えるのである．このように [Ti(H$_2$O)$_6$]$^{3+}$ がなぜ赤紫色をもつのかという理由が結晶場理論により説明される．

　3 個の t_{2g} 軌道と 2 個の e_g 軌道への d 電子の配置は，パウリの規則およびフントの規則に従う．パウリの規則とは，「1 つの軌道に入る電子は 2 個であり，互いに逆のスピンをもつ」というものである．一方，フントの規則とは「電子はできるだけ対にならずに同じエネルギーの別の軌道に入る」というものである．これら 2 つの規則に従うと，$d^1 \sim d^3$ および $d^8 \sim d^{10}$ の場合の電子配置は一義的に決まってしまうが，$d^4 \sim d^7$ においては，結晶場分裂エネルギーの大きさ（Δ_0）と d 電子間の反発の大きさとの関係で，電子配置は 2 種類になる．Δ_0 が電子反発エネルギーよりも十分に大きい場合には，d 電子は t_{2g} 軌道に入って対をつくる．このような状態を**低スピン** low spin といい，錯体を**低スピン錯体**という．Δ_0 が小さい場合には，t_{2g} 軌道で対をつくるよりはスピンを同じ向きにして e_g 軌道へ入る．このような状態を**高スピン** high spin といい，錯体を**高スピン錯体**という．高スピン錯体と低スピン錯体との区別は，磁気天秤による磁化率の測定や電子スピン共鳴法（ESR）により区別することができる．

第 7 章　錯体の化学

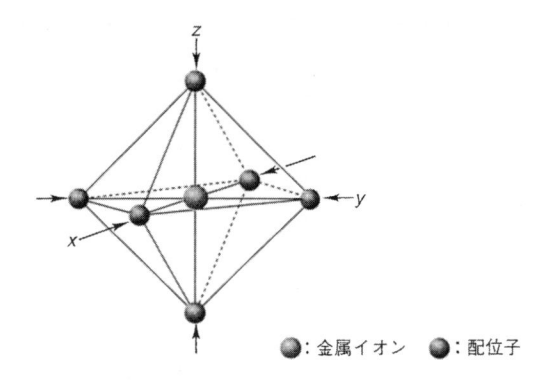

図 7.10　正八面体形錯体における配位子の金属イオンへの接近

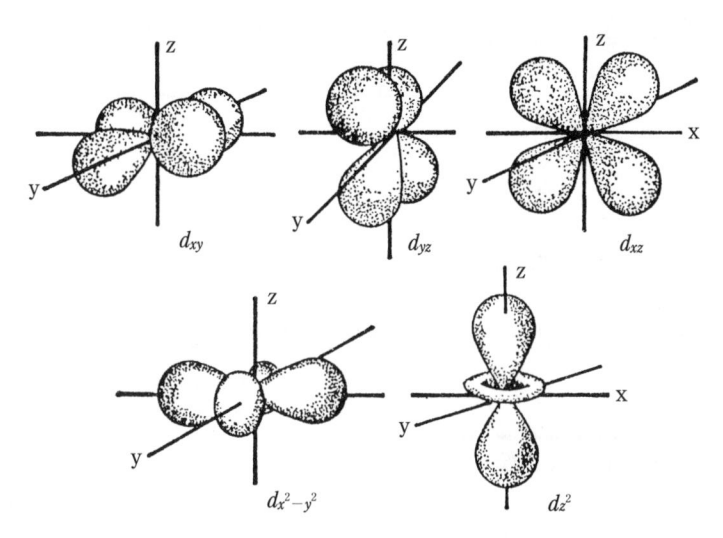

図 7.11　5 つの d 軌道の方向性と電子密度分布
（松島美一, 高島良正（2003）生命の無機化学, p.79, 廣川書店）

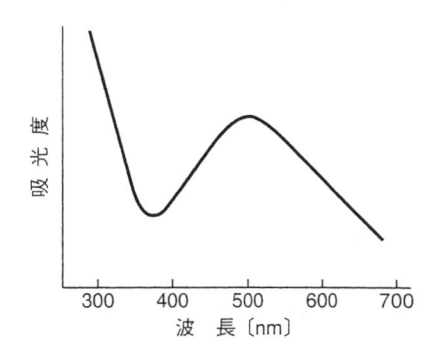

図 7.12　$[Ti(H_2O)_6]^{3+}$ の d-d 吸収帯

d電子の数 (金属イオンの例)	t_{2g}	e_g	結晶場安定化エネルギー(Δ_0単位)	t_{2g}	e_g	結晶場安定化エネルギー(Δ_0単位)
1 (Ti^{3+})	↑ □ □	□ □	0.4			
2 (V^{3+})	↑ ↑ □	□ □	0.8			
3 (Cr^{3+})	↑ ↑ ↑	□ □	1.2			
	high spin			low spin		
4 (Mn^{3+})	↑ ↑ ↑	↑ □	0.6	↑↓ ↑ ↑	□ □	1.6
5 (Mn^{2+}, Fe^{3+})	↑ ↑ ↑	↑ ↑	0.0	↑↓ ↑ ↑	□ □	2.0
6 (Fe^{2+}, Co^{3+})	↑↓ ↑ ↑	↑ ↑	0.4	↑↓ ↑↓ ↑↓	□ □	2.4
7 (Co^{2+})	↑↓ ↑↓ ↑	↑ ↑	0.8	↑↓ ↑↓ ↑	□ □	1.8
8 (Ni^{2+}, Pt^{2+})	↑↓ ↑↓ ↑↓	↑ ↑	1.2			
9 (Cu^{2+})	↑↓ ↑↓ ↑↓	↑↓ ↑	0.6			
10 (Zn^{2+}, Cu$^+$)	↑↓ ↑↓ ↑↓	↑↓ ↑↓	0.0			

図 7.13 正八面体形金属錯体における電子配置と結晶場安定化エネルギー

7.5.2 配位子場理論

Co(Ⅲ)の金属錯体 [Co(Ⅲ)(NH$_3$)$_5$(X)] のXをいろいろな配位子に置換して, d-d吸収帯の極大吸収位置を観測すると, CN$^-$を含む錯体がもっとも低波長（高波数）に認められ, 次のような順序になる. このような順序は, 他の金属錯体においても成立し, 分光化学系列と呼ばれている. 結晶場分裂の大きさは配位子の種類により一定の影響を受けていることがわかる.

$$\text{I}^- < \text{Br}^- < \text{Cl}^- < \text{F}^- < \text{OH}^- < \text{H}_2\text{O} < \text{NCS}^- < \text{NH}_3 < \text{NO}_2^- < \text{CN}^-$$

（弱い配位子場） ←————————————→ （強い配位子場）

これら配位子場の強さを説明するためには, 配位子の軌道と金属イオンの軌道との間の共有結合性を考慮する必要がある. 強い配位子場をもつ配位子では, 共有結合性が大きい. また, 弱い配位子場の錯体では高スピン錯体, 強い配位子場の錯体では低スピン錯体を生成する傾向がある. 結晶場理論を発展させて配位子と金属イオン間の共有結合性を考慮した理論は, **配位子場理論**と呼ばれている.

さらに**分子軌道理論**では, s, p軌道を含めた金属イオンの軌道と配位子の軌道との重なりを考慮して, 配位子場理論よりも厳密に金属錯体の電子状態を説明することができる.

第8章 生物無機化学

　生体系におけるさまざまな作用に種々の金属イオンが重要な役割を果たしている．たとえば，ナトリウム，カリウムは細胞内外電解質の成分として，カルシウムは骨の主成分として重要である．また，カルシウムは筋肉の収縮や細胞情報伝達にも重要である．さらに，鉄，コバルト，銅，モリブデンなどは生体系での電子移動や酸化還元過程に中心的な役割を果たしている．また，タンパク質の高次構造の安定化にも金属イオンは関与している．このように，情報伝達，エネルギー産生，物質代謝など，生体系における重要な現象は生体物質と金属イオンとが密接にかかわりをもって営まれている．表8.1に代表的な金属イオンの生体における役割を示す．このような生化学と無機・錯体化学の境界領域にあって，生体系における金属元素の役割の解明，さらには医薬品などによる金属元素の生体系への導入を無機・錯体化学の立場から取り扱う学問分野を，**生物無機化学** bioinorganic chemistry あるいは**無機生物化学** inorganic biochemistry と呼んでいる．

8.1 生命を支える元素

　ヒトの体は主に水，アミノ酸，タンパク質，核酸，脂肪，糖などの分子から構成されている．そこで，これら分子の構成元素であるH，O，C，N，S，P，これにCaを加えた7元素によって，体内に存在する量の98.75％（重量％）を占める．これらの元素に続いて存在量の多いK，Na，Cl，Mgを加えた11元素を**常量元素**と呼び，人体の99.4％が常量元素で占められている（表8.1）．なお，生物体に必要な元素を**生元素** bioelement と呼ぶが，これには生物の種類によって変動がある．

　しかし，これらの常量元素のみで生命は円滑に活動できるわけではなく，生体には，微量でしか存在しないが，その維持に不可欠な元素もある．これらは**必須元素** essential element（**必須微量元素** essential trace element あるいは**微量元素** trace element ともいう）と呼ばれ，現在 Fe，Zn，Mn，Co，Cu，Mo，Sr，Ni，I，Si，Sn，Cr，V，Se，F，As，Pb の17元素がある（Fe，

表 8.1 人体中の元素濃度と微量元素

	元素	体内存在量 (%)	体重 70 kg のヒトの体内存在量	機　　能
常量元素	O	65.0	45.5 kg	水と有機物の構成元素
	C	18.0	12.6	有機物の構成元素
	H	10.0	7.0	水と有機物の構成元素
	N	3.0	2.1	アミノ酸, タンパク質, 核酸などの構成元素
	Ca	1.5	1.05	骨の主成分元素, 生体膜や血液凝固
	P	1.0	0.70	骨, 核酸や ATP の成分元素 糖やエネルギー代謝
	S	0.25 (98.75 %)	175 g	アミノ酸（システイン, メチオニン）の成分 B_1, ビオチン, ヘパリンなどの成分
	K	0.20	140	細胞内電解質の成分元素
	Na	0.15	105	細胞外電解質の成分元素
	Cl	0.15	105	主な陰イオンとして細胞内外に存在
	Mg	0.15 (99.4 %)	105	酵素の補助因子, クロロフィルの成分元素
微量元素	○Fe		6	酸素の運搬, 鉄の運搬と貯蔵, 薬物代謝, 酸素添加
	F		3	骨格形成, アデニルシクラーゼ活性化
	Si		2	骨軟化, 発育, 結合組織構造
	○Zn		2	細胞分裂, 核酸代謝, タンパク質代謝, ホルモンの合成・分泌
	Sr		320 mg	骨形成
	Pb		120	鉄代謝, 造血
	○Mn		100	繁殖, 骨形成, 脂質・炭水化物・タンパク質代謝
	○Cu		80	酸素の運搬, 酸化還元, 電子伝達, 結合組織の代謝
	Sn		20	酸化還元
	○Se		12	抗酸化活性
	○I		11	甲状腺機能
	○Mo		10	プリンの酸化, 尿酸代謝, 鉄の代謝と還元
	Ni		10	RNA の安定化, ホルモン・色素代謝, 鉄の吸収
	○Cr		2	糖代謝, インスリン増強作用, 脂質・タンパク質代謝
	As		2	亜鉛代謝
	○Co		1.5	ビタミン B_{12}, 造血, プロピオン酸代謝
	○V		1.5	コレステロール代謝, 膜電解質代謝, 糖代謝

○のついた元素は人において必須性が認められている微量元素

Mo, Zn, Cu, Mn, V, Co はすべての生物, 人ではさらに Se, I, Cr が必要とされている）（表 8.1）. ある元素の生命における必須性は欠乏症の有無やその金属元素を活性中心とする酵素の有無により決定されるが, 微量元素の場合, 通常の食品中には大部分の微量元素が含まれているので, その必須性を確立することはきわめて難しい. そのため, 必須元素の発見には長い期間が費やされてきており, 今後も技術の革新に伴い, 必須元素に新たに元素が追加される可能性もある. 上記の 28 元素以外に, Pb, Br, Al, Ba, B, Li などの元素も生体内に見出されている.

　通常の食状態で欠乏している無機元素は各国の食状況により異なるため, 各国が, それぞれ欠乏している無機元素について健康を維持するために必要な量に関する基準（一日必要量）を規定している. わが国では Fe について規定されている.

8.2 無機元素と疾病

生体が健康に生命を維持していくためには，適切な栄養を摂取しなければならない．栄養素にはタンパク質，脂質，糖質の3大栄養素とともに微量栄養素がある．微量栄養素にはビタミン類と無機元素が含まれる．例えば，Ca は一人あたり一日平均 500 mg，ビタミン B_{12} は 3 μg の摂取が必要であり，これが不足すると疾病となる．

ある常量，必須の無機元素を生体に投与すると，その投与量と生体の応答との間には図 8.1 に示す関係がある．投与量が少なすぎても，多すぎても異常が起こり（それぞれ**欠乏症**，**過剰症**という），その間の領域で健康な状態を保っている．この領域を**最適濃度範囲** optinum concentration range と呼び，ホルモン，酵素などによって，この濃度を保つように調節されているが，これを**ホメオスタシス** homeostasis という．図 8.1 の曲線の形は元素により異なる．例えば，As などでは最適濃度範囲が極めて狭く，一方，Fe，Mn，Zn などでは長い．また，この曲線の形は同一元素であっても化学形により異なり，他の元素の共存，年齢，性などによっても影響を受ける．

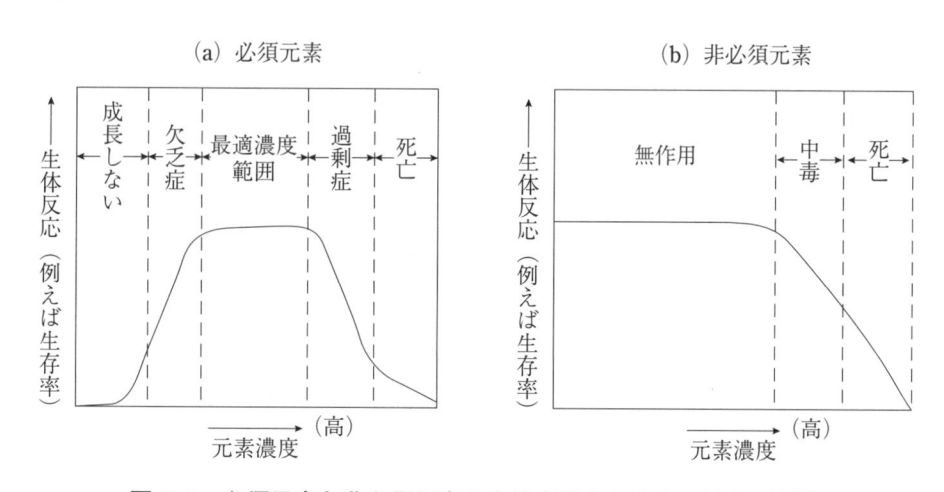

図 8.1　必須元素と非必須元素の生体内濃度と生体の反応の関係

必須元素が欠乏すると，元素の種類に応じていろいろな症状が生じる（表 8.2）．例えば，Fe が欠乏しているとヘモグロビンの合成に必要な Fe が不足するため**貧血**を起こす．悪性貧血はビタミン B_{12} の欠乏によって引き起こされる．また，Cu の吸収が傷害されると，毛髪が特有のちぢれ状態となるとともに，けいれん，筋肉の緊張力の低下，知能や身体の発育の遅れなどが認められる（先天的なものは**メンケス・キンキーちぢれ毛症**という）．Zn の欠乏は，味覚や臭覚の異常，食欲の減退，骨格や毛髪の異常，皮膚損傷の治癒速度の低下，性的成熟の低下などが起こる．

表 8.2 元素の欠乏症と過剰症

元素名	
(欠乏症)	
Na	アジソン病,火夫けいれん
Li	躁うつ病
Ca	骨奇形,破傷風
Mg	けいれん,ふるえ,神経興奮,抑うつ病,不整脈
Zn	矮小発育症,陽性肢端皮膚炎症,性機能障害,動脈硬化症,心筋梗塞,脱毛症,味覚障害
Fe	貧血症,粘膜異常,ヘモクロマトーシス（血色素症）
Cu	貧血症,心不全,血管壁の弾力性消失,小児性進行脳障害,メンケス・キンキーちぢれ毛症
Mn	骨格変形,生殖腺機能障害,ビタミンK（血液凝固）作用阻害
Co	悪性貧血,消耗症
Cr	糖尿病,グルコース代謝不全
Se	克山病（中国黒竜省克山県）
Sn	成長阻害
Mo	成長阻害
V	成長阻害,生殖機能低下
Ni	コレステロール低下症,ニワトリの脚の変色変形,皮膚炎,肝臓障害
Pb	成長阻害
(過剰症)	
K	アジソン病
Ca	白内障,胆石,アテローム性動脈硬化症
Mg	神経や心臓の興奮性低下,低血圧
Zn	発熱,肺疾患
Fe	肝毒性,消化管の出血
Cu	接触性皮膚炎,発熱,舌苔の青色
Mn	マンガン病,肺炎,中枢神経障害,運動失調,心臓病,甲状腺肥大（ゴイター）,筋萎縮性側索硬化症（ALS）
Co	心臓病,甲状腺異常,聴覚障害,嘔吐,胃腸障害,ぜん息
Cr	肺がん,鼻中隔穿孔,接触性皮膚炎
Sn	嘔吐,下痢,腹痛,肝臓障害
Hg	ふるえ,発疹,幻覚,水俣病
Cd	イタイイタイ病（痛み,腎障害,骨折）

　また，過剰な場合にもいろいろな症状が生じる（表 8.2）．例えば，運動麻痺，言語障害，肝硬変，視野狭窄などを起こす**ウィルソン病**は，大脳基底核，肝臓，角膜に過剰の Cu が沈着することによって起こる．その主な原因は，細胞から Cu をくみ出す役目を担っている Cu 結合性（依存性）ATPase の遺伝子上の欠損のために Cu は血中に放出されずに細胞内に蓄積すること，また，血清中の Cu 結合タンパク質で，Cu の血中での輸送を主に担うセルロプラスミンの肝臓での合成能が低下するために Cu を各組織に運搬できなくなり細胞内から Cu を排出できなくなるためと考えられている．なお，このウィルソン病の治療には，蓄積している臓器中の Cu 量を体の外に排出させるために，その排泄を促進するキレート剤であるペニシラミンなどが用いられ

ている．Fe においても，偶発的な摂取やヘモグロビン合成異常症による貧血の治療で多量の輸血などが行われた場合には Fe 過剰症となる．この場合，過剰の Fe は種々の酸素を含むフリーラジカルの生成反応を触媒して組織に損傷を与える．なお，有害な濃度を下げて，その毒性を除去することを解毒という．

過剰量の As, Pb, Cr, Sn, F, さらに，必須元素ではないが，Hg, Cd なども，図 8.1 に示すように，閾値を超えると生体にとって有害な作用を示す（この閾値，すなわち最大無作用量を NOAEL（no observed adverse effect level）という）．ただし，化学形によって，その作用発現の強さや症状が異なる場合も多い．

Hg には金属水銀，無機水銀，有機水銀があり（6.9 節を参照），それぞれ異なった動態や作用を示す．金属水銀は揮発性があり，肺から吸収されやすく肺障害を起こす．体内に入った金属水銀は基本的に Hg^{2+} に酸化されるので，体内動態は Hg^{2+} と類似しているが，金属水銀は脂溶性が高いので，酸化を免れた金属水銀は血液脳関門を通過して脳に移行する．また，赤血球や細胞内に取り込まれた金属水銀は酵素により Hg^{2+} に酸化され，その後は Hg^{2+} と同様に細胞内のタンパク質に結合して，その作用を阻害する．無機水銀 Hg^{2+}，Hg^+ は血液脳関門を通過しないため脳神経障害は起こさない．通常は腎臓でメタロチオネイン（8.4.5 項を参照）を形成して毒性を示さないが，過剰摂取するとメタロチオネインが飽和して，無機水銀が存在することとなり，これが腎臓にある酵素などのタンパク質のメルカプト基に結合して，その作用を阻害し，腎毒性を示す．無機水銀の毒性は Hg^{2+} のほうが水溶性が高いため Hg^+ より強い．一方，有機水銀には無機水銀にはない有害な作用を示すものがある．例えば，**メチル水銀**は水俣病の原因物質とされている物質で，脂溶性が高いために細胞膜と透過しやすく，したがって腸管吸収率も高く，また脳を含めて，体内の様々な組織に分布する．特に，脳においては，メチル水銀はシステインのメルカプト基に結合してメチオニンに類似した構造となり，血液脳関門を通過し，脳に移行して，細胞分裂や神経細胞の軸索中の物質の移動に重要な役割を果たす微小管構造の崩壊，神経細胞の膜構造の変化，タンパク質合成の阻害などによって中枢神経細胞に障害を与え，手足末端部や口周囲，口唇，舌のしびれ感から始まり，視野狭窄，知覚障害，聴覚障害，言語障害，四肢の小脳性共同運動障害などの症状を示す（メチル水銀の毒性は無機水銀の場合の約 50 倍高い）．**水俣病**は昭和 31 年に熊本県の水俣地方で発生したもので，プラスチック製造時に触媒として使用されていた硫酸水銀の一部がメチル化されてメチル水銀となり，これが工場から水俣湾に排出され，それが魚介類に取り込まれて，それを食べた周辺の人々が有機水銀中毒になったものである．なお，メチル水銀は魚介類，特にマグロに高濃度に蓄積されるが，メチル水銀を摂取したマグロがメチル水銀中毒を起こさないのは，マグロには多量のセレンが共存し，毒性を減弱させるためと考えられている．新潟県の阿賀野川やカナダのオンタリオ川のインディアン居留地でも，水俣病と同様のことが起きていた．以前稲の栽培に農薬として使用されていたフェニル水銀は，体内で容易に分解され無機水銀を生じて無機水銀の毒性を示し，メチル水銀のように中枢に対する毒性は顕著ではない．水銀は通常のヒトでも検出され，魚介類を多食する日本人の毛髪中の水銀量は

欧米人に比べて高い．グルタチオン，メタロチオネインなどのメルカプト基を有する化合物は無機水銀化合物，亜セレン酸などのセレン化合物は無機および有機水銀化合物の毒性を低下させる効果がある．

　Cdも毒性の高い元素である．急性中毒は悪心，嘔吐，下痢，腹痛などの消化器症状である．また，低量のCdを慢性的に摂取していても，メタロチオネインとして肝臓や腎臓に解毒されて蓄積され毒性を示さないが，過剰量を摂取するとメタロチオネインが飽和して，Cdが腎毒性，すなわち腎臓にある酵素などのタンパク質のメルカプト基に結合して，その作用を阻害することにより，腎臓の再吸収機能を低下させる．その結果，Caが腎臓で再吸収されずに体外に排泄されるため，血中のCa濃度を維持すべく骨からのCaの流出が増加し，骨がもろくなる．この慢性中毒の例が，第二次世界大戦中から戦後にかけて富山県神通川流域で発生した**イタイイタイ病**で，PbやZnの精錬所の鉱滓から雨水や河川によって流し出されたCdが米や魚を通じてヒトに取り込まれ蓄積された結果生じたもので，背骨，手足が痛み，多発性骨折を示す．このようにCdは，一般環境中でも生物濃縮により米に多く含まれるため，米についてCdの安全基準値が定められている．

　Asも毒性の高い物質である．無機ヒ素にはAs^{5+}のヒ酸（五酸化ヒ素）As_2O_5とAs^{3+}の亜ヒ酸（三酸化ヒ素）As_2O_3があり，As^{5+}よりAs^{3+}のほうが毒性が強い．無機ヒ素の毒性は酵素などのタンパク質のメルカプト基に結合して，その機能を阻害することによると考えられており，As^{3+}の毒性がAs^{5+}より高いのはAs^{3+}がAs^{5+}よりメルカプト基に親和性が高く，尿排泄速度が遅いためと考えられている．この無機ヒ素の蓄積は皮膚，骨，肝臓，腎臓，肺などに多く，心臓や脳には少ない．特に含量が多いのは毛髪や爪であり，これは**ヒ素中毒**の診断に用いられる．代表的なヒ素中毒事例に，昭和30年に岡山や広島を中心に起こったヒ素入り粉ミルク事件がある．嘔吐，下痢，皮膚炎，黒皮症，知覚麻痺，呼吸困難などの症状を示す．なお，我が国では，この事件を契機に食品添加物公定書が公布された．As^{3+}は生体内でメチル化されてメチルアルソン酸$CH_3AsO(OH)_2$やジメチルアルシン酸$(CH_3)_2AsO(OH)$などの有機ヒ素化合物となり，尿中に排泄される．一般に有機ヒ素化合物は無機ヒ素化合物よりも毒性は低い．自然界では，貝類，海草類（ヒジキ，カキ，ワカメなど），エビなどにメチルアルソン酸やジメチルアルシン酸として存在し，さらにエビでは有機ヒ素化合物あるアルセノベタイン$(CH_3)_3As^+CH_2COO^-$として，有機ヒ素化合物は高濃度存在しているが，これらの化合物は速やかに尿中に排泄されるため，上記のものを食べても中毒を起こすことはない．

　Pbは**鉛中毒**を起こすが，その症状はPb^{2+}の無機鉛と四エチル鉛などの有機鉛とは異なる．Pb^{2+}はヘムの合成過程中の3カ所で酵素（δ-アミノレブリン酸脱水酵素，コプロポルフィリノーゲン酸化酵素，フェロキレターゼ）を阻害し，ポルフィリンの代謝異常を起こし，その結果，ヘモグロビンの生成を低下させて貧血を起こす．また，腹部疝痛などの消化器症状を起こすことがある．有機鉛は脳内に多く蓄積するために中枢神経に対して強い毒性を示し，造血器への影響は少ない．CrはCr^{3+}とCr^{6+}があるが，毒性はCr^{6+}のほうが強く，過剰摂取により皮膚炎，鼻

中隔穿孔などの中毒症状を示す．Cr は消化管からの吸収は極めて悪いが，Cr の中では Cr^{6+} のほうが Cr^{3+} よりも吸収はよい．生体に入った Cr^{6+} はシステインやグルタチオンなどのチオール化合物や NADPH などにより Cr^{3+} に還元され，これが酵素などのタンパク質のメルカプト基に結合して，その機能を失わせると考えられている．また，Cr^{3+} あるいは Cr^{6+} からの還元過程の途中に生成する Cr^{5+} が DNA を切断あるいは結合することによって，発がんの原因となる可能性が考えられている．**Sn** は缶詰のスズメッキが酸素，硝酸イオン，有機酸の存在で溶出され，その缶詰中の食品を摂取することにより，嘔吐，下痢などの中毒症状を示す．また，有機スズであるビス（トリブチルスズ）オキシド TBTO は神経障害作用が強く，また TBTO，塩化トリブチルスズ，塩化トリフェニルスズは内分泌撹乱作用をもち，巻貝のオス化などの作用を誘発することが知られている．**F^-** は，微量では虫歯の予防に効果があるが，高濃度含まれる水を長期間摂取すると斑状歯となる．有機フッ素化合物であるモノフルオロ酢酸ナトリウムは速効性の殺鼠剤として用いられているが，これは代謝されてモノフルオロクエン酸となり，TCA 回路のクエン酸をイソクエン酸にする反応を触媒するアコニターゼを阻害することにより呼吸困難を起こす．浸透性の殺虫剤として用いられているモノフルオロ酢酸アミドも生体内で代謝されて，同様にモノフルオロクエン酸を生成する．

なお，微量元素の過不足は遺伝的な場合を除いて主に食生活に依存するが，食生活以外にも，例えば，医療においても，以前高カロリー輸液の使用や人工透析などが微量無機元素の欠乏や過剰摂取を引き起こすことが観察された．そのため，現在の**高カロリー輸液**には Zn，Mn，Cu，Fe，I などの微量無機元素が添加されている．さらに人工栄養児に使用する粉乳では製造時の精製のために母乳に比べ Zn や Cu が低下しているので，潜在的な Zn や Cu の欠乏症を危惧して，母乳代替食品に限って規定値を超えない Zn と Cu の添加が許可されている．

8.3 生体内での金属イオンの動態

食物を通して体内に取り込まれた金属イオンは，消化管から吸収され，血液に移行した後，組織や臓器に運ばれていく．主な典型元素金属イオンの体内動態，生理作用などについては第5章を参照されたい．一方，遷移金属イオンの多くは血液中では血清中のタンパク質と安定な錯体を形成してタンパク質結合形として運搬され，組織，臓器に到達した金属イオンは代謝反応を受けて，そこに貯蔵されるか，もしくは再び血液中に放出される．

8.3.1 鉄の生体内動態

鉄の生体内動態の概要を図 8.2 に示す．食物中の Fe は，小腸の上皮細胞から通常還元型 Fe^{2+}

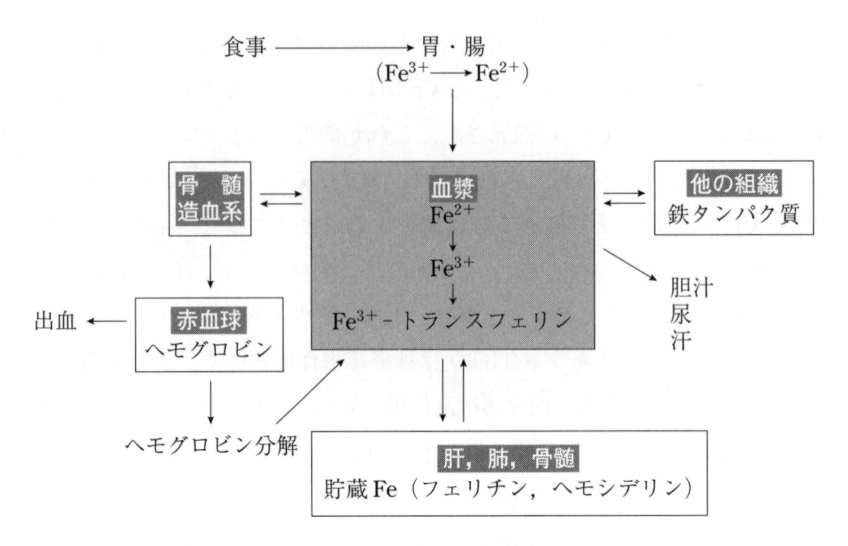

```
        食事 ──────→ 胃・腸
              (Fe³⁺ ──→ Fe²⁺)
                         ↓
  ┌─────┐        ┌──────────────┐       ┌──────────┐
  │骨 髄│←───→  │   血 漿      │ ←───→ │他の組織  │
  │造血系│       │   Fe²⁺       │       │鉄タンパク質│
  └─────┘        │    ↓         │       └──────────┘
     ↓          │   Fe³⁺       │          ↘ 胆汁
  ┌─────┐       │    ↓         │            尿
出血←│赤血球│←─ │Fe³⁺-トランスフェリン│         汗
  │ヘモグロビン│  └──────────────┘
  └─────┘          ↑        ↑
    ヘモグロビン分解       │
                    ┌──────────────┐
                    │ 肝, 肺, 骨髄 │
                    │貯蔵Fe(フェリチン,ヘモシデリン)│
                    └──────────────┘
```

図 8.2　ヒトにおける鉄の代謝

として吸収される．そのため，Fe と不溶性沈殿を形成するタンニンを含むお茶を Fe 剤と同時に服用することは不適切である．吸収された Fe^{2+} は Fe^{3+} に酸化されて，血液中のタンパク質，**トランスフェリン transferrin** と結合し，血液中を輸送される．トランスフェリンは分子量約 75,000 の非ヘム鉄タンパク質で，2つの類似したドメイン（N 末端ドメインと C 末端ドメイン）から成り，それぞれが 1 つの Fe^{3+} と結合する．この Fe-トランスフェリンにおける Fe^{3+} は，チロシンの 2 個のフェノール性水酸基（フェノキシド）の酸素，ヒスチジン 1 個のイミダゾールの窒素，アスパラギン酸の 1 個のカルボン酸イオンの酸素，および 1 個の炭酸イオン中の 2 個の酸素の 6 個の原子が配位した八面体構造をとっている（図 8.3）．ここで炭酸イオンはきわめて重要な役割を果たしており，炭酸イオンがない場合には Fe^{3+} の結合は弱く，Fe^{3+} の結合に対する選択性も低下するが，炭酸イオンが結合すると大きなコンフォメーション変化を起こして Fe^{3+} の配位が有利な環境となる．なお，血清中に存在するトランスフェリンの約 1/3 が鉄と結合している．

　血液中の Fe-トランスフェリンは，肝臓や脾臓，骨髄中の細胞において，細胞膜表面に存在するトランスフェリン受容体に結合して，受容体依存性エンドサイトーシスによって細胞内に取り込まれる（内在化）．取り込まれた Fe はトランスフェリンから遊離して（Fe-トランスフェリンを含有するベシクル（被覆小胞）内の pH の低下によって Fe が遊離する），ヘムをはじめとする鉄タンパク質形成に使われたり，**フェリチン ferritin** として貯蔵される（Fe の量としては約 35 mg が鉄タンパク質，3～4 g がフェリチンとして存在する．また，Fe の細胞内貯蔵タンパク質としてはフェリチン以外に**ヘモシデリン**がある．これは，フェリチンのタンパク質の一部が消化され重合したもので，過剰の Fe を保持するのに十分なフェリチンの生合成が追いつかない時に生成する）．すなわち，骨髄においては，Fe は幼若赤血球の細胞内に取り込まれ，赤血球中のヘモグロビン合成に利用される．肺や肝臓に輸送された Fe は Fe-イオウタンパク質やシトクロ

第8章 生物無機化学

図8.3 トランスフェリンのN末端ドメインでのFe結合部位

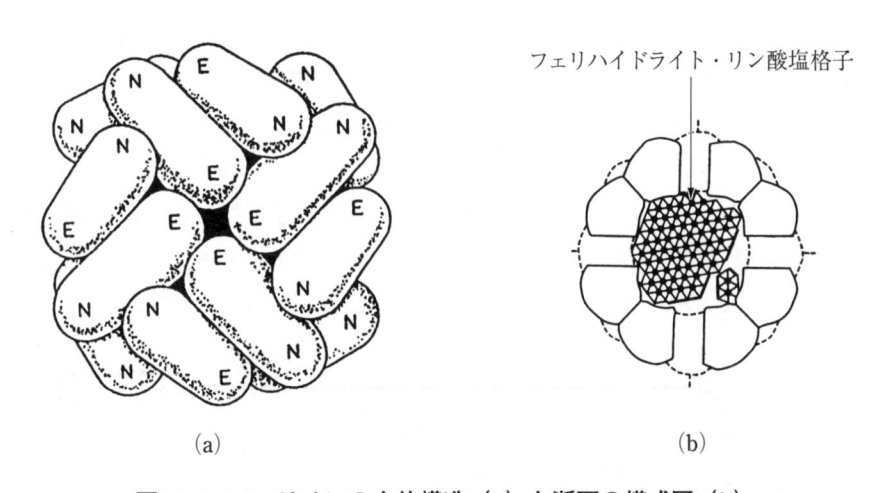

(a) (b)

図8.4 フェリチンの立体構造 (a) と断面の模式図 (b)

ム類の合成に利用され，呼吸，電子伝達，薬物代謝酵素シトクロムP-450などの重要な役割を担う構成成分として存在する．また，フェリチンはFe^{3+}の水酸化物（FeO(OH)）とリン酸塩（FeO(OPO$_3$H$_2$)）の複合体（フェリハイドライト・リン酸塩）からなる鉄ミセルを核として，その周りを殻状に24個のサブユニットからなるタンパク質が囲んでいるもので（図8.4），フェリチン1分子あたり約2000個のFe^{3+}を含む（Fe含量は約25%）（フェリチンは，その中心のコアにFe^{2+}を取り込んだ後，Fe^{2+}のFe^{3+}への酸化，Fe^{3+}の加水分解，オルトリン酸イオン（$H_2PO_4^-$）の取り込みによって，フェリハイドライト・リン酸塩の微結晶を形成，さらにこれを集合して鉄ミセルを形成するといわれている）．フェリチンのFeは必要に応じて，Fe^{3+}をFe^{2+}に還元後配位子と結合するか，配位子と直接結合して種々の鉄タンパク質の合成に利用さ

れる.

8.3.2 銅の生体内動態

Cu は人体に体重 60 kg あたり 100 〜 150 mg 存在する．経口的に摂取された Cu は主として胃や腸で微絨毛細胞に取り込まれた後，Cu 結合性 ATPase によって血液側にくみ出され，血液中に移行する．血液中に移行した Cu は**セルロプラスミン** ceruloplasmin（フェロオキシダーゼ）やアルブミンと結合し，体の各臓器に運搬され，一部は赤血球にも移行する．組織・臓器の細胞では，細胞膜表面に存在する銅輸送体 copper transporter（CTR）によって血液中の Cu は細胞内に輸送され，細胞内では**銅シャペロン** copper chaperone と呼ばれるいくつかのタンパク質（anti-oxidant protein（ATOX1），copper chaperone for superoxide dismutase（CCS），cyclooxygenase（COX）17p）によって，それぞれゴルジ体，スーパーオキシドジスムターゼ（SOD），ミトコンドリアに運ばれる（図 8.5）．ATOX1（HAH1）によってゴルジ体にまで運ばれた Cu はゴルジ体膜上の ATP7A および 7B によってゴルジ体内に輸送され，リジンオキシダーゼ，ドパミン β-ヒドロキシダーゼなどの酵素，さらに肝臓ではゴルジ体内で合成されるセルロプラスミン（1 分子あたり 8 個の Cu を結合）に取り込まれると推定されている．このようにしてゴルジ体内で合成された酵素やセルロプラスミンは血液中に分泌される．血液中の Cu は約 90 ％ がセルロプラスミン，残りの 10 ％ がアルブミンやアミノ酸（ヒスチジンなど）と結合した状態で存在している．また，COX17p によってミトコンドリアに運ばれた Cu は，COX17p（2 個の Cu が結合）に結合したまま外膜を通過し，内膜上でシトクロム c オキシゲナーゼ（CCO）に受け渡され，結合する．なお，COX17p から CCO への Cu の移行については明らかではないが，

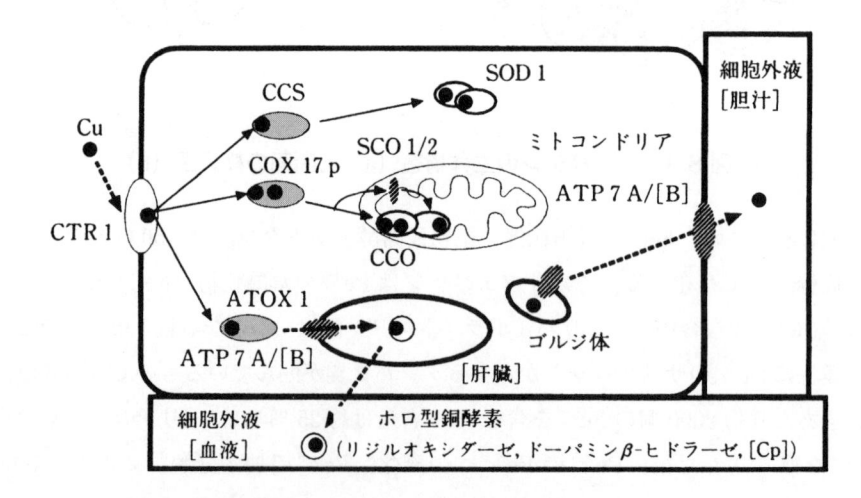

図 8.5 細胞内における銅の輸送機構
カッコ内は肝臓の銅の輸送にかかわる因子群を示す．SOD1（銅，亜鉛スーパーオキシドジスムターゼ），CCO（シトクロム c オキシダーゼ），Cp（セルロプラスミン）．

トランスポータ SCO の存在が必要であるといわれている．また，銅シャペロンを含む Cu の細胞への移行や細胞内輸送に関与するタンパク質と Cu との結合には，そのシステイン残基が関与しているといわれている．

なお，**セルロプラスミン**には3種類のタイプの Cu（タイプ1銅：2個，タイプ2銅：1個，タイプ3銅：2個）が含まれており，血液中の Cu の貯蔵，運搬に預かるだけでなく，血中で腸管から吸収された Fe^{2+} の Fe^{3+} への酸化を行い（酸素を4電子還元するとともに Fe^{2+} を1電子酸化する），トランスフェリンへの Fe^{3+} の供給も行っている．

生体内で，Cu は酵素を含む種々のタンパク質と結合することなどにより，ヘム生合成，毛髪形成，骨，血管の構造維持などに関係している．

8.3.3 亜鉛の生体内動態

Zn は人体に体重 60 kg あたり約 2 g 存在する．食物中の Zn は，食物の消化により生じるアミノ酸，有機酸，リン酸などと複合体を形成し，十二指腸から体内に吸収される．この吸収においては複合体のまま，あるいは複合体から遊離した後，腸管微絨毛細胞に取り込まれる．これらの取り込みには，Zn^{2+} だけでなく Cd^{2+}，Mn^{2+}，Cu^{2+} などの金属元素の2価カチオンも基質となる2価カチオン輸送体 divalent cation transporter 1（DCT 1）が関与していると考えられている．ただし，濃度が高い場合には単純拡散が関与するとの報告もある．フィチン酸は Zn と不溶性の化合物を生成するために Zn の腸管での吸収を阻害し，炭水化物は Zn の腸管での吸収を促進する．腸管の上皮細胞へ取り込まれた Zn はエネルギー依存的に血液側にくみ出され，血液中に移行する．血液中に移行した Zn は赤血球中に 75～80 %（主として炭酸脱水酵素に含まれている），血漿中に 12～20 % 存在し，さらに血漿中の Zn は約 30 % がグロブリンと強固に結合し，残りはアルブミンと結合して各組織，臓器に運ばれる．体内での Zn はその半分が血液中，1/4～1/3 が皮膚や骨に存在する．その他に目，前立腺，肝臓，腎臓，膵臓にも Zn は高い濃度で存在する．これらの臓器，組織の細胞内への取り込み，細胞からの排出には少なくとも4種類の亜鉛輸送体 zinc transporter（ZnT）が関与しているといわれている．例えば，ZnT-1 は多くの細胞での Zn の排出，ZnT-2 は小腸，腎臓，前立腺での細胞からの Zn の排出と細胞内小胞への Zn の取り込み，ZnT-3 は脳や前立腺での細胞内小胞への Zn の取り込み，ZnT-4 は脳細胞からの Zn の排出などに関与すると報告されている．また，脳へも Zn は移行するが，その多くは血液-脳脊髄液関門を通して取り込まれる．肝臓ではグルココルチコイドや cAMP などのメタロチオネインを誘導する物質は Zn の取り込みを促進する．

生体内で，Zn は成長，毛髪形成，味覚などの生理作用に関係している．

8.4 金属タンパク質

生体において通常，金属イオンはタンパク質中にその構成成分として見出されている．これらは**金属タンパク質** metalloprotein と呼ばれ，生体はその多様な機能を営むために，金属イオンの特異的な性質を活用している．これらの金属タンパク質の生体内での役割には，酸化還元反応や加水分解などの反応の触媒，細胞質に必要な基質の貯蔵や運搬，他の生体高分子の活性調節などがある．特に様々な触媒作用を行う金属タンパク質は**金属酵素** metalloenzyme と呼ばれる．

金属タンパク質において，Mo などの一部のものを除けば，遷移金属元素の中でも d-ブロック元素の第一列の元素が活性中心としてよく使われている．タンパク質がどの遷移金属元素を選択するかは，主にイオン半径で決まるアルカリ金属やアルカリ土類金属の場合とは異なり，配位結合における配位子選択性と立体配置，酸化状態によって主に決まる．金属タンパク質における金属イオンの役割は，(1) タンパク質の立体構造の固定，維持，(2) 基質の反応活性部位への結合，(3) 基質が酸化または還元される場合の酸化還元剤や電子伝達体などである．

8.4.1 ヘムタンパク質

ポルフィリンの Fe 錯体である**ヘム** heme を構成成分とするタンパク質をまとめて**ヘムタンパク質** heme protein と呼ばれる．タンパク質部分の構造，ヘムの種類，ヘムとタンパク質の結合様式によって多くの種類がある（表8.3）．機能的には (1) カタラーゼやシトクロム c オキシゲナーゼなどの酸化還元酵素，(2) シトクロム b5 や c などの電子伝達体，(3) ヘモグロビンやミオグロビンなどの酸素運搬体の3種に分類できる．ヘム鉄は配位子の種類により，高スピンの場合と低スピンの場合とがある．各ヘムタンパク質はそれぞれ特有の吸収スペクトルと標準酸化還元電位を示す．

1 ヘモグロビン，ミオグロビン

ヘモグロビン hemoglobin（Hb）は，一部の例外を除いて，すべての脊椎動物および多くの無脊椎動物に見出される，赤血球中に存在する酸素運搬体で，人体中に存在する遷移金属タンパク質の中で最も量の多いものである．ヘモグロビンは4つのサブユニットをもつ四量体 $\alpha_2\beta_2$ から構成されており，各サブユニットはアポタンパク質のグロビンヘム1分子に，活性中心であるヘム1分子（補欠分子族，配合族）が結合している．ヘモグロビンと類似のヘムタンパク質に，人の筋肉組織に存在し，酸素との親和性が高く，酸素貯蔵体として機能している**ミオグロビン** myoglobin（Mb）があるが，これは単量体で，その立体構造はヘモグロビンのサブユニット

第8章 生物無機化学

表8.3 代表的な鉄タンパク質

タンパク質	含有金属	所在	分子量	機能
ヘムタンパク質				
ヘモグロビン	4Fe	血液	64,000	O_2 運搬
ミオグロビン	1Fe	筋肉	16,500	O_2 貯蔵
ペルオキシダーゼ	1Fe	西洋ワサビ	40,000	H_2O_2 を利用した
	1Fe	酵母	35,000	基質酸化
カタラーゼ	4Fe	ウシ肝臓	225,000	H_2O_2 分解
シトクロム c	1Fe	ミトコンドリア	12,500	電子伝達
シトクロムオキシダーゼ	2Fe・2Cu	ウシ心筋	210,000	O_2 分子の H_2O への還元
シトクロム P-450	1Fe	肝臓，緑膿菌	45,000	酸素添加反応
非ヘムタンパク質				
トランスフェリン	2Fe	哺乳動物血清	80,000	鉄輸送
フェリチン	～2,000Fe	肝臓・骨髄	460,000	鉄貯蔵
ルブレドキシン	1Fe	細菌	6,000	電子伝達
フェレドキシン	2Fe, 4Fe 等	細菌・高等植物	>6,000	電子伝達
ニトロゲナーゼ	Fe, Mo	微生物	300,000	窒素固定
スーパーオキシドジスムターゼ	Fe, Mn, Zn	大腸菌・藻類	42,000	活性酸素消去

（単量体）と非常によく似ている．これらの中心構造の模式図を図8.6に示す．

　Feはポルフィリンの4個のピロール環窒素，第五配位座（軸配位子）として第93番目のヒスチジン残基（近位ヒスチジン）のイミダゾール窒素が配位結合している．分子状の酸素（O_2）が結合および解離を行うのは第五配位座とは反対側の疎水的な環境にある第六配位座で，Feが2価の時，分子状の酸素は，その第六配位座に結合するとともに別のヒスチジン残基（第64番

(a)　　　　　　　(b) ヘモグロビン，ミオグロビン　　　　　　　(c) シトクロムP-450

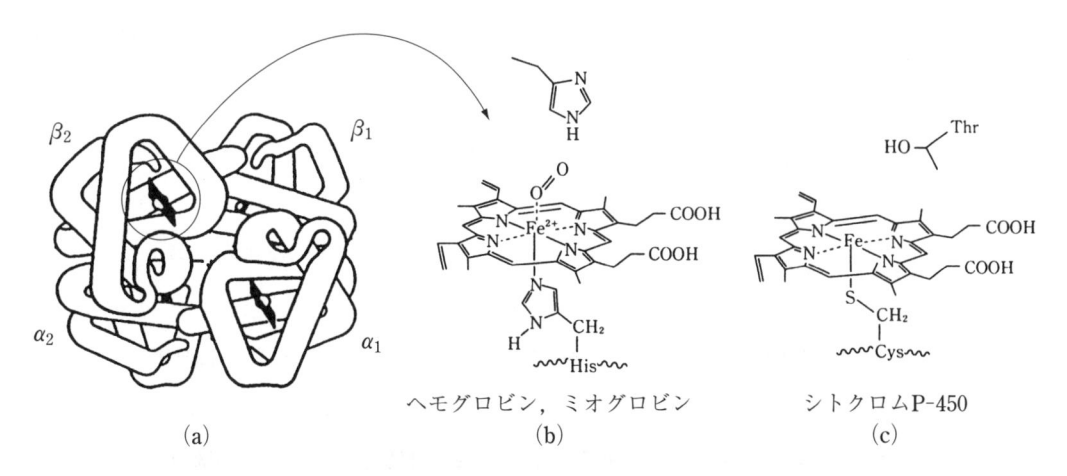

図8.6 $\alpha_2\beta_2$-ヘモグロビンの構造（a）とヘモグロビン，ミオグロビン（b），シトクロムP-450（c）の活性中心の構造模式図

目，遠位ヒスチジン）のイミダゾール基の N-H との間に水素結合を形成している．ヘムが存在する部分はヘムポケットと呼ばれ，疎水性アミノ酸残基で構成されて Fe^{2+} の酸化を防いでいる．なお，O_2 が結合していない場合には Fe^{2+} は近位ヒスチジンに引き寄せられてヘム面から少し浮き上がっているが，O_2 が結合すると Fe^{2+} は 6 配位構造となってヘム平面内に入る．Fe が 3 価の状態では酸素結合能はほとんどない．また，ヘモグロビンの酸素親和性は CO_2，pH などにより影響され（アロステリック効果），CO_2 分圧の増加や pH の低下により酸素親和性は低下する（ボーア効果）．ヘモグロビンが CO_2 分圧の高い末梢の組織・臓器で O_2 を解離しやすく，CO_2 分圧の低い肺では O_2 を結合しやすいという性質は，呼吸生理学上，極めて合理的なものである．

2 シトクロム

生理的にヘムが $Fe^{2+} \rightleftharpoons Fe^{3+} + e^-$ の反応を行って電子伝達系の構成成分をなす一群のヘムタンパク質は**シトクロム** cytochrome と呼ばれている．ミトコンドリア内膜に存在し，ユビキノンから電子を受け取り O_2 に渡す電子伝達系（**呼吸鎖**：2 個の電子が呼吸鎖を流れるとき，ADP と無機リン酸から 3 個の ATP が生成するので，このATP 生成を酸化的リン酸化と呼んでいる）をなすものや，ステロイドホルモン，胆汁酸，プロスタノイドの合成・分解反応，脂肪酸の ω 酸化，ビタミン D の活性化反応，薬物や環境汚染物質の代謝に重要な酸素添加反応を触媒するシトクロム P-450 などが含まれる．

呼吸鎖のシトクロム類はそれぞれ酸化型で電子を受け取って還元され，還元型シトクロムは次の酸化型シトクロムに電子を渡す（図 8.7）．呼吸鎖ではこの過程を繰り返し，最終的にシトクロム c オキシダーゼから O_2 に電子が渡される．このシトクロム類ではヘム鉄の第五配位座にヒスチジン残基のイミダゾール窒素が配位結合し，第六配位座にはシステインやメチオニン，ヒスチジン残基がある（シトクロム b ではヒスチジン残基のイミダゾール窒素，c ではメチオニンの硫黄が配位）．シトクロム類はヘムの種類により a，b，c，d，o の 5 種類に大別されるが，いずれも 400 〜 450 nm にソーレー帯と呼ばれる大きな吸収ピークを示し，これはシトクロム類の諸

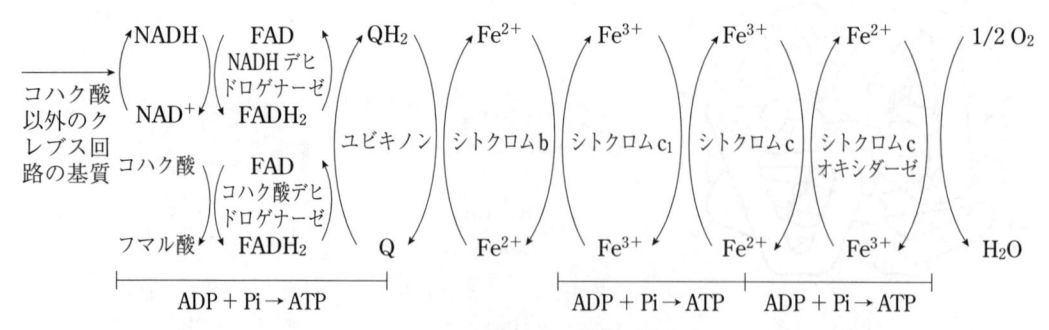

図 8.7 ミトコンドリアにある電子伝達系（呼吸鎖）での電子の流れ
シトクロム類はヘムタンパク質，デヒドロゲナーゼ類は鉄-硫黄クラスターをもつ金属フラビンタンパク質である．ユビキノンは補酵素 Q ともいわれる．

反応を追跡する良い指標となっている．なお，シトクロム c オキシダーゼは 2 個のヘム a と 2 個の Cu イオン（3 個の Cu と 1 個の Zn とも言われている）含んでいるが，酸素や一酸化炭素が結合するのは片方のヘム a のみである．

一方，**シトクロム P-450** cytochrome P-450 は前記したような他の酵素群にない多様な反応性を示すが，構造的にも他のヘムタンパク質とは異なる特徴を有する．すなわち，第五配位座がヒスチジン残基のイミダゾール窒素ではなく，C 末端近くのシステイン残基の SH が解離したチオラートアニオン（-S-）となっている（図 8.6）．そのため，他のヘムの CO 錯体はその吸収スペクトルの最大吸収ピークであるソーレー帯が 420 nm 付近に存在するのに対して，シトクロム P-450 では 450 nm と 350 nm 付近に分裂している（450 nm に吸収を極大を示す色素 pigment という意味で P-450 と命名された）．この吸収スペクトルの違いに加え，磁気的性質も他のヘムタンパク質とは異なるが，これらは主にチオラートアニオンのヘム鉄原子への π 供与性が他の配位子に比べて非常に高いことによる．なお，シトクロム P-450 の活性中間体は高原子価オキソ鉄ポルフィリン（$O = Fe^{4+}(Por)$）と推測されている．また，活性部位側の環境はほとんど疎水性残基であるが，トレオニンの水酸基が唯一位置存在しており，これが反応に必要な水素イオンを活性中心に供給する供給路として働いていると考えられている．

3 その他

その他のヘムタンパク質としてカタラーゼやペルオキシダーゼなどがある．**カタラーゼ**は，好気的生物が O_2 を利用してエネルギー産生や酸素添加反応を行う過程で生成する活性酸素種の 1 つである過酸化水素 H_2O_2 を分解して無毒化する反応を触媒する酵素である（$H_2O_2 + H_2O_2 \longrightarrow O_2 + 2H_2O$）．4 個の等価なサブユニットからなり，サブユニット 1 分子あたり 1 個のヘムを含み，ヘム鉄（Fe^{3+}）の第五配位座にはチロシン残基のフェノレート（フェノールが H^+ を失い，アニオン化したもの）が存在する．第六配位座には配位がない．また，**ペルオキシダーゼ**は，H_2O_2 による基質の酸化反応（$H_2O_2 + AH_2 \longrightarrow A + 2H_2O$）を触媒する酵素である．ペルオキシダーゼは大根，西洋ワサビ，酵母，牛乳，甲状腺，赤血球など，動物・植物・微生物界に広く分布し，それぞれ性質が異なるが，いずれも 1 分子あたり 1 個のヘムを含む．

8.4.2 非ヘム鉄タンパク質

鉄タンパク質において，ポルフィリン核をもたないタンパク質を総称して**非ヘム鉄タンパク質** nonheme iron protein といい（表 8.3），無機鉄が直接タンパク質と結合して活性部位を形成している．これには非ヘム鉄に無機硫黄やシステインが配位している**鉄-硫黄タンパク質** iron-sulfur protein とそれ以外の鉄タンパク質とがある．これらは様々な機能をもつが，主なものは（1）電子伝達，（2）酸素分子の運搬と貯蔵，（3）酸化，（4）Fe イオンの運搬と貯蔵などである．非ヘム鉄タンパク質には，ヘムタンパク質では見られない 4 配位四面体や 5 配位三方両錐構造をもつ

鉄中心がある．また，単核錯体ばかりでなく，2核（複核），3核，4核および多核錯体も存在する．Feイオンの酸化状態は2価または3価である．

鉄-硫黄タンパク質は電子伝達機能を有する．この活性中心には，非ヘムFeイオン，システイン残基のSHが解離したチオラートアニオン（-S-），無機硫黄（S^{2-}：架橋原子として働いている）からなる集合体，**鉄-硫黄クラスター** iron-sulfur clusterがある．このクラスターの構造には含まれるFe原子数により主に4つのタイプがある（図8.8）．1つは，Fe原子1個に4個のシステイン残基の-S-が配位している単核錯体で，これを金属中心（鉄-硫黄中心）として有する代表的なものに**ルブレドキシン**がある．また，Fe原子2個に架橋無機硫黄原子の2個とシステイン残基の-S-の2個が配位している2核錯体，Fe原子4個に架橋無機硫黄原子の4個とシステイン残基の-S-の4個が配位している4核錯体，4核錯体からFe原子が1個抜き出たFe：無機硫黄＝3：4の3核錯体があり，それぞれを金属中心として有する代表的なものに植物**フェレドキシン**（葉緑体フェレドキシン），細菌**フェレドキシン**，**アコニターゼ**（クレブス回路中のクエン酸をイソクエン酸に変換する酵素）がある．2核錯体でのFeイオンの酸化状態の組合せは酸化型ではFe^{3+}・Fe^{3+}，還元型ではFe^{2+}・Fe^{3+}，4核錯体では酸化型では$4Fe^{3+}$，還元型では$2Fe^{2+}$・$2Fe^{3+}$，高ポテンシャル型ではFe^{2+}・$3Fe^{3+}$がある．これらの鉄-硫黄タンパク質の酸化還元電位は広い範囲に渡っているが，それには金属中心の配位環境，周辺部のタンパク質の環境，配位しているチオラートアニオンとアミド水素との水素結合などが関与していると考えられている．

鉄-硫黄タンパク質以外の非ヘム鉄タンパク質として，海産無脊椎動物の酸素運搬および貯蔵能をもつヘムエリトリン（複核鉄錯体），カテコール類の酸化的環開裂反応を行うカテコールジオキシゲナーゼ（単核鉄錯体），1原子酸素添加酵素であるメタンモノオキシゲナーゼ（複核鉄錯体）などがある．また，鉄の貯蔵と運搬を行うフェリチンおよびトランスフェリンも鉄-硫黄クラスターを有しない非ヘム鉄タンパク質である（8.3.1項を参照）．

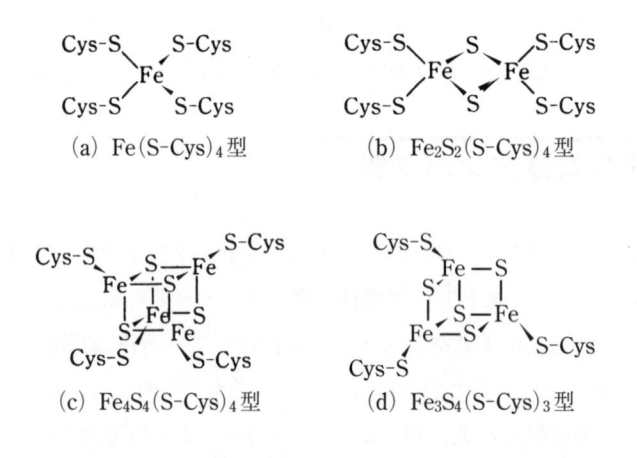

(a) $Fe(S-Cys)_4$型

(b) $Fe_2S_2(S-Cys)_4$型

(c) $Fe_4S_4(S-Cys)_4$型

(d) $Fe_3S_4(S-Cys)_3$型

図8.8 鉄-硫黄タンパク質の金属中心の構造

8.4.3 銅タンパク質

タンパク質に含まれている銅は分光学的性質に基づいて3つのタイプ,**タイプⅠ銅**(ブルー銅),**タイプⅡ銅**(非ブルー銅),**タイプⅢ銅**(ESR非検出銅)に分類される.1つのタンパク質に1種類のタイプの銅のみを含むものもあるが,1種類のタイプの銅のみを含むものもある(表8.4, 図8.9).

表 8.4 代表的な銅タンパク質

タンパク質	分子量	銅含量(原子/分子)				機能
		タイプⅠ	タイプⅡ	タイプⅢ	合計	
プラストシアニン	10,500	1			1	電子伝達
ステラシアニン	20,000	1			1	電子伝達
アズリン	14,000	1			1	電子伝達
ガラクトースオキシダーゼ	68,000		1		1	ガラクトースの酸化
ドーパミン-β-ヒドロキシラーゼ	290,000		8		8	ノルアドレナリンの合成
ジアミンオキシダーゼ	190,000		2		2	アミンの酸化
スーパーオキシドジスムターゼ	32,000		2		2	スーパーオキシドの酸化
チロシナーゼ	120,000			4	4	メラニン色素の形成
ヘモシアニン(サブユニット)	50,000			2	2	酸素運搬
アスコルビン酸オキシダーゼ	140,000	2	2	4	8	アスコルビン酸の酸化
セルロプラスミン	134,000	2	1	2	5	銅運搬,鉄酸化
ラッカーゼ(タマチョレイタケ)	64,000	1	1	2	4	ジアミンなどの酸化
(ウルシ)	110,000	1	1	2	4	ジアミンなどの酸化

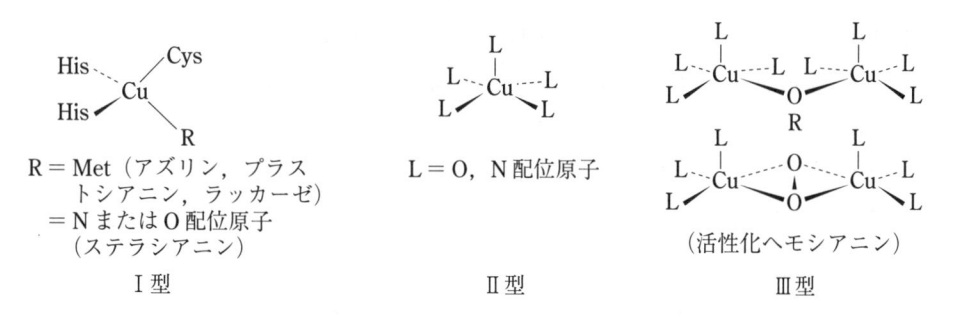

図 8.9 銅タンパク質中のⅠ, Ⅱ, Ⅲ型の銅中心の構造

1 タイプⅠ銅のみを含むタンパク質（ブルー銅タンパク質）

タンパク質 1 分子に Cu 1 原子を含み，600 nm 付近に高い吸光係数を示す吸収スペクトルをもつ銅タンパク質である（600 nm 付近の吸収がブルー銅の名称の起源である）．基本的に，Cu^{2+} に 2 個のヒスチジン残基のイミダゾール窒素，1 個のシステイン残基の硫黄が強く配位して平面三角形構造を形成し，これに軸方向からメチオニンの硫黄が弱く配位して，全体としてひずんだ四面体構造（三角両錘に近いものもある）となっている（600 nm 付近の吸収はシステインから Cu への強い電荷移動吸収帯である）．**ブルー銅タンパク質**は 600 nm 付近の強い吸収スペクトル以外に，小さい超微細結合定数の ESR スペクトル，高い酸化還元電位などの特徴をもっている．生理的な役割は電子伝達である．

ブルー銅タンパク質としては，高等植物や藻類の葉緑体に見出される**プラストシアニン**（光合成系の唯一の銅タンパク質），バクテリアの呼吸鎖に含まれるシュードアズリンなどがある．

2 タイプⅡ銅のみを含むタンパク質

ESR 活性で，タイプⅠ銅でない銅を含むタンパク質で，通常，色は目立たない．

タイプⅡ銅のみを含むタンパク質としては，ベンジルアミン，ヒスタミン，ポリアミンなどのアミンをアルデヒドにする酸化的脱アミン反応を触媒するアミンオキシダーゼ（$RCH_2NH_2 + O_2 + H_2O \longrightarrow RCHO + NH_3 + H_2O_2$），ガラクトースの 6 位のヒドロキシル基の酸化を触媒するガラクトースオキシダーゼ，ドーパミンの側鎖の β 位をヒドロキシル化してノルアドレナリンを生成する反応を触媒するドーパミン β-モノオキシダーゼ（$(OH)_2-\phi-CH_2-CH_2-NH_2 + O_2 +$ アスコルビン酸 $\longrightarrow (OH)_2-\phi-CH(OH)-CH_2-NH_2 + H_2O +$ デヒドロアスコルビン酸），スーパーオキシドアニオンラジカル（O_2^-）を分解する反応を触媒するスーパーオキシドジスムターゼ（$2O_2^- + 2H^+ \longrightarrow H_2O_2 + O_2$）などがある．

アミンオキシダーゼには銅型とフラビン型があるが，銅型は低濃度のセミカルバジドにより阻害されるので，semicarbazide-sensitive amine oxidase といい，哺乳類の組織では脂肪細胞，軟骨細胞，顆粒細胞，血管壁の平滑筋などに高濃度に存在している．この酵素では，ピリドキサール，ピロロキノリンあるいはトリヒドロキシフェニルアラニンが Cu と近接，ないしは直接結合して酸化還元に関与しているといわれている．ガラクトースオキシダーゼでは Cu^{2+} にチロシンが配位しているとされている．また，ドーパミン β-モノオキシダーゼは四量体で，各サブユニットには 2 原子の Cu^{2+} が存在し，最大 3 残基のヒスチジンが配位して活性中心を構成しているとされている．

スーパーオキシドジスムターゼ superoxide dismutase（**SOD**）は細菌から高等動物まで広い範囲で見出されており，O_2^- を H_2O_2 と O_2 へ不均化させる反応を拡散律速に近い速度で触媒する．この O_2^- を速やかに消去することにより，O_2^- およびこれから生じる他の活性酸素による DNA，膜脂質，タンパク質，炭水化物の酸化的損傷を抑制し，酸素障害から生物を保護している（第 5

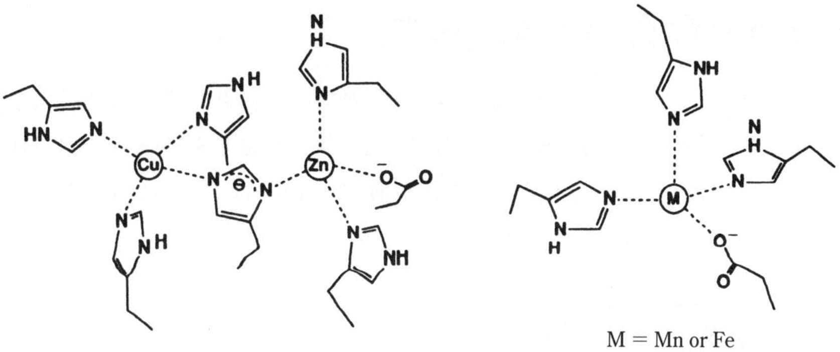

(Cu/Zn-SOD)

M = Mn or Fe
(Mn-SOD, Fe-SOD)

図 8.10 SOD の活性中心

章　酸素属元素の項を参照）．この酵素には反応中心となる金属イオンによって，タイプⅡ銅と亜鉛を含む **Cu/Zn-SOD**，マンガンを含む **Mn-SOD**，鉄を含む **Fe-SOD** がある．Cu/Zn-SOD は動物，陸上植物，菌類などの真核生物，Mn-SOD は細菌類や真核生物のミトコンドリア，Fe-SOD は細菌類に主に存在している．Cu/Zn-SOD は同じサブユニット 2 個からなり，各サブユニットは Cu と Zn を 1 原子ずつ含有している．Cu が酸化還元反応に直接関与し，Zn は酵素の立体構造の維持に関与している．Cu には 4 つのヒスチジン残基のイミダゾール窒素が配位して歪んだ平面 4 配位構造を形成し，Zn には 3 つのヒスチジン残基のイミダゾール窒素と，1 つのアスパラギン酸残基のカルボン酸の酸素が配位して正四面体構造を形成しており，さらに 1 つのイミダゾールが Cu と Zn の両方に配位した複核錯体構造をとっている（図 8.10）．Cu への O_2^- の接近には SOD の活性部位の入り口にあるアルギニン残基が寄与している．Mn-SOD および Fe-SOD では，Mn または Fe に 3 つのヒスチジン残基のイミダゾール窒素と，1 つのアスパラギン酸残基のカルボキシル基の酸素が配位した構造となっている（図 8.10）．

3　タイプⅢ銅のみを含むタンパク質

タイプⅢ銅は，2 個の Cu^{2+} が対をなした状態にあり，Cu は Cu^{2+} の状態にあるにもかかわらず，2 つの Cu 原子の間に反強磁性相互作用があるため，オキシ状態でも通常のメト状態でも反磁性を示し，ESR は不活性である（試薬を作用させることによって作り出したある種のメト状態においてのみ Cu の ESR が観測される）．タイプⅢ銅のみを含むタンパク質としては，軟体動物や節足動物の血液中の酸素運搬体である**ヘモシアニン**や，動物・植物・微生物界に広く分布してフェノールをオルトキノリンにまで酸化する一電子酸素添加酵素である**チロシンキナーゼ**などがある．これらの酵素では，ペルオキシドイオンが 2 つの Cu^{2+} に等価に配位した構造を有する（図 8.9）．

4 異なったタイプの銅を含むタンパク質

複数のタイプの銅を有するタンパク質もある．この種類の代表的なタンパク質として，3つのタイプの銅をすべて有する**ラッカーゼ，セルロプラスミン**（8.3.2項を参照），**アスコルビン酸オキシダーゼ**，2つのタイプの銅を含む**亜硝酸還元酵素**，Fe-Cu酵素である**シトクロム c オキシダーゼ**（呼吸鎖の末端の酵素，8.4.1項を参照）などがある．

8.4.4 亜鉛タンパク質

1 亜鉛酵素

亜鉛を構成成分とする酵素を**亜鉛酵素** zinc enzyme, zinc-containing enzyme と呼ぶ．現在までに見出されている亜鉛酵素は100以上ある．亜鉛酵素における亜鉛は，活性中心として機能するものと，活性中心以外に存在してタンパク質の構造保持に関与するものがある．前者として**アルコールデヒドロゲナーゼ，カルボキシペプチダーゼ A，炭酸脱水酵素，アルカリホスファターゼ**，後者として **Cu/Zn スーパーオキシドジスムターゼ**（Cu/Zn-SOD，8.4.3.2を参照）などがある．Zn^{2+}は通常4配位の四面体構造をとるが，活性中心に存在する場合は4つの配位子のうち3つはタンパク質のアミノ酸残基由来であり，残りの1つは水分子あるいは基質由来の配位子（OH，CO など）である．また，活性中心における Zn^{2+} は $3d^{10}$ で3d軌道が飽和しているため，それ自体では酸化還元機能をもたないが（そのため，亜鉛酵素には電子伝達を伴う酸化還元酵素や酸素添加酵素はない），基質に結合して基質を反応の起きやすい向きに配向させたり，静電的に負電荷を安定化させる役割を果たす．

アルコールデヒドロゲナーゼ（ADH）は，アルコールとアルデヒド間の酸化還元を触媒する酵素で，人の肝臓でのアルコールの代謝過程で最初に作用する酵素であり，飲酒時のアルコール代謝に関与することでよく知られている．なお，一般に，お酒に弱い人は本酵素ではなく，次の過程で作用するアルデヒド脱水素酵素の不足によって体内にアルデヒドが蓄積して，その結果，頭痛や吐き気などの症状が出る．ADH にはサブユニットあたり2個の Zn^{2+} が含まれており，1個が活性中心に存在し，もう1個は活性中心から離れた所に位置して酵素の構造形成に関与している．いずれも4配位の四面体構造を形成しているが，構造因子の Zn^{2+} の場合は4個のシステイン残基のメルカプト基硫黄が配位，活性中心の Zn^{2+} の場合はヒスチジン残基のイミダゾール基窒素と2個のシステイン残基のメルカプト基硫黄，さらに第4配位子として水が配位している．この水分子が置換されて基質のアルコールと結合し，アルコールの C−O 結合の分極を促進して遷移状態で生じる負電荷を安定化することにより，アルコールから NAD^+ への水素原子の移動を促進して，結果的にアルデヒドを生成させる．

カルボキシペプチダーゼ A は，活性中心に金属を有してタンパク質やペプチド中のペプチド

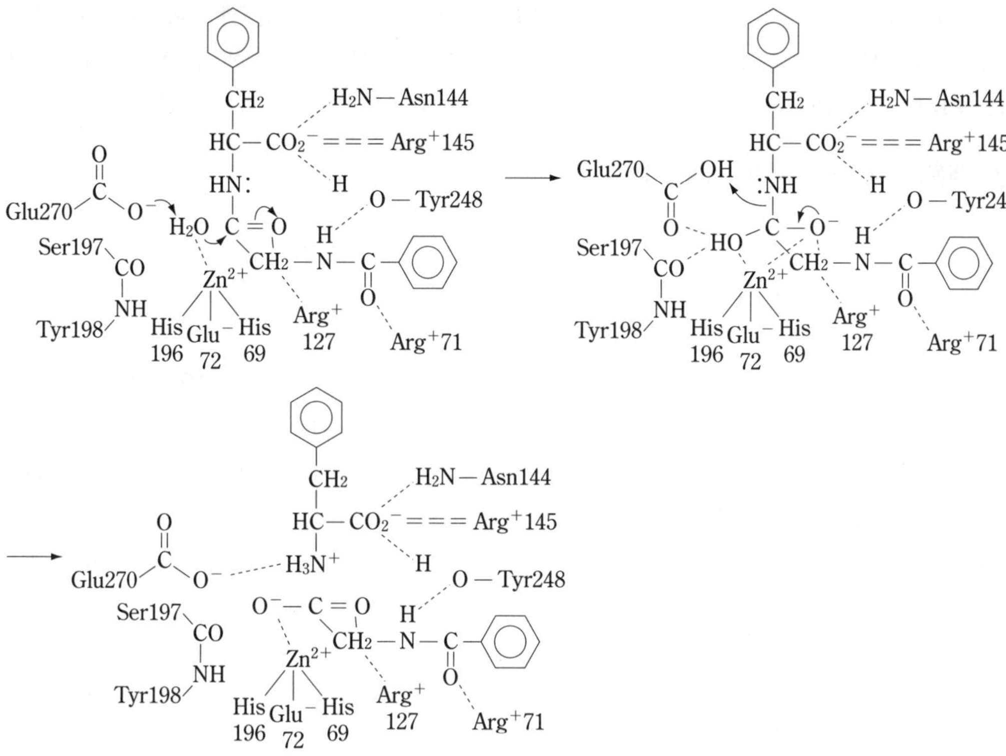

図8.11 カルボキシペプチダーゼAによるアミド結合の加水分解反応の機構
(D.W. Christianson, et al. (1989) *Acc. Chem. Res.*, **22**, 62)

結合の加水分解を触媒する金属プロテアーゼの一種で，C末端からアミノ酸残基を1つずつ切断する酵素である．この酵素では，Zn^{2+}には酵素タンパク質由来の2個のヒスチジン残基のイミダゾール基窒素と1個のグルタミン酸残基のカルボキシル基，さらに水が配位して，4配位の四面体構造を形成している．基質が結合するときは，水分子と置換して基質のペプチド結合のカルボニル基の酸素がZn^{2+}に配位する．Zn^{2+}はルイス酸としてカルボニル基の電子を吸引し，分極したカルボニル炭素のグルタミン酸残基のカルボキシル基が求核的に反応して酸無水物型の中間体を形成し，さらにこれが水分子により加水分解されて，ペプチド結合が切断される（図8.11）．

炭酸脱水酵素は$CO_2 + H_2O \rightleftharpoons H^+ + HCO_3^-$の反応を触媒する酵素である．この酵素の働きにより，体内では，赤血球において，体の中で生成したCO_2を水和してHCO_3^-を生成して血液中のHCO_3^-濃度を高めることにより，酸素が結合したヘモグロビンに作用して，酸素の代わりにHCO_3^-を結合させて酸素を遊離し，各組織に酸素を供給する．一方，肺では，逆にHCO_3^-結合ヘモグロビンに酸素が作用してHCO_3^-を遊離し，本酵素がこのHCO_3^-を脱水してCO_2とOH^-を生成し，肺からのCO_2の排出と血液のpHの調節に関与している(8.4.1.①を参照)．本酵素では，Zn^{2+}には3個のヒスチジン残基のイミダゾール基窒素と水が配位して，4配位の四

面体構造を形成している．この Zn^{2+} の結合によって分極した水分子は遊離の水よりも強い酸であり，中性 pH 以下で解離して OH^- を与え，これがルイス酸として求核的に酵素に結合した CO_2 を攻撃して HCO_3^- を生じるのが，本酵素による CO_2 の水和機構であると考えられている．

2 亜鉛フィンガータンパク質

遺伝子の転写調節や損傷を受けた DNA の修復を行う酵素は DNA と結合するが，その DNA との結合部位において，Zn^{2+} が酵素タンパク質分子の特異な高次構造を保持するために配位結合している．このタンパク質での DNA 認識能を有する DNA 結合モチーフで，Zn^{2+} と結合していて，30 ほどのアミノ酸残基からなるループが繰り返されている部分を**亜鉛フィンガー** zinc finger と呼び，亜鉛フィンガーを有するタンパク質を**亜鉛フィンガータンパク質**と呼ぶ．亜鉛フィンガータンパク質はプロモータ上流のグアニン-シトシンボックスを領域に結合して，下流にある遺伝子の転写を活性化する．

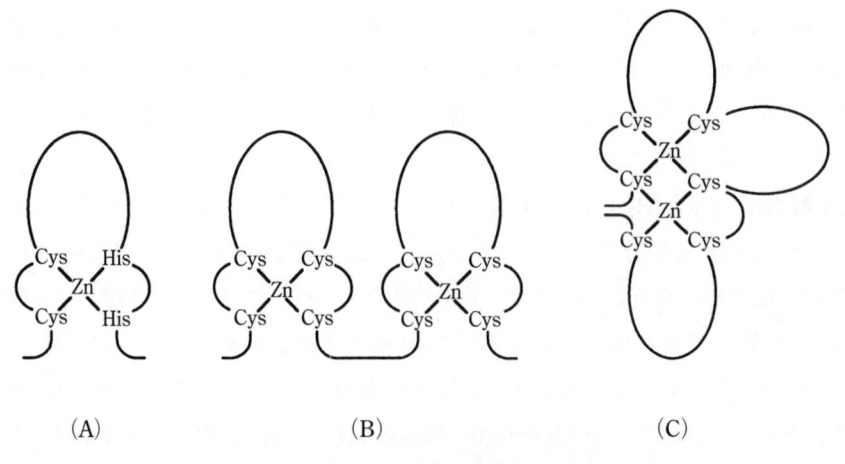

現在までに亜鉛フィンガー構造には 4 つのタイプが存在することが明らかにされている．すなわち，2 個のシステインと 2 個のヒスチジンが Zn^{2+} に結合している C_2H_2 型（転写因子である Zif 268 や Sp1 に存在），3 個のシステインと 1 個のヒスチジンが Zn^{2+} に結合している C_3H_1 型（ポリ（ADP リボース）ポリメラーゼやレトロウイルスに存在），4 個のシステインが Zn^{2+} に結合していて，これが 1 つのタンパク質に 2 か所ある C_4 型（ステロイド核受容体の亜鉛ドメインに存在），2 つの Zn^{2+} に 6 個のシステインが結合していて，このうち 2 つのシステイン中の硫黄原子が両方の Zn^{2+} に橋かけ配位子となって金属クラスターを形成している C_6 型（転写因子 GAL4 に存在）がある．代表的なタイプを図 8.12 に示す．これらの亜鉛フィンガー構造部の DNA 結合様式はそれぞれ異なるが，基本的には 1 つの亜鉛フィンガーが 3 つの DNA 塩基配列を認識している．亜鉛フィンガーは，特定塩基配列部位への選択的な結合能を有する分子（遺伝子転写制御分子や人工制限酵素など）の合理的設計やそれに基づく機能分子のデザインに有効として興味がもたれている．

図 8.12　亜鉛フィンガーの代表的なタイプ

8.4.5 メタロチオネイン

メタロチオネイン metallothionein (MT) は，金属 (metallo-) とメルカプト基 (-thio-) に富んだ低分子のタンパク質 (-nein-) という，構造的特徴によって名づけられた金属結合タンパク質である．

哺乳動物ではほとんどの臓器に存在しているか，あるいは合成が誘導され，肝臓，腎臓，腸などでの濃度が高い．61個のアミノ酸残基からなる1本鎖のポリペプチドで，そのうちの約30%にあたる20個はシステイン残基からなり（このシステイン残基の位置は，どの脊椎動物に由来するメタロチオネインでもアミノ酸の一次構造上で同じ位置を占める），芳香族アミノ酸は含まれていない．メタロチオネインにはZnのみ，あるいはZnとCuの両者が含まれている場合が多いが，それ以外にCu，Cd，Hg，Ag，Auなどの金属イオンを含むものもある．これらの金属イオンに配位している配位子はすべてシステイン残基のメルカプト基硫黄であり，同時に含まれているシステイン残基のメルカプト基硫黄はすべて金属イオンに配位している．Znの場合には7個のZn^{2+}が配位しているが，それらは3個と4個に分かれた2種類のクラスターを形成している（図8.13）．Cdの場合もZnと同様である．Cuおよびその他の金属イオンではメタロチオネイン1分子あたりに結合できる数は試験管内では7個以上であるが，*in vivo*ではZnなどが共存しているため，メタロチオネインにより異なっている．メタロチオネインに対する親和性はCu > Cd > Znであり，メタロチオネインに結合している金属イオンはより親和性の高い金属で容易に置換される．したがって，生体中でメタロチオネインに結合しうる金属イオンは，メタロチオネインに対する親和性がZnよりも高い金属イオンが基本である．メタロチオネインは常在しているものもあるが（特に，胎児や新生児の肝臓にはCu，Zn-メタロチオネインが高濃度に含まれている），過剰の金属の投与（上記の金属以外にFe，Se，Niなどでも起こる）や温度な

(a)

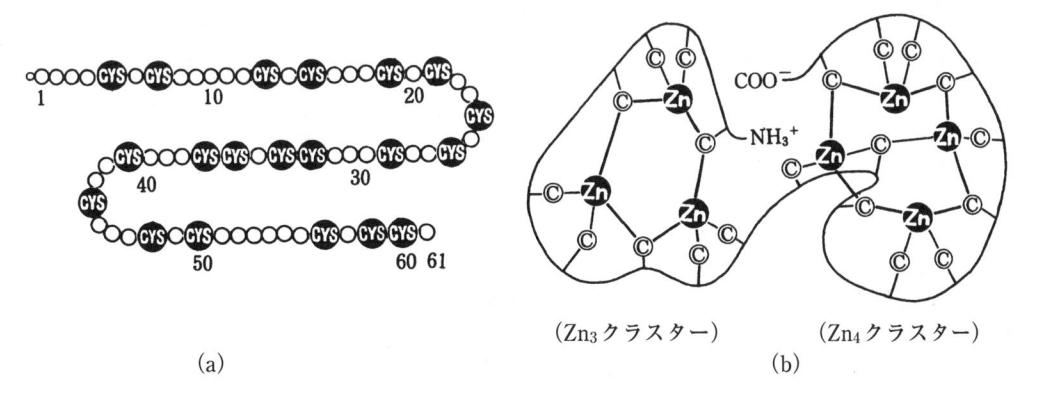

(Zn_3クラスター)　　　(Zn_4クラスター)

(b)

図8.13 メタロチオネインの一次配列中に占めるシステインの位置 (a) と2個のクラスターを形成する配位構造 (b)

結合金属をすべてZnで示した．

どの環境の変化によるストレスによっても合成が誘導される．

メタロチオネインには酵素活性やホルモンとしての作用はないが，その生物学的な役割は，(1) メタロチオネインは毒性の高い金属の投与により誘導されること，またメタロチオネインに結合したCdなどの金属は毒性を示さないことから，有毒金属の解毒作用，(2) メタロチオネインはZnやCuの吸収，貯蔵，輸送などに関与していることから，必須重金属の恒常性の維持，(3) 金属だけでなく色々なストレスによってメタロチオネインが誘導されることから，急性期タンパク質としての作用，(4) システインを多く含むので，メルカプト基によるラジカルやアルキル化剤のスカベンジャー（グルタチオンよりも有効），などがあると考えられている．

8.5 金属元素含有医薬品

病原微生物との戦いに「**化学療法**」という概念を導入したエールリッヒは，当時アフリカやインドで問題となっていた睡眠病患者の脳脊髄液に存在するトリパノゾーマが亜ヒ酸や有機ヒ素化合物で死滅することに着目して，トリパノゾーマ死滅作用はヒ素の作用に基づくと考え，毒性の高いこれらの化合物に代わるヒ素を含む化合物を合成し，ついに秦やベルトハイムと共同でトリパノゾーマを病原体とする梅毒の特効薬であるアルスフェナミン（サルバルサン，606号）を創製した（図8.14）．このように，現代の化学療法は無機元素から始まったのである．現在医薬品として利用されている主な金属の無機化合物を表8.5，錯体および有機金属化合物を図8.14にそれぞれ示す．なお，無機化合物についての詳細は第5，6章に記載しているので，参照されたい．ここでは主に医薬品として用いられている錯体および有機金属化合物について述べる．

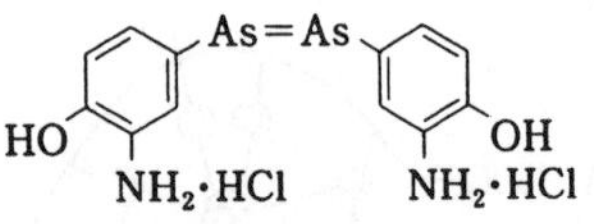

アルスフェナミン（塩酸塩）*
（サルバルサン，606号）

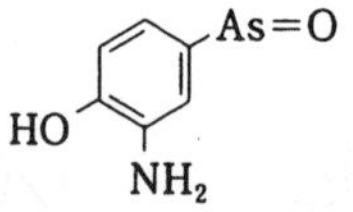

オキソフェナルシン

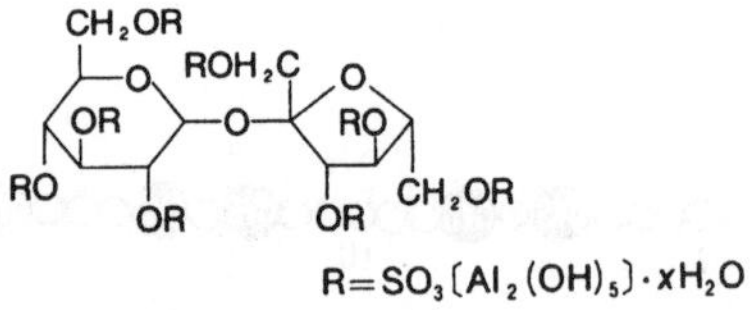

スクラルファート

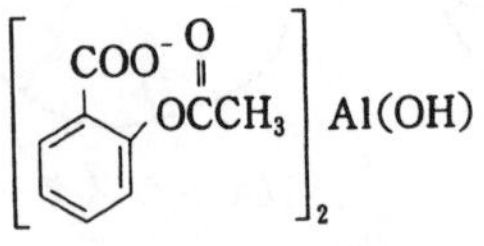

アスピリンアルミニウム

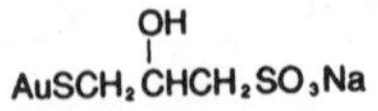

金チオリンゴ酸ナトリウム

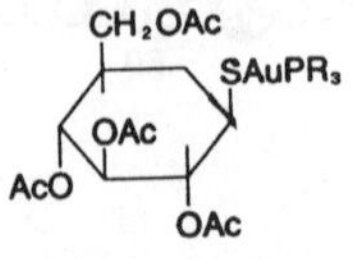

Et_2PAuCl

オーラノフィン

図 8.14　医療に用いられている金属錯体
*：現在は用いられていない．

第8章 生物無機化学

シスプラチン　　　カルボプラチン　ネダプラチン
(ランダ, ブリプラチン)　(パラプラチン)　(アクプラ)

(G) ポラプレジンク

R=CN: シアノコバラミン
 =OH: ヒドロキソコバラミン
 =アデノシン: アデノコバラミン
 =CH$_3$: メチルコバラミン

^{99m}Tc-HM-PAO

^{99m}Tc-ECD

^{99m}Tc-MIBI

^{99m}Tc-テトロホスミン

[Gd(DTPA)(H$_2$O)]$^{2-}$
(ガドペント酸)

^{99m}Tc-MAG$_3$

R=H: ^{99m}Tc-MDP
 =OH: ^{99m}Tc-HMDP

[Gd(DOTA)(H$_2$O)]$^{-1}$
(ガドレート)

[Gd(DTPA-BMA)(H$_2$O)]
(ガドジアミド水和物)

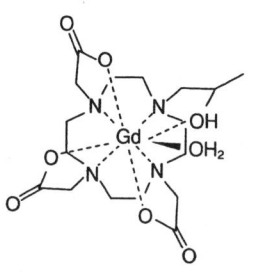

[Gd(HP-DO3A)(H$_2$O)]
(ガドテリドール)

図 8.14 つづき

表 8.5　医薬品として用いられている主な金属無機化合物

制酸剤	
炭酸水素ナトリウム（重曹）	$NaHCO_3$
乾燥水酸化アルミニウムゲル（アルミゲル）	$Al(OH)_3$
合成ケイ酸アルミニウム（ノルモザン）	$Al_2(SiO_3)_3$
沈降炭酸カルシウム	$CaCO_3$
炭酸マグネシウム	$MgCO_3 \cdot 3H_2O$
酸化マグネシウム	MgO
ケイ酸マグネシウム	$2MgO \cdot 3SiO_2 \cdot xH_2O$
水酸化マグネシウム（ミルマグ）	$Mg(OH)_2$
メタケイ酸アルミン酸マグネシウム（ノイトニン）	$2MgO \cdot Al_2O_3 \cdot 3SiO_2 \cdot xH_2O$
アルミン酸マグネシウム（サナルミン）	$Al_2H_{14}Mg_4O_{14} \cdot 2H_2O$
合成ヒドロタルサイト（ナシッド）	$Mg_6Al_2(OH)_{16}CO_3 \cdot 4H_2O$
止瀉剤	
次硝酸ビスマス	$BiO \cdot NO_3$, $BiNO_3(OH)_2$ と $BiO \cdot NO_3 \cdot BiO \cdot OH$ の混合物
次炭酸ビスマス	$[(BiO)_2CO_3]_2 \cdot H_2O$
天然ケイ酸アルミニウム	$Al_2O_3 \cdot xSiO_2 \cdot yH_2O$
下剤	
リン酸水素ナトリウム	$Na_2HPO_4 \cdot 7H_2O$
水酸化マグネシウム	$Mg(OH)_2$
炭酸マグネシウム	$MgCO_3 \cdot 3H_2O$
硫酸マグネシウム	$MgSO_4 \cdot 7H_2O$
硫酸ナトリウム	$Na_2SO_4 \cdot 10H_2O$
塩化第一水銀	Hg_2Cl_2
硫黄	S
被覆薬	
酸化亜鉛	ZnO
ステアリン酸亜鉛	$Zn[CH_3(CH_2)_{16}COO]_2$
ステアリン酸マグネシウム	$Mg[CH_3(CH_2)_{16}COO]_2$
酸化チタン	TiO_2
タルク	$3MgO \cdot 4SiO_2 \cdot H_2O$
収れん薬*	
次硝酸ビスマス	$BiO \cdot NO_3$, $BiNO_3(OH)_2$ と $BiO \cdot NO_3 \cdot BiO \cdot OH$ の混合物
硫酸アルミニウムカリウム（ミョウバン）	$K_2SO_4 \cdot Al_2(SO_4)_3 \cdot 24H_2O$
硫酸亜鉛	$ZnSO_4 \cdot 7H_2O$
抗うつ剤	
炭酸リチウム	Li_2CO_3
造血剤	
硫酸鉄	$FeSO_4$
放射性医薬品	
過テクネチウム酸ナトリウム	$Na^{99m}TcO_4$
塩化タリウム	$^{201}TlCl$

*収れん作用：局所のタンパク質と薬物が結合して不溶性物質の沈殿を生じ，局所に被膜を形成し，そのため血管を収縮させ，細胞間げきおよびリンパ間げきを閉塞し，漿液および粘液の分泌を抑制し，白血球遊走を抑制する作用（消炎作用）.

1 アルミニウム錯体

スクラルファート sucralfate はわが国で開発された薬で，水酸化アルミニウムとショ糖8硫酸エステルとの錯体であり，制酸剤，抗潰瘍剤（潰瘍病巣保護薬）として，酸分泌抑制薬（H2受容体拮抗薬，プロトンポンプ阻害薬など）が使用できない場合の第一選択薬として広く用いられている．これは，胃腸の潰瘍部位にあるタンパク質と強力に結合することにより保護層を形成して酸やペプシンから潰瘍患部の粘膜を保護するという防御因子を増強する作用と，ペプシンや胆汁の成分に直接作用して酵素活性を抑制するという攻撃因子を抑制する作用にも基づくと考えられている．

また，解熱鎮痛薬として用いられているアスピリンは胃の障害を起こすが，この副作用を除くためにAlとの錯体**アスピリンアルミニウム**［$(Aspirin)_2Al(OH)$］として用いられている．

2 有機ヒ素化合物

エールリッヒが開発したアルスフェナリン，その後開発された有機ヒ素化合物アセタゾールは長期にわたり梅毒治療薬として使用されたが，毒性があるため，少量で有効かつ安全性の高い**オキソフェナルシン**が開発された．ただし，オキソフェナルシンも現在はあまり用いられてはいない．これらの有機ヒ素化合物の駆梅作用は，寄生体トレポネーマの代謝に関係する酵素の必須メルカプト基に結合して酵素阻害を起こすことによるとされている．

3 金錯体

1960年に，金チオグルコースや金チオ硫酸ナトリウムを静脈内投与するとリウマチ性関節炎に有効であることがわかり，種々の研究がなされた結果，1976年にアメリカで毒性の比較的低い，経口投与可能な**オーラノフィン** auranofin が開発された．現在，金製剤としては**金チオリンゴ酸ナトリウム** sodium aurothiomalate とオーラノフィンが慢性関節リウマチの治療（抗リウマチ薬）に用いられている．ただし，これらの金製剤の使用は，非ステロイド性抗炎症薬の効果が十分に得られなかった，活動性の高い慢性関節リウマチの治療に適用されている．金製剤の抗リウマチ効果の作用機序は明確ではないが，異常な免疫反応に対する抑制作用，マクロファージや多核白血球の貪食能抑制作用，軟骨の細胞間物質であるコラーゲンの合成への関与，関節腔の中にある潤滑油としての役割を果たす滑液中のリソソームの酵素系の調節やリソソーム膜の安定性への関与などが報告されている．

4 鉄錯体

鉄欠乏性貧血の治療に，造血剤として，**硫酸鉄** ferrous sulfate，**コンドロイチン硫酸・鉄コロイド** chondroitin sulfate, iron colloid sol.，**含糖酸化鉄** saccharated ferric oxide などの無機化合物以外に，**フマル酸第一鉄** ferrous fumarate，**クエン酸第一鉄ナトリウム** sodium ferrous citrate,

ピロリン酸第二鉄 ferric pyrophosphate, soluble，デキストランおよびクエン酸が配位した水溶化第二鉄の錯体である**シデフェロン** cideferron などの鉄錯体が用いられている．前三者の鉄錯体は経口剤であり，小腸から Fe^{2+} として吸収後，Fe^{3+} として血漿トランスフェリンに結合して体内を循環し，骨髄でヘモグロビン合成に利用され，造血作用を示す（8.3.1 項を参照）．シデフェロンはコンドロイチン硫酸・鉄コロイドや含糖酸化鉄とともに注射剤であり，静注後直ちに鉄イオンを遊離するのではなく，網内系細胞に取り込まれ，処理された後，徐々に鉄イオンを解離して，これがヘモグロビン合成に利用され，造血作用を示す．なお，経口剤は主に Fe^{2+} 化合物，注射剤は Fe^{3+} 化合物として投与される．

5 白金錯体

白金錯体**シスプラチン** cisplatin（*cis*-diamminedichloroplatinum（Ⅱ）），**カルボプラチン** carboplatin, **ネダプラチン** nedaplatin が睾丸腫，膀胱，前立腺，卵巣，頭頸部，肺，食道，子宮頸部などの腫瘍に対する抗がん剤として利用されている．

シスプラチンの抗腫瘍効果はローゼンバーグによって発見された．1965 年，彼は大腸菌に電流を流すと大腸菌の細胞分裂が抑制されることを見つけ，これが電流の影響ではなく，使用した白金電極からごく少量流れ出た白金イオンに培地中の塩素イオンとアンモニアが反応してできたシスプラチンであることを見出した．そこで，この化合物が大腸菌の細胞分裂を抑制するのであれば，がん細胞の分裂も抑制されると考え研究した結果，1969 年に種々の腫瘍を抑制することを細胞および動物を用いて明らかにした．しかし，当初，シスプラチンは腎障害などの副作用が強いために臨床使用は悲観的であったが，大量の水分の補給による副作用の軽減法が開発され，臨床に広く用いられるようになった．その後，腎毒性の低い**カルボプラチン**，**ネダプラチン**も開発され，シスプラチンとともに利用されている．なお，これらの白金錯体は Al と反応して沈殿物を形成して活性が低下するため，白金錯体を取り扱う時は Al を含む医療用器具は使用できない．

シスプラチンの抗腫瘍作用の機序に関しては不明な点もあるが，次のように考えられている．すなわち，Pt^{2+} に結合している 2 個のアンモニアは強く結合しているが，残りの 2 個の塩素イオンは結合が弱く，まわりの環境に応じて他の化合物と配位子置換反応を起こす．そこで，静脈内に投与されたシスプラチンは血液中では塩素イオン濃度が高いために安定であり，しかも全体として電荷を持たないので，そのままの形で細胞膜を通過し，細胞内に移行する．細胞内では塩素濃度が低いので，塩素イオンは水酸イオン（OH^-）に置き換えられ，2 個の水酸イオンが配位した化合物に変化し，この化合物が DNA と結合して DNA の複製を阻害し，抗腫瘍作用を示すと推定されている（図 8.15）．

細胞内の Pt 錯体の DNA との結合の仕方については，上記の 2 個の水酸イオンがはずれ，その部分が，同じ 1 本の DNA 鎖の中の隣接した 2 個のグアニン塩基またはグアニン塩基とアデニン塩基と架橋結合している様式のものが多いことが示されている（この結合様式を**一本鎖交叉結**

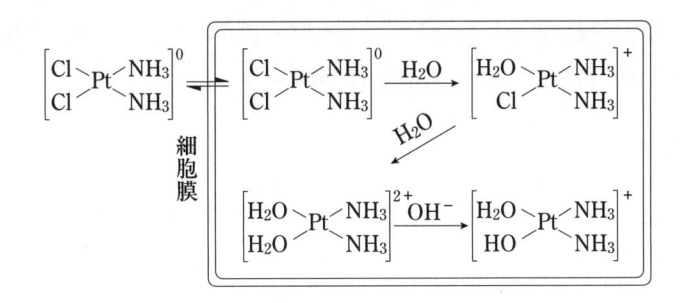

図8.15 細胞内におけるシスプラチンの変化

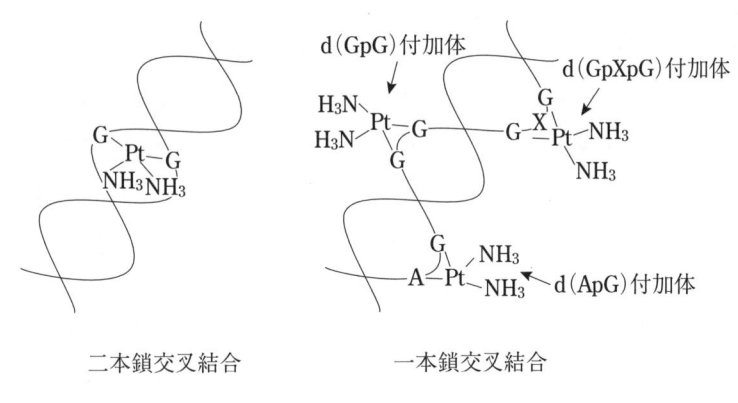

図8.16 シスプラチンのDNA付加体の構造
一本鎖交叉結合が主である．

合という（図8.16））．一方，2個のアンモニアが白金に対して同じ側に結合しているシスプラチンとは異なり，2個のアンモニアが対角線上に向かい合って結合しているトランス型の化合物では，DNAにはむしろ強く結合するにもかかわらず，抗腫瘍作用はほとんど示さない．これはトランス型化合物の場合はシス型化合物に比べてDNAの構造をより大きく乱すために細胞の持つ修復監視システムに発見されて除去されてしまうためであると考えられており，シス型の場合にはDNAと結合はするものの，修復監視システムには発見されずにDNAの複製のみを阻害するために細胞増殖を抑えることができると推定されている．なお，シスプラチンは腫瘍細胞を縮小させるが，ときとして再び増殖し始め，その場合は再びシスプラチンを投与してもその増力を抑制できないことがある．これは腫瘍細胞の薬物に対する耐性が形成されたためであり，この薬剤耐性を克服する可能性のある白金錯体の開発が注目されている．

6 亜鉛錯体

ポラプレジンク polaprezinc は，L-カルノシンと亜鉛との錯体で，消化器性潰瘍を治療する潰瘍病巣保護薬として用いられている．この化合物は，L-カルノシンが筋肉内に存在して損傷の治療や炎症の抑制作用があること，また亜鉛は創傷治療効果をもつことから，これらの相乗効果が

考えられており，胃粘膜損傷部位に付着して，さらに浸透することにより，直接，創傷の治癒を促進し，膜安定化作用，抗酸化作用，細菌保護作用を示すといわれている．

7 コバルト錯体

ビタミン B_{12} 欠乏症の補給・予防・治療・悪性貧血などの治療薬として**シアノコバラミン** cyanocobalamin（ビタミン B_{12}），**ヒドロキソコバラミン** hydroxocobalamin が用いられている．これらはいずれも正八面体型 6 配位構造のコバルト錯体で，中央にあるコリン環，第 5 配位に 5′-デオキシアデノシル基のジメチルベンゾイミダゾール基，第 6 配位に CN か OH が配位している．これらのコバルト錯体の Co は Co^{3+} であるが，FDA により二電子還元されて Co^+ となり，強力な求核試薬として ATP の 5′-炭素を求核攻撃し，トリリン酸と置換することにより Co-C 結合を生成し，アデノシル化またはメチル化されて補酵素型である**アデノシルコバラミン**（$Ad\text{-}CH_2\text{-}B_{12}$）またはメチルコバラミン（メコバラミン mecobalamin）（$CH_3\text{-}B_{12}$）となる．**アデノシルコバラミン**は，核酸合成，脂質代謝，メチオニン合成などにおける水素転移反応（C-C 結合の一方の炭素に結合する水素が隣接する炭素に転移する反応）などの補酵素 coenzyme として働くが，これは，酵素反応の最初に，この Co-C 結合が均等開裂を起こしてラジカル種を生成し（$Ad\text{-}CH_2\text{-}B_{12} \rightarrow AdCH_2\cdot + B_{12}$（還元型）），このラジカル種（$AdCH_2\cdot$）が酵素反応に関与するといわれている．また**メチルコバラミン**は，生体内メチル基転移反応の補酵素として核酸やリン脂質の代謝に関連しており，末梢性神経障害における神経の修復，再生機構に効果がある．なお，ビタミン B_{12} といえばシアノコバラミンをさすが，これは肝臓からシアン抽出したため生じた人工産物で，前述したように，体内に作用する補酵素型はアデノシルコバラミンとメチルコバラミンである．

8 テクネチウム錯体

放射性化合物を投与し，それが放出する放射線を体外から測定して，その化合物の動態や分布を画像として表し，疾患の診断に用いようとする臨床画像診断を**核医学**という．この核医学診断の分野で広く用いられている放射性化合物（**放射性医薬品**という）として，放射性同位体 **99m-テクネチウム**（^{99m}Tc）の錯体である．その理由は，^{99m}Tc が放出する放射線（γ 線）は核医学で用いられている放射線検出器（シングルフォトン断層撮像装置，シンチカメラ）での検出効率が高いこと，^{99m}Tc の物理的半減期が短いため（6 時間）被曝線量が少ないこと，^{99m}Tc は $^{99}Mo\text{-}^{99m}Tc$ ジェネレータにより臨床現場でも容易に入手できること，Tc は多様な化学的性質を有するために種々の性質をもつ化合物を合成できることなどである．

[^{99m}Tc] エキサメタジムテクネチウム（HM-PAO）$^{99m}Tc\text{-}d,l\text{-}hexamethylpropyleneamine\ oxime$ および [^{99m}Tc][N,N'- エチレンジ-L-システイネート（3-）] オキソテクネチウム（ECD）$^{99m}Tc\text{-}ethylcysteinate\ dimer$ は脳血流量を測定するために用いられている．この理由は，これらの錯体は Tc^{5+} の錯体であり，電気的に中性で，脂溶性が高く，分子量が 500 以下である

ため，血液脳関門の透過率が高く，また脳に移行後，脳細胞内で代謝・分解されて水溶性可能物になるために，脳内から放出されることなく脳内に滞留し，その結果，脳集積量が脳に流れる単位時間あたり血液の量，すなわち血流量に比例するために脳血流量を測定することができる．また，[^{99m}Tc] ヘキサキス（2-メトキシイソブチルイソニトリル）テクネチウム（MIBI）^{99m}Tc-2-hexakis 2-methoxybutyl-isonitrile および [^{99m}Tc] テトロホスミンテクネチウム（tetrofosmin）^{99m}Tc-1,2-bis [bis(2-ethoxyethyl)phosphino]ethane は心筋血流量を測定するために用いられている．これらの錯体は，それぞれ Tc^{5+}，Tc^+ の錯体であり，錯体全体として1価の電荷を有しており，心筋細胞に受動拡散した後，心筋の低い膜電位による陽イオン選択的な細胞内濃縮によって細胞内に滞留することにより，その集積量から心筋血流量を測定できる．[^{99m}Tc] メチレンジホスホン酸テクネチウム（MDP）^{99m}Tc-methylene diphosphonate および [^{99m}Tc] ヒドロキシメチレンジホスホン酸テクネチウム（HMDP）^{99m}Tc-hydroxymethylene diphosphonate はビスホスホン酸の ^{99m}Tc 錯体であり，骨に高く集積して骨腫瘍などの骨病変部位の診断に用いられる．これらの骨への集積は，骨のリン酸取り込み機構により骨に移行した後，骨の構成成分であるヒドロキシアパタイトや，その形成途中に生成する無定形状態のリン酸カルシウム化合物に物理的，化学的に結合することによって，骨に集積する．[^{99m}Tc] ジエチレントリアミン五酢酸テクネチウム（DTPA）^{99m}Tc-diethylenetriamine pentaacetic acid および [^{99m}Tc] メルカプトアセチルグリシルグリシルグリシンテクネチウム（MAG3）^{99m}Tc-mercaptoacetylglycylglycyl-glycine は水溶性の錯体で，それぞれ，腎臓の糸球体でろ過および尿細管上皮細胞に摂取後，尿細管に分泌されることにより定量的に尿中に排泄されるため，腎臓の糸球体ろ過率や腎血流量の測定に用いられている．なお，^{99m}Tc-MAG3 は Tc^{5+} の錯体である．

その他，放射性医薬品に用いられている ^{99m}Tc 錯体以外の錯体としては，腫瘍の診断に広く用いられている [^{67}Ga] クエン酸ガリウムがある．この錯体は，静注後血中のトランスフェリンに結合した後，腫瘍部位に移行し，その細胞膜に存在するトランスフェリン受容体を介して腫瘍細胞に取り込まれるといわれている．この錯体は，^{99m}Tc-MDP，^{99m}Tc-HMDP とともに多核錯体であるといわれている．

9 ガドリニウム錯体

ガドリニウム Gd^{3+} は 4f 軌道に 7 個の不対電子を有するため，常磁性が最も強いイオンである．そのため水溶液中では，この常磁性効果により，NMR で測定する場合，Gd^{3+} の周囲になる水分子の緩和を強く促進する．そこで，画像診断法の1つで，プロトン（水素の原子核）の核磁気共鳴現象を測定対象とする磁気共鳴イメージング（MRI）において，縦緩和時間 T1 の信号を強調させてコントラストのついた画像を得るために，Gd^{3+} のジエチレントリアミン五酢酸（DTPA）錯体，**ガドペンテト酸メグルミン** Gd-DTPA meglumine gadopentetate，テトラアザシクロドデカン四酢酸（DOTA）錯体，**ガトテレート** Gd-DOTA meglumine gadoterate，DTPA の 5 個のカルボキシル基中の 2 個を非電離性の CH_3NHCO に置換した DTPA-BMA を配位子とする錯体，

ガドジアミド水和物 Gd-(DTPA-BMA)(H$_2$O) gadodiamide hydrate, DOTA の 4 個のカルボキシル基中の 1 個を非電離性の CH(OH)CH$_3$ に置換した HP-DO3A を配位子とする錯体, **ガドテリドール** Gd-(HP-DO3A)(H$_2$O) gadoteridol が **MRI 用造影剤** として用いられている. これらの錯体は, Gd^{3+} イオンのままでは毒性が強いので, 錯体にすることによって安定で安全性に優れるようにしたものである. Gd-DTPA, Gd-DOTA はイオン性 (それぞれ -2, -1 の電荷), Gd-(DTPA-BMA)(H$_2$O) Gd-(HP-DO3A)(H$_2$O) は非イオン性の造影剤である. Gd-DTPA は DTPA の酸素および窒素が 8 か所で配位しているが, 水溶液の中ではさらに 1 か所に水分子が配位するので, Gd-DTPA によって水分子のプロトンの T1 信号が増強される. Gd-DOTA, Gd-(DTPA-BMA)(H$_2$O), Gd-(HP-DO3A)(H$_2$O) でも原理は同じであるが, 非イオン性造影剤のほうがイオン性造影剤に比べ副作用が少ないといわれている.

なお, MRI 造影剤としては Gd 錯体以外に, **クエン酸鉄アンモニウム** ferric ammonium citrate が消化管の造影に用いられている.

話題 A

〈ブレオマイシンと金属イオン〉

ブレオマイシン bleomycin は, 1966 年日本の梅沢らにより放線菌から単離された抗腫瘍作用を有する抗生物質で, 皮膚がん, 頭頸部腫瘍, 子宮頸部腫瘍, 悪性リンパ腫などの治療に用いられている. ブレオマイシンは Cu, Fe, Zn, Co, Ni などの種々の金属イオンと錯体を形成することができる. 実際, 微生物の培養液からは青色の Cu^{2+} 錯体として得られる. また, ブレオマイシンの抗腫瘍作用には Fe^{2+} が補因子として不可欠な役割を果たしていることが認められている.

ブレオマイシンを生体に投与すると, 体内で Fe^{2+} と錯体を形成し, これが酸素を活性化して DNA の切断を行うと考えられている. ブレオマイシンは, その構造に 3 つの機能部, すなわち ① DNA 分子に結合するビチアゾール環と正電荷をもつ側鎖 (DNA の塩基対間に平行に挿入されて結合する: インターカレーション), ② Fe^{2+} とキレートを形成し, 溶存酸素を活性化するペプチド部位, ③ DNA の塩基配列の認識に関連する糖鎖部を有し, ① と ② を結ぶリンカーが存在する, 多機能分子と見なされている (図 A.1). DNA の切断に関与する部分は ② の部分であり, Fe^{2+} に酸素が結合して, 一電子還元されて生成するヒドロペルオキシド誘導体ブレオマイシン-Fe^{2+}-O$_2$H が活性分子種と考えられており, これが DNA の核酸リボース環の 4′-C-H 結合の H を引き抜いて 4′-C・(ラジカル) を生成し, これが中間体となって糖-リン酸結合が切れ, DNA の切断が起こると考えられている.

このように, ブレオマイシンは, 糖タンパク質としての性質, 金属配位特性, DNA 結合, DNA の塩基配列の認識, DNA 開裂に対する反応性などをもつため, 多くの生物無機化学的研究が行われてきている.

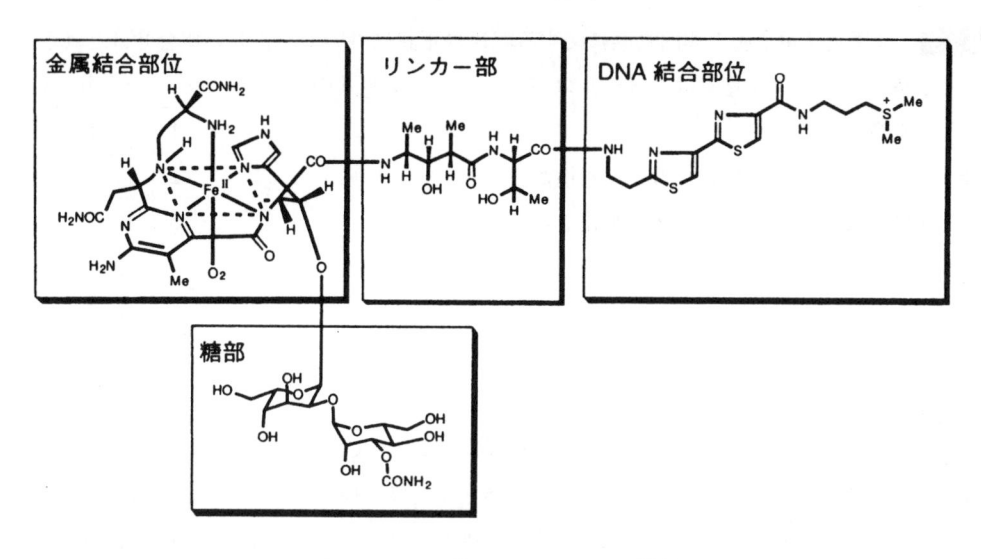

図 A.1　Fe-ブレオマイシンの構造

練習問題

問 1　金属類の健康影響に関する次の記述の正誤について，正しい組合せはどれか．

a　セレンには，欠乏症と過剰症がある．
b　メチル水銀は，中枢神経系疾患を起こす．
c　慢性カドミウム中毒として，腎障害が起こる．
d　無機鉛は，ポルフィリン代謝を阻害する．

	a	b	c	d
1	正	正	正	正
2	正	正	誤	正
3	誤	正	誤	誤
4	誤	誤	正	正
5	正	誤	誤	誤
6	誤	誤	正	誤

（第83回薬剤師国家試験）

問 2　ヒ素に関する次の記述の正誤について，正しい組合せはどれか．

a　ヒ素は，元素の周期表におけるリンの同族体である．
b　無機ヒ素の急性毒素は，3価より5価の方が強い．
c　メチル化は，無機ヒ素の体内での主要な代謝経路の一つである．
d　ヒ素化合物が多く含まれている食品として，ヒジキがあげられる．

	a	b	c	d
1	正	誤	正	誤
2	誤	正	誤	正
3	誤	正	誤	誤
4	正	誤	誤	正
5	正	誤	正	正

（第83回，87回薬剤師国家試験）

問 3 金属及び類金属の体内動態に関する記述の正誤について，正しい組合せはどれか．

a 無機水銀のメチル化では，メチルコバラミンがメチル基の供与体となる．
b 無機ヒ素がメチル化されると，毒性が高まる．
c 生体内で鉛は，効率よくメチル化される．
d 頭髪は，水銀やヒ素の排泄経路の一つである．

	a	b	c	d
1	誤	正	誤	正
2	正	誤	誤	正
3	正	正	誤	誤
4	正	誤	正	誤
5	誤	誤	正	誤

（第84回薬剤師国家試験）

問 4 金属類の体内動態に関する次の記述の正誤について，正しい組合せはどれか．

a 無機ヒ素化合物は，ヒト体内でアルセノベタインに変換される．
b 無機水銀化合物は，生体内でメチル化後，排泄される．
c カドミウム塩は，肝臓や腎臓でメタロチオネインの合成を誘導する．
d 無機鉛化合物は，還元されて呼気中に排泄される．

	a	b	c	d
1	誤	正	誤	正
2	正	誤	誤	正
3	正	正	誤	誤
4	正	誤	正	誤
5	誤	誤	正	誤
6	誤	正	正	誤

（第85回薬剤師国家試験）

問 5 金属とそれによる主な障害の関係の正誤について，正しい組合せはどれか．

a メチル水銀――――中枢神経障害
b クロム（6価）――鼻中隔穿孔
c カドミウム――――腎毒性
d 鉛――――――――心毒性

	a	b	c	d
1	正	正	正	誤
2	正	誤	誤	正
3	誤	正	誤	正
4	正	誤	正	誤
5	誤	正	正	正

（第85回薬剤師国家試験）

問 6 次の記述のうち，正しいものの組合せはどれか．

a 一酸化炭素のヘモグロビンに対する親和性は，酸素に比べて大きい．
b メトヘモグロビンは，ヘモグロビンを構成する鉄が3価から2価に還元されたものである．
c 無機鉛化合物は，ヘムの生合成を阻害して貧血を起こす．
d 植物中のクロロフィルはヘムと同様にポルフィリン環から構成されているが，配位している金属は銅である．

1 (a, b)　　2 (a, c)　　3 (a, d)　　4 (b, d)　　5 (c, d)

(第85回薬剤師国家試験)

問 7　化学物質a～dの毒性の特徴ア～エについて，正しい組合せはどれか．

a　カドミウム　　　　ア　腎障害
b　四塩化炭素　　　　イ　造血機能障害
c　ベンゼン　　　　　ウ　ヘム合成阻害
d　鉛（無機）　　　　エ　肝障害

	a	b	c	d
1	ア	エ	イ	ウ
2	ア	ウ	エ	イ
3	イ	ア	ウ	エ
4	ウ	イ	エ	ア
5	エ	イ	ウ	ア
6	エ	ウ	ア	イ

(第87回薬剤師国家試験)

問 8　シアンに関する記述の正誤について，正しい組合せはどれか．

a　シアン錯体であるヘキサシアノ鉄(Ⅲ)酸カリウム($K_3[Fe(CN)_6]$)は，シアンの金属塩であるシアン化カリウムに比べて毒性が低い．
b　シアン化物イオンは，ヘム鉄ではFe^{3+}よりFe^{2+}に親和性が高い．
c　シアン化合物の毒性は，内呼吸の阻害によって発現する．
d　生体試料中のシアンを分析する場合は，試料を酸性で保存する．

	a	b	c	d
1	正	正	誤	正
2	正	誤	正	誤
3	誤	正	誤	誤
4	誤	誤	正	誤
5	誤	正	誤	正
6	正	誤	正	正

(第83回，87回薬剤師国家試験)

問 9　栄養素に関する記述のうち，正しいものの組合せはどれか．

a　カリウムの過剰摂取は，高血圧を誘発する．
b　食塩の過剰摂取は，胃がんのリスクファクターである．
c　セレンは，スーパーオキシドジスムターゼの補因子である．
d　クロムは，必須微量元素である．

1 (a, b)　　2 (a, c)　　3 (a, d)　　4 (b, c)　　5 (b, d)　　6 (c, d)

(第87回薬剤師国家試験)

問 10　食品衛生に関する記述の正誤について，正しい組合せはどれか．

a　粉乳へのヒ素化合物の混入による中毒事件を契機として，食品添加物公定書が公布された．
b　「油症」は，食用油に誤って混入したカドミウムの摂取によってひき起こされたと考えら

れている．
c 毛髪中水銀含量は，食品を介した水銀ばく露の指標となる．

	a	b	c
1	正	正	正
2	正	誤	誤
3	正	誤	正
4	誤	正	誤
5	誤	誤	誤

(第81回，87回薬剤師国家試験)

問11 わが国で起こった公害及び中毒事例とその主要原因物質との関係の正誤について，正しい組合せはどれか．

	公害及び中毒事例	主要原因物質
a	水俣病	有機水銀
b	四日市ぜん息	窒素酸化物
c	イタイイタイ病	有機スズ
d	カネミ油症	PCB

	a	b	c	d
1	誤	正	誤	正
2	正	誤	正	誤
3	正	正	誤	誤
4	誤	誤	正	誤
5	正	誤	誤	正

(第83回薬剤師国家試験)

問12 生体関連金属錯体に関する次の記述の正誤について，正しい組合せはどれか．

a cyanocobalamin には Fe が含まれている．
b chlorophyll には Mg が含まれている．
c heme（又は haem）には Mn が含まれている．
d hemocyanin には Co が含まれている．

	a	b	c	d
1	正	誤	正	誤
2	誤	誤	誤	正
3	正	正	誤	誤
4	誤	正	誤	誤
5	誤	正	正	正

(第83回薬剤師国家試験)

問13 異物代謝に関する次の記述の正誤について，正しい組合せはどれか．

a 一般に極性の高い化合物ほど，体外への排泄は遅い．
b シトクロム P450 は，一酸化炭素が結合すると失活する．
c シトクロム P450 はヘムたん白質の一種であり，その分子内の鉄は薬物の酸化過程で3価を保っている．

	a	b	c
1	正	誤	正
2	正	正	誤
3	誤	正	誤
4	誤	正	正
5	誤	誤	正

(第84回薬剤師国家試験)

第 8 章　生物無機化学

問 14　毒物とその解毒に関する次の記述について，正しい組合せはどれか．

a　チオ硫酸ナトリウムは，シアン化合物の解毒に用いられる．
b　亜硝酸アミルは，シアン及びシアン化合物の解毒に用いられる．
c　ペニシラミンは，水銀，銅の解毒に用いられる．
d　2-PAM（2-pyridine aldoxime methiodide）は，有機リン系殺虫剤の解毒に用いられる．

	a	b	c	d
1	正	正	誤	正
2	正	正	正	正
3	誤	正	誤	誤
4	正	誤	正	誤
5	誤	誤	正	正

（第 84 回薬剤師国家試験）

問 15　食品添加物に関する記述のうち，正しいものの組合せはどれか．

a　二酸化チタンは，漂白剤として食品添加物に指定されている．
b　亜硝酸ナトリウムは，酸性で第二級アミンと反応して発がん性のニトロソアミンを生じる．
c　銅クロロフィルは，着色料として食品添加物に指定されている．
d　ジブチルヒドロキシトルエン（BHT）は，金属と錯体を形成することにより酸化を防止する．

1（a, b）　2（a, c）　3（a, d）　4（b, c）　5（b, d）　6（c, d）

（第 86 回薬剤師国家試験）

解　答

問 1　1

a　（正）セレンの欠乏症としては，中国で発見された克山病やカシンベック病がある．克山病は主に小児や 20 〜 40 歳台の女性に頻発する心肥大，心筋壊死を起こす疾患である．また過剰症は，アメリカのサウスダコタ州で発見された，家畜が方向感覚を失う疾患や中国で見いだされたヒトでの脱毛，爪や皮膚の変化などがある．これはタンパク質や核酸などのイオウ原子が Se に置換されるためと考えられている．

b　（正）メチル水銀は血液-脳関門を容易に通過し，脳へ移行して中枢神経障害を起こす．代表例として水俣病がある．

c　（正）慢性カドミウム中毒として，イタイイタイ病がよく知られている．カドミウムは腎尿細管に沈着して再吸収を阻害するので，カルシウムの再吸収が妨げられて尿中に排泄され，低カルシウム状態となる．このため，骨のカルシウムが減少して骨軟化症となる．これがイタイイタイ病である．

d　（正）無機鉛はヘム合成過程の酵素を阻害し，ポルフィリン代謝を阻害する．その結果，ヘモグロビン生成が低下し，貧血を起こす．

問 2 5

a （正）ヒ素は族の元素．族は N, P, As, Sb, Bi である．
b （誤）亜ヒ酸のような As^{3+} はヒ酸のような As^{5+} よりも 10 倍以上毒性が強い．これは SH 酵素との結合の強さによると考えられている．
c （正）As^{3+} はメチル化されてメチルアルソン酸やジメチルアルシン酸となり，尿中に排泄される．メチル化が異物代謝の主要な経路になる例は少ないが，ヒ素の場合は例外的に主要経路となる．
d （正）褐藻類であるヒジキ，ワカメ，コンブなどには有機ヒ素化合物が多く含まれる．ただし無機のヒ素とは異なり，毒性はほとんどない．

問 3 2

a （正）金属のメチル化のメチル供与体として S-アデノシルメチオニンやビタミン B_{12}（メチルコバラミン）が知られている．
b （誤）ヒ素はメチル化で毒性が弱まる．水銀はメチル化されると毒性が高まる．
c （誤）生体内でメチル化される金属にはヒ素，セレン，テルル，硫黄，水銀，鉛，スズ，パラジウム，白金，タリウム，金などが知られている．水銀やヒ素は効率よくメチル化されるが，鉛のメチル化はわずかである．
d （正）頭髪は，ヒ素や水銀の排泄経路である．頭髪は 1 か月で約 1 cm 伸びるので，頭髪のどの部分にヒ素が検出されるかによって，ヒ素や水銀を摂取した時期が推定される．

問 4 5

a （誤）無機ヒ素は，土壌微生物によりメチルアルソン酸（$CH_3AsO_3H_2$），ジメチルアルシン酸 [$(CH_3)_2AsO_3H$] に変換される．また，海藻やエビ，カニにはアルセノベタインなどの毒性の弱い有機ヒ素の形で存在する．ヒトの体内では，無機ヒ素の有機化は起こらない．
b （誤）自然環境中では，微生物あるいは光化学反応で有機水銀のメチル化が起こるが，ヒトには，無機水銀をメチル化して排泄する機構は存在しない．
c （正）メタロチオネインの合成誘導は，解毒機構の一種と考えられている．
d （誤）鉛を取り扱う作業者などは，鉛フュームを吸入する．吸入された鉛の吸収率は非常に高い．しかし，鉛が肺から排泄されることはない．

問 5 1

a （正）水俣病にみられるように，メチル水銀は脂溶性が高く，脳へ移行して中枢神経障害を起こす．
b （正）メッキのようなクロム取り扱い作業従事者には，クロム中毒による鼻中隔穿孔が起

第 8 章 生物無機化学

こりやすい.

c （正）イタイイタイ病にみられるように，カドミウムは腎の近位尿細管に蓄積し，腎障害を起こす.

d （誤）無機鉛中毒では，ヘム合成阻害による貧血，全身疲労，睡眠障害のほか，消化器障害による下痢，腹痛，中枢神経障害によるめまい，けいれんなどが起こる．また，四エチル鉛では，中枢神経障害による血圧低下，体温低下，精神錯乱，幻覚などが起こる．心臓障害は知られていない．

問 6 2

a （正）CO のヘモグロビンに対する親和性は，O_2 の 200 倍以上である．

b （誤）O_2 結合能を持つのは Fe^{2+} であり，Fe^{3+} を持つ酸化型は O_2 を結合できない．

c （正）鉛はヘム合成の過程のうち，δ-アミノレブリン酸→ポルホビリノーゲンの反応，およびコプロポルフィリノーゲンIII→プロトポルフィリンIVの反応を阻害する．結果としてヘモグロビンが減少し，貧血が起こる．

d （誤）クロロフィルに結合しているのは Mg である．

問 7 1

a （ア）カドミウムはイタイイタイ病の原因物質と考えられている．カドミウムは腎臓の近位置尿細管細胞に蓄積し，Ca の再吸収障害を起こす．その結果，カルシウム欠乏が起こり，骨粗しょう症を伴う骨軟化症の症状が発現する．

b （エ）四塩化炭素は肝臓でシトクロム P450 によって代謝され，ラジカルとなり，これが肝細胞の壊死を起こす．

c （イ）ベンゼンが引き起こす骨髄腫は，その代謝産物であるカテコールやヒドロキノンが原因であるとされている．

d （ウ）鉛の慢性中毒症状はヘム合成阻害に基づく貧血である．

問 8 2

a （正）シアンの毒性は，酸性条件下で遊離する HCN による．ヘキサシアノ鉄（III）酸カリウムは解離度が非常に低いため，HCN を遊離しにくく，毒性は低い．

b （誤）CN^- イオンは Fe^{3+} にきわめて親和性が高い．これは O_2，CO，NO が Fe^{2+} に親和性が高いのとは対照的である．したがって，シアン中毒の応急処置法として，亜硝酸アミルを吸入させ，人工的にメトヘモグロビン血症 Hb-Fe^{3+} を起こさせる方法が用いられる．

c （正）シアン化合物の毒性は，シアン化物イオンがミトコンドリアの呼吸鎖のシトクロムオキシダーゼに結合して内呼吸を阻害することによる．

d （誤）シアン化物イオンはアルカリ性では安定であるが，酸性ではHCNとなって揮散する．したがって，試料はアルカリ性で保存する．

問9　5

a （誤）ナトリウムの過剰摂取は高血圧を誘発する．またカリウムの摂取は高血圧を抑える方向に働く．
b （正）食塩の過剰摂取は高血圧，脳卒中のほかに，胃がんのリスクファクターである．
c （誤）セレンは過酸化水素や遊離過酸化物を還元するグルタチオンペルオキシダーゼ（GSH-Px）の活性中心を構成している．スーパーオキシドジスムターゼの補因子はCu/Zn，Fe，Mnの3種類がある．
d （正）クロムは正常な糖代謝，脂質代謝の保持に必須であり，必須微量元素である．

問10　3

a （正）1955年に発生した調整粉乳による乳児のヒ素中毒事件（粉ミルク事件）を契機として，1957年に食品衛生法の一部改正により食品添加物公定書を作成することが定められ，1960年に食品添加物公定書が公布された．
b （誤）カネミ油症事件は1968年夏以降に発生したライスオイルを原因食品とする中毒事件で，原因物質は脱臭工程で使用していた熱媒体のPCB（ポリ塩化ビフェニル）で，これがライスオイルに混入したために起こったと考えられている．この事件を契機に化審法が制定施行された．なお，カドミウムの摂取によって引き起こされた事件はイタイイタイ病である．
c （正）低級アルキル水銀は体毛を介しての排出がかなりあり，毛髪中の水銀濃度が高くなるため，毛髪中の水銀量は食品を介しての水銀ばく露の指標となる．

化学物質と中毒事件のまとめ

原因物質	発生場所	中毒症状	事件名	備考
メチル水銀	熊本，新潟	中枢神経症状	水俣病	毛髪中の水銀量がばく露指標
カドミウム	富山・神通川流域	腎障害，骨塩代謝異常	イタイイタイ病	
ヒ素	岡山	嘔吐，下痢，腎障害	粉ミルク事件	食品添加物公定書公布
PCB	福岡	皮膚，爪の色素沈着，黒化	油症事件	化審法制定施行

第8章 生物無機化学

問11 5

a （正）
b （誤）四日市ぜん息の原因は窒素酸化物ではなく，硫黄酸化物．
c （誤）イタイイタイ病の原因はカドミウム．有機スズは皮膚に対する局所刺激作用や中枢神経障害作用などを持つが，日本では大きな公害事例はない．
d （正）カネミ油症事件は，ライスオイルを原因食品とする中毒事件である．

問12 4

a （誤）cyanocobalamin は Co を含む．狭義のビタミン B_{12} である．
b （正）葉緑素．種子植物，藻類に含まれている緑色のポルフィリン系色素でポルフィリン環（テトラピロール環）には Mg が1原子結合してる．光合成において中心的な役割を果たす．
c （誤）heme（または haem）は Fe を含む．ポルフィリンの鉄錯体である．
d （誤）hemocyanin は Cu を含む．ヘモシアニンは軟体動物や節足動物の血リンパ液に溶存する，青色の，酸素を運搬する銅タンパク質である．

問13 3

a （誤）極性が高い化合物ほど排泄されやすい．
b （正）CO は O_2 と同様に Fe^{2+} の状態の P450 に結合する．CO の親和性は O_2 よりもはるかに高く，強い阻害作用を示す．
c （誤）P450 によるモノオキシゲナーゼ反応の過程では，Fe^{2+} と Fe^{3+} の相互変換が起こる．

問14 2

a （正）b にまとめて記述．
b （正）シアンは吸収が非常に速いため，吐剤を飲ませて吐くのを待つのでは間にあわない．亜硝酸アミル吸入液（アンプル入り）を布にしみこませ，口や鼻に近づけて吸入させる．亜硝酸ナトリウム（300 mg/10 mL）の静注でもよい．こうして急場をしのいだ後，チオ硫酸ナトリウムを静注する．

　　シアンの毒性は，シアンがミトコンドリアのシトクロム c オキシダーゼのヘムの Fe^{2+} に結合して，細胞呼吸を阻害することによる．亜硫酸塩，亜硝酸塩はヘモグロビン（Fe^{2+}）をメトヘモグロビン（Fe^{3+}）に変える．シアンは Fe^{2+} よりも Fe^{3+} に親和性が強いので，メトヘモグロビンはシトクロム c オキシダーゼの Fe^{2+} からシアンを急速に奪い取る．ただし，メトヘモグロビンは酸素を運搬できないので，過剰投与は致命的なメトヘモグロビン血症（呼吸障害）を起こすので，注意を要する．

　　チオ硫酸ナトリウムはメトヘモグロビンから徐々に遊離するシアンに結合し，チ

オシアネートとなる．チオシアネートは毒性が低く，尿中に排泄されやすい．

c （正）D-ペニシラミンは，ジメルカプロール（BAL）とともに，代表的なキレート剤であり，Cd，Cu，Hg，Zn などの解毒薬として用いられ，これらの重金属の尿中排泄を促進する．また，D-ペニシラミンはウィルソン病や慢性関節リウマチの治療にも用いられる．造血障害，腎障害などの重篤な副作用があるため，解毒薬としては短期間使用を基本とする．

d （正）2-PAM はアセチルコリンエステラーゼの活性部位のセリンに結合した有機リン系殺虫剤のリンの部分に結合し，酵素から解離させる．酵素がリン酸化されて時間がたつと，作用が減弱する．

問 15 4

a （誤）非タール系色素である二酸化チタンは，着色料としてチーズやチョコレートに使用されている．

b （正）

c （正）銅クロロフィルはクロロフィルの Mg を Cu に置換した非タール系色素で，着色料として用いる．

d （誤）ジブチルヒドロキシトルエン（BHT）は遊離基を捕捉することで酸化を防止する．

考えるポイント

着色料
・人工タール色素と天然由来着色料に分類され，天然由来着色料には銅クロロフィル（油溶性），β-カロテン，二酸化チタンなどがある．

発色剤
・定義として，それ自身では無色であるが，食品中の成分と反応し，安定した色素を供給するものをいう．亜硝酸塩，硝酸塩，硫酸第一鉄などが含まれる．亜硝酸塩，硝酸塩には使用基準があり，対象食品と残存量が定められている（ハムやソーセージなど）．硫酸第一鉄は野菜の発色剤（ナスなどの色調調整剤）として使用されるが，第二級アミンと容易に反応してニトロソアミンを生成して，発がん性を有するようになるといわれている．また，多量摂取により，メトヘモグロビン血症を引き起こす．

参 考 図 書

1) 大沢昭緒，小倉治夫，膳昭之助，高田　純，松本嘉夫，横江一朗（2003）無機化学第2版，廣川書店
2) 内本喜晴訳（2003）ミースラー・タール無機化学Ⅰ，丸善
3) 荻野　博，飛田博実，岡崎雅明（2002）基本無機化学，東京化学同人
4) 平尾一之，田中勝久，中平　敦（2002）無機化学―その現代的アプローチ，東京化学同人
5) 基礎錯体工学研究会編（2002）新版　錯体化学―基礎と最近の展開，講談社サイエンティフィク
6) 玉虫伶太，佐藤　弦，垣花眞人訳（2001）シュライバー無機化学（上）第3版，東京化学同人
7) 三吉克彦（2000）大学の無機化学，化学同人
8) 化学教科書研究会編（1998）基礎化学，化学同人
9) 日高人才，安井隆次，海崎純男訳（1997）ダグラス・マクダニエル無機化学（上）第3版，東京化学同人
10) 田中　久，桜井　弘（1995）生物無機化学第2版，廣川書店
11) 松島美一，高島良正（1984）生命の無機化学，廣川書店
12) 井口和男，田部井克己，松原チヨ，高村喜代子，山田泰司（1980）無機化学，廣川書店
13) 井口洋夫（1999）元素と周期律改訂版，裳華房
14) 桜井　弘（1997）ブルーバックス「元素111の新知識」，講談社
15) 日本化学会編（2004）化学便覧　基礎編改訂第5版，丸善
16) 薬科学大辞典編集委員会編（2001）廣川薬科学大辞典第3版，廣川書店
17) 長倉三郎，井口洋夫，江沢　洋，岩村　秀，佐藤文隆，久保亮五（1998）岩波理化学辞典第5版，岩波書店
18) 廣川書店（2001）第十四改正　日本薬局方解説書，廣川書店
19) G. J. Leigh（山崎一雄訳）（1993）無機化合物命名法― IUPAC 1990年勧告，東京化学同人
20) B. P. Block, W. H. Powell, W. C. Fernelius（中原勝嚴訳）（1993）ACS無機有機金属命名法，丸善

付録 1　無機化合物，錯体の表示法

a) 一般の無機化合物

電気的陽性成分をつねにはじめ（左側）におく．

　例　NaCl（Naが陽イオンで，Clが陰イオン）

多原子イオンや基は（ ）でひとまとめにして正または負成分として扱う．ただし，その成分が化学式中でただ1つであれば（ ）をつけない．

　例　$Ca(OH)_2$，NaOH

正，負の各成分が2種以上のときは，元素記号のアルファベット順に並べる．

　例　$KMgCl_3$，PbClF

また，多原子イオン，基の配列の順序は，中心となっている原子の元素記号のアルファベット順とする．なお，陰イオンでない多原子の基は，正成分とみなす．

　例　NH_4NaHPO_4（HPO_4^{2-}が負成分）
　　　$POCl_3$（POが正成分）

一般に，化学式において陽イオン性の強いものを左側に並べることは，非金属元素のつくる分子にも拡大されている．その順は，B, Si, C, Sb, As, P, N, H, Te, Se, S, At, I, Br, Cl, O, Fとなる．

b) 錯体

化学式は[ ]で囲む．[ ]の中では次の順序に並べる．

　　中心金属＋陰イオン性配位子＋中性配位子

配位子が多原子の場合や配位子の略名の場合には（ ）に入れる．中心金属の電荷を示す場合には，元素記号の右肩にローマ数字で示す．

錯体が電荷をもつ場合，錯イオンという．錯イオンには，錯陰イオンと錯陽イオンとがあるが，対イオンなしで書く場合，[ ]の右外肩に電荷を示し，数字は＋，－の前に書く．

　例　$NH_4[Cr^{III}(NCS)_4(NH_3)_2]$

[ ]の内側の電荷は－1であるから，[ ]の外に記載されたNH_4^+とで電荷を打ち消し，塩を形成している．NH_4と$[Cr(NCS)_4(NH_3)_2]$のどちらを先に書くかは規則に従って陽イオンを先に書く．これは普通の塩，例えばNaClの記載と同じである．

　例　$[Co^{III}Cl(NH_3)_5]Cl_2$

[ ]の内側の電荷は＋2である．[ ]の内側のClはCoと結合しているが，[ ]の外に記載されたClはCoと結合しているのではなく，$[CoCl(NH_3)_5]^{2+}$とイオン対を形成している．

　例　$[Co(en)_3]^{3+}$

en = ethylenediamineの略号（表7.6参照）

c) 固溶体型不定比化合物

一般に不定比化合物の原子数を表すときは，原子数を比整数で表したり，xを用いてNO_x, CeO_{2-x}などと表す（その際，xの範囲を必ず示す）．固溶体型不定比化合物では，化学式中に（ ）で不定比に混合している元素をコンマで区切って示す．

　例　$(Fe^{II},Mg)_2SiO_4$

　　　かんらん石型化合物で，Mg^{2+}とFe^{2+}が不定比に混合していることを示す．

なお$(Fe^{II}\cdot Mg)$のような中黒点は，慣用的に，Fe^{II}とMgの原子比が1：1のとき使われる．

d) 固体化合物の変態

化学式のあとの（ ）の中に晶系を示す斜体ローマ字記号を記し，その化合物のどの変態であるかを表す．

　例　ZnS（c）　立方晶系（cubic）の硫化亜鉛（閃亜鉛鉱型構造）

　　　$CaCO_3$（$hexa$）　六方晶系（hexagonal）の炭酸カルシウム（方解石）

e) 包接・付加化合物と水和物

包接化合物，付加化合物または水和物は，それを構成する2種以上の化学式を中黒点で結んで示す．

　例　$CuSO_4\cdot 5H_2O$（硫酸銅の五水和物）

付録2 　無機化合物，錯体の命名法

a) 命名の基礎

無機化合物の命名は，化合物が正成分と負成分の2元からなるとの考えに立つが，日本語の名称においては負成分を先に，正成分をあとに書く．したがって化学式と順序が逆になる．

負成分が単原子かごく簡単な原子団（例えば OH^-，CN^-，N_3^-，O_2^{2-}，O_2^-）のときは○○化（原子団の例ではそれぞれ，水酸化，シアン化，アジ化，過酸化，超酸化），一般には△△酸と書き，正成分には何もつけない．

例　KCl　塩化カリウム（負成分の元素名から素をとる）
　　$BaSO_4$　硫酸バリウム

b) 組成の表し方

組成を示す数は漢数字で表し，負または正成分を示す名称の前につける．すなわち次の順序が守られる．負成分の数＋その名称＋正成分の数＋その名称

例　N_2S_5　五硫化二窒素
　　S_2Cl_2　二塩化二硫黄

成分数が1個のとき，混乱を生じなければ漢数字を省略する．

例　NO　一酸化窒素（一酸化一窒素とはいわない）

各成分のイオン価や原子価が常に一定で，正，負成分の組合せによって物質量の比が定まり，混乱を生じるおそれのないときには数を省略する．

例　$CaCl_2$　塩化カルシウム（Caはつねに2+イオン，Clはつねに1-イオンであるから塩化カルシウムといえば一義的に $CaCl_2$ の組成が決まる）

逆に成分中の原子数比が1であっても，まぎらわしいときは，漢数字を入れる．

例　N_2O　一酸化二窒素（一酸化を強調する）

化合物を構成する原子団の名称が，別種の物質と混同されるおそれのあるときは，ギリシャ数詞ビス（bis），トリス（tris），トテラキス（tetrakis）などを用いる（原子団名は（ ）に入れる）．また原子団，多原子イオンの数にギリシャ数詞が含まれているときや，原子団中の特定原子の数を示すと誤解されるおそれのあるときにもこれらのギリシャ数詞を用いる．

例　$[Pt(en)_2]^{2+}$　ビス（エチレンジアミン）白金（II）イオン
　　$Ca_5F(PO_4)_3$　フッ化トリス（リン酸）カルシウム（三リン酸，トリリン酸というと $P_3O_{10}^{5-}$ イオンの塩とまぎらわしい）

化合物を構成する原子の酸化数を明示するときは，元素名の直後の（ ）中に酸化数をローマ数字で示す．

例　$Fe^{II}Fe^{III}_2O_4$　四酸化鉄（II）二鉄（III）

なお，この例の場合，酸化数でなく四酸化三鉄（逆スピネル型）のように結晶型を明示することによって物質種を確定することも行われる．

c) 原子団の名称

原子団にはきわめて多くの種類があり，中心とみなされる元素の名称にちなんだ固有名が与えられている．同一の原子団でも中性分子あるいは，陽イオン的，陰イオン的な状態，さらに錯体の配位子や有機化合物中の置換基となっている場合などに応じて名称は異なる（付録4）．

例　NO　中性としては一酸化窒素（nitrogen oxide），陽イオンまたは配位子としてはニトロシル（nitrosyl），陰イオンとしてはオキソ硝酸（oxonitrate），有機化合物中の置換基としてはニトロソ（nitroso）．

陰イオンになる原子団には，H^+と結合して安定な酸をつくりやすいものがある．これらは複数の酸素原子を含むものが多く，とくにオキソ酸イオンとよばれる．オキソ酸の名称は慣用名が多く，記憶にたよる必要がある．その主なものを付録3に示した．命名の一般的規則は次のようなものである．

①中心原子の酸化数の低い順に次亜，亜，（何もつけない），過という接頭語をつける．

②付録3の化学式から解離しうるH^+をすべて除いた陰イオン（オキソ酸イオン）はオキソ酸と同一名称をもつ．

例　$HClO_4$　過塩素酸
　　ClO_4^-　過塩素酸イオン

③オキソ酸のOHをハロゲン原子で置き換えたものは，そのハロゲン元素名を冠し，NH_2で

置換したものはアミドを冠して命名する．
　例　ClSO₃H　クロロ硫酸
　　　NH₂SO₃H　アミド硫酸
なお，酸は非金属原子またはイオン価の高い金属原子のまわりに酸化物イオン O^{2-} および水酸化物イオン OH^- が配位した錯体とみなすこともできる．
　例　H₂WO₄＝[W(OH)₂O₂]　タングステン酸，またはジオキソジヒドロキソタングステン（Ⅵ）

d) 錯体の名称

ⅰ) 配位子の命名法

　ア) 陰イオン性配位子

陰イオンが配位子として金属と結合する場合，イオンの英名 ----e を ----o に変える（付録 4，表 7.3）．例えば，酢酸 acetic acid の陰イオンは酢酸イオン（アセトネート）acetonate であるが，これが配位子である場合にはアセトナト acetonate という．Cl⁻ はイオンとしては塩化物イオン chloride と呼ばれる．配位子としての名前は，上の規則を適用するとクロリド chloride）となるが，クロロ chloro と命名されている．これは慣用名を優先させているためである．身近にある無機イオン配位子には，規則の例外が少なくない．

　イ) 中性配位子

化合物の名称をそのまま使う．ただし，次の 4 つは例外として，特別の名前を用いる．

　NH₃　アンミン　ammine
　H₂O　アクア　aqua
　NO　ニトロシル　nitrosyl
　CO　カルボニル　carbonyl

ⅱ) 錯体の命名法

　ア) 英語の場合

配位子を先に書き，ついで金属イオン名を書く．酸化数を金属イオンの直後にローマ数字で表記する．別法として，錯体の電荷をアラビア数字で示し，符号を後につけ，（ ）に入れる．配位子を複数含んでいる場合には，bis, di, tri などの数詞を除いてアルファベット順に述べる．

錯イオンを含む場合，陽イオン，陰イオン，結晶溶媒の順に書く．錯陰イオンの場合，錯体名の語尾は -ate となる．いくつかの金属イオンでは，語尾変化の必要上，ラテン名に基づいて例のように語尾を変化させる．

　例　iron（ferrum）　ferrate
　　　copper（cuprum）　cuprate
　　　gold（aurum）　aurate

なお，結合している配位子の数は 2 種の数詞を使って表現する．モノ mono（一），ジ di（二），トリ tri（三），テトラ tetra（四），ペンタ penta（五），ヘキサ hexa（六）などのギリシャ数詞およびビス bis（二），トリス tris（三），テトラキス tetrakis（四）などの倍数詞を用いる．複雑な配位子では倍数詞をつけて，配位子名を（ ）で囲む．

　イ) 日本語の場合

中性錯体の場合，英語名をそのままカナ読みする．錯イオンを含む場合，英語名とは異なり，錯イオン，対イオン，結晶溶媒の順に書く．錯陰イオンを含む場合，[ ] 内の語尾を－酸とする．

　例　[PtCl₂(NH₃)₂]
　　　diamminedichloroplatinum（Ⅱ）
　　　ジクロロジアンミン白金（Ⅱ）
　例　[CoCl(NH₃)₅]Cl₂
　　　pentaamminechlorocobalt（Ⅲ）chloride
　　　クロロペンタアンミンコバルト（Ⅲ）塩化物
　例　NH₄[Cr(NCS)₄(NH₃)₂]
　　　ammonium diamminetetrakis(isothiocyanato) chromate（Ⅲ）
　　　ジアンミンテトラキス（イソチオシアナト）クロム（Ⅲ）酸アンモニウム
　例　Na₃[Fe(CN)(en)]・3H₂O
　　　sodium tetracyano(ethylenediamine)ferrate（Ⅱ）trihydrate
　　　テトラシアノ（エチレンジアミン）鉄（Ⅱ）酸ナトリウム三水和物
　例　K₄[Fe(CN)₆]
　　　potassium hexacyanoferrate（Ⅱ）
　　　ヘキサシアノ鉄（Ⅱ）酸カリウム
　　　potassium hexacyanoferrate（4－）
　　　ヘキサシアノ鉄酸（4－）カリウム

付録3　オキソ酸の名称

$HClO_4$	perchloric acid　過塩素酸		$H_2Cr_2O_7$	dichromic acid　二クロム酸
$HClO_3$	chloric acid　塩素酸		HNO_3	nitric acid　硝酸
$HClO_2$	chlorous acid　亜塩素酸		HNO_2	nitrous acid　亜硝酸
$HClO$	hypochlorous acid　次亜塩素酸		H_3PO_4	phosphoric acid, orthophosphoric acid　リン酸, オルトリン酸
$HBrO_3$	bromic acid　臭素酸		$H_4P_2O_7$	diphosphoric acid, pyrophosphoric acid　二リン酸, ピロリン酸
$HBrO$	hypobromous acid　次亜臭素酸			
H_5IO_6	orthoperiodic acid　オルト過ヨウ素酸		$(HPO_3)_n$	metaphosphoric acid　メタリン酸（環状）
HIO_4	periodic acid　過ヨウ素酸			
HIO_3	iodic acid　ヨウ素酸		H_3PO_5	peroxomonophosphoric acid　ペルオキソリン酸
HIO	hypoiodous acid　次亜ヨウ素酸			
$HMnO_4$	permanganic acid　過マンガン酸		H_2PHO_3	phosphonic acid　ホスホン酸（旧名 phosphorous acid　亜リン酸）
H_2MnO_4	manganic acid　マンガン酸			
H_2SO_4	sulfuric acid　硫酸		HPH_2O_2	phosphinic acid　ホスフィン酸（旧名 hypophosphorous acid　次亜リン酸）
$H_2S_2O_7$	disulfuric acid　二硫酸			
H_2SO_6	peroxomonosulfuric acid　ペルオキソ一硫酸			
$H_2S_2O_8$	peroxodisulfuric acid　ペルオキソ二硫酸		H_3AsO_4	arsenic acid　ヒ酸
			H_3AsO_3	arsenious acid　亜ヒ酸
$H_2S_2O_3$	thiosulfuric acid　チオ硫酸		H_2CO_3	carbonic acid　炭酸
H_2SO_3	sulfurous acid　亜硫酸		$HOCN$	cyanic acid　シアン酸
$H_2S_2O_4$	dithionous acid　亜ジチオン酸		$HNCO$	isocyanic acid　イソシアン酸
$H_2S_xO_6$	polythionic acid　ポリチオン酸（$x = 2, 3, 4, \cdots$はジ, トリ, テトラチオン酸, ……）		$HONC$	fulminic acid　雷酸
			H_4SiO_4	orthosilicic acid　オルトケイ酸
			$(H_2SiO_3)_n$	metasilicic acid　メタケイ酸
H_2SeO_4	selenic acid　セレン酸		H_3BO_3	boric acid　ホウ酸, orthoboric acid, オルトホウ酸
H_2SeO_3	selenious acid　亜セレン酸			
H_2CrO_4	chromic acid　クロム酸		$(HBO_2)_n$	metaboric acid　メタホウ酸

付録4　主な無機イオンと基(原子団)の名称

原子, 原子団	名称			
	中性	陽イオン, 陽イオン性基	陰イオン	配位子
H	(mono) hydrogen （一）水素	hydrogen 水素	hydride 水素化物	hydrido ヒドリド
F	(mono) fluorine （一）フッ素	fluorine フッ素	fluoride フッ化物	fluoro フルオロ
Cl	(mono) chlorine （一）塩素	chlorine 塩素	chloride 塩化物	chloro クロロ
Br	(mono) bromine （一）臭素	bromine 臭素	bromide 臭化物	bromo ブロモ
I	(mono) iodine （一）ヨウ素	iodine ヨウ素	iodide ヨウ化物	iodo ヨード
O	(mono) oxygen （一）酸素	oxygen 酸素	oxide 酸化物	oxo オキソ
O_2	dioxygen 二酸素	dioxygen (1+) 二酸素(1+), O_2^+	peroxide 過酸化物, O_2^{2-} hyper (super) oxide 超酸化物, O_2^-	peroxo ペルオキソ hyperoxo ヒペルオキソ superoxido スペルオキシド
O_3	trioxygen (ozone) 三酸素（オゾン）		ozonide オゾン化合物	
H_2O	water 水			aqua アクア
H_3O		oxonium オキソニウム		
HO	hydroxy ヒドロキシ	hydroxylium ヒドロキシリウム, HO^+	hydroxide 水酸化物, OH^-	hydroxo ヒドロキソ
S	(mono) sulfur （一）硫黄	sulfer 硫黄	sulfide 硫化物	thio, sulfido チオ, スルフィド
HS			hydrogensulfide (1−) 硫化水素 (1−)	hydrogensulfido, mercapto ヒドロゲンスルフィ ド, メルカプト
SO	sulfur monoxide 一酸化硫黄	sulfinyl (thionyl) スルフィニル（チオニル）		
SO_2	sulfur dioxide 二酸化硫黄	sulfonyl スルホニル sulfuryl スルフリル	dioxosulfate (2−) ジオキソ硫酸(2−), SO_2^{2-} sulfoxylate スルホキシル酸	dioxosulfato (2−) ジオキソスルファイト(2−), SO_2^{2-} sulfur dioxide 二酸化硫黄, SO_2

SO_4	sulfur tetraoxide 四酸化硫黄		sulfate 硫酸, SO_4^{2-}	sulfato スルファト
Se	(mono)selenium (一)セレン		selenide セレン化合物	seleno セレノ
N	(mono) nitrogen (一)窒素	nitrogen 窒素	nitride 窒化物, N^{3-}	nitride ニトリド
N_2	dinitrogen 二窒素	dinitrogen (1+) 二窒素 (1+), N_2^+		dinitrogen 二窒素
N_3	trinitrogen 三窒素	trinitrogen 三窒素	azide アジ化物, N_3^-	azido アジド
NH	aminylene アミニレン	aminylene アミニレン	imide イミド	imido イミド
NH_2	aminyl アミニル	aminyl アミニル	amide アミド, NH_2^-	amido アミド
NH_3	ammonia アンモニア	ammoniumyl アンモニウミル		ammine アンミン
N_2H_3	hydrazyl ヒドラジル	hydrazyl ヒドラジル	hydrazide ヒドラジド	hydrazido ヒドラジド
N_2H_4	hydrazine ヒドラジン			hydrazine ヒドラジン
NO	nitrgen oxide 一酸化窒素	nitrosyl ニトロシル	oxonitrate (1−) オキソ硝酸 (1−)	nitrosyl ニトロシル
NO_2	nitrogen dioxide 二酸化窒素	nitroyl ニトロイル nitryl ニトリル	nitrite 亜硝酸, NO_2^-	nitro (nitrito-N) ニトロ (ニトリト-N) nitrite-O ニトリト-O
NO_3	nitrogen trioxide 三酸化窒素		nitrate 硝酸, NO_3^-	nitrato ニトラト
P	(mono) phosphorus リン		phosphide リン化物	phosphido ホスフィド
PO	phosphorus monoxide 一酸化リン	phosphoryl ホスホリル		
PO_4			phosphate リン酸, PO_4^{3-}	phosphate (3−) ホスファト (3−)
CO	carbon monoxide 一酸化炭素	carbonyl カルボニル		carbonyl カルボニル
CS	carbon monosulfide 一硫化炭素	thiocarbonyl チオカルボニル		thiocarbonyl チオカルボニル
H_2NCO	carbamoyl カルバモイル			carbamoyl カルバモイル
CN			cyanide シアン化物	cyano シアノ
OCN			cyanate シアン酸	cyanato シアナト (O 配位) isocyanato イソシアナト (N 配位)

SCN		thiocyanate チオシアン酸	thiocyanato チオシアナト (S配位) isothiocyanato イソチオシアナト (N配位)
CO_3		carbonate 炭酸, CO_3^{2-}	carbonato カルボナト
HCO_3		hydrogen-carbonate 炭酸水素	hydrogen-carbonato ヒドロゲンカルボナト

付録5　第十四改正日本薬局方に収載されている無機化合物，錯体，有機金属化合物

(第一部)
(あ) 亜酸化窒素
　　 アンモニア水
(い) イオウ
　　 インスリン亜鉛水性懸濁注射液
　　 結晶性インスリン亜鉛水性懸濁注射液
　　 無晶性インスリン亜鉛水性懸濁注射液
(え) 塩化インジウム (^{111}In) 注射液
　　 塩化カリウム
　　 塩化カルシウム
　　 塩化カルシウム注射液
　　 塩化タリウム (^{201}Tl) 注射液
　　 塩化ナトリウム
　　 10％塩化ナトリウム注射液
　　 塩酸
　　 希塩酸
(お) オキシドール
(か) 過テクネチウム酸ナトリウム (^{99m}Tc) 注射液
　　 過マンガン酸カリウム
(き) 金チオリンゴ酸ナトリウム
(く) クエン酸ガリウム (^{67}Ga) 注射液
　　 クロム酸ナトリウム (^{51}Cr) 注射液

(け) 合成ケイ酸アルミニウム
　　 天然ケイ酸アルミニウム
　　 ケイ酸マグネシウム
(さ) 酸化亜鉛
　　 酸化マグネシウム
　　 三酸化ヒ素
　　 酸素
(し) シアノコバラミン
　　 シアノコバラミン注射液
　　 次硝酸ビスマス
　　 臭化カリウム
　　 臭化ナトリウム
　　 硝酸銀
(す) 乾燥水酸化アルミニウムゲル
　　 乾燥水酸化アルミニウムゲル細粒
(せ) 生理食塩液
(た) 沈降炭酸カルシウム
　　 炭酸水素ナトリウム
　　 炭酸水素ナトリウム注射液
　　 炭酸マグネシウム
　　 炭酸リチウム
(ち) チオ硫酸ナトリウム
　　 チオ硫酸ナトリウム注射液
(に) 二酸化炭素
(ふ) プロタミンインスリン亜鉛水性懸濁注射液
(ほ) ホウ酸
　　 ホウ砂

(ま) マーキュロクロム
　　 マーキュロクロム液
(め) メコバラミン
(よ) ヨウ化カリウム
　　 ヨウ化ナトリウム
　　 ヨウ化ナトリウム (^{123}I) カプセル
　　 ヨウ化ナトリウム (^{131}I) 液
　　 ヨウ化ナトリウム (^{131}I) カプセル
　　 ヨウ素
(り) 硫酸亜鉛
　　 硫酸鉄
　　 硫酸バリウム
　　 硫酸マグネシウム
　　 硫酸マグネシウム注射液

(第二部)
(あ) 亜鉛華デンプン
　　 亜鉛華軟膏
　　 アクリノール・亜鉛華軟膏
　　 亜ヒ酸パスタ
　　 亜硫酸水素ナトリウム
　　 乾燥亜硫酸ナトリウム
　　 塩化亜鉛
(か) カオリン
(け) 軽質無水ケイ酸
(さ) 酢酸
　　 氷酢酸
　　 酢酸ナトリウム
　　 サラシ粉

酸化カルシウム
　　　酸化チタン
(し)　苦味重曹水
　　　硝酸銀点眼液
　　　常水
(す)　水酸化カリウム
　　　水酸化カルシウム
　　　水酸化ナトリウム
(せ)　精製水
　　　滅菌精製水
　　　セッコウ
　　　焼セッコウ

(た)　タルク
　　　炭酸カリウム
　　　炭酸ナトリウム
　　　乾燥炭酸ナトリウム
(ち)　窒素
　　　注射用水
(な)　ピロ亜硫酸ナトリウム
(や)　薬用炭
(よ)　ヨードチンキ
　　　希ヨードチンキ
(り)　硫酸亜鉛点眼液
　　　硫酸アルミニウムカリウ

　　　ム
　　　乾燥硫酸アルミニウムカ
　　　リウム
　　　硫酸カリウム
　　　硫酸マグネシウム水
　　　リンゲル液
　　　リン酸水素カルシウム
　　　無水リン酸水素カルシウ
　　　ム
　　　リン酸水素ナトリウム
　　　リン酸二水素カルシウム

第7版食品添加物公定書に収載されている無機化合物，錯体，有機金属化合物

(あ)　亜塩素酸ナトリウム
　　　亜塩素酸ナトリウム液
　　　亜硝酸ナトリウム
　　　亜硫酸水素カリウム液
　　　亜硫酸水素ナトリウム液
　　　亜硫酸ナトリウム
　　　アンモニア
(え)　塩化アンモニウム
　　　塩化カリウム
　　　塩化カルシウム
　　　塩化第二鉄
　　　塩化マグネシウム
　　　塩酸
(か)　過酸化水素
　　　活性炭
　　　過硫酸アンモニウム
(く)　クエン酸第一鉄ナトリウ
　　　ム
　　　クエン酸鉄
　　　クエン酸鉄アンモニウム
　　　グルコン酸亜鉛
　　　グルコン酸第一鉄
　　　グルコン酸銅
　　　クロロフィル
(さ)　酢酸
　　　酢酸ナトリウム
　　　酸化マグネシウム
　　　三二酸化鉄
(し)　次亜塩素酸ナトリウム
　　　次亜硫酸ナトリウム
　　　臭素酸カリウム
　　　硝酸カリウム

　　　硝酸ナトリウム
(す)　水酸化カリウム
　　　水酸化カリウム液
　　　水酸化カルシウム
　　　水酸化ナトリウム
　　　水酸化ナトリウム液
(た)　炭酸アンモニウム
　　　炭酸カリウム
　　　炭酸水素アンモニウム
　　　炭酸水素ナトリウム
　　　炭酸ナトリウム
　　　炭酸マグネシウム
(て)　鉄クロロフィンナトリウ
　　　ム
(と)　銅クロロフィンナトリウ
　　　ム
　　　銅クロロフィル
(に)　二酸化ケイ素
　　　二酸化炭素
　　　二酸化チタン
　　　乳酸鉄
(ひ)　氷酢酸
　　　微粒二酸化ケイ素
　　　ピロ亜硫酸カリウム
　　　ピロ亜硫酸ナトリウム
　　　ピロリン酸四カリウム
　　　ピロリン酸二水素カルシ
　　　ウム
　　　ピロリン酸二水素二ナト
　　　リウム
　　　ピロリン酸第一鉄液
　　　ピロリン酸第二鉄

　　　ピロリン酸第二鉄液
　　　ピロリン酸四ナトリウム
(め)　メタリン酸カリウム
　　　メタリン酸ナトリウム
(り)　硫酸
　　　硫酸亜鉛
　　　硫酸アルミニウムアンモ
　　　ニウム
　　　硫酸アルミニウムカリウ
　　　ム
　　　硫酸アルミニウム
　　　硫酸カルシウム
　　　硫酸第一鉄
　　　硫酸銅
　　　硫酸ナトリウム
　　　硫酸マグネシウム
　　　リン酸
　　　リン酸三カリウム
　　　リン酸三カルシウム
　　　リン酸水素二アンモニウ
　　　ム
　　　リン酸二水素アンモニウ
　　　ム
　　　リン酸水素二カリウム
　　　リン酸二水素カリウム
　　　リン酸一水素カルシウム
　　　リン酸二水素カルシウム
　　　リン酸水素二ナトリウム
　　　リン酸二水素ナトリウム
　　　リン酸三ナトリウム

日本語索引

ア

アインスタイニウム　207
アーヴィング-ウィリアムズ系列　214, 215
アーヴィング-ウィリアムズの順序　215
亜鉛　202
　　体内動態　237
亜鉛酵素　246
亜鉛錯体　255
亜鉛族元素　202
亜塩素酸　173
亜鉛フィンガー　248
亜鉛フィンガータンパク質　248
亜鉛輸送体　237
アクア錯体　212
悪性貧血　229
アクチニウム　186, 207
アクチノイド　37
アクチノイド元素　205, 207
アクチノイド収縮　53, 208
アクチン　142
アコニターゼ　242
亜酸化窒素　160
アジ化水素　158
亜硝酸　159
亜硝酸還元酵素　246
アスコルビン酸オキシダーゼ　246
アスタチン　170
アスピリンアルミニウム　250, 253
アセチルアセトン　216
アセチレン　71
圧力　102
アデニン　86
アデノシルコバラミン　256
亜ヒ酸　232
アボガドロ数　4
アポトーシス　163
アマルガム　203
2-アミノエタノール　87
アミンオキシダーゼ　244
アメリシウム　207

亜硫酸　168
亜硫酸水素ナトリウム　167
亜硫酸ナトリウム　168
アルカリ金属　35, 127, 131
アルカリ土類金属　36, 136
アルコールデヒドロゲナーゼ（ADH）　246
アルゴン　175
アルシン　158
アルスフェナミン　250
アルセノベタイン　232
アルミナ　146
アルミニウム　145
　　混成軌道　73
アルミニウム錯体　253
アルミニウム族元素　144
アレニウス式　100
アレニウスの定義
　　酸・塩基　105
アレニウスプロット　100
アンチモン　156
安定核種　7
安定同位元素　7
安定同位体　7
安定度序列　215
安定度定数　211, 212
アンミン　217
アンモニア　157
アンモニア水　158
α-ヘリックス構造　86
α 崩壊　7
IUPAC 系統命名法　37

イ

硫黄　164, 166
　　オキソ酸　168
イオン化異性　221
イオン化異性体　220
イオン化エネルギー　41
イオン化エンタルピー　42
イオン化ポテンシャル　41
イオン結合　61
イオン結晶　64
イオン水
　　硫酸銅　67
イオン半径　52, 53, 54, 65

異性体　220
イタイイタイ病　232
一次反応　96
一重項酸素　169
1 族元素　35, 127
一酸化炭素　152
一酸化窒素　163
イッテルビウム　206
イットリウム　186
イリジウム　195
陰イオン水　66
インジウム　145

ウ

ウィルソン病　230
ウラン　6, 207
ウラン系列
　　自然放射崩壊　8

エ

永久双極子　82
永久双極子モーメント　55, 82
エタノール
　　水素結合　85
エチレンジアミン　216, 217
エチレンジアミン四酢酸　216
エチン　71
エナンチオマー　221
エネルギー準位　2, 15
エネルギー量子仮説　10
エルビウム　206
塩化亜鉛　204
塩化アルミニウム　147
塩化カリウム　133
塩化カルシウム　139
塩化銀（I）　201
塩化金酸　200
塩化コバルト（II）　198
塩化水銀（I）　205
塩化水銀（II）　205
塩化セシウム型構造　64
塩化鉄（II）　197
塩化鉄（III）　197
塩化ナトリウム　133
塩化ナトリウム型構造　64

塩化マグネシウム　139
塩基　105
塩基解離定数　107
塩基性炭酸鉛　154
塩酸　172
塩素　170
　　オキソ酸　173
塩素酸　173
エンタルピー　99
エントロピー　99
fグループ遷移元素　205
f-ブロック元素　38
HSAB則　218
MO法　78
Na^+,K^+-ATPアーゼ　135
s軌道　68
sグループ典型元素　127
s-ブロック元素　37
sp混成軌道
　　炭素　71
　　窒素　75
sp^2混成軌道
　　炭素　70
　　ホウ素　74
sp^3混成軌道
　　酸素　76
　　炭素　69
　　窒素　75

オ

王水　200
黄リン　157
オキシ塩化リン　162
オキシドール　167
オキソ酸
　　硫黄　168
　　塩素　173
オキソフェナルシン　250, 253
オクタープの法則　34
オクテット理論　62
オスミウム　195
オゾン　166
親核種　8
オーラノフィン　250, 253
オールレッド-ロコウの電気陰
　性度　48
温度　102
　　化学反応速度　100
Euler式　155

カ

会合分子　86
解離定数
　　酸・塩基　108
過塩素酸　173
化学結合　61
化学平衡　101, 103
化学ポテンシャル　103
化学療法　250
可逆反応　98, 99
核医学　256
角運動量　12
核外電子　3
核外電子配置
　　基底状態　32
核子　2
核種　3
角部分の節面　26
核分裂　8
核融合　8
過酸化水素　166, 169
過酸化物　132
かたい酸・塩基　218
カタラーゼ　241
活性化エネルギー　100
活性酸素種　169
活性複合体　100
活量　107
活量係数　107
価電子　33
ガドジアミド水和物　258
ガドテリドール　258
ガトテレート　257
ガドペンテト酸メグルミン
　257
カドミウム　202
ガドリニウム　206
ガドリニウム錯体　257
過マンガン酸カリウム　194
過ヨウ素酸　174
カリウム　128, 145
カリホルニウム　207
カルコゲン　36
カルシウム　137
　　代謝調節　141
カルシウムパラドックス　143
カルバニオン　72
カルボカチオン　72
カルボキシペプチダーゼA
　246

カルボプラチン　251, 254
岩塩型構造　64
還元　111
還元力　111
甘汞　205
緩衝作用　109
緩衝溶液　109
乾燥亜硫酸ナトリウム　168
含糖酸化鉄　253
貫入　24, 49, 50
γ崩壊　8

キ

希塩酸　172
幾何異性　220
幾何異性体　221
希ガス　36, 62, 176
貴ガス　176
キセノン　175, 206
気体定数　100
基底状態　13
軌道　12
　　エネルギー準位　29
　　角部分　26
　　形　25
　　基底状態　30
　　節面　27
　　相対的エネルギー準位　33
　　動径部分　27
　　量子数　23
軌道図　30
軌道電子　1, 3
希土類　37
希土類元素　205, 211
8-キノリノール　216
ギブズの自由エネルギー　99
逆反応　101
キュリウム　207
強酸　110
鏡像体　221
共役　105
共役塩基　105
共役酸　105
共有結合　67
　　極性　80, 81
共有結合半径　52, 53, 54
行列力学　16
極性
　　共有結合　80, 81
　　結合　80
極性分子　81, 82

日本語索引

キラリティー 221
キレート効果 217
キレート剤 215
キレート試薬 215
キレート配位子 215
金 199
銀 199
均一系の化学平衡 103
金錯体 253
筋収縮
　過程 142
金属構造 84
金属イオン 214
金属結合 83
金属結合半径 52, 53, 55
金属元素 38
金属元素含有医薬品 250
金属酵素 238
金属錯体 211
　医薬品 250
金属タンパク質 238
金属無機化合物
　医薬品 252
金チオリンゴ酸ナトリウム 250, 253

ク

グアニン 86
クエン酸第一鉄ナトリウム 253
クエン酸鉄アンモニウム 258
グラファイト 150
グリシン 216
クリプトン 175
クレブス回路 242
クロム 190
クロム酸
　構造 192
クロム族元素 190
クーロン力 2, 12, 61, 62

ケ

ケイ酸アルミニウム 153
軽水 131
ケイ素 150
結合
　極性 80
結合異性 221
結合性分子軌道 78
結晶構造 62, 64
結晶水 66
結晶場分裂 224
結晶場理論 223
ゲルマニウム 150
限界半径比 66
原子
　構造 1
　模式図 2
原子核 1
原子核崩壊 7
原子価結合法 77
原子価結合理論 223
原子価電子 33
原子軌道 3, 22
原子質量単位 4
原子半径 52
原子番号 3
原子量 4, 5
元素 3
　一般的配置 41
　欠乏症と過剰症 230
　分類 33

コ

光学異性 220
光学異性体 221
高カロリー輸液 233
光子 10
格子水 66
高スピン錯体 224
構成原理 28
構造異性 220
光電効果 9
光量子 10
光量子仮説 10
五塩化リン 162
氷
　構造 85
呼吸鎖 240
黒鉛 150
五酸化二窒素 159
五酸化二ヒ素 162
五酸化二リン 160
五酸化バナジウム 190
五酸化リン 160
5族元素 189
コバルト 195
コバルト錯体 256
コバルト族元素 194
孤立電子対 66, 82
金剛石 150
混酸 160
混成 68
混成軌道 68
　アルミニウム 73
　カルボニル基 77
　酸素 76
　炭素 68
　炭素イオン 73
　窒素 74
　ホウ素 73
　CO 77
　CO_2 77
コンドロイチン硫酸・鉄コロイド 253

サ

最高被占軌道 79
最大無作用量 231
最低空軌道 79
最適濃度範囲 229
最密充填構造 62, 83
錯体 211
　異性現象 220
　立体構造 219
錯体生成反応 211
殺菌消毒剤
　ハロゲン元素 174
サマリウム 206
サラシ粉 171, 174
サリチルアルデヒド 87
サルバルサン 250
酸 105
三塩化リン 162
酸・塩基
　アレニウスの定義 105
　解離定数 108
　水溶液 106
　非水溶媒 109
　ブレンステッド-ローリーの定義 105
　ルイスの定義 106
酸化 111
酸化亜鉛(Ⅱ) 204
酸解離定数 107
酸化オスミウム(Ⅷ) 198
酸化カルシウム 138
酸化還元電位 112
酸化還元反応 111
酸化数 35, 111
酸化チタン 188
酸化窒素 159

酸化二窒素　159
酸化バナジウム(V)　190
酸化物　132
酸化マグネシウム　138
酸化マンガン(Ⅳ)　194
酸化力　111
三座配位子　215
三酸化硫黄　167
三酸化二窒素　159
三酸化二ヒ素　162
三酸化二リン　160
三酸化ヒ素　232
三重水素　130
酸素　164, 166
　　混成軌道　76
3族元素　186
酸素族元素　164

シ

次亜塩素酸　173
次亜塩素酸ナトリウム　174
シアノコバラミン　251, 256
シアン化カリウム　153
シアン化水素　152
シアン化ナトリウム　153
ジエチルジチオカルバミン酸ナトリウム　216
四エチル鉛　232
ジエチレントリアミン五酢酸（DTPA）　257
四塩化炭素　110
磁気量子数　22
シグマ(σ)結合　71
自己プロトリシス　106
四酸化二窒素　159
シス　75
シスプラチン　251, 254
ジスプロシウム　206
四チオン酸　168
ジチゾン　216
質量　4
質量欠損　5
質量作用の法則　101, 102
質量数　3
質量モル濃度　103
至適pH域　212
シトクロム　240
シトクロム c オキシダーゼ　246
シトクロム P-450　240, 241
シトシン　86

四ホウ酸ナトリウム　147
ジボラン　146
ジメチルアルシン酸　232
ジメチルエーテル
　　水素結合　85
ジメチルスルホキシド（DMSO）　110
N,N-ジメチルホルムアミド（DMF）　110
四面体
　　水　85
弱酸　110
遮蔽　49, 50
11族元素　198
自由エネルギー　99
臭化カリウム　172
臭化銀(Ⅰ)　201
臭化ナトリウム　173
周期表　33
周期律　34
15族元素　36, 155
シュウ酸　216
13族元素　36, 144
重水　130, 131
重水素　130
臭素　170
自由電子　83, 84
充填率　63
12族元素　36, 202
17族元素　36, 170
18族元素　36, 175
14族元素　36, 149
16族元素　36, 164
十酸化四リン　160
主量子数　22
シュレーディンガーの波動方程式　19
昇汞　205
硝酸　110, 159
硝酸銀(Ⅰ)　201
常磁性　79
常磁性錯体　223
衝突理論　100
常量元素　227
触媒　100
ジルコニウム　188
神経伝達物質　143
親水性　88

ス

水銀　202

水酸化アルミニウム　147
水酸化カリウム　133
水酸化カルシウム　139
水酸化ナトリウム　132
水酸化物
　　アルカリ土類金属　138
水素　127, 128
　　イオン　128
　　結合　128
　　同位体効果　130
　　分子軌道　79
水素化アルミニウムリチウム　146
水素ガス　129
水素化ナトリウム　132
水素化物
　　ハロゲン　172
水素化ベリリウム　138
水素化ホウ素ナトリウム　146
水素化マグネシウム　138
水素化リチウム　132
水素結合　56, 84
　　タンパク質　86
　　DNAの相補的塩基対　86
水素原子
　　スペクトル系列　15
　　スペクトル線　11
水素原子モデル　12
水和　88
水和イオン　212
スカンジウム　186
スカンジウム族元素　186
スクラルファート　250, 253
スズ　150
ステンレス鋼　196
ストロンチウム　137
スーパーオキシドアニオン　169
スーパーオキシドジスムターゼ　244
スピン　27
スピン量子数　22, 28
スペクトル系列　15
スペクトル線　11
スレーターの規則　50

セ

生元素　227
正四面体構造　69
生成定数　211, 212
静電気力　2

静電的引力　61, 62
静電的相互作用　88
正反応　101
生物無機化学　227
積分型速度式　97, 98
赤リン　157
セシウム　128
節面　26
　　軌道　27
セリウム　206
セルロプラスミン　236, 237, 246
セレン　164
0次反応　96
全安定度定数　212
遷移　8
遷移金属　185, 211
遷移元素　35
　　分類と特徴　185
遷移状態　100
遷移状態理論　100
全生成定数　212
占有率　63

ソ

双極子　81
双極子効果　55, 87
双極子-双極子相互作用　87
双極子モーメント　81
双極子-誘起双極子相互作用　87
相対原子質量　4
速度定数　95, 97
疎水性　88
疎水性相互作用　88, 89
素反応　97

タ

体液
　　電解質組成　134
体心立方構造　63, 64
体積要素　20
ダイヤモンド　150
多座配位子　215, 216
タリウム　145
タングステン　190
単座配位子　215
炭酸　152
炭酸カリウム　133
炭酸カルシウム　139

炭酸水素ナトリウム　133
炭酸ナトリウム　133
炭酸マグネシウム　139
炭酸リチウム　133
炭素　150
　　混成軌道　68, 73
　　電子配置　68
炭素陰イオン　72
炭素族元素　149
炭素陽イオン　72
単体　3, 131
タンタル　189
タンパク質
　　水素結合　86

チ

チオ硫酸　168
チオ硫酸ナトリウム　167
置換活性　213
逐次安定度定数　211
逐次生成定数　211
逐次反応　98
チタン　188
チタン族元素　187
窒素　156
　　混成軌道　74
　　酸化物　159
窒素酸化物　163
窒素族元素　155
地のらせん　34
チミン　86
中性子　1
中性子数　6
中性微子　7
超ウラン元素　207
超酸化物　132
チロシンキナーゼ　245

ツ・テ

ツリウム　206
定圧平衡式　104
低スピン錯体　224
テクネチウム　193
テクネチウム錯体　256
鉄　195
　　生体内動態　233
鉄-硫黄クラスター　242
鉄-硫黄タンパク質　241, 242
鉄錯体　253

鉄族元素　194
鉄タンパク質　239
テルビウム　206
テルル　164
電解質
　　体液　135
電気陰性元素　67
電気陰性度　38, 46, 84
電気素量　2
典型元素　35, 127
電子　1
電子雲　21
電子殻　22
電子結合イオン　51
電子親和力　44
電子スピン　27
電子対　28
電子対供与体　106
電子対受容体　106
電子配置　28, 31
　　アルミニウム　73
　　酸素　76
　　炭素　68
　　窒素　74
　　ホウ素　73
電子捕獲　7
d-ブロック元素　37
d-d吸収帯　225
DNAの相補的塩基対
　　水素結合　86
Fe-ブレオマイシン　259

ト

銅　199
　　生体内動態　236
同位体　4
動径分布関数　20, 21, 23
銅シャペロン　236
銅族元素　198
同素体　3
銅タンパク質　243
銅輸送体　236
トランス　75
トランスフェリン　234, 235
トリウム　207
トリエチレンジアミンコバルト（Ⅲ）　222
トリチウム　130

ナ

内殻軌道　30
内部遷移元素　205
ナトリウム　128, 168
ナトリウム-カリウムイオン輸送性 ATP アーゼ　135
7 族元素　192
鉛　150
鉛中毒　232

ニ

二亜硫酸　168
ニオブ　189
2 価カチオン輸送体　237
二クロム酸
　構造　192
二酢酸鉛　153
二座配位子　215
二酸化硫黄　167
二酸化塩素　173
二酸化ケイ素　152
二酸化炭素　151
二酸化窒素　159
二次反応　96
2 族元素　36, 136, 137
ニッケル　195
ニッケル族元素　194
o-ニトロフェノール　87

ネ

ネオジム　206
ネオン　175
ネダプラチン　251, 254
熱放射　9
熱力学温度　99, 100
ネプツニウム　207
ネルンストの式　112
燃料電池　130

ノ

濃度　102
ノーベリウム　207

ハ

配位化合物　211
配位結合　82
配位子　211
　種類　215
配位子場理論　226
配位子理論　223
配位水　66, 212
　硫酸銅　67
配位数　63, 219
パイ(π)結合　71
パウリの排他原理　28, 29, 78
バークリウム　207
八隅説　62
八隅則　35
白金　195
白金錯体　254
パッシェン系列　12
波動関数　19, 78
波動方程式　19
波動力学　16
バナジウム　189
バナジウム族元素　189
ハーバー-ボッシュ法　157
ハフニウム　188
パラジウム　195
バリウム　137
バルマー系列　11
ハロゲン　36
ハロゲン元素　170
　殺菌消毒剤　174
半金属　39
反結合性分子軌道　78
半減期　96, 97
反磁性　79
反磁性錯体　223
半電池反応　112
反応次数　95
反応速度　95
反応速度式　97
　複合反応　98
反応速度論　95
反応熱　100
半プロトン溶媒　110

ヒ

非共有電子対　66, 82
非金属元素　38
ビスマス　156
ヒ素　156
ヒ素中毒　232
ビタミン B_{12}　229, 256
ビタミン D　240
必須元素　227

必須微量元素　227
ヒドラジン　158
ヒドロキシルアミン　158
ヒドロキシルラジカル　169
ヒドロキソコバラミン　251, 256
ヒドロキソ錯体　212
非プロトン性溶媒　109, 110
微分型速度式　97, 98
非ヘム鉄タンパク質　241
標準酸化還元電位　113
標準自由エネルギー変化　103
標準電極電位　112
微量元素　227
ピロ亜硫酸ナトリウム　168
ピロリン酸第二鉄　254
貧血　229
頻度因子　100
p 軌道　68
p グループ典型元素　127
p-ブロック元素　37

フ

ファンデルワールス半径　52, 55
ファンデルワールス力　87
ファント・ホッフの定圧平衡式　104
1,10-フェナントロリン　216
フェライト　196
フェリチン　234, 235
フェルミウム　207
フェレドキシン　242
不確定性原理　16, 18
不活性ガス　175
不均一系の化学平衡　103
副殻　22
複合反応　97
　反応速度式　98
副量子数　22
負触媒　100
不対電子　30, 67
フッ化水素　172
物質波　17
フッ素　170
沸点　85
部分モル自由エネルギー　103
フマル酸第一鉄　253
ブラケット系列　12
プラセオジム　206
フラーレン　150, 154

フランシウム 128
ブルー銅タンパク質 244
プルトニウム 207
ブレオマイシン 258
ブレンステッド塩基 105
ブレンステッド酸 105
ブレンステッド-ローリーの定義
　酸・塩基 105
プロトアクチニウム 207
プロトリシス 106
プロトン供与体 105
プロトン受容体 105
プロトン性溶媒 109, 110
プロメチウム 206
フロンティア軌道 79
分極 80
分散効果 56, 88
分子
　極性 82
分子間力 84
分子軌道
　水素 79
分子軌道エネルギー準位
　酸素 80
分子軌道法 77, 78
分子軌道理論 223
分子内水素結合 87
フントの規則 28, 29, 79
VB法 77

ヘ

閉殻構造 30
平衡定数 102, 103
　温度依存性 104
併発反応 98
ヘキサシアノ鉄(Ⅱ)酸カリウム 198
ヘキサシアノ鉄(Ⅲ)酸カリウム 198
ヘム 238
ヘムタンパク質 238
ヘモグロビン 229, 238
ヘモシアニン 245
ヘモシデリン 234
ヘリウム 175
　模式図 2
ベリリウム 137
ペルオキシダーゼ 241
ヘンダーソン-ハッセルバルグ
　(Henderson-Hasselbalch)の

式 108, 109
β^+崩壊 7
β^-崩壊 7

ホ

ボーアの量子数 13
ボーア半径 13
ボーア理論 11
方位量子数 22
ホウ酸 147
放射性医薬品 256
放射性核種 7
放射性同位元素 7
放射性同位体 7
放射性崩壊 7
放射能 7
ホウ素 144, 145
　混成軌道 73
補酵素 256
ホスフィン 158
ホスホン酸 160
ホメオスタシス 229
ポラプレジンク 251, 255
ポーリングの電気陰性度 46
ホルミウム 206
ポロニウム 164

マ

マグネシウム 137
マリケンの電気陰性度 47
マレイン酸 87
マンガン 193
マンガン族元素 192

ミ

ミオグロビン 238
ミオシン 142
水
　四面体 85
三つ組元素の法則 34
水俣病 231

ム

無機生物化学 227
無極性分子 81, 82
娘核種 8

メ

メコバラミン 256
メタロイド 39, 48
メタロチオネイン 232, 249
メチルアルソン酸 232
メチルコバラミン 251, 256
メチル水銀 231
メンケス・キンキーちぢれ毛症 229
面心立方構造 63
メンデレビウム 207

モ

モリブデン 190
モリブデン酸アンモニウム 192
モル濃度 103

ヤ・ユ

やわらかい酸・塩基 218

有機金属化合物
　医薬品 250
誘起効果 56, 87
誘起双極子-誘起双極子相互作用 88
有機ヒ素化合物 253
有効核電荷 49
ユウロピウム 206

ヨ

ヨウ化カリウム 173
ヨウ化水素 172
ヨウ化ナトリウム 173
陽子 1
陽子数 6
ヨウ素 170
陽電子 7
ヨードチンキ 171, 174
4族元素 187

ラ

ライマン系列 11
ラジウム 137
ラッカーゼ 246
ラドン 175

ラネーニッケル 196
ランタノイド 37
ランタノイド元素 205
ランタノイド収縮 53, 206
ランタン 186, 206

リ

リガンド 215
理想溶液 103
リチウム 128
律速段階 97
立体異性 220
立方最密充填構造 63
硫化水素 167
硫酸 168
硫酸亜鉛 204
硫酸アルミニウム 148
硫酸アルミニウムカリウム 148
硫酸カルシウム 139
硫酸鉄 253
硫酸鉄(Ⅱ) 198
硫酸銅
　イオン水 67
　配位水 67
硫酸銅(Ⅱ)五水和物 201
硫酸ナトリウム 133
硫酸バリウム 140
硫酸マグネシウム 139
粒子の二重性 16
リュードベリ定数 15
量子 9
量子化 12
量子数 22
　軌道 23
量子跳躍 17
量子力学 9, 11, 16
量子論 9
両性溶媒 110
リン 156
リン酸 160
リン酸水素カルシウム 161
リン酸水素ナトリウム 161
リン酸二水素カルシウム 161
リン酸二水素ナトリウム 162

ル

ルイス塩基 106, 219
ルイス酸 106, 219
ルイスの定義
　酸・塩基 106
ル・シャトリエの法則 102
ルテチウム 206
ルテニウム 195
ルビジウム 128
ルブレドキシン 242

レ

励起状態 8, 13
レニウム 193
連結異性 221
連結異性体 220

ロ

6族元素 190
ロジウム 195
六方最密充填構造 62, 63
ローレンシウム 207
London力 56

外国語索引

A

acid 105
acid dissociation constant 107
actinides 205
actinium 186, 207
actinoid 37, 205
actinoid contraction 53, 208
activated complex 100
activation energy 100
ADH 246
alkali earth metal 36
alkali metal 35
allotrope 3
aluminium 145
aluminium chloride 147
aluminium hydroxide 147
aluminium potassium sulfate 148
aluminium silicate 153
aluminium sulfate 148
amalgam 203
americium 207
ammonia 157
ammonia water 158
ammonium molybdate 192
angular momentum 12
angular node 26
anion water 66
antibonding MO 78
antimony 156
aprotic solvent 109
argon 175
Arrhenius definition 105
arsenic 156
arsine 158
aspirin 253
astatine 170
atom 1
atomic mass unit 4
atomic number 3
atomic orbital 3, 22
atomic radius 52
atomic weight 5
ATOX1 236
Aufbau principle 28
auranofin 253
autoprotolysis 106
Avogadro's number 4
azimuthal quantum number 22

B

barium 137
barium sulfate 140
base 105
base dissociation constant 107
basic lead carbonate 154
berkelium 207
beryllium 137
bidentate ligand 215
bioelement 227
bioinorganic chemistry 227
bismuth 156
bleomycin 258
body-centered cubic structure 63
Bohr radius 13
boiling point (bp) 85
bonding MO 78
boric acid 147
boron 145
bromine 170
Brønsted-Lowry definition 105

C

cadmium 202
caesium 128
calcium 137
calcium carbonate 139
calcium chloride 139
calcium hydroxide 139
calcium oxide 138
calcium sulfate 139
californium 207
carbon 150
carbon dioxide 151
carbonic acid 152
carbon monoxide 152
carboplatin 254
catalyst 100
CCS 236
cerium 206
ceruloplasmin 236
chalcogen 36
chelate effect 217
chelate ligand 215
chelating agent 215
chemical bond 61
chemical equilibrium 101
chemical potential 103
chirality 221
chloric acid 173
chlorinated lime 171
chlorine 170
chlorine dioxide 173
chlorous acid 173
chondroitin sulfate, iron colloid sol 253
chromate ion 192
chromium 190
cisplatin 254
closed shell 30
closest packed structure 62, 83
cobalt 195
cobalt(Ⅱ) chloride 198
coenzyme 256
complex 211
complexation reaction 211
complex reaction 97
conjugate 105
consecutive reaction 98
coordinate bond 82
coordinate water 66
coordinating atom 215
coordination compound 211
coordination number 63, 219
copper 199
copper chaperone 236
copper(Ⅱ) sulfate penta hydrate 201
copper transporter (CTR) 236
core orbital 30
Coulomb force 2, 12, 61
covalent bond 67
covalent radius 54

COX 236
crystal field theory 223
CTR 236
cubic closest packed structure 63
curium 207
cyanocobalamin 256
cytochrome 240
cytochrome P-450 241

D

daughter nucleus 8
d-block elements 37
DCT 1 237
deferoxamine 149
deuterium 4
diamagnetic complex 223
dibasic calcium phosphate 161
dibasic sodium phosphate 161
dichromate ion 192
diluted hydrochloric acid 172
dipole 81
dipole effect 87
dipole moment 81
dispersion effect 88
disulfurous acid 168
divalent cation transporter 1 (DCT 1) 237
DMF 110
DMSO 110
dried sodium sulfite 168
DTPA 257
dysprosium 206

E

effective nuclear charge 49
einsteinium 207
electron 1
electron affinity 44
electron cloud 21
electronegativity 46
electron pair 28
electron shell 22
element 3
elementary charge 2
elementary reaction 97
elementary substances 3
enantiomer 221
energy level 2, 15
enthalpy 99

entropy 99
equilibrium constant 102
erbium 206
essential element 227
essential trace element 227
europium 206
excited state 8, 13
extranuclear electron 3

F

face-centered cubic structure 63
f-block elements 38
fermium 207
ferric ammonium citrate 258
ferric pyrophosphate 254
ferrites 196
ferritin 234
ferrous fumarate 253
ferrous sulfate 253
first order reaction 96
fluorine 170
formation constant 211
francium 128
free electron 83
frequency factor 100
frontier orbital 79

G

gadodiamide hydrate 258
gadolinium 206
gadoteridol 258
gallium 145
gas constant 100
geometrical isomer 221
geometrical isomerism 220
germanium 150
Gibbs' free energy 99
gold 199
ground state 13

H

hafnium 188
half life 96
half-value period 96
halogen 36
hard acid 218
hard base 218
Hb 238

heat radiation 9
helium 175
heme 238
heme protein 238
hemoglobin (Hb) 238
hexagonal closest packed structure 62
highest occupied molecular orbital (HOMO) 79
holmium 206
homeostasis 229
HOMO 79
HSAB principle 218
Hund's rule 28, 79
hybridization 68
hybrid orbital 68
hydration 88
hydrazine 158
hydride 35
hydrochloric acid 172
hydrogen 128
hydrogen azide 158
hydrogen bond 84
hydrogen cyanide 152
hydrogen fluoride 172
hydrogen iodide 172
hydrophilic 88
hydrophobic 88
hydrophobic interaction 88
hydroxocobalamin 256
hydroxylamine 158
hypochlorous acid 173

I

indium 145
induction effect 88
inner transition element 205
inorganic biochemistry 227
intermolecular force 84
iodine 170
ionic bond 61
ionic crystal 64
ionic radius 53
ionization energy 41
ionization isomer 220
ionization isomerism 221
ionization potential 41
iridium 195
iron 195
iron(II) chloride 197
iron(III) chloride 197

iron(Ⅱ) sulfate 198
iron-sulfur cluster 242
iron-sulfur protein 241
Irving-Williams order 215
Irving-Williams series 214, 215
isomer 220
isotope 4
IUPAC 34

K

krypton 175

L

labile 213
lanthanides 205
lanthanoid 37, 205
lanthanoid contraction 53, 206
lanthanum 186, 206
lattice water 66
law of mass action 102
lawrencium 207
LCAO 78
lead 150
lead diacetate 153
Le Chatelier's law 102
Lewis definition 106
ligand 211, 215
ligand field theory 223
liganding atom 215
light quantum hypothesis 10
linear combination of atomic orbital (LCAO) 78
linkage isomer 220
linkage isomerism 221
lithium 128
lithium carbonate 133
lithium hydride 132
lone pair 66, 82
lowest unoccupied molecular orbital (LUMO) 79
LUMO 79
lutetium 206

M

magnesium 137
magnesium carbonate 139
magnesium chloride 139
magnesium oxide 138

magnesium silicate 153
magnesium sulfate 139
magnetic quantum number 22
manganese 193
manganese oxide 194
mass defect 5
mass number 3
material wave 17
matrix mechanics 16
Mb 238
mecobalamin 256
mendelevium 207
mercury 202
mercury(Ⅰ) chloride 205
mercury(Ⅱ) chloride 205
metal complex 211
metallic bond 83
metallic elements 38
metallic radius 55
metalloenzyme 238
metalloid 39
metalloprotein 238
metallothionein (MT) 249
metaloid 48
molecular orbital method 78
molecular orbital theory 223
molybdenum 190
monobasic calcium phosphate 161
monobasic sodium phosphate 162
monodentate ligand 215
MT 249
multidentate ligand 215
myoglobin (Mb) 238

N

nedaplatin 254
neodymium 206
neon 175
neptunium 207
Nernst's equation 112
neutrino 7
neutron 1
nickel 195
niobium 189
nitric acid 159
nitrogen 156
nitrous acid 159
nitrous oxide 160
NO 163

NOAEL 231
nobelium 207
noble gas 36, 176
nonheme iron protein 241
nonmetallic elements 38
no observed adverse effect level 231
nuclear decay 7
nuclear fission 8
nuclear fusion 8
nucleon 2
nuclide 3

O

octet rule 35
octet theory 62
optical isomer 221
optical isomerism 220
optimum pH region 212
optimum concentration range 229
orbit 12
orbital diagram 30
orbital electron 3
order of reaction 95
osmium 195
osmium(Ⅷ) oxide 198
overall stability constant 212
oxidation number 35
oxide 132
oxydol 167
oxygen 164, 166
ozone 166

P

palladium 195
parallel reaction 98
paramagnetic complex 223
parent nucleus 8
Pauli's exclusion principle 28, 78
p-block elements 37
penetration 24, 49
perchloric acid 173
periodic law 34
periodic table 33
permanent dipole 82
permanent dipole moment 82
peroxide 132
phosphine 158

phosphonic acid　160
phosphoric acid　161
phosphorus　156
phosphorus oxychloride　162
phosphorus pentachloride　162
phosphorus trichloride　162
photoelectric effect　9
photon　10
pigment　241
Planck constant　10
platinum　195
plutonium　207
polaprezinc　255
polarity　80
polarization　80
polonium　164
positron　7
potassium　128
potassium bromide　172
potassium carbonate　133
potassium chloride　133
potassium cyanide　153
potassium hexacyanoferrate（Ⅱ）　198
potassium hexacyanoferrate（Ⅲ）　198
potassium hydroxide　133
potassium iodide　173
potassium nitrate　160
potassium permanganate　194
praseodymium　206
principal quantum number　22
promethium　206
protic solvent　109
protium　4
protoactinium　207
proton　1, 35

Q

quantization　12
quantum　9
quantum hypothesis　10
quantum leap　17
quantum mechanics　9, 11, 16
quantum number　13
quantum theory　9

R

radial distribution function（RDF）　20

radial node　26
radioactive decay　7
radioactivity　7
radioisotope　7
radium　137
radon　175
rare earth elements　205
rare earth metal　37, 211
rare gas　176
rate constant　95
RDF　20
reaction rate　95
reactive oxygen species　169
relative atomic mass　4
representative elements　35
reversible reaction　99
rhenium　193
rhodium　195
rubidium　128
ruthenium　195

S

saccharated ferric oxide　253
samarium　206
s-block elements　37
scandium　186
selenium　164
semimetal　39
shielding　49
silicon　150
silicon dioxide　152
silver　199
silver（Ⅰ）bromide　201
silver（Ⅰ）chloride　201
silver（Ⅰ）nitrate　201
SOD　236, 244
sodium　128
sodium aurothiomalate　253
sodium bicarbonate　133
sodium bisulfite　167
sodium borate　147
sodium bromide　173
sodium carbonate　133
sodium chloride　133
sodium cyanide　153
sodium ferrous citrate　253
sodium hydride　132
sodium hydroxide　132
sodium iodide　173
sodium pyrosulfite　168
sodium sulfate　133

sodium thiosulfate　167
soft acid　218
soft base　218
spin　27
spin quantum number　28
stability constant　211
stable isotope　7
stainless steel　196
standard electrode potential　112
stepwise stability constant　211
stereoisomerism　220
strontium　137
structural isomerism　220
subshell　22
sucralfate　253
sulfur　164, 166
sulfuric acid　168
sulfurous acid　168
superoxide　132
superoxide dismutase（SOD）　244

T

tantalum　189
TBTO　233
technetium　193
tellurium　164
terbium　206
terdentate ligand　215
tetrahedron　85
tetrathionic acid　168
thallium　145
THF　110
thiosulfuric acid　168
thorium　207
thulium　206
tin　150
titanium　188
titanium oxide　188
trace element　227
transferrin　234
transition　8
transition element　35, 185
transition metal　211
transition metal element　185
transition state　100
transuranic elements　207
tritium　4
tungsten　190
typical element　127

U

uncertainty principle 16
unpaired electron 30, 67
uranium 207

V

valence bond method 77
valence bond theory 223
valence electron 33
vanadium 189
vanadium oxide 190
van der Waals force 87
van der Waals radius 55

W

water of crystallization 66
wave equation 19
wave function 19
wave mechanics 16

X

xenon 175

Y

ytterbium 206
yttrium 186

Z

zinc 202
zinc chloride 204
zinc-containing enzyme 246
zinc enzyme 246
zinc finger 248
zinc(Ⅱ) oxide 204
zinc sulfate 204
zinc transporter (ZnT) 237
zirconium 188
ZnT 237

生命科学のための
無機化学・錯体化学

定　価（本体 3,600 円＋税）

編　集　　佐治英郎

発行者　　廣川節男
　　　　　東京都文京区本郷3丁目27番14号

平成 17 年 3 月 20 日　初版発行©
平成 19 年 2 月 20 日　3 刷発行

編者承認
検印省略

発行所　　株式会社　廣川書店

〒 113-0033　東京都文京区本郷 3 丁目 27 番 14 号
〔編集〕電話　03(3815)3656　　FAX　03(5684)7030
〔販売〕　　　03(3815)3652　　　　　03(3815)3650

Hirokawa Publishing Co.
27-14, Hongō-3, Bunkyo-ku, Tokyo

廣川書店の新刊書・改稿版

廣川 薬科学大辞典 [第4版]

薬科学大辞典編集委員会 編　　　　　　　　　　A5判　2,400頁〈近刊〉

最近、薬学領域で用いられている医療用語、ライフサイエンス用語を出来るだけ加え、一層の充実を計った．第15改正日本薬局方が多くの項目を追加収載し、また、化学構造式の表示法、化合物の名称を変更したのを受け、本辞典もこれを採用した．英語、独語、仏語、ラテン語を併記しているが、今回、特に独語の充実を計り、学術用語辞典としても利用し得るようにした．わかり易いカラー人体解剖図を口絵に、抗生物質の構造式を附録に入れてある．

フルカラー レーニンジャーの新生化学 [第4版] [上・下]

山科　郁男　監修／川嵜　敏祐・中山　和久　編集　B5判〔上〕940頁・〔下〕940頁　各9,240円

5年ぶりの改訂．ゲノム科学を中心に驚くほどの進展を遂げた生化学・分子生物はもちろん、細胞生物学、免疫学、神経科学など周辺領域についても、歴史的業績から最先端の研究成果まで、豊富で明快なグラフィックスを駆使して説明した本格的で完成した教科書．確かな化学に立脚した本書の特徴は新鮮さを感じさせる．

実習に行く前の 覚える医薬品集 －服薬指導に役立つ－

岐阜薬科大学教授　平野　和行　他著　　　　　　B5判　300頁〈近刊〉

実務実習を充実させるために、臨床で使用されている基本的な医薬品を効率よく学習することを意図して、本書を企画した．医薬品の一般名、商品名・規格、効能・効果、用法・用量、警告、禁忌、副作用、服薬指導事項、取り扱い周知事項等の項目から構成される．

わかりやすい 調剤学 [第5版]

神戸薬科大学教授　　　　　　　岩川　精吾　　　　B5判　510頁　7,140円
北　陸　大　学　学　長　　　　河島　進
東京医科歯科大学付属病院教授・薬剤部長　安原　眞人　編集
京　都　薬　科　大　学　教　授　横山　照由

本書は、調剤の基本的知識、医薬品情報、服薬指導など薬剤師職務に必要な事項を総合的に解説した．6年制薬学教育の実務実習コア・カリキュラムの調剤関連項目も取り入れ、医療安全管理など21世紀に必要な統合的な調剤学として編集している．第15改正日本薬局方、調剤指針第12改訂に伴う改訂も行っている．

医療薬学 [第4版]

京　都　大　学　名　誉　教　授　掘　了平　監修　　B5判　420頁　7,140円
京都大学医学部付属病院教授・薬剤部長　乾　賢一　編集
姫路獨協大学教授・神戸大学名誉教授　奥村　勝彦

医薬分業の進展、医療技術の高度化・多様化への対応、医療安全対策など、質の高い薬剤師の養成が緊急課題とされている．2004年春には実務実習必修化を含む薬学教育6年制も決定し、また薬剤師国家試験出題基準の改訂も行われた．本書は、こうした新しい時代に対応した薬剤師に必要とされる知識・技術・態度をコンパクトに解説した指針であり、教科書である．

2007年版 常用 医薬品情報集

◆薬剤師のための◆　金沢大学教授　辻　彰　総編集　B6判　1,450頁　6,090円

収載1,400品目．日常必須の情報＝化学構造式/物性値/作用機序/体内動態パラメータ/服薬指導＝を記載した．

廣川書店
Hirokawa Publishing Company

113-0033　東京都文京区本郷3丁目27番14号
電話03(3815)3652　FAX03(3815)3650